## 内 容 简 介

流域环境规划是水污染预防和控制过程中的有效手段,也是协调流域发展与水环境保护的重要工具。流域环境规划以水环境子系统为核心,将与其密切相关的其他子系统纳入规划的范畴,以保障水质达标、水生态系统健康以及流域社会经济的可持续发展。

北京大学是我国最早开展流域水资源保护、水污染控制与环境规划的单位之一,并作为重要的研究方向发展至今,提出了很多新方法,形成了具有国内领先水平的诸多成果,在国内外均具有较高的影响和指导意义。本书选取了其中两个典型案例,据此阐述了流域环境规划的发展趋势、研究思路、研究内容与方法及实际编制过程,为国内流域环境规划的进一步研究提供借鉴和参考。

本书可作为水环境及其规划领域科技人员的参考书,也可作为高等院校环境科学研究生专业课程的参考书。

# 流域环境规划典型案例

郭怀成 刘 永 贺 彬 著

北京大学出版社
PEKING UNIVERSITY PRESS

图书在版编目(CIP)数据

流域环境规划典型案例/郭怀成,刘永,贺彬著. —北京:北京大学出版社,2007.8
ISBN 978-7-301-12500-7

Ⅰ.流… Ⅱ.①郭… ②刘… ③贺… Ⅲ.流域-环境规划-案例-分析-云南省 Ⅳ.X321

中国版本图书馆 CIP 数据核字(2007)第 098461 号

| | |
|---|---|
| 书　　　　名: | 流域环境规划典型案例 |
| 著作责任者: | 郭怀成　刘　永　贺　彬　著 |
| 责 任 编 辑: | 王树通 |
| 标 准 书 号: | ISBN 978-7-301-12500-7/X・0024 |
| 出 版 发 行: | 北京大学出版社 |
| 地　　　　址: | 北京市海淀区成府路 205 号　100871 |
| 网　　　　址: | http://www.pup.cn |
| 电　　　　话: | 邮购部 62752015　发行部 62750672　编辑部 62752021　出版部 62754962 |
| 电 子 邮 箱: | zpup@pup.pku.edu.cn |
| 印 刷 者: | 北京大学印刷厂 |
| 经 销 者: | 新华书店 |
| | 787 毫米×1092 毫米　16 开本　18 印张　456 千字　插页 8 页 |
| | 2007 年 8 月第 1 版　2007 年 8 月第 1 次印刷 |
| 定　　　　价: | 35.00 元 |

未经许可,不得以任何方式复制或抄袭本书之部分或全部内容。
版权所有,侵权必究
举报电话:010-62752024　电子邮箱:fd@pup.pku.edu.cn

# 前 言

流域(Watershed)是人类的主要生境之一,流域内的水、土地、生物以及矿产等资源维系着人类的生存和发展,河流、湖泊、水库和湿地等作为栖息地为物种多样性的维持提供了保障。但是随着社会经济的发展,流域内的资源和生态系统受到了来自外界的巨大胁迫。流域水系污染和生态退化已成为我国目前面临的重要环境和生态问题之一。

流域环境规划是水污染预防和控制过程中的有效手段,也是协调流域发展与水环境保护的重要工具。流域环境规划以水环境子系统为核心,将与其密切相关的其他子系统纳入规划的范畴,以保障水质达标、水生态系统健康以及流域社会经济的可持续发展。随着我国水污染的加剧以及公众和各级政府对流域水环境改善的关注,流域环境规划已从单一的水资源、水质管理及水污染控制规划发展到系统性的综合规划,它的作用也日益明显。

北京大学是国内最早从事流域环境规划研究和实践的单位之一,参与并引导了国内流域环境规划的整个发展历程。自 20 世纪 80 年代初期开始,作者主持或参与了多项流域水质管理规划、污染控制规划、水资源保护规划以及流域环境规划等的研究工作。主要研究包括:① 伊洛河水质评价与管理规划研究(1981~1984);② 江西九江市龙开河流域综合整治规划(1989~1990);③ 洱海流域可持续发展综合环境规划(Integrated Environmental Planning for Sustainable Development in the Lake Erhai Basin(1995~1997));④ 云南省滇南四湖流域环境总体规划(1997~1999);⑤ 邛海流域环境规划(2003~2004);⑥ 云南大理茈碧湖流域水污染综合防治规划(2004~2005);⑦ 杞麓湖流域水污染综合防治规划(2005);⑧ 云南省大理鹤庆县草海湿地水污染综合防治规划(2005~2006);⑨ 松华坝水源区(嵩明县)水污染综合防治规划(2005~2006);⑩ 云南省-四川省泸沽湖流域水污染防治规划(2006~2007);⑪ 云南省洛龙河流域水污染综合防治规划(2005~2006)等。

上述规划的主体涵盖了河流、湖泊、湿地、水源保护区和湖泊群等多种类型;内容从水质管理向水污染控制和综合流域环境规划延伸;规划思想和方法自成体系,包含了系统分析、规划优化、不确定性分析等方面,并充分吸收了国际上相关研究的最新理论和方法。前期的研究也在流域环境规划的很多方面取得了进展。如,课题①是当时国内同类项目中成果最为全面系统的研究。在课题③中,首次开发了一种基于不确定性和交互性的模糊多目标规划方法,被应用于不同层次的环境规划中,从而增强了环境规划的实用性和可操作性;并率先将不确定性模糊多目标规划(IFMOP)模型和系统动力学(SD)模型有机地集成在一起,构成一个完整的规划模型体系,可应用于环境规划的不同对象。课题④和⑤是系统化和综合化的流域环境规划案例研究,在研究中实现了多种模型的综合和 DSS 的引入,完善了流域环境规划的情景分析方法体系。在课题⑦中,提出并完善了以流域保护方法、流域分析和景观生态学等相关理论为基础的流域分析方法,该方法在后续的多项研究中得到广泛应用,是目前我国流域水环境研究的主导思想。课题⑧是国内较为少见的在流域尺度对湿地进行规划研究的案例。课题⑨切合了国家饮用水源地保护的新要求。课题⑩为国内跨区流域的环境规划提供了借鉴,为解决跨界流域的冲突问题开辟了途径。

本书首先对上述研究的成果进行了总结。由于无法全面反映所有研究的成果,同时鉴于课题⑨和⑩的特殊性、应用价值和典型意义,在书中以这两个研究为案例加以重点分析;借以展示流域环境规划的研究思路、方法和实际编制过程,并以期为国内流域环境规划的进一步研究提供借鉴和参考。

本书是北京大学环境科学与工程学院郭怀成教授环境规划与管理研究小组20年来集体智慧的结晶,殷切希望各位同行能不吝指正。如需更多的内容与最新研究进展,敬请访问我们的主页http://www.ccepr.org/以及本书的主页http://www.ccepr.org/watershedcases/,获取相关电子补充材料和案例研究照片。

本书的出版得到了国家重点基础研究发展计划(973)项目专项经费资助(编号:2005CB724205),参与编写人员有:周丰、郁亚娟、黄凯、王真、范英英、毛国柱、马豫、邹宇飞、徐志新、阳平坚、王金凤、姜玉梅。在此一并表示感谢。

作者

2007年5月于燕园

# 目 录

绪 论 ················································································································· (1)
  §1 研究背景 ································································································· (1)
  §2 流域环境规划进展 ···················································································· (3)
  §3 相关重点研究 ·························································································· (4)
  §4 流域环境规划方法 ···················································································· (10)

## 上篇 泸沽湖流域水污染防治规划

第一章 规划总则 ································································································ (17)
  1.1 规划依据 ································································································· (17)
  1.2 规划目的 ································································································· (18)
  1.3 指导思想与原则 ······················································································· (18)
  1.4 规划范围与时段 ······················································································· (19)
  1.5 规划指标与目标 ······················································································· (19)
  1.6 规划理念与技术路线 ················································································ (20)

第二章 规划区背景 ····························································································· (23)
  2.1 自然环境概况 ·························································································· (23)
  2.2 社会经济发展状况 ···················································································· (24)

第三章 泸沽湖流域景观生态格局与环境功能区划 ················································ (28)
  3.1 区划原则 ································································································· (28)
  3.2 区划依据和方法 ······················································································· (29)

第四章 泸沽湖流域社会经济发展战略分析 ··························································· (32)
  4.1 发展战略指导思想 ···················································································· (32)
  4.2 泸沽湖流域社会经济系统特征分析 ····························································· (32)
  4.3 泸沽湖流域社会经济发展预测与分析 ························································· (33)
  4.4 战略发展分析 ·························································································· (36)

第五章 泸沽湖流域水环境系统分析 ······································································ (38)
  5.1 水资源系统分析 ······················································································· (38)
  5.2 流域水质评价 ·························································································· (41)
  5.3 流域污染负荷分析 ···················································································· (48)
  5.4 水环境容量与总量控制 ············································································· (55)

## 第六章 泸沽湖流域生态系统分析 ········································ (59)
  6.1 流域水生态系统分析 ············································ (59)
  6.2 陆地生态系统现状分析 ·········································· (63)
  6.3 影响因素 ······················································ (65)
  6.4 小结 ·························································· (67)

## 第七章 泸沽湖流域水污染综合防治规划总体方案 ·················· (68)
  7.1 泸沽湖流域规划前期评估 ········································ (68)
  7.2 流域环境问题诊断与规划方案总体框架 ·························· (72)
  7.3 污水收集与集中处理系统规划方案 ······························ (75)
  7.4 农业面源污染防治工程规划方案 ································ (82)
  7.5 湖区与湿地生态环境修复工程规划方案 ·························· (89)
  7.6 河道修复与陆地生态建设工程规划方案 ························· (102)
  7.7 社会主义新农村环境整治规划工程方案 ························· (108)
  7.8 流域水环境管理规划方案 ······································ (120)

## 第八章 规划总体方案优选与可行性分析 ····························· (128)
  8.1 规划总体方案优选 ············································ (128)
  8.2 规划方案目标可行性分析 ······································ (133)
  8.3 风险分析 ···················································· (134)

## 第九章 结论与建议 ······················································ (137)
  9.1 结论 ························································ (137)
  9.2 建议 ························································ (138)

# 下篇 松华坝水源保护区水污染综合防治规划

## 第一章 总则 ···························································· (141)
  1.1 编制依据 ···················································· (141)
  1.2 编制目的 ···················································· (141)
  1.3 编制的指导思想与原则 ········································ (142)
  1.4 规划范围与时段 ·············································· (144)
  1.5 规划指标与目标 ·············································· (145)
  1.6 技术路线 ···················································· (146)

## 第二章 松华坝水源保护区(嵩明县)概况 ···························· (148)
  2.1 自然环境概况 ················································ (148)
  2.2 社会经济发展状况 ············································ (150)

## 第三章 水源保护区社会经济发展战略分析 ·························· (153)
  3.1 发展战略指导思想 ············································ (153)

3.2 社会经济系统动态仿真模型 ············································································· (153)
3.3 水源保护区社会经济发展预测与分析 ································································ (159)
3.4 水源保护区社会经济发展战略目标与措施 ························································ (163)

**第四章 水源保护区水污染控制分区** ············································································· (165)
4.1 区划目的 ············································································································ (165)
4.2 区划原则 ············································································································ (165)
4.3 区划依据和方法 ································································································· (166)
4.4 区划结果与重点 ································································································· (168)
4.5 分区论述 ············································································································ (169)

**第五章 水源保护区水环境系统分析与环境问题诊断** ··················································· (171)
5.1 河流和水源地水质综合评价 ·············································································· (171)
5.2 污染负荷分析与预测 ························································································· (174)
5.3 冷水河和牧羊河水质预测 ·················································································· (184)
5.4 水环境容量与总量控制 ······················································································ (185)
5.5 水源区环境问题诊断 ························································································· (188)
5.6 防治对策 ············································································································ (192)

**第六章 水源保护区水污染综合防治规划总体方案** ······················································· (194)
6.1 规划方案总体框架 ····························································································· (194)
6.2 小集镇和农村人居环境综合整治规划 ································································ (195)
6.3 农业面源污染防治和生态农业建设规划 ···························································· (209)
6.4 河道生态修复工程规划 ······················································································ (221)
6.5 陆地生态建设与水土保持工程规划方案 ···························································· (228)
6.6 水源保护区水环境管理规划 ·············································································· (238)

**第七章 水源保护区水污染防治与利益补偿** ································································· (243)
7.1 水源区水污染防治与利益补偿的关系 ································································ (243)
7.2 水源区利益补偿机制 ························································································· (244)
7.3 松华坝水源区保护的利益补偿 ·········································································· (247)

**第八章 规划总体方案优选与可行性分析** ····································································· (254)
8.1 规划总体方案优选 ····························································································· (254)
8.2 规划方案目标可行性分析 ·················································································· (264)

**第九章 规划实施与管理** ······························································································· (266)
9.1 相关职能部门目标职责 ······················································································ (266)
9.2 水源保护区水环境管理体制与制度 ···································································· (267)
9.3 规划实施的监督管理 ························································································· (268)

第十章　结论与建议 …………………………………………………………（269）
　　10.1　结论 ……………………………………………………………………（269）
　　10.2　建议 ……………………………………………………………………（270）
参考文献 …………………………………………………………………………（272）

# 绪 论

## §1 研究背景

水是人类赖以生存和发展的重要资源,在其自然边界(流域)内循环和汇集。从自然地理特征上讲,流域是指水系的汇水区域,是具有水文功能的连续体。据景观生态学理论,流域是以河流为廊道,由"山地-平原-主河道/湖(库)"等斑块所组成的空间联合体,是人类生存的基础。同时,流域又具有鲜明的社会、经济和生态属性,流域的服务功能也多体现于此。与此对应,不同斑块中由于自然作用、人类活动而产生的营养物质和污染物也经由不同层级的河流廊道汇集,从而对主河道(或湖泊)的水环境和水生态系统产生重要影响。

随着我国社会经济和城市化进程的快速发展,流域内的资源和生态系统受到了越来越大的胁迫压力。自"九五"以来,我国开展了大规模的流域水污染和湖泊富营养化防治工作,如:淮河、辽河、海河、松花江、太湖、滇池、巢湖等。尽管我国的水环境保护取得了积极进展,但"十五"期间的环境保护目标和指标未能全部实现,环境形势严峻的状况仍然没有从根本上得到改变。作为国家水环境治理重点的"三河"(淮河、海河、辽河)、"三湖"(太湖、滇池、巢湖)等重点流域和地区的治理任务只完成计划目标的60%左右;污染排放强度大、负荷高是目前我国水环境现状的突出特点,且主要污染物排放量远超过受纳水体的环境容量。长期严重的水污染,一方面直接影响了可利用的水资源量和水生态系统的健康;另一方面又间接制约了社会经济的可持续发展,并进而影响了人类对流域内的资源开发和保护。

我国目前的流域水环境问题主要表现在如下几个方面:

(1) 主要水系污染未能得到有效遏制

根据2006年发布的《2005年中国环境状况公报》,在七大水系的411个地表水监测断面中,Ⅰ~Ⅲ类、Ⅳ~Ⅴ类和劣Ⅴ类水质的断面比例分别为41%、32%和27%(图1)。其中,珠江、长江水质较好,辽河、淮河、黄河、松花江水质较差,海河污染严重。主要污染指标为$NH_3$-$N$、$BOD_5$和石油类。在七大水系的100个国控省界断面中,Ⅰ~Ⅲ类、Ⅳ~Ⅴ类和劣Ⅴ类水质的断面比例分别为36%、40%和24%,海河和淮河水系的省界断面污染较重,跨界问题难以协调。

就整体变化趋势而言,有两个明显的特点(基于2005年的环境统计数据):① 水质相对较好的南方存在水质明显恶化的趋势。在水量相对丰富,水质也相对较好的珠江流域,在过去的3~4年中,污染河长几乎翻了一番。长江也出现明显的恶化趋势,污染河长增加了37.57%。② 在北方地区,尤其是海河和黄河的水质出现好转迹象,但仍不稳定。2005年,黄河和海河的污染河长分别减少了26%和16.32%,反映了流域水污染治理初见成效。但由于入河污染负荷的不断增加,加之污染治理进展缓慢,使得重点流域的水污染加剧态势未能从根本上得到有效遏制;水质好转的河段很不稳定,污染治理效果仍需进一步的评估。

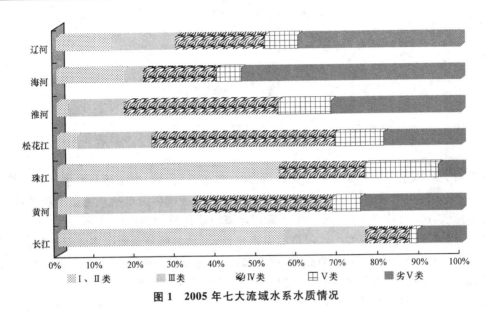

图1 2005年七大流域水系水质情况

(2) 湖泊水库富营养化问题突出

同样根据2006年发布的《2005年中国环境状况公报》,我国的富营养化湖泊主要集中在东部平原湖区和云贵高原湖区。在监测的200多个湖泊中,75%呈富营养化状态。在28个国控重点湖(库)中,满足Ⅱ类水质的湖(库)2个,仅占7%;Ⅲ类水质的湖(库)6个,占21%;Ⅳ类水质的湖(库)3个,占11%;Ⅴ类水质的湖(库)5个,占18%;劣Ⅴ类水质湖(库)12个,占43%,其中尤以太湖、滇池和巢湖等富营养化最为严重。

(3) 饮用水源保护亟需加强

我国目前的饮用水源同时受到常规污染物和新型有毒物质的共同影响,饮用水安全受到威胁。根据中国环境监测总站2006年6月发布的《113个环境保护重点城市集中式饮用水源地水质月报》,74个饮用水源地不达标,占重点城市饮用水源地的20.1%;全国还有3亿多农民的饮水安全无法得到保障。此外,突发性环境事件频发,也严重威胁饮用水源的环境安全;加之产业布局不合理,加剧了饮用水源地的环境安全问题。

(4) 流域生态用水无法保障

由于不合理的社会经济活动及水资源的过度开发,水资源紧缺与用水浪费、低效率并存,河流遭受严重污染,水资源开发与生态用水冲突,从而使得生态用水被大量挤占,进而加剧了河流干枯和湿地退化,造成生物多样性减少、河流水生态系统受到严重破坏、入海水量减少、河口淤积。

流域内生态环境所面临的一系列问题使得对流域进行规划,推行流域综合管理,加强流域内的资源、生态、环境管理成为必然,以便为流域的持续发展寻求一条可行的途径。我国的流域环境规划工作始于20世纪80年代初,1996年6月,国务院批准了《淮河流域水污染防治规划及"九五"计划》,这是我国中央政府批准的第一个流域水污染防治规划,自此我国展开了大规模的流域环境规划和污染防治工作。根据我国的水环境现状,在继续加强"三河"、"三湖"治理的同时,亦不能忽视长江、珠江等丰水地区的河流污染问题。因此,实施综合性的流域环境规划是必需的,也是我国水环境保护的重要工作之一。

## §2 流域环境规划进展

从发展趋势上看,国外的水环境管理经历了"污染—防治—保护—生态系统管理"的阶段,目前已从污染防治转移到生态系统的恢复与保护。例如,美国以水生态分区(Ecoregions)作为管理基础,采用水生态系统完整性评价(Ecological Integrity Assessment)方法,综合考虑水生态资源和人类干扰,实现水资源与水环境质量的综合管理。

从管理模式来讲,20世纪30年代美国提出了流域管理(Watershed Management),以流域方法(Watershed Approach)为基础,采用流域分析的途径,在流域尺度上,采取有效措施来维系、保护和恢复水环境与水生态系统在物理、化学和生物方面的完整性,缓解了部门和区域之间的冲突,提高了流域水资源管理的效率和效益;目前提出的水生态服务功能(Ecosystem Services),能有效地评估水体为人类提供的功能及自身需求功能,从而为实现经济社会发展的同时确保水生态系统完整性提供抉择的依据。

综合分析可知,流域环境规划的发展有如下几个特点:从单一的水资源、水污染控制规划向综合性和系统性的流域环境规划转变;从偏重水资源规划向水资源、水环境与水生态的综合规划转变;从重视工程方案向综合政策、管理的流域综合管理模式转变;社会经济系统被逐步纳入流域环境规划的分析框架之中;生态管理与流域分析思想在研究中逐步得到深入。

在已有的研究和实践基础之上,流域环境规划未来的发展将在如下4个主要方面展开:

(1) 以流域为规划和管理的边界与尺度

尽管流域的概念早已得到科学共识,但将其作为一个水环境管理的基本单元却不是自然就形成的理念,而是随着水环境问题研究的不断深入而逐步得到人们的认可,特别是对非点源污染、生物水质标准和生态系统管理的关注程度提高。就流域水污染防治而言,传统的水环境管理更注重点源污染控制,而在非点源污染控制方面存在明显缺失;多偏重于对单一法规标准的关注,如仅控制工业和城镇生活污染物的排放,而缺乏从流域系统角度对水质达标的考虑,其结果是难以实现预期的水环境管理目标。更为重要的是,目前的水质标准正逐步从单一的物化指标向与生物和生态相结合的综合指标转变。因此,传统的水环境管理存在着严重的局限性,已无法适应和满足当今水污染防治的新发展与要求。鉴于上述问题,使得在流域水污染防治和管理中采用以流域思想为基础的研究方法,即流域分析方法成为一种必然。

(2) 流域生态系统管理与综合管理模式的深入研究

综合性和系统性的流域环境规划使得必须要在规划的制定中重视并考虑如下几方面的因素:水资源开发与水环境和水生态保护的协调;流域与水生态分区的协调;对流域生态系统组成、结构与功能的关切。因此需要结合国际研究前沿和国内实际需要,推行流域生态系统管理与综合管理理念,建立适用于中国而非照搬国外的流域综合管理的模式。

(3) 流域综合管理中的利益者(Stakeholder)参与及协调机制

由于流域的特殊性,使得在很多地区,流域边界与传统的管理边界(如:行政边界)间存在着不一致,从而在流域的上下游、左右岸中存在着不少的冲突,典型的如:淮河的上下游的四省之间。此外,又由于流域规划的复杂性,使得在规划的过程中吸纳不同的利益群体和公众参与成为一种必然。

(4) 环境社会学、环境经济与政策等多学科交叉在流域规划中的应用

流域的复杂性使得单纯依靠技术手段已无法完全实现流域规划的预期目标,因此,以人为本,吸纳环境社会学、环境经济与政策方面的相关知识,将规划与实际管理和政策相结合,从而辅助于规划目标的实现,成为未来国内流域规划方面的重要研究方向。此外,基于多学科的规划评估也成为目前和未来流域规划中的重要内容,如:在国家环境保护总局环境规划院2005年负责制定的《重点流域水污染防治"十一五"规划编制技术细则》中,已将规划评估作为一项重要的规划内容。

## §3 相关重点研究

北京大学是我国最早开展流域水资源保护、水污染控制与环境规划的单位之一,并将其作为重要的研究方向发展至今。在相关方面也发表了大量的论文,主持了多项相关的研究项目。在临淄、石桥子和洱海等的水环境规划和流域规划中,提出了环境承载力的指标体系及其定量表述方法,并将其应用于上述研究之中。此外,还首次对中加流域环境规划进行了比较研究。中国和加拿大是两个有着不同社会制度和发展水平的大国,两国均开展了大量的流域环境规划研究工作,因此对其进行比较分析具有重要意义。在该研究中,选择中国太子河和加拿大圣约翰河为典型案例进行了对比分析,得出了两国流域环境规划的异同点,以及我国可从中借鉴的经验。在国内系统地将流域分析方法引入流域环境规划中,拓展了该方法的研究范围和深度。

自20世纪80年代初期开始,北京大学主持或参与了多项流域水质系统控制规划、污染控制规划、水资源保护规划与流域环境规划的研究工作,现将主要的一些规划内容与技术方法阐释如下。

(1) 伊洛河水质评价与管理规划研究(1981~1984)

伊洛河是黄河下游最大的支流,由伊河和洛河组成,其中洛河流经我国重要的工业城市洛阳,接纳了大量的工业和生活污水,污染较为严重。自1981年开始,由黄河水源保护科研所、北京大学和洛阳市环保监测站协作开展伊洛河水质评价和管理规划研究。项目历经3年,在大量调查研究和实地测试、计算的基础上,建立水文水质模型,预测污染物排放量及其对水环境的影响,确立水质目标,建立水质预报系统、优化控制模型以及方案比较模型,提出水质管理规划方案。

伊洛河水质评价与管理规划研究的主要贡献在于:它是国内早期水质规划研究的典型案例,项目研究的主要成果发表在《环境科学学报》、《水利学报》及《中国环境科学》等期刊上,并获得1984年河南省科技进步三等奖、1985年水电部科技进步三等奖和国家环保局科技进步三等奖。

(2) 洱海流域可持续发展综合环境规划(1995~1997)

洱海位于云南省大理白族自治州的中部,总面积 $250\sim257\ km^2$,平均深度 10.2 m,容积 $(2.9\sim3.0)\times10^9\ m^3$,属于澜沧江(湄公河)的一个支流。但随着社会经济的发展,人类活动的加剧,洱海流域存在着许多环境问题:水位下降对环境带来不利影响;水生生物群落结构发生

变化;非点源污染造成洱海水质恶化;流域森林砍伐增加了土壤侵蚀,加速了湖泊的沉积过程;缺乏有效的管理手段;城市污水和工业废水直排。

针对上述环境问题,联合国环境规划署(UNEP)和联合国开发计划署(UNDP)资助设立了洱海流域持续发展投资规划及能力建设和流域诊断研究课题。其中,UNEP 包含了 3 个子课题:洱海流域可持续发展旅游规划;洱海流域环境技术和管理综合研究;洱海流域可持续发展综合环境规划。北京大学与加拿大 Regina 大学主要承担了洱海流域可持续发展综合环境规划(Integrated Environmental Planning for Sustainable Development in the Lake Erhai Basin)的研究工作。

根据 UNEP 以及地方政府的要求与协商,确定洱海流域可持续发展综合环境规划的研究指导思想为:以区域经济、社会发展为基础,环境为核心进行规划的制定,确保区域的可持续发展。确定研究主要目标为:用科学方法制定洱海流域社会经济发展方案,并对这些方案进行解释。为此,该研究主要考虑流域内的如下组分:农业、旅游、林业、网箱养鱼、工业、采石、湖内航运和捕鱼、砖瓦窑、水供给和需求。并通过运用 IMOP(不确定多目标规划)和 SD(系统动力学)方法,描述它们之间的相互关系。并在规划研究中考虑了时空分区问题,整个流域划分为 7 个子区,各个子区具有不同的经济、环境和资源特征。规划研究的时限为 15 年(1995~2010),分为 2 个规划时段(1995~2000 和 2001~2010)。

洱海流域可持续发展综合环境规划研究的主要贡献在于:开发了一套新的流域环境系统规划方法。该方法将不确定性模糊多目标规划(IFMOP)模型与系统动力学(SD)模型有机地集成在一起,构成一个完整的体系。它的突出特点是:IFMOP 充分考虑到了流域环境规划所面临的信息不完备问题,将不确定性信息直接引入优化过程,从而得以区间数表示的不确定性优化解;在模型优化解的解译过程中,将各个变量在区间内进行适当组合就能生成各种针对实际情况的规划方案;IFMOP 的规划结果可以输入到 SD 模型中进行后模型分析,从而对规划方案实施后的环境、经济后果进行合理预测,并为决策者论证、调整方案提供科学依据。规划研究建立了 SD-IMOP 模型,通过两个模型的有机结合,预测流域社会经济、陆地生态等的变化对水环境的影响,并优化得到流域污染控制与管理方案,从而有效地解决了如何生成规划方案以及如何评估各个方案的环境经济后果等问题。

(3) 云南省滇南四湖流域环境总体规划(1997~1999)

滇南四湖包括星云湖、抚仙湖、杞麓湖以及异龙湖,该区域人口密度大、社会经济发展速度快,湖泊受污染也较为严重。为此在荷兰政府的资助下,开展了云南省滇南四湖流域环境总体规划研究。

规划研究确定的技术路线为:在社会经济、环境现状调查与评价的基础上,进行社会经济发展预测与环境预测;根据自然状况、环境现状,以及环境预测的结果,制定综合治理措施;根据环境状况和社会经济发展预测情况,以及湖泊的环境功能,确定湖泊的规划目标,并制定治理措施优化准则;利用优化模型进行治理措施优化,并通过水质模拟,确定综合治理措施优化项目。其中环境现状评价、环境预测、治理措施优化等工作在 DSS 的辅助下完成(图 2)。

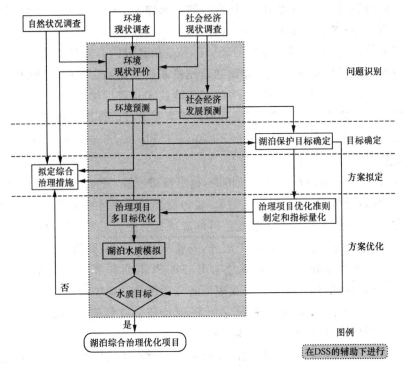

**图 2　滇南四湖流域环境总体规划研究技术路线**

基于上述方法,在对滇南四湖流域的社会经济和环境现状问题以及流域的潜在环境问题进行研究的基础上,根据可持续发展的战略思想,制定出流域的环境治理目标,并进行综合治理规划设计,从环境管理措施和工程措施两个方面,提出了一系列措施。工程措施涉及重点工业污染分散与集中治理工程方案、城镇污水集中处理工程方案、非点污染源治理方案(生态农业建设、农业非点污染源、小流域治理等)、流域生态恢复方案(绿化建设工程、水生生物恢复工程)和水资源开发利用保护工程。

滇南四湖流域环境总体规划的主要贡献在于:实现了多种模型的综合;将DSS引入规划的各个环节。

(4) 邛海流域环境规划(2003~2004)

邛海地处中国西南亚热带高原山区、四川省凉山州境内,是四川省内最大的天然湖泊,是流域内的重要水源;同时,邛海-泸山景区也是国家级风景名胜区,对当地的社会和经济发展提供了重要支撑。邛海长期的开发建设活动,为西昌市的经济持续发展奠定了良好的基础。但是,由于缺乏系统规划,邛海流域内丰富的自然资源与西昌市的经济发展水平不相协调,环境保护与经济发展得不到较好的统一。随着西昌城市化建设和邛海周边经济的高速发展,致使水体污染、水土流失、生态环境遭到破坏等环境问题突出。入湖污染物总量激增,水质出现一定程度上的恶化和富营养化趋势。为恢复邛海水质,迫切需要从流域整体入手制定规划并实施水污染综合防治。云南省环境科学研究院与北京大学环境科学与工程学院共同承担了邛海流域环境规划的研究和编制工作。

在征询地方专家和相关部门意见的基础上,将规划的基准年设为2004年,污染控制的时段设定为2005~2015年。规划的技术路线见图3。

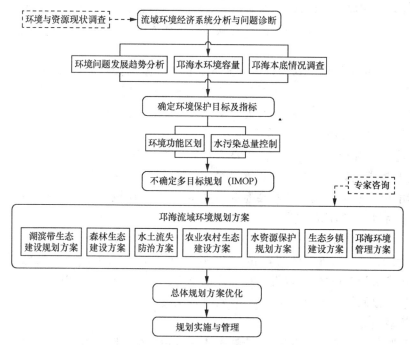

图 3　邛海流域环境规划研究技术路线

邛海流域环境规划的贡献在于：改进了洱海流域可持续发展综合环境规划研究中 SD-IMOP 方法；它是系统化和综合化的流域环境规划案例研究；规划中引入了生态系统管理的思想；完善了流域环境规划的情景分析方法体系。

(5) 云南大理茈碧湖流域水污染综合防治规划(2004~2005)

茈碧湖是洱海的重要补给水源，茈碧湖及其下游的弥苴河多年平均径流量为 $3.82 \times 10^8$ m³，占洱海多年平均径流量的 47% 左右。同时，茈碧湖流域还是洱海流域的核心组成部分之一，大约是洱海流域总面积的 30.3% 左右，对维系洱海流域的生态平衡起着至关重要的作用。

近年来，随着洱海流域社会经济的发展，洱海的水质出现明显恶化趋势，TN 和 TP 逐年上升，正在由中营养向富营养状态转变，因此迫切需要对其实施治理，恢复洱海及其流域的生态环境质量。作为洱海上游最大的支流，除了自身截留部分污染物外，茈碧湖还通过弥苴河向下游输入大量的污染物，其中，进入洱海的 COD、TN 和 TP 量分别占到流域总污染负荷的 29.3%、17.7% 和 15.2%。因此，在恢复洱海水质的关键时刻，亟需对其上游的茈碧湖流域实施水污染综合整治，以削减进入洱海的污染物，维系整个流域的生态平衡。

同时，茈碧湖流域内也出现了一系列生态环境问题，如：水质污染加重，由Ⅱ类转为Ⅲ类，特别是 $BOD_5$ 的浓度升高；湖滨带遭到严重破坏，湖滨植物逐渐消亡；农田化肥施用方式尚需改进；植被覆盖率较低，水土流失相对严重；农村垃圾、人畜粪便排放等面源污染增加；湖区旅游休闲开发不当，成为湖泊水体新的污染源。

北京大学环境科学与工程学院承担了《云南大理茈碧湖流域水污染综合防治规划》的编制工作：科学、全面地诊断了流域内的生态环境问题，结合流域规划期内的社会经济发展趋势和其他相关配套规划，在满足规划目标的前提下，从污染源治理、湖区生态环境修复与旅游开发、河道生态环境恢复、陆地生态建设与水土保持、洱源县城区水污染整治、茈碧湖下游小流域治理和流域水环境管理等多方面入手,制定出合理科学、经济可行、符合流域实际情况并具备技术先进性的综合规划方案,以改善湖泊和流域的生态环境质量,并促进流域的社会经济发展和洱海的保护。

为了保证规划的可操作性,并与《洱海流域保护治理规划(2003~2020)》及大理州和洱源县相关规划相匹配,在征询洱源县相关部门的意见基础上,将茈碧湖流域水污染综合防治规划的基准年设为2003年,规划时段分为:近中期:2005~2010年;远期:2011~2020年。

(6) 杞麓湖流域水污染综合防治规划(2005)

杞麓湖是珠江流域西江水系的主要水体,流域面积354.2 km$^2$,占通海县总面积的47.8%,因此杞麓湖及其流域的生态环境治理对于维系通海县乃至玉溪市的生态平衡起着至关重要的作用。然而,随着流域内社会经济的发展,杞麓湖流域出现了一系列水环境问题,水质已连续多年为劣V类,威胁到其功能的发挥。

自1987年起,玉溪市和通海县的相关部门已在杞麓湖流域开展了一系列的污染控制和生态修复工程,制定了《云南省杞麓湖管理条例》以及《杞麓湖综合治理与开发规划》、"九五"和"十五"的水污染防治工程规划,取得了很大的成效,但仍然无法全面遏制湖泊水质恶化的总趋势。而要更好地控制杞麓湖的污染负荷、有效改善湖泊水质和生态状况,需要在全流域开展水污染综合防治规划。

北京大学与云南大学共同承担了《杞麓湖流域水污染综合防治规划》的研究工作。在征询玉溪市和通海县相关部门意见的基础上,将规划的基准年定为2004年,规划时段分为:近期:2006~2010年;中期:2011~2015年;远期:2016~2020年。依据流域分析方法,提出点源治理、农业面源治理、湖区生态环境修复、河道水污染综合防治、人居环境整治和流域水环境管理等规划方案。

杞麓湖流域水污染综合防治规划的主要贡献在于:提出并完善了以流域保护方法、流域分析和景观生态学相关理论为基础的流域分析方法,包括:子流域划分与污染负荷预测,"源-途径-末端-汇"的污染防治工程和管理方案体系设计,备选技术方案的提出和方案优选,污染负荷的削减率计算和综合方案设计。

(7) 云南省大理鹤庆县草海湿地水污染综合防治规划(2005~2006)

鹤庆草海湿地位于大理州鹤庆县城北部,草海水域通过小溪沟渠、田畴与长江上游金沙江的一级支流漾弓江水系连为一体。草海湿地含盖彭屯海、母屯南海、中海、北海、波南河海、东海、西塘海、板桥海、清水河、五龙河等宽阔的水域,总面积达1000 hm$^2$以上。鹤庆草海湿地在控制区域水污染、调节区域水平衡、为珍稀动植物提供生境等方面具有不可替代的作用。由于它在金沙江上游的生态环境保护以及水质保护中占据十分重要的地位,2003年,大理州人民政府将鹤庆草海湿地列为州级自然保护区。

鹤庆位于大理、丽江两大历史文化名城、两大著名国家级风景区中轴线上,鹤庆草海湿地属大理-丽江大旅游圈中心稀有的高原淡水湿地生态系统,独特的区位优势与新华白族旅游村4A级国家旅游景点相映衬,在经济社会可持续发展中的地位和作用越来越突出。

然而,由于特殊的地质、气候条件和人为干扰,草海湿地目前正面临一些严重的水环境问题,如:水体磷污染加重;湿地原有水面结构和植被遭到破坏;人为占用湿地造田、开挖鱼塘等情况较为严重,导致湿地面积减小;局部水体流动性差,致使部分水面植物腐殖质淤积;人均耕地面积少,化肥施用方式不当,环境压力大;农村聚居点和旅游接待区域的生活垃圾和污水污染严重。为此,北京大学环境学院开展了草海湿地水污染综合防治规划的编制工作。

草海湿地水污染综合防治规划是在对湿地生态环境问题诊断的基础上,结合区域社会经济发展和其他专项规划,从污染源治理、湿地生态环境修复与旅游开发、水体生态修复、陆地生态建设与水土保持、湿地水环境管理等多方面入手进行规划设计,确保草海湿地水环境质量和生态改善,为鹤庆县进行草海湿地水环境保护提供技术支持,为实施综合集成防治提供工程和管理基础。

规划的期限为2006～2020年,分为三个阶段。以2004年为基准年。近期2006～2010年是重点建设期,中期2011～2015年是深化建设期,远期2016～2020年是开拓展望期(图4)。

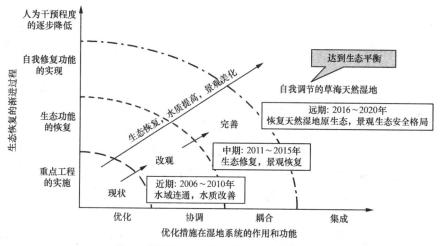

图 4　草海湿地水污染综合防治规划时段

(8) 松华坝水源区(嵩明县)水污染综合防治规划(2005～2006)

饮用水源地保护是目前我国水环境保护的重中之重。松华坝水库是昆明市的主要优质水源和滇池水体交换的重要水源,为昆明市的经济和社会发展做出了巨大的贡献。松华坝水源保护区总面积为593.0 km$^2$,冷水河和牧羊河为其入库河流。尽管早在1981年,昆明市就在全国率先建立了饮用水源保护区,并在1989年出台了《昆明市松华坝水源保护区管理规定》,使得水源区的森林植被覆盖率大幅提高,水源的出水量持续稳定,但由于保护区内人口的增加以及社会经济活动强度的增大,加之特殊的地形条件导致保护区内的水土流失仍相对较强,污染仍一定程度存在,冷水河和牧羊河的TN和有机物超标严重。此外,水源区的社会经济发展一直处于较为落后的水平,2004年不同乡镇的人均纯收入与嵩明县水平相比低17.14%～48%不等,这种状况也在一定程度上对水源区的保护带来不利的影响。

为保障昆明市的长远发展,迫切需要以水源区为整体实施污染控制规划。在征询地方专家和相关部门意见的基础上,将污染控制规划的时段设定为2006～2020年。规划以生态和水质改善、污染防治以及水源区内的社会持续发展为目标,从陆地生态恢复、点源和农业面源治理、河道生态修复、人居环境整治、水源地管理以及水源区发展等方面提出规划方案,并辅助建立水源保护的利益补偿机制,建立完整的和相互促进的水污染防治体系,促进水源保护区内的生态与水环境改善,并最终确保水源区内重要的入库河流——冷水河和牧羊河的水质达到《昆明市地表水环境功能区划》的要求。

松华坝水源区水污染综合防治规划的主要贡献在于:是国内不多见的以水源保护为目的

的综合规划,切合了国家饮用水源地保护的新要求;完善了水源保护的利益补偿机制并在实际规划中得到了应用。

(9) 云南省洛龙河流域水污染综合防治规划(2005~2006)

洛龙河是滇池的九大入湖河流之一,发源于昆明市境内的黑龙潭、白龙潭,两潭泉水交汇于大新册,流经小新册、洛龙、龙街、城内、古城、江尾等7个自然村并穿越呈贡县城后,由江尾村注入滇池。洛龙河全长13.7 km,流域面积115.52 km$^2$。洛龙河流域的主要污染源主要为农业和城镇生活污水,下段水质一直处于劣V类。加之流域又是昆明新城的主要开发区域,为实现滇池的保护目标并服务于昆明新城的建设,需要制定洛龙河流域水污染综合防治规划并付诸实施。

规划基准年为2004年,近期:2006~2010年;中期:2011~2015年;远期:2016~2020年。在对流域分区(上游水源保护区、综合污染控制区、点源污染重点控制区和下游水质恢复区)的基础上,根据不同分区各自特点分别设计内容及重点各异的方案来达到有效改善洛龙河水质和生态现状的目的,规划方案分为点源治理、农业面源治理、河道生态修复、人居环境综合整治和流域水环境管理等。

(10) 云南省-四川省泸沽湖流域水污染综合防治规划(2006~2007)

泸沽湖,位于三峡库区上游地区,是我国最深的淡水湖之一和人类母系氏族的最后领地,其自然资源和人文资源堪称世界财产,也为两岸人民的生活生产提供了宝贵资源。泸沽湖流域位于云南省丽江市宁蒗县和四川省凉山州盐源县的交界处,辖永宁乡的落水行政村和泸沽湖镇的7个行政村,总面积为262.6 km$^2$。

泸沽湖流域自然条件颇好,但开发无序、人类干扰严重;泸沽湖流域旅游发展较好,但区域发展不平衡;此外,滇川两省协调机制尚待完善,环境管理亟待加强。当前泸沽湖的水污染防治工作正处于关键时刻,因此北京大学环境科学与工程学院、云南省环境科学研究院和四川省环境科学研究院联合开展《泸沽湖流域水污染综合防治规划》研究,采用流域与行政区域相结合的方式对泸沽湖流域开展规划的编制工作。以2004年为基准年,近期:2006~2010年,中期:2011~2015年,远期:2016~2020年。

根据泸沽湖流域的景观格局,规划以"一湖、两带、三区、四片"为核心,以控制单元为规划子区域,建立系统的、立体的、多层次"工程控制、管理协调、经济发展"并重的综合性水污染防治与保障体系,以最终实现不同规划期的目标。规划总体方案总体上包括工程控制和管理协调两部分。其中工程控制包括污水收集与集中处理系统规划、农业面源污染防治规划、湖区与湿地生态环境修复工程规划、河道修复与陆地生态建设工程规划、新农村环境整治规划等5个方案;管理协调主要为流域水环境管理规划,其中以协调滇川两省管理机制和规划实施保障为主。此外,将经济发展贯穿于工程控制和管理协调之中,具体表现在产业(农业和旅游服务业)结构调整等。

泸沽湖流域水污染综合防治规划的主要贡献在于:为国内跨区流域的环境规划提供了借鉴;提出的规划方案与管理协调对策为解决跨界流域的冲突问题提供了途径。

## §4 流域环境规划方法

在长期研究的基础上,我们提出了流域环境规划的基本步骤(图5)。

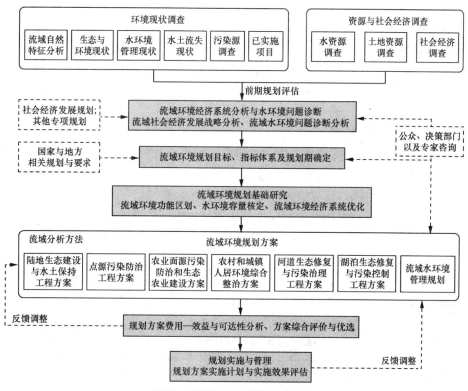

图5 流域环境规划的基本步骤

(1) 流域资源、水环境与社会经济现状调查

根据所研究流域的特点，收集流域的自然环境、社会经济发展、水环境管理现状、水土流失以及污染源排放现状等相关信息，并调研已实施的项目情况，对前期规划做出评估。评估的主要方面根据流域污染特征的不同而异，主要可分为：污染治理项目建设及资金落实情况分析、总量削减情况评估、水质评价与分析、规划目标评估以及管理措施评价等。此外，收集国家和地方的相关规划与要求。在必要时，还需补充水文和水质监测。

(2) 流域社会经济系统分析与水环境问题诊断

对规划基准年的污染负荷进行核算。收集地方相关规划信息，对流域的社会经济发展进行预测，对发展战略做出分析。结合情景分析方法，预测不同情景下流域发展的污染负荷变化及其对水环境造成的影响。在对流域环境系统综合分析的基础上，找出流域在水量、水质、水资源利用、污染源治理、陆地和水生态以及水环境管理等方面存在的问题，诊断问题产生的原因，为确定规划目标以及规划方案提供依据。

(3) 流域环境规划目标与指标体系确定

根据国民经济和社会发展要求，从流域的水质、水量、水生态、污染防治以及水环境管理等方面提出规划目标和指标体系，涵盖了水质、植被覆盖、城镇集中污水处理率、主要污染物削减率、固体废物处理率、农业污染物处理率、投资指标、环境经济以及水环境管理等方面。规划目标体现了流域社会经济发展与水环境系统的协调和综合，是流域环境规划的根本出发点。因此，规划目标的提出既要与经济发展的战略部署相协调，又要与流域目前和预期的环境状况与经济实力相适应。目标的提出需要经过多方案比较和反复论证，在最终确定前要先提出几种不同的目标方案,经过具体措施的论证以后才能确定最终目标。

(4) 流域环境规划基础研究

流域环境规划方案的制定要建立在对水环境系统全面分析的基础之上,因此需首先确定流域环境功能区划并通过模型核定水环境容量。此外,协调流域社会经济发展与水环境保护的关系也是流域环境规划的一项重要内容。因此,需要建立流域环境经济系统优化模型,优化目标要与规划目标相一致。

(5) 流域环境规划方案

流域环境规划方案的总体设计以流域分析方法为指导,首先划分子流域,作为规划的基础单元;以河道为纽带,通过对子流域点源、面源的控制,减少入河或入湖库的污染物量;通过对河道的污染治理和生态恢复,增强对污染物的削减和生态作用。

为实现规划目标,在方案的空间布局上以流域的景观格局分析为基础,完成"源头(点源治理、农业和农村面源控制、水土流失防治)、途径(河道生态修复与污染控制)、末端(河口污染削减)以及汇(内源清除)"的全过程污染控制和生态修复技术体系,主要包括陆地生态恢复、农业面源治理、河道生态修复、农村和城镇人居环境整治以及流域水环境管理等(图6)。对于包含湖泊的流域,还要设计湖泊生态修复的工程方案。

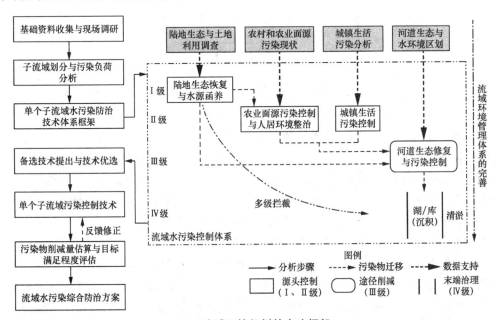

**图6 流域环境规划的方法框架**

由于流域界限与行政边界大多不重叠,在一定程度上制约了流域保护方法的切实应用,因此在制定流域环境规划时,需首先划分出一些面积相对较小、行政区划相对简单的子流域。

对于每项规划方案,首先要根据规划目的和需解决的问题提出备选的技术措施,然后对技术措施进行分析和评价。根据评价结果提出可供选择的实施方案。为了检验和比较各种规划方案的可行性和可操作性,可通过费用-效益分析和方案可行性分析等方法进行综合评价,从而为最佳规划方案的选择与决策提供科学依据。此外,根据流域的资金支付能力和规划目标的要求,筛选出不同规划期内的优选方案清单,也是流域环境规划的重要内容。根据方案评价的结果,对规划方案做出反馈调整。

(6) 规划实施与管理

规划的实施与管理是制定流域环境规划的一个重要内容,因此需提出规划实施计划并对实施效果进行评估:建立规划评估制度、确定评估指标体系、建立监测计划(污染源监测、水质与陆地生态监测)、评估结果的反馈。在规划管理中,确定不同机构和政府部门的职责范围,建立完善流域环境保护的体制与制度,实施规划的监督与反馈机制,逐步调整规划政策保障措施并提出科学研究的新方向。

目前,我们主要从事如下几方面的研究:流域环境规划、城市水源区环境规划、流域综合管理、流域水资源承载力及水资源调控和优化配置研究等;并积极将国外先进的流域思想引入国内,应用于实际的流域规划案例中;将优化模型方法引入流域、城市和区域的水资源调配上;探讨生态学相关理论和方法在流域环境规划与管理中的应用。

为展示研究成果,本书从上述的实际研究中选取两个特点各异的典型流域作为案例加以整理:松华坝水源区水污染综合防治规划、泸沽湖流域水污染综合防治规划。以充分阐释流域环境规划的研究思路、研究内容与方法及实际编制过程,为国内流域环境规划的进一步研究提供借鉴和参考。

# 上篇

# 泸沽湖流域水污染防治规划

## 泸沽湖流域

泸沽湖,位于三峡库区上游地区,是我国最深的淡水湖之一和人类母系氏族的最后领地,其自然资源和人文资源堪称世界财产,也为湖两岸人民的生活生产提供了宝贵资源。泸沽湖流域位于云南省丽江市宁蒗县和四川省凉山州盐源县的交界处,辖永宁乡的落水行政村和泸沽湖镇的7个行政村,总面积为262.6 km²。

相比其他高原湖泊,泸沽湖流域的生态破坏和水体污染程度较轻。然而,由于特殊的地质、气候条件和旅游开发,泸沽湖流域目前正面临一系列水环境问题,如:无序开发和人类过分干扰导致生活污染、旅游废物、水土流失等增加;失衡发展和经济落后导致环境基础设施投入不均、湖泊周边生活质量差异大、环境意识难以保障;管理不善和协调不充分造成滇川两省管理机制无法统一、法规平台难以建立、环境监测与生态保护尚未同步实施。为此,开展泸沽湖流域的水污染防治规划研究,协调滇川两省的水环境管理,一方面具有重大意义,另一方面也充满挑战。

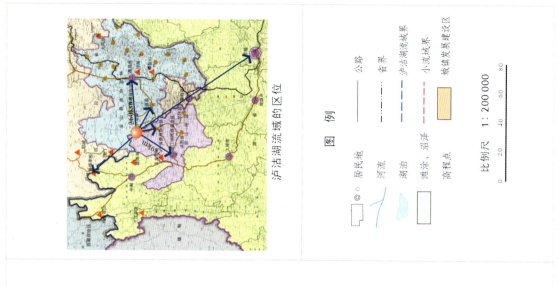

泸沽湖流域的区位

图 例

| | |
|---|---|
| 居民地 | 公路 |
| 河流 | 省界 |
| 湖泊 | 泸沽湖流域界 |
| 滩涂、沼泽 | 小流域界 |
| 高程点 | 城镇发展建设区 |

比例尺 1:200 000

0   20   40   60   80 km

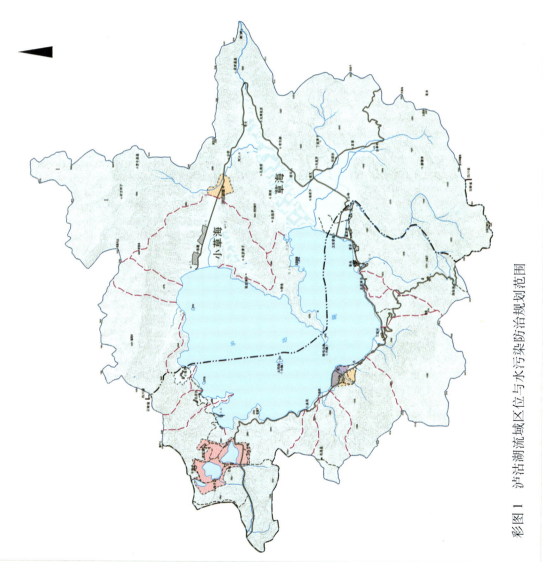

彩图1 泸沽湖流域区位与水污染防治规划范围

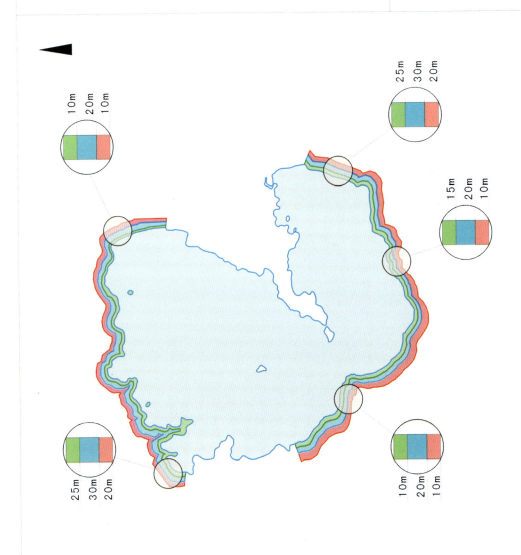

彩图 2　泸沽湖流域水污染防治主体环境功能区划

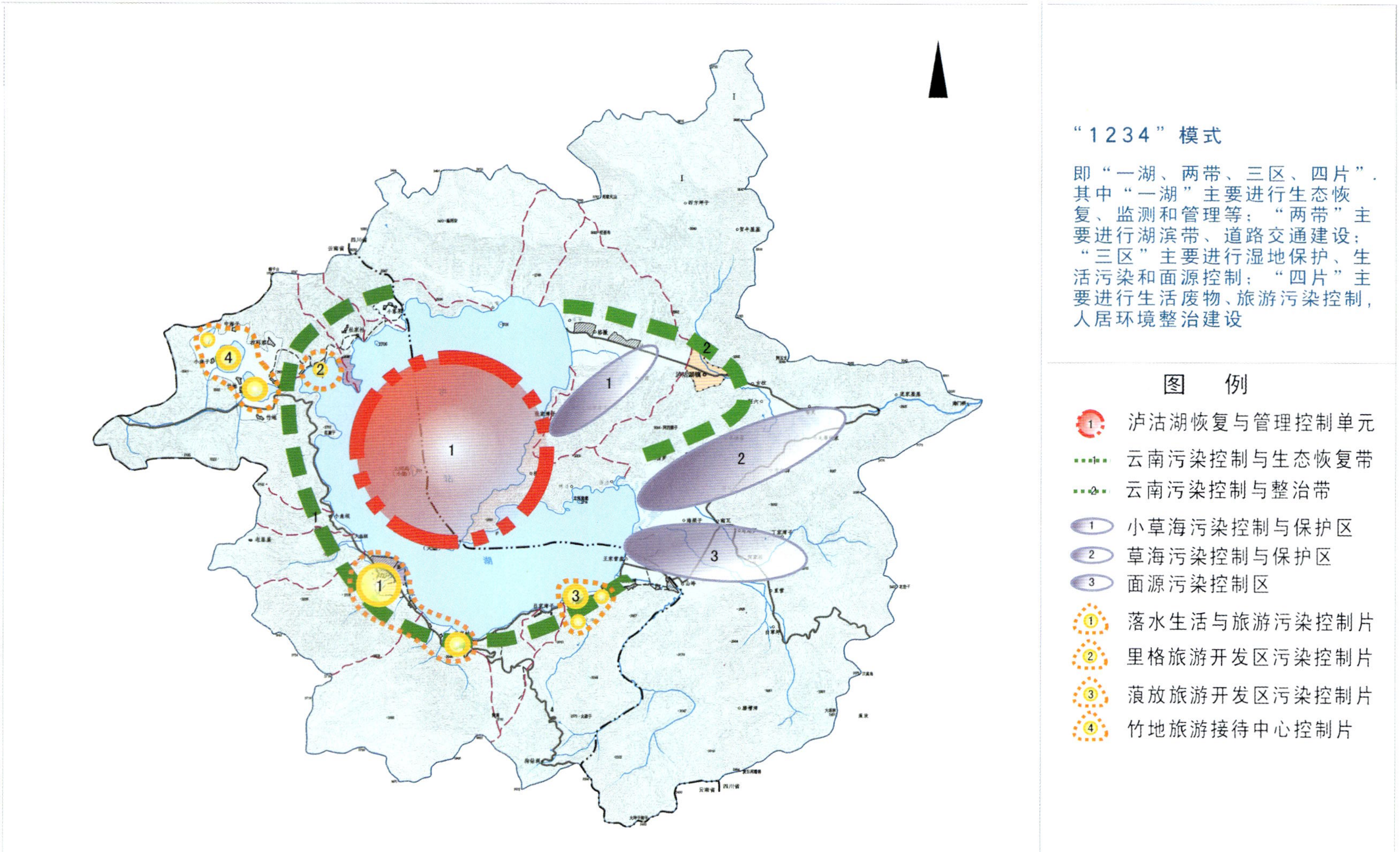

"1234"模式

即"一湖、两带、三区、四片"，其中"一湖"主要进行生态恢复，"两带"主要进行管理和监测；"两带"主要进行湖滨带、道路交通建设；"三区"主要进行污染源控制；"四片"主要进行生活和面源污染控制，旅游污染控制，人居环境整治生物废物建设

图 例

- 泸沽湖恢复与管理控制单元
- 云南污染控制与生态恢复带
- 云南污染控制与整治带
- ① 小草海污染控制与保护区
- ② 草海污染控制与保护区
- ③ 面源污染控制区
- ① 落水生活与旅游污染控制片
- ② 里格旅游开发区污染控制片
- ③ 滇放旅游开发区污染控制片
- ④ 竹地旅游接待中心控制片

彩图3 泸沽湖流域水污染防治规划思路与控制单元

## 工程措施与投资

| 项目名称 | 近中期 | | 远期 | |
|---|---|---|---|---|
| | 云南 | 四川 | 云南 | 四川 |
| 污水改集与集中处理系统规划 | 1100 | 1350 | 530 | 620 |
| 农空面源污染防治规划 | 989 | 1728 | 457 | 834 |
| 湖区与湿地生态修复工程规划 | 396 | 455 | 0 | 0 |
| 河道修复与陆地生态建设规划 | 915 | 255 | 575 | 125 |
| 人居环境综合整治工程规划 | 1300 | 930 | 50 | 50 |
| 流域水环境管理规划 | 415 | 415 | 130 | 130 |

### 规划重点

近中期：
污水改集与集中处理工程
湖区与湿地生态环境修复工程
农空面源污染防治工程及流域
水环境管理建设

远期：人居环境综合整治工程
河道修复与陆地生态建设
农空面源污染防治工程及
流域水环境管理建设

### 图例

- 污水处理厂（站）
- 人居环境整治工程
- 河道生态修复工程
- 水源涵养林工程
- 水土流失治理工程
- 流域水环境管理规划
- 湖滨带与河口修复工程
- 湿地生态修复工程

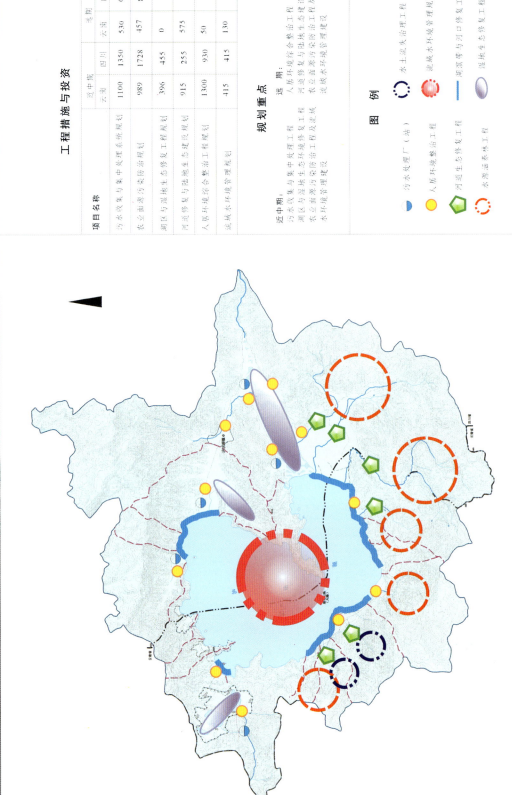

彩图 4 泸沽湖流域水污染防治工程规划总体布局

# 第一章 规划总则

## 1.1 规划依据

- 《中华人民共和国环境保护法》(1989);
- 《中华人民共和国水污染防治法》(1996);
- 《中华人民共和国水土保持法》(1991);
- 《中华人民共和国森林法》(1998);
- 《中华人民共和国固体废物污染环境防治法》(2004);
- 《地表水环境质量标准》(GB 3838—2002);
- 《污水综合排放标准》(GB 8978—1996);
- 《城镇污水处理厂污染排放标准》(GB 18918—2002)。
- 《中华人民共和国国民经济和社会发展第十一个五年规划纲要》(2006);
- 《重点流域水污染防治"十一五"规划编制技术细则》(2005);
- 《三峡库区及上游地区水污染防治规划》(2001);
- 《云南省环境保护条例》(1992);
- 《云南省环境保护"十一五"规划和2020年远景目标基本思路》(2005);
- 《云南省九大高原湖泊水污染防治目标责任书(丽江)》(2003—2005);
- 《云南省宁蒗彝族自治县泸沽湖风景区管理条例》(1995);
- 《云南省宁蒗彝族自治县泸沽湖风景区管理条例实施细则》(1999);
- 《凉山彝族自治州泸沽湖风景名胜区保护条例》(2004);
- 《四川云南泸沽湖、金沙江下游环境保护协调工作会谈纪要》(2004);
- 《丽江市环保局关于"滇川两省环境保护协调委员会第一次会议纪要"的落实实施意见》(2005);
- 《关于转发州委、州政府〈关于加快林业生态建设和产业发展的意见〉的通知》(2004);
- 《盐源县国民经济和社会发展第十一个五年规划基本发展思路》(2005);
- 《云南省宁蒗彝族自治县泸沽湖泥石流勘察及防治工程可行性研究报告》(2001);
- 《泸沽湖水污染综合防治"十五"计划》(2002);
- 《泸沽湖环境综合治理规划》(2003);
- 《泸沽湖流域环境规划》(1998);
- 《泸沽湖环境保护整治实施方案》(2005);
- 《泸沽湖旅游区总体规划(修编)》(2001);
- 《泸沽湖风景区综合规划》(2004);
- 《泸沽湖风景名胜区总体规划纲要》(2002);
- 《泸沽湖风景名胜区(四川片区)总体规划》(2002);
- 《云南省泸沽湖保护区调查规划报告》(1982);

- 《云南丽江泸沽湖摩梭民俗观光村恢复工程修建性详细规划》(2004);
- 《云南省泸沽湖旅游区污水处理系统工程可行性研究报告》(2005);
- 《盐源县泸沽湖镇总体、建设规划》(2002);
- 《泸沽湖省级旅游区里格民族旅游村环境综合搬迁规划》(2004);
- 《丽江泸沽湖旅游区竹地片控制性详细规划》(2004);
- 《泸沽湖湖滨带生态恢复建设工程初步设计》(2004);
- 《凉山州盐源县泸沽湖风景名胜区污水处理系统可行性论证方案》(2002)。

## 1.2 规划目的

泸沽湖属于金沙江水系,且位于三峡库区的上游地区,是周边滇川两省人民的生活寄托,也是当地旅游开发与经济发展的"生态保障"。相对于其他高原湖泊而言,泸沽湖流域的生态破坏和水体污染程度较轻,然而,由于特殊的地质、气候条件和人类干扰,泸沽湖流域目前正面临一些潜在的水环境问题,如:无序开发和人类过分干扰导致生活污染、旅游废物、水土流失等增加;失衡发展,经济落后导致环境基础设施投入不均、湖泊周边生活水平差异大、环境意识难以保障;管理不善和协调不充分导致滇川两省管理机制难以统一、法规平台无法建立、环境监测与生态保护尚未同步实施等。自1995年起,两省的相关部门分别在泸沽湖流域制定了相关法规制度、计划、规划,并开展了一系列的水污染控制和生态修复工程等。为了细化并综合体现上述工作要求,更好地控制泸沽湖流域的污染负荷、有效改善湖泊水质和生态状况,保护以泸沽湖为主的自然旅游资源和以摩梭、普米民俗为主的人文旅游资源,促进流域的社会经济可持续发展,采用流域与行政区域相结合的方式,在全流域开展水污染防治规划。

本规划拟在以我国"十一五"规划为主的相关规划、法规和标准的指导下,对泸沽湖流域开展水污染防治规划,其目的在于:基于对流域环境问题的诊断和已开展的相关治理措施的效果评估,结合流域规划期内的社会经济发展趋势和其他相关配套规划,在满足规划目标的前提下,从污水收集与集中处理、农业面源治理、湖区与湿地生态环境修复、河道修复与陆地生态建设、社会主义新农村建设和流域水环境管理等多方面入手,因地制宜地制定出科学合理、经济可行、技术先进的协调型规划方案,改善流域和湖泊生态环境质量,并促进流域的经济和社会发展,为滇川两省及其各级政府部门落实"十一五"规划、开展流域水污染防治决策提供技术支持和途径,并为两省联手争取包括"三峡"水污染防治专项资金在内的各种筹资渠道,最终实现两省的协调合作和全流域的可持续发展。

## 1.3 指导思想与原则

### 1.3.1 指导思想

以我国"十一五"规划为指导,以构建和谐社会为目标,坚持以人为本,促进流域内经济结构调整和经济增长方式的转变,以泸沽湖水环境保护与生态修复为核心,以滇川两省协调管理为重点,以环境改善、资源保护与旅游开发的协调发展为主线,以强化执法监督、争取资金投入为保障,为泸沽湖流域内旅游发展、全面建设小康社会和构建和谐社会保障相适应的水环境条件。

### 1.3.2 规划原则

(1) 以人为本,全面发展原则:实现环境改善促资源(自然与文化)保护、资源(自然与文化)保护促经济发展,以改善流域内的水环境质量和保护人体健康为根本,以强化执法监督、提高环境管理能力为保障,促进泸沽湖流域水环境质量的改善。

(2) 预防为主、防治结合、综合治理原则:强调以点源、面源的源头控制和生态系统服务功能恢复与增强的预防性措施为主,以污染物末端治理为辅,同时通过规范旅游开发模式、调整土地利用方式和变革农村生活习惯等综合治理解决泸沽湖流域水环境与水生态问题。

(3) 协调性原则:充分认识到泸沽湖及其流域的资源价值,在实施水污染防治的同时,与旅游开发与产业结构调整相结合;并要求规划的编制须与其他专业和综合规划相衔接。同时,本规划强调流域水环境管理需在充分兼顾滇川两省情况的基础上构建区域协调管理机制。

(4) 系统性和重点突出原则:将泸沽湖流域作为一个完整系统加以考虑,系统考虑其自然背景、生态环境、人文景观和风俗民情,开展流域尺度上主体环境功能区划,有的放矢地重点防治点源、面源污染和构建滇川两省协调管理机制。

(5) 坚持实事求是,突出适宜性原则:结合区域特点,实事求是、因地制宜地提出符合滇川两省省情和发展阶段的环境目标要求,立足于"十一五"、近中远期相结合,统一规划、分步实施,注重长远,调整短时期内的利弊,并确保方案具有较强的指导性和可操作性。

(6) 循环经济、可持续发展原则:规划的编制要为促进流域的可持续发展服务,规划方案要求落实循环经济理念和促进地方社会主义新农村建设。

## 1.4 规划范围与时段

### 1.4.1 规划范围

泸沽湖流域水污染防治规划范围以流域为单元,兼顾行政区划,主要为泸沽湖流域及竹地旅游接待规划区,包括云南省丽江市永宁乡的落水行政村和四川省凉山州泸沽湖镇的多舍村、木夸村、直普村、博树村、海门村、山南村和舍夸村,规划总面积为 262.6 km²(其中包括竹地旅游接待规划区 15 km²,见彩图 1)。

### 1.4.2 规划时段

在征询滇川两省相关部门意见的基础上,将《泸沽湖流域水污染防治规划》的基准年定为 2004 年,规划时段分为:

- 近期:2006~2010 年;
- 中期:2011~2015 年;
- 远期:2016~2020 年。

## 1.5 规划指标与目标

为了体现规划原则要求,确保规划目标的实现,需建立完善的规划指标体系。需要明确的是,水污染防治规划的编制实施,需要各个部门的努力,且在各个方面进行有效控制。对于环保部门来说,重点在于水污染物新增量和削减量的控制。

以水污染防治为中心,确定污染源治理、水质和总量控制为主要控制目标,兼顾流域生态建设和社会经济发展。用 15 年的时间,通过流域水污染防治规划方案的实施及强化环境管理,全面推进泸沽湖流域的水环境保护和建设,实现流域生态系统的良性循环和社会经济与环境保护的协调发展。

根据《重点流域水污染防治"十一五"规划编制技术细则》(2005 年)和规划目的,结合滇川两省实际情况,确定规划指标为环境质量类、污染控制类和环境管理类指标,共 12 个(表 1-1-1),以规划指标的达到来满足规划目标的实现。

表 1-1-1 泸沽湖流域水污染防治规划指标

| 类别 | 序号 | 指标名称 | 单位 | 规划目标 | | |
|---|---|---|---|---|---|---|
| | | | | 2010 年 | 2015 年 | 2020 年 |
| 环境质量 | 1 | 水环境功能区水质达标率 | % | 100 | 100 | 100 |
| | 2 | 泸沽湖水质类型 | — | Ⅰ类 | Ⅰ类 | Ⅰ类 |
| | 3 | 入湖河道(入湖断面)水质类型 | — | Ⅰ类 | Ⅰ类 | Ⅰ类 |
| | 4 | 森林覆盖率 | % | 50 | 52 | 55 |
| 污染防治 | 5 | 生活污水集中处理率(二级) | % | 80 | 85 | 90 |
| | 6 | 污水处理厂出水排放标准 | — | GB 3838—2002 一级排放 A 标准,出水达标率大于 90% | | |
| | 7 | 生活垃圾无害化处置率 | % | 80 | 85 | 90 |
| | 8 | 农田测土施肥普及率(以 2004 年为基准) | % | 30 | 60 | 80 |
| | 9 | 畜禽养殖粪便资源化率(以 2004 年为基准) | % | 30 | 60 | 80 |
| 环境管理 | 10 | 环境监察、监测、信息和宣教 | — | 达到国家标准化要求 | | |
| | 11 | 自动监测网络建设 | — | 2010 年建成自动监测网络和重点污染源的在线监控系统 | | |
| | 12 | 环境管理协调机制 | — | 逐步建立并完善滇川两省环境管理协调机制 | | |

注:水质指标符合 GB 3838—2002 的要求;污水处理厂出水排放标准参考 GB 18918—2002。

## 1.6 规划理念与技术路线

### 1.6.1 规划理念

根据当地地形地貌与社会经济的考察,泸沽湖流域的污染产生和输移以及入湖的规律是:四川部分的污染物(点、面源)主要在地形地貌的约束下通过河道途径进入湖体、草海湿地;而云南部分的污染物(点源、固体废物、水土流失)主要是直接进入湖体。所以,在进行以泸沽湖水污染防治和生态恢复为核心的水污染防治规划中,四川部分采用国际上先进的流域分析方法(包括直接截污方法,美国 EPA 倡导并推广应用),将泸沽湖流域(四川部分)作为一个完整的系统,以河流为景观廊道,对流域进行控制单元划分与污染防治,以建立"源头-途径-末端"的全过程控制、构筑"点(点源)、线(河道)、面(农业面源、陆地生态)"、"山地-湖盆区-湖体"相结合的立体化污染削减和控制体系。而云南部分则采用直接截污的方法,采用"源头-末端"、"点、面(农业面源、陆地生态)"相结合的方式进行水污染防治。

同时,由于泸沽湖流域地处偏远的滇川两省交界处,本规划改变以往以行政区域为单元的做法,尊重流域的自然属性,统筹行政区域与流域单元,构建一个"工程控制、管理协调、经济发展"并重的综合性水污染防治与保障体系(图1-1-1)。

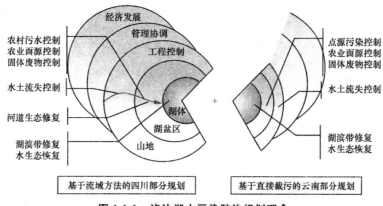

图 1-1-1 泸沽湖水污染防治规划理念

## 1.6.2 技术路线

泸沽湖流域水污染防治规划是一个多目标、多层次的系统工程。此规划针对云南和四川各自情况,在环境科学、生态学原理基础上,以环境数值模拟技术和地理信息系统技术(GIS)等作为技术支持工具,分别采用流域方法和直接截污方法进行设计,实现"工程控制、管理协调、经济发展"的水污染防治规划目标。泸沽湖水污染防治规划的技术路线见图1-1-2。

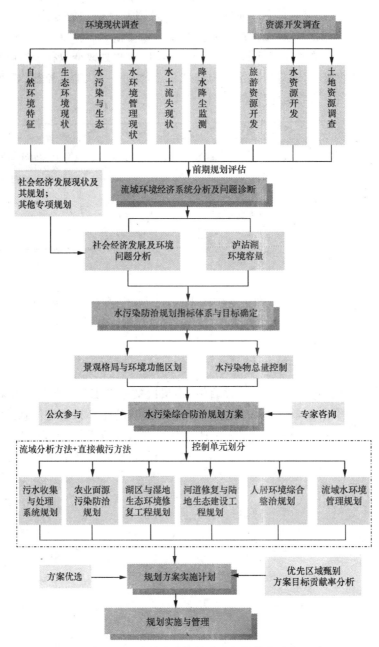

图 1-1-2 泸沽湖水污染防治规划技术路线

# 第二章 规划区背景

## 2.1 自然环境概况

### 2.1.1 地理位置

泸沽湖位于云南省西北部和四川省西南部的两省交界处,地理坐标为东经 100°45′～100°51′,北纬 27°41′～27°45′。湖面海拔 2689.8～2690.8 m,为两省共辖,东部为四川盐源彝族自治县,西部为云南宁蒗彝族自治县。距宁蒗县城、盐源县城、丽江市和西昌市分别为 73、118、289 和 260 km。

### 2.1.2 地质地貌

泸沽湖是一个高原断层溶蚀陷落湖泊,由一个西北东南向的断层和两个东西向的断层共同构成。泸沽湖流域属巴颜喀拉地槽区,金沙江褶皱系,湖区古生代及中生代地层发育,第四纪地层仅见湖边之砂砾层,无典型的湖相沉淀,湖盆系由断陷及冰川作用形成,由于受构造运动的影响,湖盆四周群山环抱。

在地貌区划上属横断山系切割山地峡谷区,横断山北段高山峡谷亚区和滇东盆地山原区,滇西北中山山原亚区交界地带。泸沽湖湖岸多弯曲,形成深渊的小港湾,湖中有大小岛屿 7 个,皆为石灰岩残丘。沿湖有 4 个较大的半岛伸入湖中,其中由东至西伸到湖中的长岛,长达 4 km,把湖面阻隔成马蹄形,泸沽湖如明镜镶嵌于高原群山之中。

### 2.1.3 气候气象

泸沽湖流域位于西南季风气候区域,属低纬高原季风气候区,具有暖温带山地季风气候的特点。光照充足,冬暖夏凉,降水适中,由于湖水的调节功能,年温差较小。境内地形复杂,群山连绵起伏,呈现出明显的立体气候特点,气温随海拔升高而递减。区内干湿季分明,6 月至 10 月为雨季,11 月至翌年 5 月为旱季。1 月至 2 月有少量雨雪,旱季降水占全年降水量的 11%,雨季降水占全年降水量的 89%。多年平均降雨量 1000 mm,年相对湿度 70%。湖水温度为 10.0～21.4℃,是一个永不结冻的湖泊,常年平均气温 12.8℃。区域内光能资源丰富,全年日照时数为 2260 h,日照率 57%。

### 2.1.4 水文水系

泸沽湖属金沙江水系,湖泊南北最大长度 9.5 km,东西最大宽度 7.5 km,湖岸线长约 44 km(其中云南部分 24 km,四川部分 20 km),湖泊面积 50.1 km²(其中云南部分 30.3 km²,四川部分 19.8 km²)。湖泊流域面积 247.6 km²(其中云南部分 107 km²,四川部分 140.6 km²),湖泊补给系数(即流域面积与湖泊面积的比值)为 4.94。泸沽湖最大水深 105.3 m,水深超过 50 m 的湖区约占全湖面积的一半,平均水深为 40.3 m,是我国最深的淡水湖之一。湖水库容量为 $22.52\times10^8 \text{ m}^3$,湖水最大透明度达 12 m。

泸沽湖入湖河流共 18 条(云南部分 11 条,四川部分 7 条),其中常流河共 9 条(云南部分 5 条,四川部分 4 条),分别为大渔坝河、乌马河、幽谷河、王家湾河、蒗放河、凹垮河、蒙垮河、大咀河、八大队河。出湖河流为四川的打冲河,后注入前所河,最后注入雅砻江。泸沽湖出湖流量汛期达 $3\sim5 \text{ m}^3/\text{s}$。10 月份以后排流量甚小,每年 $1\sim5$ 月湖水基本没有外泄。该湖是一个产流条件较好、湖水补给比较充沛,而水量损耗又相对较小的一个半封闭湖泊。

### 2.1.5 自然生态

泸沽湖水生植物种类和数量十分丰富,居全国高原湖泊的前列,并有菠叶海菜花特有物种及其组成的群落。此外,湖泊出口出 7 $\text{km}^2$ 的大草海分布着多种水生植物群落,据不完全统计,有水生维管束植物 19 科 37 种。

泸沽湖四周山地大部分有植被分布,森林分布呈垂直地带性变化。湖中半岛和西南沿岸林木覆盖率较高,但东北沿岸有些仅为灌丛,还有裸露山地。保护区内内森林生长更新良好。植被类型主要包括冷杉林、丽江云杉林、黄背栎林、白桦林、滇山杨林、云南松林、杜鹃灌丛、高山枸子灌丛、小果垂枝柏、海岛蒿草植被。其中云南松林、黄背高山栎所占面积较大。据记载,该地区有陆生种子植物 104 科,近 650 种。

泸沽湖中有原生鱼类 4 种,次生鱼类 9 种。其中原生鱼类中的 3 种裂腹鱼属泸沽湖特有种,经济价值较高,但年产量已由 20 世纪 50 年代 300 t 降至 90 年代的 2 t。

泸沽湖地区的野生动物中兽类有 20 余种,两栖动物 6 种,鸟类 30 余种,如黑麂、林麝、猕猴、黑熊、白鹇、铜鸡、猫头鹰、穿山甲等。其中有国家一类保护动物 4 种,二类保护动物 9 种。此外,还有大量候鸟栖息,其中国家重点保护的有黑颈鹤、天鹅、斑头雁等,每年冬季达到 1.8 万只,在我国西南高原湖泊中具有特殊地位。

## 2.2 社会经济发展状况

### 2.2.1 人口分布

泸沽湖流域是以摩梭人为主的多民族聚居区。沿岸居住有摩梭人和普米、纳西、彝、汉、藏、白、壮、蒙古 7 个民族,共约 1.3 万人,其中少数民族约占 80%,摩梭人约 0.5 万。云南宁蒗县落水行政村最主要的两个民族为摩梭人和普米族,分别约占落水行政村总人口的 50% 和 34%,四川盐源县泸沽湖镇最主要的民族为蒙古族(含摩梭人),占总人口的 70%。泸沽湖位于滇川两省交界处,流域范围内云南部分为永宁乡落水行政村,分别是山垮、普乐、蒗放、王家湾、吕家湾、三家村、落水、竹地、里格、小落水和老屋基 11 个自然村,四川部分为泸沽湖镇 7 个行政村,分别是多舍村、木夸村、直普村、博树村、海门村、山南村和舍夸村。其中泸沽湖流域村镇体系见表 1-2-1。

表 1-2-1 泸沽湖流域村镇体系

| 中心镇 | 中心村 | 自然村 |
|---|---|---|
| 永宁乡 | 落水村 | 山垮、普乐、菠放、王家湾、吕家湾、三家村、落水、竹地、里格、小落水、老屋基 |
| 泸沽湖镇 | 多舍村 | 多舍、古拉、母支 |
| | 木夸村 | 木夸、洼夸、中洼、格撒、大咀、阿洼、赵家湾 |
| | 博树村 | 博树、扎俄落、伍指罗、落洼 |
| | 海门村 | 海门、庞家屋基、嘎米、哨楼、下八家 |
| | 直普村 | 直普、马家社 |
| | 山南村 | 山南、布尔脚、密瓦、纳洼、马尾落、何家社 |
| | 舍夸村 | 舍夸 |

2004年泸沽湖流域总人口为13457人，其中云南省为3067人，占总人口的22.8%；四川省为10390人，占总人口的77.2%，具体各村人口分布情况见表1-2-2。

表 1-2-2 2004年泸沽湖流域人口分布情况

| 所属省份 | 村镇名 | 户数/户 | 人口数/人 |
|---|---|---|---|
| 云南宁蒗彝族自治县 | 山垮 | 92 | 411 |
| | 普乐 | 94 | 428 |
| | 菠放 | 59 | 253 |
| | 王家湾 | 47 | 188 |
| | 吕家湾 | 34 | 151 |
| | 三家村 | 34 | 169 |
| | 落水 | 85 | 543 |
| | 竹地 | 66 | 348 |
| | 里格 | 31 | 153 |
| | 小落水 | 38 | 217 |
| | 老屋基 | 38 | 206 |
| | 小计 | **618** | **3067** |
| 四川盐源彝族自治县 | 多舍村 | 382 | 2090 |
| | 木夸村 | 464 | 2539 |
| | 博树村 | 201 | 1100 |
| | 海门村 | 153 | 834 |
| | 直普村 | 217 | 1188 |
| | 山南村 | 236 | 1292 |
| | 舍夸村 | 246 | 1347 |
| | 小计 | **1899** | **10390** |
| **总计** | | **2517** | **13457** |

## 2.2.2 土地利用

泸沽湖流域最新的土地利用方式见表1-2-3，可知云南部分以林地和耕地为主，占到

86.33%；四川以林地和草地为主，占到81.3%。2004年，云南部分和四川部分的耕地面积分别是3872亩和9490亩，人均耕地少，分别仅为1.26亩/人和0.91亩/人。

表1-2-3　泸沽湖流域土地利用现状

| 土地利用类别 | 云南部分 | | 四川部分 | |
| --- | --- | --- | --- | --- |
| | 面积/亩 | 占总面积比率/% | 面积/亩 | 占总面积比率/% |
| 林地 | 7830.4 | 69.7 | 224602 | 71.0 |
| 草地 | 0 | 0.0 | 32583 | 10.3 |
| 耕地 | 3872 | 16.6 | 9490 | 3.0 |
| 建筑用地 | 94.9 | 0.9 | 14025 | 4.5 |
| 交通用地 | 91.7 | 0.8 | 6233 | 2.0 |
| 水域 | 623.0 | 5.6 | 14511 | 8.9 |
| 未利用土地 | 723.5 | 6.4 | 977 | 0.3 |

从土地利用方式分布来看，云南部分的林地主要分布在海拔3000 m以上，耕地主要分布在落水村的平原和山麓中，而各村落（除了老屋基、王家湾等）则分布在沿湖一线。四川部分的林地，多分布在3000 m以上，各村落多分布在湖畔和平原周边的山麓（少部分藏族、彝族村落分布在海拔3000 m以上的缓坡山地）。

流域内村落历史形成的空间分布（主要为居民用地、公路、滩地、鱼塘及耕地，其中居民用地主要分布于小落水、蒗放、里格等，滩地主要分布于大渔坝、山垮河两侧；鱼塘主要分布于普乐村，面积相对较小；其余大部分岸段为耕地）是与其生活、生产、自然条件密切相关的，具有一定的科学性，但部分挤占了湖滨带空间，甚至在2690.8 m水位以下。沿山麓分布的村落，交通方便，有一定的农耕地，适合农耕生活。在山上生活的藏、彝族居民是与该民族放牧、狩猎生活习俗相适应。

### 2.2.3　经济状况

目前，泸沽湖流域内基本没有工业，旅游业和农业占绝对优势，并初步呈现出脱离农业经济向以第三产服务业为主的经济结构转变的趋势。

云南部分2004年家庭总收入达458.81万元，人均净收入971元。具体情况见表1-2-4。

四川部分以种植业和养殖业为主，因耕地全为旱地，粮食以种植玉米、洋芋、荞子、燕麦为主，皆为一年一熟。畜牧业以养殖猪、牛、羊、马为主。主要经济林木有红梅、花椒、青娜果等。

表 1-2-4　2004 年泸沽湖落水行政村社会经济状况

| 省　份 | 村镇名 | 家庭总收入/元 | 第一产业收入/元 | 占总收入比例/% | 第二、三产业收入/元 | 占总收入比例/% |
|---|---|---|---|---|---|---|
| 云南 | 山垮 | 449575 | 189225 | 11.68 | 260350 | 8.77 |
|  | 普乐 | 481985 | 202495 | 12.50 | 279490 | 9.42 |
|  | 浪放 | 278295 | 121085 | 7.47 | 157210 | 5.37 |
|  | 王家湾 | 225220 | 106910 | 6.60 | 118310 | 3.99 |
|  | 吕家湾 | 207035 | 95855 | 5.92 | 111180 | 3.75 |
|  | 三家村 | 325985 | 110115 | 6.80 | 215870 | 7.27 |
|  | 落水 | 1348998 | 237028 | 14.63 | 1111970 | 37.46 |
|  | 竹地 | 423011 | 202041 | 12.47 | 220970 | 7.44 |
|  | 里格 | 320790 | 113410 | 7.00 | 207380 | 6.99 |
|  | 小落水 | 301660 | 124041 | 7.66 | 177619 | 5.98 |
|  | 老屋基 | 223546 | 117796 | 7.27 | 105750 | 3.56 |
|  | 小计 | 4588100 | 1620001 | 100 | 2968099 | 100 |
| 四川 | 泸沽湖镇 | 12860000 | 9683923 | — | 3176077 | — |

## 2.2.4　旅游资源与开发

泸沽湖具有独特人文景观资源,同时也有丰富的自然景观资源和较好的生态环境,还盛产有特色的地方物产,风景旅游资源十分突出。现泸沽湖镇旅游设施建设得到初步发展,沿湖一带村落和镇上已有旅游床位 600 床。2001 年接待游客 1.9 万人,年旅游总收入 300 万元。旅游发展促进了地方的经济发展。

2004 年泸沽湖景区云南部分的旅游人数为 40.9 万人次,四川部分的旅游人数为 5.6 万人次。

《盐源县"十五"旅游业发展对策研究》拟定的全县旅游业发展目标是 2005 年国内游客达 20 万人次,旅游收入 1 亿元;国际游客 1 万人次,创汇 300 万美元。届时旅游业收入相当于 GDP 的 30%。2020 年全镇旅游业总收入将分别达到 4000 万元/年和 1.2 亿元/年(以 2001 年价格计算)。

# 第三章 泸沽湖流域景观生态格局与环境功能区划

按照《水污染防治法》及《中华人民共和国水污染防治法实施细则》的要求,结合流域内未来的发展方向,将流域划分为优先保护、重点治理、优化开发和适宜开发四类主体环境功能区,且进一步对湖滨带划分保护强制线、旅游控制线和开发警戒线,以体现流域内不同地域生态系统特点及其对未来发展的支撑能力,并分区实施针对性的污染控制、生态恢复、资源开发及保护策略。

## 3.1 区划原则

(1) 生态环境保护与社会多样性维系并重原则

泸沽湖流域内的摩梭人,以及其他民族的传统文化是人类发展史上的具有重要社会意义和研究价值的文化遗产,因此本规划将以泸沽湖生态环境保护为核心,但也同时兼顾到流域内不同文化的独特价值,保障不会因为规划的设计和实施而对文化造成不利的影响。此外,规划还将促进泸沽湖流域内重要的支持产业——旅游资源的开发及其保护工作,避免盲目开发对泸沽湖及其流域造成严重的环境和生态破坏,增强流域内社会经济发展的生态环境支撑能力,促进流域社会经济的可持续发展。

(2) 主导功能原则

根据流域生态环境的主导功能,对其从高到低进行功能区划。流域的主要功能是:保护生物多样性、涵养水源、促进区域内社会经济的发展以及减少污染的产生。

(3) 发生学原则

根据区域生态环境问题、景观生态安全格局和生态环境功能的关系,确定区划中的主导因子及区划依据。

(4) 环境基础的一致性原则

泸沽湖流域内云南辖区和四川辖区内的地形、地貌、水系分布等均存在明显不同,由于这些自然环境的结构和特点不同,人类利用自然资源发展生产的方向、方式和程度亦有明显的不同,人类活动对环境影响方式和程度以及环境对人类活动适应能力不同,则污染物的降解能力也不同。这就导致了不同地区在环境污染与破坏的类型和程度,保护和改善环境的方向和措施上的明显差异。保持作为环境演变与控制基础的自然环境的一致性,是环境功能区划的基本原则。

(5) 相似性原则

环境功能分区的基本目的在于寻求建立与经济发展相协调的环境保护对策,在同一环境功能区内,具有相似的环境影响条件和相似的环境问题,因而保护和改善环境的对策、措施也必须有其相似性。

(6) 整体性原则

尽管泸沽湖流域从属于不同的行政辖区,但从流域水污染防治的角度出发,在划分环境功能区界限时,仍需将其视为一个整体。但功能亚区的划分可以适当地兼顾行政区划的边界,从而有利于区域内社会经济的发展和污染防治措施的实施。同时,在空间尺度上,流域内任一功能区的生态环境功能都与区外更大范围的自然环境与社会经济因素相关,在评价与区划中,要从一个相当更大的空间尺度来考虑。

## 3.2 区划依据和方法

### 3.2.1 区划依据

(1) 依据流域景观生态格局、生态系统特点、生态环境现状及其空间分布、经济产业结构布局和社会发展状况,并结合流域内未来的发展方向划分一级主体功能区,表现出区域差异性,为水污染防治提供空间秩序;

(2) 针对湖泊流域的特点,进一步划分湖滨带控制线,为湖滨带区域的管理提供依据。

### 3.2.2 区划方法

环境功能区划多采用定性分区和定量分区相结合的方法进行,边界的确定应考虑利用山脉、河流等自然特征与行政边界。

### 3.2.3 区划结果

(1) 流域景观格局分布

根据实地勘探分析,泸沽湖流域构成"一湖一带一环一坝"的景观格局,即:以泸沽湖为中心,向外辐射分别为生活与旅游开发带、山体生态环,同时在草海周边为农业生产与居住区(坝子)。

环湖带地势较低,距离湖体近,由于这样的景观结构和特征,使其成为最重要的旅游资源分布和人口密集区,是未来流域内经济发展的核心区域,当然,也是污染防治的重点。而四川辖区内草海周边的坝区,农业生产强度大、人口密集,但其紧邻草海湿地这一重要的生态系统,因此也需要在社会经济发展的同时对其污染加以重点控制。

(2) 主体环境功能分区

在上述基础上,将流域划分为优先保护、重点治理、优化开发和适宜开发四类主体环境功能区。具体水污染防治特征如下:

• 优先保护区 是指对水环境系统和生态多样性保护具有重要作用,且为当地旅游经济发展和人文景观保护提供坚实保障的区域,包括泸沽湖湖体、湖滨带、环湖山体及其入湖河流。该区域进行严格控制,以生态系统功能保护或恢复为主体功能,避免人为开发利用。

• 重点治理区 是指对流域范围内水体污染贡献程度高的区域,包括农业生产、畜禽养殖区和水土流失区等。其中农业生产区和畜禽养殖区主要分布在"一坝",即大草海南岸坝子,水土流失区集中在大渔坝和乌马河中上游。该区域需要进行重点治理或结构调整,以削减污染负荷为首要任务。

• 优化开发区 是指旅游设施比较齐全且人口居住集中的区域,包括四川泸沽湖镇、云南落水行政村。该区域经济相对发达,但旅游方式不够规范,环保基础设施比较落后,湖滨带侵占现象严重。优化此区域的旅游布局与生活方式,完善水污染防治设施。

- **适宜开发区** 是指污染相对较轻,开发较弱且生活质量相对落后的区域,主要集中在流域外的竹地、下游的海门村(四川境内)和泸沽湖南岸(即三家村至山垮村)。该区域尚可进一步开发,改善人居生活质量,且同时配套水污染防治设施。

湖滨带区域对于湖泊而言是极其重要的生态系统服务功能集中地带,尤其对于水体停留时间较长、自净能力和系统功能可恢复性较差的泸沽湖,有效恢复和保护湖滨带显得格外重要。根据现场调研,泸沽湖湖滨带相对破坏严重且易干扰区域集中在北岸和南岸,即里格村至小落水和三家村至山垮村。把湖滨带进一步划分保护强制线、旅游控制线和开发警戒线(见彩图2),为泸沽湖流域水环境管理提供重要依据。

- **保护强制线** 是指对泸沽湖的生态系统服务功能恢复起到关键作用区域外边界线,该区域以恢复或保护生态系统服务功能为主,严格禁止人为干扰。保护强制线即2689.8 m的平均水位。
- **旅游控制线** 是指人与自然和谐相处的旅游通道的外边界线,该区域旅游观光为主要功能,允许进行旅游开发,但严格限制旅游人口,旅游控制线即2689.8 m的最高水位,宽度约20~30 m。
- **开发警戒线** 是指房屋建筑开发的警戒线,位于旅游控制线外10~20 m,在此警戒线内禁止一切房屋建设。

据此,将泸沽湖流域划分为4类主体环境功能区,并将湖滨带细分为3类功能亚区(表1-3-1和表1-3-2)。

表1-3-1 泸沽湖流域主体环境功能分区

| 一级功能区 | 二级功能区 | 自然、生态环境特征 |
| --- | --- | --- |
| Ⅰ区:<br>优先保护区 | $I_1$:泸沽湖湖体 | 面积50.1 km²,水质良好,生态系统较完整。 |
| | $I_2$:泸沽湖湖滨带 | 除了里格-小渔坝、大草海出口-凹垮之外,其他湖滨带已受到人类干扰与侵占,生态服务功能退化。严格禁止人为干扰。 |
| | $I_3$:泸沽湖北岸山体 | 位于里格-泸沽湖镇镇区,山体森林覆盖率高,但物种单一,生物多样性较差。 |
| | $I_4$:泸沽湖南岸山体 | 位于落水-泸草海出水口,山体森林覆盖率高,但物种单一,生物多样性较差。 |
| | $I_5$:泸沽湖入湖河流 | 包括大渔坝河、乌马河、幽谷河、王家湾河、蒗放河、凹垮河、蒙垮河、大咀河、八大队河等9条常流河。 |
| | $I_6$:草海湿地 | 包括大草海、小草海和竹地的中海子、竹海和小海子,目前水生物种丰富,但人类干扰严重,部分已被侵占。 |
| Ⅱ区:<br>重点治理区 | $II_1$:农业与畜禽养殖控制区 | 位于泸沽湖草海南岸坝子,包括四川境内的山南村、直普村和洼夸自然村。目前该区域农田众多,侵占湖滨带和草海湿地严重,农业和畜禽养殖污染负荷较大。 |
| | $II_2$:大渔坝水土流失控制区 | 位于云南大渔坝自然村,水土流失较为严重。 |
| | $II_3$:乌马河水土流失控制区 | 位于云南落水村乌马河中上游,水土流失较为严重。 |

(续表)

| 一级功能区 | 二级功能区 | 自然、生态环境特征 |
|---|---|---|
| Ⅲ区：<br>优化开发区 | Ⅲ$_1$：云南落水自然村 | 主要包括落水和三家村，属湖边平坝地带，人口密度大、建筑密集。旅游开发尚不规范，土地利用方式混乱，环境基础设施薄弱，但文化形态和生活方式多样，有较独特的社会价值，适宜进一步优化。 |
|  | Ⅲ$_2$：云南里格自然村 | 位于里格自然村，资源丰富，但开发当中需进一步优化。 |
|  | Ⅲ$_3$：四川泸沽湖镇镇区 | 位于泸沽湖镇镇区，人口密度大、建筑密集，但环境基础设施也比较薄弱，环境质量和人居环境需进一步优化。 |
| Ⅳ区：<br>适宜开发区 | Ⅳ$_1$：竹地开发区 | 竹地、古拉旅游接待区，目前人口和建筑密度尚不大，划定的未来旅游接待区。 |
|  | Ⅳ$_2$：泸沽湖南岸开发区 | 包括山垮、普洛、蒗放、王家湾、吕家湾，该区域是普米文化的集中地，有丰富的旅游资源有待开发，但环境基础设施薄弱，开发同时需配套适宜的污染防治措施。 |
|  | Ⅳ$_3$：海门村开发区 | 位于泸沽草海下游，是四川境内进入泸沽湖区必经之道，适宜开发旅游设施，以此缓解四川境内对泸沽湖的污染压力。 |

表1-3-2 泸沽湖流域湖滨带管理控制线划分

| 二级功能区 | 功能亚区 | 自然、生态环境特征 |
|---|---|---|
| Ⅰ$_2$区：<br>泸沽湖湖滨带 | Ⅰ$_{21}$：保护强制线 | 范围为里格-凹垮和小渔坝-大草海出口的2689.8 m的水位。该区域为湖滨带功能恢复关键区。 |
|  | Ⅰ$_{22}$：旅游控制线 | 位于里格-凹垮和小渔坝-大草海出口，其中在里格、大咀、落水、普乐和山垮的具体位置为保护强制线外30 m、20 m、20 m、20 m、30 m。允许进行旅游开发，但严格限制旅游人口。 |
|  | Ⅰ$_{23}$：开发警戒线 | 位于里格-凹垮和小渔坝-大草海出口，其中在里格、大咀、落水、普乐和山垮的具体位置为保护强制线外20 m、10 m、10 m、10 m、20 m。农业用地和建筑用的须在开发警戒线以外。 |

# 第四章 泸沽湖流域社会经济发展战略分析

## 4.1 发展战略指导思想

(1) 以科学发展观为指导,实现流域的可持续发展

科学发展观力求社会、经济和生态环境的和谐发展,主张在寻求经济增长的同时,兼顾资源的永续利用和生态环境的保护,从而实现环境保护和经济发展的双赢目标。

泸沽湖流域在行政范围上分属云南和四川两省份,农业比重较大,经济发展缓慢。但流域脆弱的生态环境已经受到一定破坏。因此,如何促进流域第三产业的发展,提高人民生活水平,同时保护好流域内生态环境,以实现社会-经济-生态环境系统的可持续发展,将作为其主要的指导思想之一。

(2) 依托丰富的旅游资源,大力发展旅游业

社会经济的迅速发展是促进流域生态环境保护的基础,也是流域发展的主要目标。泸沽湖流域旅游资源丰富,应该充分依托流域内特色旅游资源,加大旅游宣传力度,提升流域旅游形象,大力发展生态旅游,推进第三产业的发展,进而增强流域经济实力。

(3) 依靠现代科学技术,强化污染治理

泸沽湖是流域社会-经济-生态环境发展的基础,不可能再走"先污染后治理"的道路,在发展经济的同时,必须依靠现代科学技术,对社会经济发展实行统一规划,确保泸沽湖流域的生态环境免遭破坏。

(4) 以西部大开发为契机,加快经济发展进程

牢牢抓住西部大开发的机会,大力改善投资环境,扩大招商引资力度,激活民营经济,完善基础设施和基础产业建设,完善社会保障体系,促进流域社会各项事业的发展。

## 4.2 泸沽湖流域社会经济系统特征分析

流域内的经济活动是流域发展的基础。一方面,它能通过物质生成流域的经济效益;但另一方面,由于经济活动涉及资源开采、利用和生产等过程,而在这些过程中往往会对生态环境带来不利影响并对环境造成损害,当这种损害达到一定强度时,就必然会威胁到流域的进一步发展乃至人们的生活与生存。因此,为了避免出现这种情况,在泸沽湖流域的经济发展过程中,必须综合地考虑流域的自然资源、经济区位及生态环境等状况,将采取有利于环境的经济发展模式,既发展经济,又保护生态环境,实现社会经济的可持续发展。

## 4.3 泸沽湖流域社会经济发展预测与分析

### 4.3.1 流域人口发展预测

(1) 人口现状

根据当地统计资料,2004年泸沽湖流域总人口为13457人,其中云南省为3067人,占总人口的22.8%;四川省为10390人,占总人口的77.2%。流域内两省人口均为农业人口。

(2) 人口增长趋势

由于泸沽湖流域以农业为主,人口流动非常有限。根据当地提供资料中对历史数据的回归分析,流域人口平均自然增长率约为1.005%,增长缓慢。

(3) 流域人口预测

本研究对流域人口的发展预测采用指数公式法,具体预测公式为

$$P = P_0 \cdot (1+a)^{(t-t_0)} \tag{4-1}$$

其中,$P$为预测年份人口数(人);$P_0$为基准年份人口数(人);$a$为人口平均自然增长率;$t$为预测年份(年);$t_0$为基准年份(年)。

参数$P_0$取2004年总人口数13457人,基准年为2004年,参数$a$取1.005%,具体预测结果见表1-4-1。

表1-4-1 泸沽湖流域人口发展预测结果

| 所属地 | 村镇名 | 人口数/人 | | | |
|---|---|---|---|---|---|
| | | 2004年 | 2010年 | 2015年 | 2020年 |
| 云南宁蒗县落水行政村 | 山垮 | 411 | 436 | 459 | 482 |
| | 普洛 | 428 | 454 | 478 | 502 |
| | 浪放 | 253 | 269 | 282 | 297 |
| | 王家湾 | 188 | 200 | 210 | 221 |
| | 吕家湾 | 151 | 160 | 169 | 177 |
| | 三家村 | 169 | 179 | 189 | 198 |
| | 落水 | 543 | 577 | 606 | 637 |
| | 竹地 | 348 | 370 | 388 | 408 |
| | 里格 | 153 | 162 | 171 | 180 |
| | 小落水 | 217 | 230 | 242 | 255 |
| | 老屋基 | 206 | 219 | 230 | 242 |
| 小计 | | **3067** | **3256** | **3424** | **3599** |
| 四川盐源县泸沽湖镇 | 多舍村 | 2090 | 2219 | 2333 | 2453 |
| | 木夸村 | 2539 | 2696 | 2834 | 2980 |
| | 博树村 | 1100 | 1168 | 1228 | 1291 |
| | 海门村 | 834 | 886 | 931 | 979 |
| | 直普村 | 1188 | 1261 | 1326 | 1394 |
| | 山南村 | 1292 | 1372 | 1442 | 1516 |
| | 舍夸村 | 1347 | 1430 | 1504 | 1581 |
| 小计 | | **10390** | **11032** | **11598** | **12194** |
| 总计 | | **13457** | **14288** | **15022** | **15793** |

由表 1-4-1 可知，泸沽湖流域总人口至 2015 年可突破 1.5 万人，截至 2020 年总人口可达到 15793 人，总体增长较为缓慢。但仍需严格控制人口增长。

### 4.3.2 流域经济发展预测

根据本研究中规划背景部分分析，泸沽湖流域经济发展相对落后，基本没有工业，以旅游业为主的第三产业和农业是当地主要经济来源。

#### 4.3.2.1 农业发展现状与预测

泸沽湖流域农业生产主要为种植业和畜牧养殖业，2004 年，流域范围内第一产业收入为 1130.4 万元，占流域总收入的 64.8%（总收入为 13810.4 万元），其中云南部分为 162 万元，四川部分为 968.4 万元。

根据宁蒗县"十五"计划，以年均增长 8% 来计，泸沽湖流域第一产业的 GDP 在 2010 年、2015 年和 2020 年将分别达到 1794 万元、2636 万元和 3873 万元。

#### 4.3.2.2 旅游发展现状与预测

（1）旅游现状分析

泸沽湖具有独特的人文景观资源和丰富的自然景观资源，同时具有较好的生态环境，具有地方特色的土特产品，旅游发展潜力巨大。目前，流域旅游基础设施得到初步建设，沿湖村落和镇上已有旅游床位 600 床。2004 年泸沽湖景区云南辖区游客为 40.9 万人次，四川辖区游客为 5.6 万人次，旅游业已得到初步发展。由于资料限制，现仅对云南辖区泸沽湖景区近年旅游人口加以分析。近年泸沽湖省级旅游区游客及旅游收入增长情况分析如表 1-4-2 和图 1-4-1 所示。

表 1-4-2 1997~2004 年泸沽湖游客及收入情况

| 年 份 | 游客量/人次 | 旅游总收入/万元 | 游客增长率/% |
| --- | --- | --- | --- |
| 1997 年 | 150000 | 2835 | 64.8 |
| 1998 年 | 209600 | 3195 | 39.7 |
| 1999 年 | 214000 | 6130 | 2.1 |
| 2000 年 | 231400 | 6960 | 14.8 |
| 2001 年 | 237000 | 7100 | 2.4 |
| 2002 年 | 250000 | 7300 | 5.5 |
| 2003 年 | 250000 | 7500 | 0 |
| 2004 年 | 409000 | 12680 | 63.6 |

根据以上分析，泸沽湖旅游业发展迅速，中外游客量稳健增长（2003 年，"非典"造成游客量无增长），旅游业正逐渐成为流域内的阳光产业，成为拉动流域经济发展的主要动力之一。有必要大力发展第三产业，尤其是以特色旅游资源为依托，做大做强旅游业是流域未来发展的重点所在。

（2）旅游环境容量估算

环境容量预测结果为极限空间容量，指在保证游客最低游览舒适性的前提下，景区及旅游设施的最大可容量。根据泸沽湖景区的可游面积、旅游基础设施及生态环境现状，本规划将最大日游容量控制为 5000 人次/天，每年可游天数按 200 天计算，则最大年容量为 100 万人次/

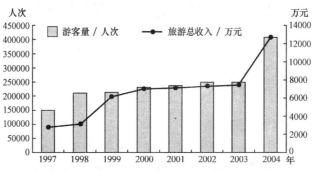

**图 1-4-1　1997~2004 年泸沽湖旅游业发展趋势**

年。景区较佳日游容量控制为 3000 人。

（3）旅游经济发展预测

游客规模预测采用指数公式法,具体预测公式为

$$N = N_0 \cdot (1+a)^{(t-t_0)} \tag{4-2}$$

其中,$N$ 为预测年份游客量(万人);$N_0$ 为基准年份游客量(万人);$a$ 为游客平均增长率;$t$ 为预测年份(年);$t_0$ 为基准年份(年)。

基准年为 2004 年,参数 $N_0$ 取 2004 年游客量 46.5 万人,近期游客增长率和远期增长率分别取 8% 和 4%。根据单位游客带来旅游收入不断增加的趋势,预计近期为 250 元/人、远期为 300 元/人计算。

预测结果表明(表 1-4-3),以旅游业为主的第三产业产值于 2010 年、2015 年和 2020 年将分别达到 18450 万元、26940 万元和 30000 万元。综上,泸沽湖流域预测 GDP 于 2010 年、2015 年和 2020 年分别为 20244 万元、29576 万元和 33873 万元。

**表 1-4-3　泸沽湖景区游客规模预测**

| 年　份 | 2005 年 | 2010 年 | 2015 年 | 2020 年 |
|---|---|---|---|---|
| 游客量/万人 | 50.2 | 73.8 | 89.8 | 100 |
| 旅游总收入/万元 | 12555 | 18450 | 26940 | 30000 |

根据游客容量估算结果和旅游发展趋势,为了保证泸沽湖景区旅游舒适度和生态环境质量,特提出控制性游客增长机制,即对游客发展规模进行适当控制,当日游客量超出 5000 人次时,要求采取控制措施。同时通过提高旅游服务质量,开发旅游产品等手段提高旅游经济总收入。

### 4.3.3　流域污染负荷预测

#### 4.3.3.1　固体废物预测

固体废物排放标准按 0.5 kg/(人·d) 计算,根据流域人口预测结果,可计算得到不同水平年下泸沽湖流域未来固体废物年产生量。结果见表 1-4-4。

表 1-4-4 不同水平年下流域固体废物排放量/t

| 年 份 | 2005 年 | 2010 年 | 2015 年 | 2020 年 |
|---|---|---|---|---|
| 固体废物 | 2580.0 | 2607.7 | 2741.5 | 2882.0 |
| 其中:云南辖区 | 664.8 | 594.4 | 624.9 | 656.8 |
| 四川辖区 | 1915.2 | 2013.3 | 2116.6 | 2225.2 |

#### 4.3.3.2 污染负荷因子预测

泸沽湖流域主要为农业人口,污染类型亦以农业污染为主,主要污染因子为 COD、TN、TP 等。根据相关研究,污染负荷因子的预测主要根据人口预测结果乘以相关系数得到(表 1-4-5)。

表 1-4-5 流域未来污染负荷因子预测/t·a$^{-1}$

| 污染负荷因子 | | 单位污染负荷量 /g·人$^{-1}$·d$^{-1}$ | 2005 年 | 2010 年 | 2015 年 | 2020 年 |
|---|---|---|---|---|---|---|
| COD | 云南 | 40 | 53.18 | 47.55 | 49.99 | 52.54 |
| | 四川 | | 153.22 | 161.06 | 169.33 | 178.02 |
| TN | 云南 | 4.0 | 5.32 | 4.76 | 5.00 | 5.26 |
| | 四川 | | 15.32 | 16.11 | 16.93 | 17.80 |
| TP | 云南 | 0.6 | 0.80 | 0.72 | 0.75 | 0.79 |
| | 四川 | | 2.30 | 2.41 | 2.54 | 2.67 |

## 4.4 战略发展分析

泸沽湖流域位于滇川西部边陲,远离发达地区,但其独一无二的自然旅游资源和人文旅游资源给当地社会经济带来发展契机。为了平衡当地经济发展与环境保护的关系,本规划提出如下社会经济战略发展方向、目标与措施。

(1)发展方向

从上述当地人口和旅游人口分析来看,当然人口虽然增长缓慢(远期预计为 15793 人),但需要在尊重当地摩梭文化的基础上坚持严格控制人口增长,减少泸沽湖流域的资源消耗和污染负荷;同时,严格控制泸沽湖流域最大日游客量在 5000 人次以下。

从经济发展来看,旅游业开发潜力较大,将是当地未来的经济支柱,有必要通过招商引资,确保旅游业的积极增长,实现远期 30000 万元的发展目标。但仍需要通过规范旅游行为、完善环保基础设施来保障当地旅游价值的持续增长。

此外,如果按照目前状况,泸沽湖流域的人口和旅游发展所带来的污染负荷也将持续增加。所以在未来社会经济发展中,需要从源头减少污染产生,从途径削减污染负荷和从末端控制入湖负荷,综合利用资源,促进泸沽湖地区走上循环经济轨道,实现可持续发展。

(2)发展目标与措施

为进一步明确泸沽湖流域社会经济发展,具体发展目标与措施如下:

• 第一阶段:2006~2010 年,调整阶段。该阶段的主要任务是利用 5 年时间,依据当地基础条件和发展优势,细化主导产业旅游业的发展方向,从政策、环境建设、资金筹措等方面打好基础,启动社会主义新农村建设。同时,需要参考第三章的主导环境功能区划结果,调整与规范旅游业及相关产业及其布局,调整农业结构与空间布局,严格控制污染企业和产业进入泸沽湖流域。

• 第二阶段:2011~2015年,快速发展阶段。在调整阶段的基础上,进一步完善旅游发展基础设施,如交通道路,太阳能设施等,相应的配套集中收集与处理设施;对于农业,推广生态农业来提高农业收入和降低污染负荷,集中开展规模化畜禽养殖产业和实施畜禽养殖污染物综合利用;同时,加快完善全流域环保基础设施和湖滨带建设,全面实现当地社会主义新农村建设进程,初步实现循环经济发展模式。

• 第三阶段:2016~2020年,提高与完善阶段。该阶段的主要任务是进一步保持快速发展的趋势之外,彻底完善滇川两省协调管理机制和环境保护基础设施建设,实现滇川两省共同富裕、共同保护、共同监督,把发展方向转向包括摩梭文化、普米文化、建筑文化等为一体的文化产业,既保护了当地人文资源和自然资源,同时也为我国西部的循环经济建设做出示范。

# 第五章 泸沽湖流域水环境系统分析

## 5.1 水资源系统分析

泸沽湖流域的水资源是该地区社会经济发展的物质基础,也是流域环境规划研究的主要对象之一。水资源的充裕或短缺不仅直接影响到泸沽湖的水量与水质,而且关系到整个流域社会经济能否健康、持续的发展。因此,本小节试图通过对泸沽湖流域水资源及其利用中存在的主要问题的分析,寻求流域水资源最优化的调控、利用和分配,确保本地区社会经济的可持续发展。

### 5.1.1 流域水文状况现状

泸沽湖入湖河流共18条(云南部分11条,四川部分7条),其中常流河共9条,分别为大渔坝河、乌马河、幽谷河、王家湾河、薉放河、凹垮河、蒙垮河、大咀河、八大队河。出湖河流为四川的打冲河,后注入前所河,最后注入雅砻江。泸沽湖出湖流量汛期达 $3\sim 5\ m^3/s$。10月份以后出流量甚小,每年 $1\sim 5$ 月湖水基本没有外泄。

泸沽湖最大水深 105.3 m,水深超过 50 m 的湖区约占全湖面积的一半,平均水深为 40.3 m,是我国最深的淡水湖之一。湖水库容量为 $22.52\times 10^8\ m^3$,湖水最大透明度达 12 m。

### 5.1.2 流域水资源供需平衡

由于在泸沽湖流域内没有水文站,也没有雨量站。泸沽湖的水资源相关情况只能借鉴临近气象台站和水文站的观测资料,通过统计、估算和修正来进行估算。

(1) 降雨量

泸沽湖流域附近有3个气象台站,分别为红桥乡、永宁乡和宁蒗县气象台站,均有降雨观测资料。根据调查统计,红桥乡雨量站(海拔 2440 m)多年平均降雨量为 982.3 mm(实测 16 年平均值);永宁乡雨量站(海拔 2640 m)多年平均降雨量为 947.4 mm(实测 12 年,延长 3 年后平均值);宁蒗县气象站(海拔 2240.5 m)多年平均降雨量 899.0 mm(实测 33 年平均值)。根据云南省水文总站出版的《云南地表水资源》"云南省 1956~1979 年多年平均降水量等值线图",核算泸沽湖流域多年降雨量应在 900~1000 mm 等值线范围内。以永宁乡雨量站的条件最为接近泸沽湖。由此分析推测,泸沽湖湖面多年降水量约为 950 mm,泸沽湖陆地多年平均降水量约为 980 mm。

根据邻近雨量站降雨资料统计分析,泸沽湖流域降雨量年内变化和年际变化都比较大,泸沽湖流域降雨量多年平均年内分配如表1-5-1所示。

表 1-5-1 泸沽湖流域降雨量多年平均年内分配表

| 月份 | 1 | 2 | 3 | 4 | 5 | 6 | 7 | 8 | 9 | 10 | 11 | 12 | 全年 |
|---|---|---|---|---|---|---|---|---|---|---|---|---|---|
| 比例/% | 0.3 | 0.3 | 0.7 | 1.3 | 6.5 | 19.3 | 23.6 | 25.3 | 14.9 | 6.0 | 1.4 | 0.4 | 100 |

(2) 蒸发量

根据《云南省 1956～1979 年平均水面蒸发量等值线图》，泸沽湖多年平均水面蒸发量在 1000～1200 mm 等值线之间。参考《宁蒗彝族自治县水利志》，宁蒗气象站多年平均蒸发量为 1043.2 mm。中国科学院南京地理所在青藏高原研究《横断山考察专集（一）》中指出，泸沽湖多年平均蒸发量为 1200 mm。根据徐才俊先生的《泸沽湖问题研究》一文，泸沽湖多年平均水面蒸发量为 1170 mm。经过对以上数据的分析和现场考察，认为泸沽湖多年平均水面蒸发量约为 1170 mm 较为合理。

根据《云南省 1956～1979 年平均陆面蒸发等值线图》，泸沽湖流域多年平均陆地蒸发量在 500～600 mm 等值线之间。又据《宁蒗彝族自治县水利志》，县城区陆面蒸发量 536 mm。根据徐才俊先生的《泸沽湖问题研究》一文，泸沽湖多年平均陆面蒸发量为 600 mm。综合考虑，认为泸沽湖多年平均陆面蒸发量取 600 mm 是比较合理的。

(3) 入湖径流量

泸沽湖径流除少量泉水补给外，主要来源于降水径流补给。根据《云南省 1956～1979 年平均陆面蒸发等值线图》，泸沽湖流域多年平均陆地径流深在 300～400 mm 等值线之间。参考《宁蒗彝族自治县水利志》，全县平均径流深 395.4 mm。根据徐才俊先生的《泸沽湖问题研究》一文，泸沽湖多年平均径流量为 350 mm。根据泸沽湖流域附近的宁蒗河庄房水文站实测径流资料统计分析，流域多年平均径流量为 354.5 mm。根据陆地径流量等于陆地降水量减去陆地蒸发量的水量平衡方程式计算，则多年平均陆地降水量 980 mm 减去多年平均陆地蒸发量 600 mm 等于多年平均陆地径流量 380 mm。

根据实地考察，泸沽湖流域平均海拔比宁蒗河庄房水文站以上流域平均海拔高一些，因此降雨量和径流深相对大一些。由此核算，泸沽湖流域多年平均陆地径流深为 380 mm 较为合理。

泸沽湖陆地入湖径流量的年内和年际变化都很不均匀。根据宁蒗河庄房水文站径流资料统计成果推测，泸沽湖陆地入湖径流量多年平均年内分配见表 1-5-2。

表 1-5-2 泸沽湖陆地入流多年平均年内分配表

| 月 份 | 1 | 2 | 3 | 4 | 5 | 6 | 7 | 8 | 9 | 10 | 11 | 12 | 全 年 |
|---|---|---|---|---|---|---|---|---|---|---|---|---|---|
| 比例/% | 2.8 | 2.2 | 2.0 | 1.9 | 2.4 | 6.0 | 15.8 | 27.7 | 19.5 | 11.4 | 4.9 | 3.3 | 100 |

推测在年际变化上，最大年径流量出现在 1974 年，最小年径流量出现在 1964 年，最大年径流量与最小年径流量的比值约为 4.18 倍，离差系数 Cv 值约为 0.37，偏差系数 Cs 值为 2Cv，不同保证率下的陆地入湖径流量如表 1-5-3 所示。

表 1-5-3 泸沽湖不同保证率下的陆地入湖径流量表

| 保证率/% | 20 | 50 | 75 | 95 |
|---|---|---|---|---|
| 径流深/mm | 511 | 380 | 289 | 190 |

(4) 出湖水量

出湖水量除湖面蒸发量外，还包括地下径流、地表径流的出湖量以及人为活动取水量。出湖河流为四川的打冲河，后注入前所河，最后注入雅砻江。每年 6～10 月份，泸沽湖出流量汛

期达 $3\sim5 \text{ m}^3/\text{s}$。10月份以后排流量甚小,每年1~5月湖水基本没有外泄。因此,6~10月份泸沽湖出流量按照平均值 $4 \text{ m}^3/\text{s}$ 计算,由此得到每年泄水量 $0.529\times10^8 \text{ m}^3$。

由于流域内没有工业,所以无工业用水。近年来,由于国家实行"退耕还林还草"政策,流域大部分耕地均种树、种草,所剩的耕地,均不取湖水而靠雨水灌溉。目前流域内的人口大部分从事旅游业,所以农业用水很少,主要为农村生活用水和旅游业用水。人均综合用水量指标预测采用《丽江泸沽湖旅游区旅游接待中心修建性详细规划》中引用的《风景名胜区规划规范》GB 50298—1999 用水量指标,具体指标为常住人口综合用水标准采用 280 L/人·d,住宿游客用水标准采用 350 L/人·d。以 2004 年为基准年,村民生活用水共 $137.53\times10^4 \text{ m}^3/\text{a}$;8703 头(只)牲畜用水定额以 30 L/头·d 计,共用水 $9.52\times10^4 \text{ m}^3/\text{a}$,农村人畜总用水量为 $147.05\times10^4 \text{ m}^3/\text{a}$;旅游业用水定额 350 L/人·d,每位游客逗留时间按两天一夜计,2004 年游客大约有 46.50 万人次,用水量为 $24.41\times10^4 \text{ m}^3/\text{年}$。故 2004 年泸沽湖流域总开发利用水量为 $171.46\times10^4 \text{ m}^3$。

(5) 收支平衡分析

根据以上分析计算,可得泸沽湖多年平均总入湖水量约为 $1.26\times10^8 \text{ m}^3$,其中陆地汇流约为 $0.73\times10^8 \text{ m}^3$,湖面降水入湖量约为 $0.53\times10^8 \text{ m}^3$。湖泊蒸发量约为 $0.66\times10^8 \text{ m}^3$,则泸沽湖最大可用水资源量约为 $0.60\times10^8 \text{ m}^3$。云南部分多年平均总入湖水量约为 $0.58\times10^8 \text{ m}^3$,其中陆地汇流为 $0.29\times10^8 \text{ m}^3$,湖面降水 $0.29\times10^8 \text{ m}^3$,湖面蒸发量为 $0.35\times10^8 \text{ m}^3$,最大可用水资源量为 $0.23\times10^8 \text{ m}^3$;四川部分多年平均总入湖水量约为 $0.68\times10^8 \text{ m}^3$,其中陆地汇流为 $0.44\times10^8 \text{ m}^3$,湖面降水 $0.24\times10^8 \text{ m}^3$,湖面蒸发量为 $0.31\times10^8 \text{ m}^3$,最大可用水资源量为 $0.37\times10^8 \text{ m}^3$。流域水资源量情况详见表1-5-4,水量收支平衡分析见表1-5-5。

表1-5-4 泸沽湖水资源量表/$10^8 \text{ m}^3$

| 名 称 | 总入湖量 | 陆地入湖量 | 湖面入湖量 | 湖泊蒸发量 | 净水资源量 |
|---|---|---|---|---|---|
| 全流域 | 1.26 | 0.73 | 0.53 | 0.66 | 0.60 |
| 云南部分 | 0.58 | 0.29 | 0.29 | 0.35 | 0.23 |
| 四川部分 | 0.68 | 0.44 | 0.24 | 0.31 | 0.37 |

表1-5-5 泸沽湖水量收支平衡表/$10^8 \text{ m}^3$

| 收 入 | | | 支 出 | | |
|---|---|---|---|---|---|
| 陆地入湖量 | 湖面入湖量 | 总入湖量 | 湖泊蒸发量 | 出湖水量 | 总出湖量 |
| 0.73 | 0.53 | 1.26 | 0.66 | 0.55 | 1.21 |

可见,泸沽湖水量的收支基本上是平衡的,收入略大于支出,可能通过地下径流的方式进行盈亏平衡。

从湖泊水体停留时间来看,泸沽湖的水体停留时间达到18年之久($22.52\times10^8 \text{ m}^3$/$1.26\times10^8 \text{ m}^3$),水体置换时间过长,一旦湖泊污染,泸沽湖难以恢复。所以,从水资源系统分析来看,泸沽湖有必要尽量削减入湖污染负荷。

## 5.2 流域水质评价

### 5.2.1 水质现状分析

泸沽湖水质评价标准采用 GB 3838—2002《地表水环境质量标准》的单项指标对照进行评价。泸沽湖水质监测结果及评价见表 1-5-6。

表 1-5-6　2004 年泸沽湖水质监测结果及评价　　　　　　　　　（单位：$mg \cdot L^{-1}$）

| 采样点 | 项目浓度 | pH | 水温/℃ | $COD_{Mn}$ | $BOD_5$ | SS | TP | $NO_3$-N | $NO_2$-N | $NH_3$-N | 透明度/m |
|---|---|---|---|---|---|---|---|---|---|---|---|
| 落水村 | 20 m | 8.55 | 18 | 1.08 | 0.30 | 0.36 | 0.000 | 0.01 | 0.000 | 0.023 | 5.00 |
| | 50 m | 8.52 | 18 | 1.04 | 0.28 | 0.00 | 0.000 | 0.000 | 0.000 | 0.02 | 6.50 |
| | 100 m | 8.55 | — | 0.96 | 0.24 | 0.00 | 0.000 | 0.010 | 0.000 | 0.026 | 6.50 |
| | 平均 | 8.54 | 18 | 1.03 | 0.27 | 0.12 | 0.000 | 0.010 | 0.000 | 0.023 | 5.00 |
| | 水质类别 | | | Ⅰ | Ⅰ | | Ⅰ | Ⅰ | Ⅰ | Ⅰ | |
| 菠放 | 20 m | 8.50 | 16 | 0.96 | 0.30 | 0.00 | 0.000 | 0.03 | 0.000 | 0.039 | 6.50 |
| | 50 m | 8.50 | 16 | — | — | 0.00 | | 0.02 | 0.000 | 0.023 | 6.50 |
| | 100 m | 8.50 | 16 | 1.0 | 0.18 | 0.30 | 0.000 | 0.01 | 0.000 | 0.034 | 6.50 |
| | 平均 | 8.50 | 16 | 0.98 | 0.24 | 0.10 | 0.000 | 0.02 | 0.000 | 0.034 | 6.50 |
| | 水质类别 | | | Ⅰ | Ⅰ | | Ⅰ | Ⅰ | Ⅰ | Ⅰ | |
| 红崖子 | 20 m | 8.50 | 20 | 1.35 | 0.30 | 0.00 | 0.000 | 0.02 | 0.000 | 0.028 | 5.55 |
| | 50 m | 8.50 | 20 | 0.98 | 0.26 | 0.00 | 0.000 | 0.02 | 0.000 | 0.034 | 5.55 |
| | 100 m | 8.50 | 20 | 0.96 | 0.30 | 0.00 | 0.000 | 0.01 | 0.000 | 0.034 | 5.55 |
| | 平均 | 8.50 | 20 | 1.096 | 0.29 | 0.00 | 0.000 | 0.02 | 0.000 | 0.032 | 5.55 |
| | 水质类别 | | | Ⅰ | Ⅰ | | Ⅰ | Ⅰ | Ⅰ | Ⅰ | |
| 竹地海 | 断面浓度 | 7.40 | 22 | — | — | 5.6 | — | 0.09 | 0.002 | 0.274 | — |
| | 水质类别 | | | | | | | Ⅰ | Ⅰ | Ⅱ | |

注：表中 $NO_3$-N 和 $NO_2$-N 的评价标准采用的是 GB 3838—2002。

从表 1-5-6 可以看出,距离岸边越近的湖水有机污染越重,落水(重要景区,摩梭人居住区),红崖子(摩梭山庄,主要接待地),菠放(泥石流发生地)的 $COD_{Mn}$、$BOD_5$ 浓度平均值均存在红崖子＞落水＞菠放的趋势;TP 在各点均未检出;N 含量水平以竹地海最高,菠放次之;落水、红崖子、菠放的各项指标均为Ⅰ类,竹地海除了 $NH_3$-N 为Ⅱ类,其他指标均为Ⅰ类。整体而言,泸沽湖总体水质符合地面水环境质量Ⅰ类标准。

### 5.2.2 水环境质量评价

(1) 水质评价资料

根据《泸沽湖水污染综合防治"十一五"规划》,泸沽湖历年水质监测结果见表 1-5-7。

表 1-5-7　泸沽湖历年水质情况表　　　　　　　　　　（单位：mg·L$^{-1}$）

| 年份 | 项目\测点 | pH | TP | TN | COD$_{Mn}$ | NH$_3$-N | 透明度/m |
|---|---|---|---|---|---|---|---|
| 1999 年 | 李格 | 8.40 | 0.000 | 0.08 | 1.24 | 0.00 | 5.1 |
| | 湖心 | 8.48 | 0.001 | 0.11 | 1.33 | 0.00 | 4.3 |
| | 落水 | 8.35 | 0.001 | 0.09 | 1.50 | 0.00 | — |
| 2000 年 | 李格 | 8.40 | 0.000 | 0.11 | 1.00 | 0.02 | 12 |
| | 湖心 | 8.40 | 0.000 | 0.08 | 0.95 | 0.03 | 10 |
| | 落水 | 8.50 | 0.00 | 0.28 | 1.00 | 0.06 | 10 |
| 2001 年 | 李格 | 8.30 | 0.000 | 0.10 | 0.95 | 0.05 | 8.8 |
| | 湖心 | 8.38 | 0.013 | 0.07 | 1.10 | 0.02 | 9.3 |
| | 落水 | 8.35 | 0.030 | 0.00 | 1.12 | 0.00 | 8.3 |
| 2002 年 | 李格 | 8.38 | 0.000 | 0.15 | 1.41 | <0.02 | 9.3 |
| | 湖心 | 8.38 | 0.000 | 0.16 | 1.41 | <0.02 | 9.9 |
| | 落水 | 8.37 | 0.000 | 0.13 | 1.40 | <0.02 | 10.5 |
| 2003 年 | 李格 | 8.24 | 0.01 | 0.07 | 1.00 | <0.02 | 9.6 |
| | 湖心 | 8.28 | 0.01 | 0.09 | 1.05 | <0.02 | 9.5 |
| | 落水 | 8.24 | 0.01 | 0.14 | 0.80 | <0.02 | 7.7 |
| 2004 年 | 落水 | 8.51 | <0.01 | 0.1 | 0.8 | <0.02 | 9.8 |
| | 湖心 | 8.41 | <0.01 | 0.2 | 0.8 | <0.02 | 10.5 |
| | 李格 | 8.49 | <0.01 | 0.1 | 0.8 | <0.02 | 10.1 |

注：—表示没有监测结果。

(2) 水质评价参数的选取

受监测资料的限制，泸沽湖有效的监测指标太少。由于国家地表水环境标准 GB 3838—2002 中透明度没有明确的评价标准，而 pH 要求 Ⅰ～Ⅳ 类水均为 6～9，监测数据都满足这个要求，因此本次评价选取 TP、TN、COD$_{Mn}$ 和 NH$_3$-N 作为评价参数。下面主要根据这 4 个指标对泸沽湖水质进行综合评价。

(3) 水质评价标准

采取国家《地表水环境质量标准》(GB 3838—2002) 作为评价标准，与评价项目相关的基准值参见表 1-5-8。

表 1-5-8　泸沽湖水质评价标准　　　　　　　　　　（单位：mg·L$^{-1}$）

| 项目 | 大于或小于 | Ⅰ类 | Ⅱ类 | Ⅲ类 | Ⅳ类 |
|---|---|---|---|---|---|
| TP | ≤ | 0.01 | 0.025 | 0.05 | 0.1 |
| TN | ≤ | 0.2 | 0.5 | 1.0 | 1.5 |
| COD$_{Mn}$ | ≤ | 2 | 4 | 6 | 10 |
| NH$_3$-N | ≤ | 0.15 | 0.5 | 1.0 | 1.5 |

(4) 评价结果及讨论

根据泸沽湖水体各项指标历年实测值，与水质评价标准相对照，可得出水质参数的类别，进而得到全湖水质类别及其变化趋势。具体评价结果见表1-5-9。

表1-5-9　1999~2004年泸沽湖水质评价结果

| 年份 | 项目<br>测点 | TP | TN | $COD_{Mn}$ | $NH_3$-N | 水质综合类别 |
|---|---|---|---|---|---|---|
| 1999年 | 李格 | Ⅰ | Ⅰ | Ⅰ | Ⅰ | Ⅰ |
|  | 湖心 | Ⅰ | Ⅰ | Ⅰ | Ⅰ | Ⅰ |
|  | 落水 | Ⅰ | Ⅰ | Ⅰ | Ⅰ | Ⅰ |
| 2000年 | 李格 | Ⅰ | Ⅰ | Ⅰ | Ⅰ | Ⅰ |
|  | 湖心 | Ⅰ | Ⅰ | Ⅰ | Ⅰ | Ⅰ |
|  | 落水 | Ⅰ | Ⅱ | Ⅰ | Ⅰ | Ⅱ |
| 2001年 | 李格 | Ⅰ | Ⅰ | Ⅰ | Ⅰ | Ⅰ |
|  | 湖心 | Ⅱ | Ⅰ | Ⅰ | Ⅰ | Ⅱ |
|  | 落水 | Ⅲ | Ⅰ | Ⅰ | Ⅰ | Ⅲ |
| 2002年 | 李格 | Ⅰ | Ⅰ | Ⅰ | Ⅰ | Ⅰ |
|  | 湖心 | Ⅰ | Ⅰ | Ⅰ | Ⅰ | Ⅰ |
|  | 落水 | Ⅰ | Ⅰ | Ⅰ | Ⅰ | Ⅰ |
| 2003年 | 李格 | Ⅰ | Ⅰ | Ⅰ | Ⅰ | Ⅰ |
|  | 湖心 | Ⅰ | Ⅰ | Ⅰ | Ⅰ | Ⅰ |
|  | 落水 | Ⅰ | Ⅰ | Ⅰ | Ⅰ | Ⅰ |
| 2004年 | 落水 | Ⅰ | Ⅰ | Ⅰ | Ⅰ | Ⅰ |
|  | 湖心 | Ⅰ | Ⅰ | Ⅰ | Ⅰ | Ⅰ |
|  | 李格 | Ⅰ | Ⅰ | Ⅰ | Ⅰ | Ⅰ |

对泸沽湖近6年的水质评价结果表明，TP除了2001年湖心为Ⅱ类、落水为Ⅲ类外，其他测点和年份都能达到Ⅰ类水的标准。TN除了2000年落水测点为Ⅱ类外，其他测点和年份的监测值都在 0.00~0.2 mg·$L^{-1}$ 的范围内，满足Ⅰ类水的水质标准。$COD_{Mn}$的范围在 0.80~1.50 mg·$L^{-1}$ 内，都能达到Ⅰ类标准。$NH_3$-N的范围在 0.00~0.06 mg·$L^{-1}$ 内，符合Ⅰ类水质量标准。

可见，除了2000年落水以及2001年湖心、落水外，其他测点和年份的水质都达到Ⅰ类水标准。而2000年落水以及2001年湖心、落水的水质综合评价结果，将采用灰色聚类法来评价，评价标准仍采用国家《地表水环境质量标准》(GB 3838—2002)，具体结果见表1-5-8。

灰色聚类法评价的主要步骤为确定各类白化函数；确定聚类权重；求得聚类对象的聚类系数；确定各聚类对象所属质量级别。具体过程如下：

(a) 数据无量纲化

为消除量纲的影响和便于计算比较，对数据进行无量纲化处理。本评价采用平均标准进行，即用各项目的监测结果和分级标准值分别除以对应项目的平均标准值。详见表1-5-10和表1-5-11。

表 1-5-10  无量纲化水体监测结果

| 项目 | 2000年落水 | 2001年湖心 | 2001年落水 |
|---|---|---|---|
| TP | 0.000 | 0.459 | 1.059 |
| TN | 0.494 | 0.124 | 0.000 |
| $COD_{Mn}$ | 0.250 | 0.275 | 0.280 |
| $NH_3$-N | 0.109 | 0.036 | 0.000 |

表 1-5-11  无量纲化水体环境质量分级标准

| 项目 | Ⅰ类 | Ⅱ类 | Ⅲ类 |
|---|---|---|---|
| TP | 0.353 | 0.882 | 1.765 |
| TN | 0.353 | 0.882 | 1.765 |
| $COD_{Mn}$ | 0.500 | 1.000 | 1.500 |
| $NH_3$-N | 0.273 | 0.909 | 1.818 |

(b) 确定各类白化函数

由表 1-5-11 中数据,可得出各类白化函数 $F_{ij}(i=1,2,3,4;j=1,2,3)$ 的具体形式,如图 1-5-1 所示。

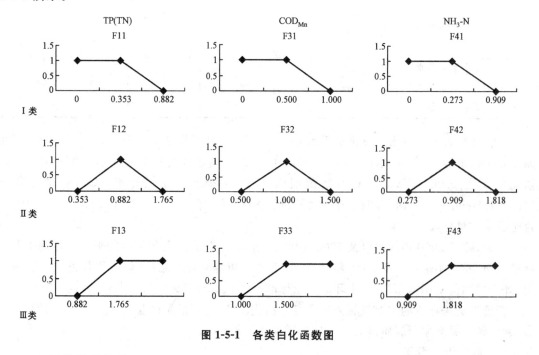

图 1-5-1  各类白化函数图

(c) 计算聚类权数

按公式 $W_{ij}=(1/\lambda_{ij})/\sum_{i=1}^{n}(1/\lambda_{ij})$ 计算,显然,污染因子阈值越大,则其毒性越小,其相对权重就越小。各个灰类(级别)中各因子的权重计算结果见表 1-5-12。

表 1-5-12　各级别中各因子的权重值

| 项目 | Ⅰ类 | Ⅱ类 | Ⅲ类 |
|---|---|---|---|
| TP | 0.250 | 0.260 | 0.241 |
| TN | 0.250 | 0.260 | 0.241 |
| $COD_{Mn}$ | 0.176 | 0.229 | 0.284 |
| $NH_3-N$ | 0.324 | 0.252 | 0.234 |

(d) 计算各聚类对象的聚类系数

按公式 $\delta_{kj} = \sum F_{ij}(X_{kj}) \cdot W_{ij}$ 计算,可得各聚类对象的聚类系数。结果见表 1-5-13。

表 1-5-13　各对象的聚类系数

| 项目 | 2000 年落水 | 2001 年湖心 | 2001 年落水 |
|---|---|---|---|
| Ⅰ类 | 0.933 | 0.950 | 0.750 |
| Ⅱ类 | 0.069 | 0.052 | 0.052 |
| Ⅲ类 | 0 | 0 | 0.048 |

由表 1-5-13 可知,2000 年落水、2001 年湖心和 2001 年落水的水质各聚类系数中,都是Ⅰ类的聚类系数最大。因此,综合评价而言,2000 年落水、2001 年湖心和 2001 年落水的水质都为Ⅰ类标准。

由上述分析可知,泸沽湖的水质情况较好,总体评价为Ⅰ类水。但是个别监测点的 TP 或 TN 指标为Ⅱ～Ⅲ类水的范围内。落水测点污染明显高于其他测点。泸沽湖水质总体保持稳定,个别指标有所改善。水质营养化的隐患或苗头出现,但趋势还不明显。图 1-5-2～图 1-5-4 分别反映了 1999 年以来泸沽湖水体 TP、TN 和 $COD_{Mn}$ 的浓度变化趋势。

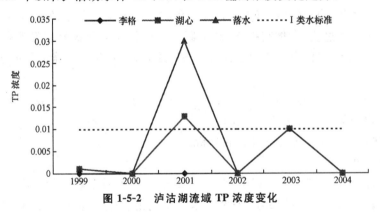

图 1-5-2　泸沽湖流域 TP 浓度变化

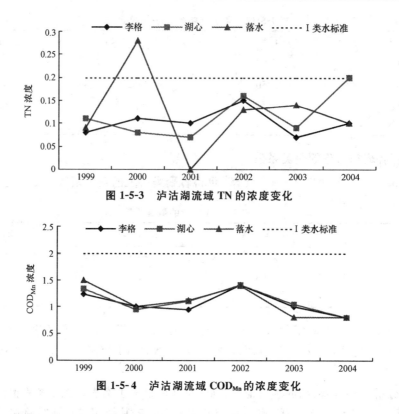

图 1-5-3 泸沽湖流域 TN 的浓度变化

图 1-5-4 泸沽湖流域 $COD_{Mn}$ 的浓度变化

### 5.2.3 水体富营养化状态评价

湖泊富营养化是湖泊水体在自然因素和人类活动的影响下,逐渐由生物生产力较低的贫营养状态向生物生产力较高的富营养化状态变化的一种现象。鉴于泸沽湖的特殊性,径流较小导致水体停留时间过长,水体交换缓慢,不断增加的污染负荷极易引发严重的水体富营养化。因此,需对泸沽湖水体富营养化进程及趋势给予重视,并对富营养化现状进行科学评定。

(1) 评价方法

目前国内外关于湖泊富营养化的评价方法不尽相同,如参数法、指数法、评分法和模糊数学分级法等。根据国内外有关富营养化评价的工作经验,结合泸沽湖流域实际情况,以分级评分法为基础,进行湖泊富营养化的评价和分析。

(2) 评价参数

按照相关性、可操作性、简洁性和科学性相结合的原则,选取相关的物理、化学及生物参数作为评价参数。考虑到评价结果与国内外已有评价的衔接,结合泸沽湖实际情况,确定最终的评价指标为:透明度(SD)、高锰酸钾指数($COD_{Mn}$)、总氮(TN)、总磷(TP)4个影响因子。

(3) 评价标准与现状资料

根据目前湖泊富营养化评价现状,国内尚无统一的富营养化评价标准。本研究参照国内湖泊已使用过的评价标准表(表 1-5-14),评价泸沽湖富营养化程度。

表 1-5-14 泸沽湖富营养化评价分级标准

| 营养类型 | 评分值 | 透明度/m | COD/mg·L⁻¹ | TN/mg·L⁻¹ | TP/mg·L⁻¹ |
|---|---|---|---|---|---|
| 极贫营养 | 10 | 27 | 0.12 | 0.02 | 0.0009 |
| 贫营养 | 20 | 15 | 0.24 | 0.04 | 0.002 |
| 贫中营养 | 30 | 8 | 0.48 | 0.08 | 0.0046 |
| 中贫营养 | 40 | 4.4 | 0.96 | 0.16 | 0.01 |
| 中营养 | 50 | 2.4 | 1.8 | 0.31 | 0.023 |
| 中富营养 | 60 | 1.3 | 3.6 | 0.65 | 0.05 |
| 富营养 | 70 | 0.73 | 7.1 | 1.2 | 0.11 |
| 重富营养 | 80 | 0.4 | 14 | 2.3 | 0.25 |
| 极重富营养 | 90 | 0.22 | 27 | 4.6 | 0.56 |

依据泸沽湖流域环境监测部门提供的 2004 年泸沽湖落水、湖心、李格 3 个常规监测点资料，对泸沽湖富营养化状态进行评价。评价项目各点的实测值参见表 1-5-15。

表 1-5-15 2004 年沽湖水体富营养化指标实测值　　　（单位：mg·L⁻¹）

| 年份 | 测点 | TP | TN | COD$_{Mn}$ | 透明度/m |
|---|---|---|---|---|---|
| 2004 年 | 落水 | <0.01 | 0.1 | 0.8 | 9.8 |
|  | 湖心 | <0.01 | 0.2 | 0.8 | 10.5 |
|  | 李格 | <0.01 | 0.1 | 0.8 | 10.1 |

（4）评价结果及讨论

根据表 1-5-15 中各站点实测数值，对照表 1-5-14 的标准求得各参数的评分值，然后，计算各测点的综合评分值，再根据评分值的大小，确定泸沽湖各点位的富营养状况，并计算泸沽湖各水期的平均营养状况类别。具体评价结果参见表 1-5-16。

表 1-5-16 泸沽湖水体富营养化评价结果

| 项目<br>点位 | SD 指数值 | COD 指数值 | TN 指数值 | TP 指数值 | 均指数值 | 营养状态 |
|---|---|---|---|---|---|---|
| 落水 | 26.78 | 37.76 | 33.35 | <40.00 | 34.47 | 贫中营养 |
| 湖心 | 25.63 | 37.76 | 43.56 | <40.00 | 36.74 | 贫中营养 |
| 李格 | 26.28 | 37.76 | 33.35 | <40.00 | 34.35 | 贫中营养 |
| 平均 | 26.23 | 37.76 | 36.75 | <40.00 | 35.19 | 贫中营养 |

由表 1-5-16 评价结果可知，泸沽湖水体目前至多处于贫中营养状态。在各个监测点位中，湖心点由于 TN 含量最高，水体富营养化评价得分最高，落水和李格两监测点水体富营养化程度基本相同。

在各评价参数中，富营养化指数最低的为透明度（SD），各站点指数值都在 30.0 以下。其余参数的富营养化指数都在 30.0~40.0 的范围内。需要特别注意的是评价参数 TP，由于实际监测值只给出了上限 0.01 mg·L⁻¹，故在此按照最坏的情况考虑，即直接将 TP 的上限值计算得出富营养化指数，因此无法得出一个更为精确的结论，但是至少可以保证泸沽湖的水体富营养化程度不差于贫中营养。

总体而言，泸沽湖水体富营养化程度较轻，目前大体上为贫中营养状态，水体富营养化趋势不明显。SD、TN、TP、COD$_{Mn}$各参数都处在可以接受的范围内。鉴于泸沽湖水体的脆弱性和不可恢复性，从现在开始采取各种措施控制泸沽湖流域居民生活污水、餐饮旅游业用水、农田非点源污染、水土流失以及入湖河流等带来的污染负荷就变得十分重要。只有充分重视泸沽湖流域富营养化进程，采取有力的控制手段，才能有效维持现有水质和富营养状态使其不致恶化。

## 5.3 流域污染负荷分析

水环境的主要污染源可以分为农村生活污水和旅游污水及水土流失、畜牧养殖和大气沉降等几大部分。

### 5.3.1 点源污染负荷现状

在流域内云南部分，分布有落水行政村的山垮、普乐、蒗放、王家湾、吕家湾、三家村、落水、竹地、里格、小落水、老屋基等11个自然村。除老屋基位于山上外，其他各村皆分布在湖滨。在流域的四川省部分，有泸沽湖镇的多舍村、木夸村、直普村、博树村、海门村、山南村和舍夸村。

根据当地规划，流域内计划在竹地修建1座污水处理厂，污水收集范围覆盖三家村、落水、老屋基和竹地等4个自然村；在里格修建1座污水处理厂处理里格的污水；在古拉修建1座污水处理厂，污水收集范围覆盖泸沽湖镇镇区和古拉自然村。

考虑到现有资料的限制，将以上污水处理厂覆盖的区域(包括落水5个自然村以及四川泸沽湖镇镇区)产生的居民生活污水作为点源进行计算。另外，泸沽湖流域内的旅游资源基本上都分布在以上区域，因此游客产生的旅游污水也作为点源污染处理。

由于缺乏实测数据，污水量的估算采用污水排放系数估算法；污染负荷的估算也采用负荷排污系数估算法。2004年，落水5个自然村总人口为1419人，游客40.9万人次；泸沽湖镇镇区总人口约为1500人，游客5.6万人次。常住人口综合用水标准采用280 L/人·d，那么村民年用水量约为29.83×10$^4$ m$^3$，按照0.7的排污系数计，年排污水量20.88×10$^4$ m$^3$。住宿游客用水标准采用350 L/人·d，每位游客逗留时间按一夜两天计，年用水量约为24.41×10$^4$ m$^3$；排污系数按0.7计算，年排污水量17.09×10$^4$ m$^3$。详见表1-5-14。

表1-5-14 2004年点源村镇生活污水(含旅游)排放量

| 村镇名 | 人口/人 | | 农村污水排放量 /10$^4$ t·a$^{-1}$ | 旅游污水排放量 /10$^4$ t·a$^{-1}$ |
| --- | --- | --- | --- | --- |
| | 常住人口 | 旅游人次 | | |
| 云南部分 | 1419 | 409000 | 10.15 | 15.03 |
| 四川部分 | 1500 | 56000 | 10.73 | 2.06 |
| 合计 | 2919 | 465000 | 20.88 | 17.09 |

村民和游客的污染负荷排污系数的确定，根据滇池流域的实际调查分析成果和相关资料，以及参考《泸沽湖流域环境规划报告》，并结合当地的实际情况做适当的调整，由此得到泸沽湖流域点源生活污水(含旅游)水污染负荷产生量，结果详见表1-5-15。

表 1-5-15　2004 年点源村镇生活污水(含旅游)水污染负荷核定表

| | COD$_{Cr}$ | BOD$_5$ | TP | TN | SS |
|---|---|---|---|---|---|
| 村民排污定额/g·人$^{-1}$·d$^{-1}$ | 40 | 20 | 0.6 | 4.0 | 30 |
| 云南部分/t·a$^{-1}$ | 20.72 | 10.36 | 0.31 | 2.07 | 15.54 |
| 四川部分/t·a$^{-1}$ | 21.90 | 10.95 | 0.33 | 2.19 | 16.43 |
| 游人排污定额/g·人$^{-1}$·d$^{-1}$ | 50 | 25 | 0.8 | 6 | 35 |
| 云南部分/t·a$^{-1}$ | 30.68 | 15.34 | 0.49 | 3.68 | 21.47 |
| 四川部分/t·a$^{-1}$ | 4.2 | 2.1 | 0.07 | 0.50 | 2.94 |
| 负荷量合计/t·a$^{-1}$ | 77.49 | 38.75 | 1.20 | 8.45 | 56.38 |

### 5.3.2　面源污染负荷现状

面源污染是造成泸沽湖流域水体污染的另一重要因素。根据现场调研和资料研究，泸沽湖流域的面源污染主要来自农村生活污染、水土流失、畜禽养殖、大气沉降 4 个方面。

(1) 农村生活污染

除了点源污染的地区，泸沽湖流域云南部分还有山垮、普乐、菠放、王家湾、吕家湾、小落水等 6 个自然村以及四川部分除集镇外的村庄，其居民生活污水作为面源污染物来计算其负荷。

污水量及污染负荷的估算仍采用系数法。2004 年，落水等 6 个自然村总人口为 1648 人，泸沽湖镇除集镇外的总人口约为 8890 人。村民用水定额以 280 L/人·d 计，年用水量约为 107.70×10$^4$ m$^3$；按照 0.7 的排污系数计，年排污水量 75.39×10$^4$ m$^3$。泸沽湖流域面源生活污水污染负荷产生量核定结果见表 1-5-16。

表 1-5-16　2004 年面源农村生活污染负荷量核定表

| | COD$_{Cr}$ | BOD$_5$ | TP | TN | SS |
|---|---|---|---|---|---|
| 村民排污定额/g·人$^{-1}$·d$^{-1}$ | 40 | 20 | 0.6 | 4.0 | 30 |
| 云南部分/t·a$^{-1}$ | 24.06 | 12.03 | 0.36 | 2.41 | 18.05 |
| 四川部分/t·a$^{-1}$ | 129.79 | 64.90 | 1.95 | 12.98 | 97.35 |
| 负荷量合计/t·a$^{-1}$ | 153.85 | 76.93 | 2.31 | 15.39 | 115.39 |

(2) 水土流失

水土流失是面源污染主要的发生形式，营养盐通过径流、泥沙携带入湖是造成污染物入湖的重要途径。泸沽湖流域汇流面积小，没有大的入湖河道，只有几条小溪流，源近流短，入湖径流主要是降雨径流，包括小溪径流和区间坡面漫流。乡村地区降雨径流携带的 N、P 负荷与土壤养分、土壤质地、降雨量及降雨强度、土地裸露时间等有关。泸沽湖汇水区以暴雨径流携带污染物入湖为主。

水土流失产生的污染负荷采用输出系数法估算。其计算的一般表达式为

$$L_j = \sum_{i=1}^{n} E_{ij} A_i \qquad (5-1)$$

其中，$j$ 为污染物类型；$m$ 为流域中土地利用类型的种类；$L_j$ 为污染物 $j$ 在该流域的总负荷量 (kg/a)；$E_{ij}$ 为污染物 $j$ 在流域第 $i$ 种土地利用类型中的输出系数 (kg/hm$^2$·a)；$A_i$ 为第 $i$ 种土

地利用类型的面积($hm^2$)。

不同的土地利用类型所发生的水土流失强度是不同的,其 N、P 流失率亦各异。因此,必须考虑不同土地利用类型的差别。要准确估算污染物的负荷量,确定合理的输出系数是关键所在。影响流域非点源污染物输出系数的因素很多,主要包括流域内地形地貌、水文、气候、土地利用、土壤类型和结构、植被、管理措施以及人类活动等。参照国内外的相关研究,确定泸沽湖流域污染负荷的输出系数如表 1-5-17 所示。

表 1-5-17　泸沽湖流域水土流失污染负荷输出系数　　（单位:kg・亩$^{-1}$・a$^{-1}$）

| 土地类型 | COD$_{Cr}$ | TN | TP |
|---|---|---|---|
| 耕地 | 0.9 | 1.934 | 0.060 |
| 森林 | 0.45 | 0.159 | 0.010 |
| 草地 | 0.45 | 0.667 | 0.013 |
| 城镇 | — | 0.734 | 0.016 |
| 荒地 | | 0.994 | 0.034 |

在计算过程中,居民和交通用地作为城镇用地考虑,未利用土地作为荒地考虑。由此得到泸沽湖流域水土流失造成的污染物负荷量(见表 1-5-18)。

表 1-5-18　泸沽湖流域水土流失污染负荷　　（单位:t・a$^{-1}$）

| 土地类型 | COD$_{Cr}$ | | TN | | TP | |
|---|---|---|---|---|---|---|
| | 云南 | 四川 | 云南 | 四川 | 云南 | 四川 |
| 耕地 | 1.68 | 8.54 | 3.61 | 18.36 | 0.11 | 0.57 |
| 森林 | 3.52 | 22.05 | 1.24 | 7.78 | 0.08 | 0.49 |
| 草地 | — | 1.28 | 0.00 | 1.90 | 0.00 | 0.04 |
| 城镇 | — | — | 0.14 | 0.15 | 0.00 | 0.00 |
| 荒地 | — | — | 0.72 | 0.97 | 0.02 | 0.03 |
| 合计 | 5.20 | 31.87 | 5.71 | 29.16 | 0.21 | 1.13 |

由表 1-5-18 可知,泸沽湖流域由于水土流失导致的 COD$_{Cr}$、TN、TP 污染负荷量分别为 37.07 t/a、34.87 t/a 和 1.34 t/a。

（3）畜禽养殖污染

畜禽养殖产生的粪便通过各种途径进入水体,对泸沽湖水质会造成一定影响。畜禽养殖所产生的污染负荷较难计算。此处通过统计流域内畜禽的种类和数目,按照每头畜禽所产生的污染当量来计算。流域内各村镇的大牲畜、猪、羊、家禽数目,详见表 1-5-19。

## 第五章 泸沽湖流域水环境系统分析

表 1-5-19 泸沽湖流域畜禽养殖业基本情况调查

| 所属省 | 村镇名 | 大牲畜/头 | 猪/头 | 羊/头 | 家禽/只 |
|---|---|---|---|---|---|
| 云南宁蒗彝族自治县 | 山垮 | 158 | 666 | — | — |
| | 普乐 | 170 | 757 | — | — |
| | 菠放 | 102 | 463 | — | — |
| | 王家湾 | 86 | 372 | 120 | — |
| | 吕家湾 | 76 | 288 | — | — |
| | 三家村 | 35 | 280 | — | — |
| | 落水 | 172 | 589 | — | — |
| | 竹地 | 108 | 491 | 500 | — |
| | 里格 | 53 | 232 | — | — |
| | 小落水 | 78 | 309 | — | — |
| | 老屋基 | 58 | 123 | 320 | — |
| 小 计 | | 1096 | 4570 | 940 | 6030 |
| 四川盐源县 | 泸沽湖镇 | 7607 | 15896 | 16484 | 13267 |
| 总 计 | | 8703 | 20466 | 17424 | 19297 |

参考《滇池流域农业面源污染控制专题调研报告》等资料,同时结合泸沽湖流域实际情况,得到畜禽养殖排污系数,详见表 1-5-20。

表 1-5-20 畜禽养殖排污系数 (单位:$g \cdot 头^{-1} \cdot d^{-1}$)

| 名 称 | $COD_{Cr}$ | TN | TP |
|---|---|---|---|
| 大牲畜 | 665 | 85.1 | 17.3 |
| 猪 | 90 | 11.5 | 2.3 |
| 羊 | 12.05 | 6.25 | 1.23 |
| 家禽 | 2 | 0.64 | 0.1 |

由此得到泸沽湖流域内畜禽养殖产生的污染负荷,具体结果见表 1-5-21。

表 1-5-21 畜禽养殖业污染负荷量 (单位:$t \cdot a^{-1}$)

| | 大牲畜 | | | 猪 | | |
|---|---|---|---|---|---|---|
| | $COD_{Cr}$ | TN | TP | $COD_{Cr}$ | TN | TP |
| 云南部分 | 266.03 | 34.04 | 6.92 | 150.12 | 19.18 | 3.84 |
| 四川部分 | 1846.41 | 236.28 | 48.03 | 522.18 | 69.19 | 11.14 |
| 小 计 | 2112.44 | 270.33 | 54.96 | 672.31 | 88.37 | 14.97 |
| | 羊 | | | 家禽 | | |
| | $COD_{Cr}$ | TN | TP | $COD_{Cr}$ | TN | TP |
| 云南部分 | 4.82 | 2.50 | 0.49 | 0.80 | 0.26 | 0.04 |
| 四川部分 | 33.46 | 17.35 | 3.42 | 5.55 | 1.78 | 0.28 |
| 小 计 | 38.28 | 19.85 | 3.91 | 6.35 | 2.03 | 0.32 |
| 合 计 | $COD_{Cr}$:2829.37 | | | TN:380.59 | | TP:74.15 |

由表 1-5-21 可知,泸沽湖流域畜禽养殖 $COD_{Cr}$、TN 和 TP 排放总量分别为 2829.37 t/a、380.59 t/a 和 74.15 t/a。

根据中国环境规划院 2003 年发布的《全国水环境容量核算指南》中提供的技术参数,结合泸沽湖的实际情况,确定畜禽养殖污染的 $COD_{Cr}$、TN、TP 入湖系数分别按 10%、10%、5%的流失率计算,那么可知泸沽湖流域畜禽养殖造成的 $COD_{Cr}$、TN、TP 入湖负荷量分别为 282.9 t/a、38.1 t/a、3.71 t/a。

(4) 大气沉降

污染物质可通过湖面降水、降尘和湍流直接进入湖水。大气沉降带来的营养物质多为溶解态,生物易吸收。因此,湖面大气沉降的污染负荷也是泸沽湖的污染源之一。大气沉降中 N、P 污染负荷计算公式为

$$W = P \cdot A \cdot 10^{-3} \tag{5-2}$$

式中,$W$ 为湖面年降水(或降尘)污染负荷(t/a);$P$ 为单位面积 N、P 负荷量(kg/km²·a);$A$ 为湖面面积(km²)。

正确核定 $P$ 是计算大气沉降负荷的关键。依据相关文献,若流域是以农业用地为主的乡村地区,大气沉降的强度 TN 为 10.5~38.0 kg/hm²·a 和 TP 为 0.12~0.97 kg/hm²·a。在农业区,大气中 P 主要来源于土壤风蚀,牲畜饲养场和堆肥场 $NH_3$-N 的挥发也会提高大气中 N 含量。土壤风蚀强度又受气候、植被覆盖和人类活动等因素影响。同时,污染物大气沉降强度还与降雨量密切相关。泸沽湖流域农业比较落后,耕地和居住用地少,农田化肥施用量低,植被良好,大气清洁,年降雨量仅在 900~1000 mm。因此,大气沉降的强度参考文献中的低值,即大气沉降的强度 TN 为 10.5 kg/hm²·a 和 TP 为 0.12 kg/hm²·a,即分别为 1050 kg/km²·a 和 TP 为 12 kg/km²·a。由此计算得到大气沉降的污染负荷(表 1-5-22)。

表 1-5-22 泸沽湖大气沉降污染负荷

| | 面积/km² | 单位面积 TP /kg·km⁻²·a⁻¹ | TP/t·a⁻¹ | 单位面积 TN /kg·km⁻²·a⁻¹ | TN/t·a⁻¹ |
|---|---|---|---|---|---|
| 云南部分 | 30.3 | | 0.36 | | 31.82 |
| 四川部分 | 19.8 | 12 | 0.24 | 1050 | 20.79 |
| 合计 | 50.1 | | 0.60 | | 52.61 |

由表 1-5-22 可看出,泸沽湖每年平均接纳大气沉降带来的 TN、TP 分别为 52.61 t 和 0.60 t。

### 5.3.3 固体废物污染负荷现状

任意排放、未加处理的固体废物也是导致水体污染的重要原因。固体废物中含有多种污染物质,若处理堆放不当,可随雨水经地表径流污染水体,成为泸沽湖流域内的又一污染源。

(1) 固体废物处置现状

泸沽湖流域居民点较分散,居民生活水平较低,产生的生活垃圾量较少,且垃圾中无机类物质含量低,以有机垃圾为主。随着旅游业的迅速发展,旅客产生的垃圾逐年增加,垃圾产生量和垃圾的构成也发生了明显变化。

宁蒗县落水行政村的垃圾主要为生活垃圾、旅游垃圾以及少量建筑废弃物，主要为各村村民、宾馆饭店、旅游景点、道路等场所产生。落水自然村搞旅游接待较集中，垃圾产量较多，清运相对规范。设有专人清捡湖周、公路沿线及湖中两座岛上的垃圾，湖边每户每个摊位都有垃圾箩收集游客垃圾，垃圾收集后（包括旅馆的垃圾）运至长湾沟的简易垃圾堆放点。旅馆水冲厕所粪便经排水管网进入污水处理站，旱厕粪便由村民挑走后作为农肥。其余尚不搞旅游接待的各行政村垃圾，部分与圈肥一起堆肥后作为农肥；部分散堆或倒于河流中，经雨水冲刷排入泸沽湖。

盐源县泸沽湖镇的垃圾主要为生活垃圾及少量旅游垃圾、建筑废弃物。泸沽湖镇机关及居民垃圾由专人收集后运到盐源县城至泸沽湖镇的公路边后冲入雅砻江，排入泸沽湖流域外。泸沽湖镇街道无人清扫，雨天街面垃圾随雨水冲入湖中。除少数旅馆为水冲厕所外，其余都为旱厕，水冲厕粪便经河流入湖，旱厕粪便用作农肥。生活、旅游垃圾随意处置，部分垃圾与圈肥一起堆肥后作为农肥；部分散堆或倒于河流中，经雨水冲刷排入泸沽湖。

因此，目前泸沽湖流域内垃圾均呈自然堆放状态，属于简易处理，还没有建立起统一的垃圾收集、处理设施，应立即解决这个问题。

（2）固体废物负荷现状

主要估算生活垃圾的产生量。2004年泸沽湖流域总人口为13457人，其中云南省为3067人，四川省为10390人；泸沽湖景区云南部分的旅游人数为40.9万人次，四川部分的旅游人数为5.6万人次，旅客平均滞留时间为2天。参考《泸沽湖综合治理规划报告》，确定居民人均垃圾产生量为1.36 kg/人·d，游客人均垃圾产生量为0.74 kg/人·d。由此计算可得泸沽湖流域垃圾负荷量（表1-5-23）。

表1-5-23　泸沽湖流域生活、旅游垃圾负荷量

| | 居民数/人 | 居民人均垃圾产生量/kg·人$^{-1}$·d$^{-1}$ | 生活垃圾量/t·a$^{-1}$ | 旅客人次/万人 | 旅客人均垃圾产生量/kg·人$^{-1}$·d$^{-1}$ | 旅游垃圾量/t·a$^{-1}$ |
|---|---|---|---|---|---|---|
| 云南部分 | 3067 | 1.36 | 1522 | 40.9 | 0.74 | 605 |
| 四川部分 | 10390 | | 5158 | 5.6 | | 83 |
| 合计 | 13457 | | 6680 | 46.5 | | 688 |

由表1-5-23可知，2004年云南部分产生垃圾约2128 t，四川部分产生垃圾约5240 t，总计约7368 t。

### 5.3.4　污染物排放总量与空间分布

根据上述点、面源污染负荷分析，得到泸沽湖流域污染物的污染负荷情况（表1-5-24）。

表 1-5-24　泸沽湖流域污染物负荷量汇总　　　　　　　　　　　（单位：t·a⁻¹）

| 来源 | 污染物 | COD$_{Cr}$ 云南 负荷 | COD$_{Cr}$ 云南 % | COD$_{Cr}$ 四川 负荷 | COD$_{Cr}$ 四川 % | TN 云南 负荷 | TN 云南 % | TN 四川 负荷 | TN 四川 % | TP 云南 负荷 | TP 云南 % | TP 四川 负荷 | TP 四川 % |
|---|---|---|---|---|---|---|---|---|---|---|---|---|---|
| 点源 | 点源农村生活污染、旅游 | 51.39 | 66.3 | 26.10 | 33.7 | 5.75 | 68.1 | 2.69 | 31.9 | 0.80 | 66.7 | 0.40 | 33.3 |
| 面源地表径流 | 面源农村生活污染 | 24.06 | 15.6 | 129.8 | 84.4 | 2.41 | 15.7 | 12.98 | 84.3 | 0.36 | 15.6 | 1.95 | 84.4 |
| 面源地表径流 | 水土流失 | 5.21 | 14.0 | 31.88 | 86.0 | 5.71 | 16.4 | 29.15 | 83.6 | 0.22 | 16.3 | 1.13 | 83.7 |
| 面源地表径流 | 畜禽养殖 | 42.18 | 14.9 | 240.8 | 85.1 | 5.60 | 14.7 | 32.46 | 85.3 | 0.56 | 15.1 | 3.14 | 84.9 |
| 面源地表径流 | 大气沉降 | — | — | — | — | 31.82 | 60.5 | 20.79 | 39.5 | 0.36 | 60.0 | 0.24 | 40.0 |
| 面源地表径流 | 小计 | 71.45 | 15.1 | 402.4 | 84.9 | 45.53 | 32.3 | 95.38 | 67.7 | 1.51 | 18.9 | 6.47 | 81.1 |
| 合计 | | 551.3 | | | | 149.36 | | | | 9.17 | | | |

由表 1-5-24 可以看出：

- 入湖 COD$_{Cr}$ 主要的贡献来自于畜禽养殖，其次是面源农村生活污染和点源生活污染。
- 入湖 TN 最主要的贡献来自于湖面降水、降尘，其次是畜禽养殖和水土流失。
- 入湖 TP 最主要的贡献来自于畜禽养殖，其次是面源农村生活污染和水土流失。

另外，从点源和面源污染物入湖量分配比例来看，面源所排放污染物的贡献已经远远超过点源，成为泸沽湖流域最重要的污染源。从各类面源污染物贡献比例来看，农村生活污染、畜禽养殖和湖面大气沉降是面源污染中最主要的部分。

从污染物负荷的空间分布来看，泸沽湖入湖污染物的来源主要集中在四川省部分。因此，入湖污染物防治工作的任务四川省更加突出一些。

### 5.3.5　污染物负荷预测

对于生活污染，由于泸沽湖流域主要为农业人口，污染类型亦以农业污染为主，主要污染因子为 COD$_{Cr}$、TN、TP 等。根据相关研究，污染负荷因子的预测主要根据人口预测结果乘以相关系数得到，预测结果详见表 1-5-25。

表 1-5-25　流域生活污染负荷预测　　　　　　　　　　　（单位：t·a⁻¹）

| 污染负荷因子 | | 单位污染负荷量 /g·人⁻¹·d⁻¹ | 2005 年 | 2010 年 | 2015 年 | 2020 年 |
|---|---|---|---|---|---|---|
| COD | 云南 | 40 | 53.18 | 47.55 | 49.99 | 52.54 |
| COD | 四川 | 40 | 153.22 | 161.06 | 169.33 | 178.02 |
| COD | 合计 | 40 | 206.4 | 208.61 | 219.32 | 230.56 |
| TN | 云南 | 4.0 | 5.32 | 4.76 | 5.00 | 5.26 |
| TN | 四川 | 4.0 | 15.32 | 16.11 | 16.93 | 17.80 |
| TN | 合计 | 4.0 | 20.64 | 20.87 | 21.93 | 23.06 |
| TP | 云南 | 0.6 | 0.80 | 0.72 | 0.75 | 0.79 |
| TP | 四川 | 0.6 | 2.30 | 2.41 | 2.54 | 2.67 |
| TP | 合计 | 0.6 | 3.1 | 3.13 | 3.29 | 3.46 |

对于畜禽养殖污染,其具体预测结果见表1-5-26。

表1-5-26 流域畜禽养殖污染负荷预测 (单位:t·a$^{-1}$)

| 污染负荷因子 | | 2005年 | 2010年 | 2015年 | 2020年 |
|---|---|---|---|---|---|
| COD | 云南 | 45.93 | 68.5 | 100.74 | 149.26 |
| | 四川 | 259.81 | 397.22 | 597.52 | 906.8 |
| | 合计 | 305.74 | 465.71 | 698.26 | 1056.07 |
| TN | 云南 | 6.1 | 9.11 | 13.43 | 19.94 |
| | 四川 | 35.22 | 54.63 | 83.03 | 126.89 |
| | 合计 | 41.32 | 63.74 | 96.46 | 146.83 |
| TP | 云南 | 0.61 | 0.92 | 1.36 | 2.01 |
| | 四川 | 3.4 | 5.2 | 7.83 | 11.91 |
| | 合计 | 4.01 | 6.12 | 9.18 | 13.93 |

不考虑水土流失和湖面大气沉降的变化,那么由此预测得到未来泸沽湖流域污染负荷量(表1-5-27)。

表1-5-27 流域污染负荷预测结果 (单位:t·a$^{-1}$)

| 污染负荷因子 | | 2005年 | 2010年 | 2015年 | 2020年 |
|---|---|---|---|---|---|
| COD | 云南 | 104.32 | 121.26 | 155.94 | 207.01 |
| | 四川 | 444.91 | 590.16 | 798.73 | 1116.70 |
| | 合计 | 549.23 | 711.42 | 954.67 | 1323.71 |
| TN | 云南 | 48.95 | 51.40 | 55.96 | 62.73 |
| | 四川 | 100.48 | 120.68 | 149.90 | 194.63 |
| | 合计 | 149.43 | 172.08 | 205.86 | 257.36 |
| TP | 云南 | 1.99 | 2.22 | 2.69 | 3.38 |
| | 四川 | 7.07 | 8.98 | 11.74 | 15.95 |
| | 合计 | 9.07 | 11.21 | 14.44 | 19.34 |

## 5.4 水环境容量与总量控制

由于泸沽湖水质状况良好,目前水质仍达到Ⅰ类水标准,预计污染负荷量仍小于泸沽湖的环境容量,因此污染物的控制采用目标控制的办法,而不采用容量控制的办法。但是,此处仍然对泸沽湖的环境容量进行研究,以期给日后的工作提供一个参考和依据。

### 5.4.1 水环境容量研究

湖泊水环境容量的计算是以水质目标和水质模型为基础,其计算正确与否是污染物控制方案成败的重要关键之一。

#### 5.4.1.1 水质模型和容量计算公式

从泸沽湖水质的多年监测结果来看,其水质空间分布比较均匀,完全可以视为一个完全混合反应器。因此,在本规划中,考虑到泸沽湖的自然形态和水文特征,兼顾监测数据的可得性,选定完全均匀混合水质模型来描述湖体的水质状态变化。

本规划选取 3 项污染指标作为研究对象,即 $COD_{Cr}$、TN 和 TP,其中 $COD_{Cr}$ 属于有机污染物,TN 和 TP 属于营养盐,相应的计算模型如下:

(1) COD 模型

$$V(t)\frac{dC}{dt} = Q_{in}(t) \cdot C_{in}(t) - Q_{out}(t) \cdot C(t) \cdot S_C + kV(t)C \tag{5-3}$$

其中,$V(t)$ 为箱体在 $t$ 时刻的水量($m^3$);$\frac{dC}{dt}$ 为箱体水质参数 COD 的变化率;$Q_{in}(t)$,$Q_{out}(t)$ 为在 $t$ 时刻湖体的入流和出流水量($m^3/a$);$C_{in}(t)$,$C(t)$ 为在 $t$ 时刻对湖体的入流和出流的 COD 的浓度值($g/m^3$);$S_C$ 为其他未计入的外部源和漏(如内源)污染量;$k$ 为 COD 的综合降解系数。

由此模型推导出的 COD 环境容量的计算公式如下:

$$W = C_S(Q_{out} + kV) \tag{5-4}$$

其中,$C_S$ 为 COD 的水环境质量标准($mg \cdot L^{-1}$);其他符号意义同上。

(2) 营养盐模型

考虑到数据的可得性问题,本规划中将采用 Vollenweider 模型作为营养盐的容量模型。

$$C = C_{in}\left(1 + \sqrt{\frac{Z}{Q^0}}\right)^{-1} \tag{5-5}$$

其中,$C$ 为湖泊中 P(N) 的年平均浓度($mg \cdot L^{-1}$);$C_{in}$ 为入湖按流量加权平均的 P(N) 浓度($mg \cdot L^{-1}$);$Z$ 为湖泊平均深度(m);$Q^0$ 为湖泊单位面积年平均水量负荷($m^3/(m^2 \cdot a)$),即 $Q^0 = Q_{in}/A$,其中 $Q_{in}$ 为入湖水量($m^3$),$A$ 为湖水面积($m^2$)。

此模型被称为"简单的沉积模型",模型假定水体混合均匀、稳定、限制性营养物质唯一,所以数学式简单,所需数据少,使用方便。由此模型导出的营养盐环境容量模型计算公式如下:

$$W = C_S \cdot A \cdot Z \cdot [R + Q_{out}/V] \tag{5-6}$$

其中,$W$ 为湖泊最大允许纳污量(t/a);$C_S$ 为指定水质标准($mg \cdot L^{-1}$);$V$ 为湖泊的容积($m^3$);$Q_{out}$ 为流出湖泊水的体积($m^3$);$R$ 为湖水中营养盐的沉降系数(1/a);其他符号意义同上。

#### 5.4.1.2 参数估值

在进行环境容量计算时,参数估值的准确性将直接影响环境容量的计算结果。$k$、$R_N$、$R_P$ 等参数受到很多因素的影响。以 COD 综合降解系数 $k$ 为例,许多科学实验和研究资料表明,降解系数不但与温度、湖泊的水文条件、溶解氧等因素有关,还与湖泊的污染程度有关。在很大程度上 COD 浓度影响着 COD 降解系数,COD 浓度较小时,COD 降解系数随 COD 浓度的增加而有所增大;在 COD 浓度较大时,COD 降解系数随 COD 浓度增加而增大的幅度趋于减少。就泸沽湖目前的水质状况而言,COD 的浓度很小,基本处于 I 类水的范围内。且泸沽湖湖水较深,水体的再曝气作用较弱,水动力状况较为平静,常年温度较低,不利于 COD 的降解作用,故其降解系数较低。国内学者对滇池等湖泊做了大量的研究,参考陈云波等《实施滇池污染综合治理工程对滇池水质改善评估报告》,其测定的 COD 综合降解系数为 $0.0011\ d^{-1}$。而滇池的污染状况较泸沽湖严重得多,以此为参考值,进行温度校正并采取保守取值,确定泸沽

湖的 $k$ 值为 $0.26\,\mathrm{a}^{-1}$。同样方法,参考国内对滇池等湖泊的研究成果,进行保守取值,确定泸沽湖的 $R_\mathrm{N}$ 为 $2.12\,\mathrm{a}^{-1}$,$R_\mathrm{P}$ 为 $1.89\,\mathrm{a}^{-1}$。

#### 5.4.1.3 基础数据分析

根据泸沽湖水环境容量核算的要求,需要相关的水文、水质和污染源数据,其中:水文数据须考虑 10%、50%、90% 水文保证率等几个年型情况;污染负荷入湖量取自本章 5.3 部分的计算,基础数据详见表 1-5-28。

表 1-5-28　泸沽湖水质模型参数基本数据

| 数据类型 | 具体类型 | 数 值 |
|---|---|---|
| 基本参数 | 出湖水量/$10^8\,\mathrm{m}^3$ | 0.74(10%)、0.52(50%)、0.34(90%)、0.29(95%);0.53(平均) |
|  | 库容/$10^8\,\mathrm{m}^3$ | 22.52 |
|  | 平均深度/m | 40.3 |
|  | 面积/km² | 50.1 |
| 水质目标 | COD/mg·L$^{-1}$ | <15(一直保持Ⅰ类水) |
|  | TN/mg·L$^{-1}$ | <0.2(一直保持Ⅰ类水) |
|  | TP/mg·L$^{-1}$ | <0.01(一直保持Ⅰ类水) |

#### 5.4.1.4 水环境容量预测

在确定了泸沽湖水环境容量模型和水域功能分区环境质量标准限值后,按照 10%、50%、90%、95% 水文保证率等几个年型,分别计算泸沽湖水域功能分区的水环境容量(表 1-5-29)。

表 1-5-29　泸沽湖水环境容量预测　　　　　　　　　　　(单位:t·a$^{-1}$)

| 年　型 | COD$_\mathrm{Cr}$ | TN | TP |
|---|---|---|---|
| 10% | 9896 | 970 | 43.5 |
| 50% | 9557 | 965 | 43.3 |
| 90% | 9291 | 962 | 43.1 |
| 95% | 9225 | 961 | 43.0 |

### 5.4.2　总量控制方案

泸沽湖目前水质状况良好,污染负荷仍小于泸沽湖的环境容量。但泸沽湖的水质目标较高,从长远考虑,应该对泸沽湖流域的入湖污染负荷进行目标总量控制。

在规划时间范围内,应通过流域水污染防治规划方案的实施及强化环境管理,全面推进泸沽湖流域的水环境保护和建设,实现流域生态系统的良性循环和社会经济与环境保护的协调发展。

考虑到泸沽湖流域环保治理措施的投资安排,并结合该流域的实际情况以及规划目标的可达性,规划在近期和中期将入湖污染物负荷分别削减 10% 和 20%,全面启动流域综合治理,减缓流域生态环境的破坏速度,使得沿湖生活和旅游污染源得到有效控制,流域森林覆盖率达到 47% 以上,泸沽湖主要水质指标基本控制在Ⅰ类以内。

在远期将入湖负荷削减 30%,基本完成流域综合治理,实现流域生态系统良性循环,泸沽湖主要水质指标基本控制在Ⅰ类以内,流域森林覆盖率达到 50% 以上,水土流失得到控制,同时使得以旅游为主的区域经济与环境协调发展。

如前所述,流域内的污染负荷产生量将不断增加。只有通过提高处理能力、削减入湖负荷,才能使入湖总量逐步达到在远期削减为基准年的70%的要求。具体的总量控制规划见表1-5-30。

表 1-5-30  目标总量控制规划  (单位:t·a$^{-1}$)

| | 控制项目 | $COD_{Cr}$ | TN | TP |
|---|---|---|---|---|
| | 基准年 | 551.37 | 149.36 | 9.17 |
| 近期 | 负荷产生总量 | 711.42 | 172.08 | 11.21 |
| | 允许入湖总量(基准年的90%) | 496.23 | 134.43 | 8.25 |
| | 应该削减总量(基准年的10%) | **215.19** | **37.65** | **2.95** |
| 中期 | 负荷产生总量 | 954.67 | 205.86 | 14.44 |
| | 允许入湖总量(基准年的80%) | 441.09 | 119.49 | 7.34 |
| | 应该削减总量(基准年的20%) | **513.57** | **86.37** | **7.10** |
| 远期 | 负荷产生总量 | 1323.71 | 257.36 | 19.34 |
| | 允许入湖总量(基准年的70%) | 385.96 | 104.55 | 6.42 |
| | 应该削减总量(基准年的30%) | **937.75** | **152.80** | **12.92** |

进行目标总量的分解时,除考虑逐年增长的污染负荷量的因素外,还要根据以下3个原则:

(1) 优先削减点源,主要指生活污染源。

(2) 由于各排放单元经济关系是独立的,各排放单元间按公平原则分配削减指标。

(3) 在分配削减指标时,应考虑到指标的可达性和经济性,应该以尽可能低的成本来实现控制目标。

进行具体的工程措施规划时,将根据分解到的削减总量指标来安排治理工程的规模和工艺,从而实现泸沽湖流域污染负荷目标总量的控制。

# 第六章 泸沽湖流域生态系统分析

## 6.1 流域水生态系统分析

### 6.1.1 湖滨带现状与评价

#### 6.1.1.1 类型及空间分布

湖滨带是紧靠湖岸 50~100 m 宽的区域,对保护湖泊特别是控制非点源污染有着不可替代的作用。泸沽湖属高原断层溶蚀陷落湖泊,沼泽地貌,环湖的南部、西部和北部均为环山,这一片区的湖滨带不发达;而东北部湖滨带为两片湿地:大草海和小草海。湖岸线蜿蜒曲折。根据实地调查结果,泸沽湖湖滨带多处已被"近水"旅游开发或开垦利用,目前里格等地区正在进行水边旅游设施的向后迁移等工程。

由于泸沽湖湖滨带被局部开垦,以及作为旅游资源的开发利用较为剧烈,这些开发作用对本区域植物分布、生物群落类型和湖滨带的结构产生了一些影响。根据调查分析,泸沽湖湖滨带的结构具有以下几种类型:

(1) 云南松林型:主要分布陡峭山崖,包括湖滨带的西北部、西南部和南部山区,占据的湖岸线较长。

(2) 草灌结合型:草灌结合型湖滨带是原生阔叶林破坏后,形成的亚热带北部地带与暖温带过渡地带的高原植被,主要分布于泸沽湖沿岸的村落边缘。草灌结合是原生阔叶林的退化次生植被类型,是由于人类开发导致森林的大型树种消亡,使得小型植物成为植物类型主体。

(3) 挺水植物和湿生植物类型:主要分布于泸沽湖东北部大小草海的湿地区域,在东南部的普米、昌家湾子等地有少量分布,以浮萍类、挺水植物和湿生草本植物为主。

#### 6.1.1.2 破坏及其原因

作为典型的构造型湖泊,泸沽湖的流域面积与湖水面积之比率较小,天然湖滨带较薄弱。历史上,泸沽湖的湖滨带有丰富的芦苇、香蒲、茭草等挺水植物。但由于流域内人口增加,加上宣传和管理的力度不够,湖滨带不断被侵占、改造成农田和村舍,特别是近年来随着旅游业的发展,湖滨带位置被旅游服务设施侵占的现象日益突出。紧靠湖泊水位线进行的一些活动如筑堤造田(小落水)、沿湖筑路(大咀、昌家湾子、普米、普乐等)、兴建民居(里格)、客房和构筑物(湖中半岛)等,挤占了湖滨带,使湖滨带功能锐减甚至消亡,而且还增加了化肥、农药、泥沙等污染。此外,夏秋季节雨量较大,湖面上升,直接造成部分沿湖公路被水淹没,临水而居的民房围墙受湖水浸泡,耕地也受到水面上升的威胁,难以保证粮食产量。其原因具体分析如下:

(1) 宜耕作土地资源不足

云南辖区的落水行政村耕地面积 3872 亩,四川辖区的泸沽湖镇有耕地 9490 亩,人均耕地分别为 1.22 亩和 1.12 亩,且全为旱地,其中最小人均耕地面积仅为 0.74 亩(蒗放),粮食单产仅 172 kg。较低生产能力需要尽可能地多开发耕地,最易开垦的湖滨带首当其冲成为开垦对象,湖滨带被占用现象较为严重,湖滨带的彻底破坏势在必然。

(2) 伴水而居的生活习惯破坏湖滨带

泸沽湖沿岸主要居住有摩梭、普米等民族,世世代代都有伴水而居的习俗,无论是云南还是四川摩梭族都是居住在湖边或河边,房屋建筑必然要挤占湖滨带的空间。随着旅游的发展,摩梭人原有的封闭生活方式也在改变,不断增加的游客数量,提出更多、更高的住房需求,2000年落水行政村沿岸9个自然村有人口2401人,日游客接待能力为3500人,落水自然村有人口781人,日游客接待能力为2500人。建房不断挤占湖滨带的空间,造成湖滨带的严重破坏。

(3) 旅游业的不合理开发破坏湖滨带

近年来,泸沽湖周边农家乐的兴起带动旅游业迅速发展,不断增加的游客数量及与之相应的旅游服务人员的数量,造成更大的住房需求,建房不断挤占湖滨带的空间,导致湖滨带的严重破坏。

(4) 山体植被破坏和森林资源砍伐

泸沽湖沿岸森林植被是植树造林、封山育林、自然恢复后的次生植被类型,物种比较单一,主要是云南松幼林,原有的暖性阔叶林已不存在,湖滨带应有的保护湖泊的功能下降。泸沽湖东面及东北面均为山体,根据实地调查,山体植被已严重破坏,大部分为荒山裸岩,湖滨带应有的保护湖泊的功能下降。

(5) 道路修建破坏湖滨带

道路修建对湖滨带的破坏主要表现在两个方面,一是道路修建无视湖滨带的保护,水泥、混凝土代替了原来的生态系统,道路畅通,湖滨带荒芜;二是直接在湖边筑堤修路,彻底破坏了湖滨带的生存空间。泸沽湖四川辖区大咀到凹垮一线约3km区域是典型的案例。

(6) 人工沟渠使湖滨带作用难以发挥

土地利用的结果改变了山地径流的方向,特别是人类集中居住的地方和农田,山地径流在人类的规划建设下通过沟渠直接进入湖泊,即使有湖滨带存在,也不能充分发挥其保护湖泊的作用。

### 6.1.2 草海湿地现状与评价

#### 6.1.2.1 现状与主要问题

泸沽湖东北部有大草海和小草海。大草海位于泸沽湖镇的南部,小草海位于泸沽湖镇的西部,两片草海均在镇公路的南侧。草海是泸沽湖的出水口,对出湖水体起到天然调节作用,是泸沽湖生态系统的"肾脏"。由于泸沽湖镇的博树村、落凹村等地是四川片区旅游开发的热点地区,因此草海的人为干扰较为严重,主要体现在侵占湿地、生活垃圾和旅游垃圾污染,周围居民对湿地植被的无序收割,人类活动对湿地水道的破坏等。

虽然经过泸沽湖镇旅游管理处的治理,草海湿地的生态系统状况局部有所改善,但是,整体恶化的趋势尚未根本扭转。海埂侵占,河堤破坏,湿地面积减少,生物多样性消失的问题仍未得到有效遏制。围泽造塘养殖,乱垦滥占湿地,乱捕滥捞野生动物等现象屡禁不止,无限制地施放农药、化肥和含磷洗涤剂制品等已对整个草海湿地构成了极大威胁。加强草海湿地生态系统建设和保护管理工作面临的形势十分严峻。草海湿地主要面临的生态环境问题为:

(1) 天然湿地大面积减少,湿地生态系统受到破坏。过去几十年,随着泸沽湖镇本地人口的急剧增加和旅游人口的快速增长,人们对土地的需求增加,自觉不自觉地加大对土地的索取,由于意识不到位,居民住宅建设、宾馆饭店的建设等侵占湿地的开发行为导致草海水面面积大大减少,原来的整片水面,逐渐被农田、住宅、道路等侵占,湿地面积破碎度增加;库塘淤积,致使湿地调蓄能力降低,湖水下泄不畅,整个生态系统遭到严重破坏,对湿地水环境和区域生态产生严重的负面影响。

(2) 污染源呈现点源、面源和内源复合污染的趋势。随着湿地周围旅游开发的热潮,餐饮业、宾馆接待等行业的点源污染日渐加剧,农药、化肥的大量使用,以及湿地内腐烂水草和泥沙淤积,导致湿地内源污染负荷增加。

(3) 对天然渔业资源的竭泽而渔,酷渔滥捕。湿地内湖荡众多,水草茂盛,浮游动植物丰富,水体稳定,水温较高,是鱼类良好的栖息地,具有优良养殖环境。近年来,在市场利益驱动下,围网养殖迅猛发展,过度围网养殖,严重妨碍收割利用水草,加速湿地的沼泽化,水体功能萎缩,而且影响防洪安全和水上交通,导致泥沙沉积。

(4) 草海湿地污染严重,生物多样性受损。经济价格高、高体型植被衰败,耐污染、利用价值低的漂浮、浮叶植物泛滥成灾。湿地污染,导致水文功能受损,草海湿地生态系统和生物多样性遭受相当程度的破坏,一些草海特有的物种减少甚至开始消亡,迁栖候鸟几乎绝迹。水产品数量减少和质量下降,生活环境及旅游景观受到影响。

(5) 大草海的水流通道和水位高程问题。由于大草海是泸沽湖下游的出水口,而当地的降雨量又呈现春夏季节丰富、秋冬季节较少的年内分布不均的特点,因此草海的蓄水涵养功能显得尤其重要,湿地的水位高程也随着泸沽湖水位的变化而变化,因此迫切需要建立大草海的排水通道,这对于加快泸沽湖水体流动,加快污染物的水体稀释作用,维护湖体生态系统的平衡,起到正面的作用。

(6) 小草海周围的农业面源污染和人为干扰问题严重。由于小草海位于四川泸沽湖镇西侧的山区低地,周围的农业开发、鱼塘圈养等问题较为严重,虽然政府已明令禁止居民占用小草海湿地,但是目前仍有部分鱼塘和耕地存在。因此,迫切需要对小草海湿地的范围进行划定,并划桩定界,出台相应的管理条例,保障小草海湿地的面积不再被蚕食。

(7) 公众参与不足。由于草海周围人民群众没有足够的环境保护意识,对保护泸沽湖的"肾脏"没有引起足够的重视,对保护草海湿地的重要性缺乏充分的认识和了解,农业面源污染和农村生活污染逐年增加,对草海的无序开发没有得到遏制,导致草海湿地流水不畅,水体自净能力降低,制约了泸沽湖区域社会经济的可持续发展。鉴于草海湿地保护的严峻形势,迫切需要广大公众参与到其中。因此,有必要加强对草海湿地保护的宣传和科学普及工作。

6.1.2.2 破坏及其原因

泸沽湖草海存在问题的主要原因有:① 草海水道不明确,由于人为开发,破坏了草海原有的泸沽湖泄水水道,导致泸沽湖出水不畅,影响了泸沽湖的水体更新周期,使污染物的滞留时间加长,湖水污染沉积;② 随着人口增加和旅游开发强度的加剧,以及生产方式的改变,进入湿地的污染负荷不断增加;③ 随着泸沽湖旅游热的持续升温,泸沽湖镇的旅游接待人口也逐年增加,这也将带来较大的污染负荷;④ 部分住宅和商店房屋逐渐侵占草海的边缘地区,而拆迁却存在着较大的困难,这也将直接影响泸沽湖生态系统完整性;⑤ 由于人为干扰强烈,导致湿地自我调节能力下降。泸沽湖草海地区人类开发的历史悠久,如贯穿大草海腹地的"走婚桥",是木制结构的栈道,它是连通草海两岸的通道,它的建立虽然方便了两岸居民的交流,却对湿地内部生态造成了一定的影响。

### 6.1.3 入湖河道缓冲带现状与评价

径流中污染物来源于堆肥、居民粪便、化肥施用和土壤天然养分等。乡村地区降雨径流携带的 N、P 含量与土壤养分、土壤质地、降雨量及降雨强度、土地裸露时间等有关。泸沽湖汇水区以暴雨径流携带污染物入湖为主。泸沽湖流域云南部分汇水区，除耕地之外，主要是荒草地、疏林和灌木林等，表层土主要为红壤和棕壤。这两种土壤的 N、P 本底值含量较高，N、P 溶解入河被携带进入泸沽湖，也是泸沽湖 N、P 的主要来源之一。

由于泸沽湖的入湖河流来水基本上均为降雨和部分山泉，河道从源头到入湖河口呈现明显的由高到低的高程变化，落差为 100～800 m 不等，因此河流普遍具有水流湍急、易冲刷携带泥沙的特点。携带泥沙、山石最典型的是大渔坝河，多年来已在上游建造了多个高度不等的拦沙坝，最高的有 14 m，但随着泥沙的逐年累积，这些拦沙坝逐渐难以适应需要，若遇上特大暴雨和较大的山体滑坡等自然灾害，很可能形成泥石流，直接威胁到河流下游公路的安全，也会威胁到附近村庄的人民生命财产的安全。

由于过去泸沽湖流域的河道管理存在着水利部门、环保部门、旅游管理部门等多家单位各自管理、信息交流不畅的问题，因此部分河道的管理缺乏前后一致性和协调性，如：① 水利部门建设的拦沙坝在建设之初具有积极意义，但随着泥沙的累积压迫，拦沙坝就逐渐变成了河道上游的隐忧；② 水利部门建设的河道硬质化工程，虽然能减少河流的泥沙含量，但是却阻隔了河道缓冲带与陆地生态的天然联系，不但使河道缓冲带的自净能力大为降低，也导致陆地生态系统的水源涵养能力减弱；③ 旅游管理部门的植树造林布局安排不尽合理，造成树苗成活率低、树种单一等不足；④ 环保部门的规划工作没有与当地的建设统一协调，如泸沽湖的下游为解决人民用电问题而建设了多个水电站，但是在水电站可行性研究过程中没有环保部门的积极参与，忽视了生物多样性的保护，阻隔了裂腹鱼的回游通道，对泸沽湖的珍稀物种保护造成了不可挽回的损失。

### 6.1.4 水生生物现状与评价

水生生物是湖泊生态系统的重要组成部分，保持一定数量的水生生物可促进水体系统的良性循环，改善水环境质量，控制富营养化进程，维护水生生态系统平衡的作用。

#### 6.1.4.1 类型与空间分布

（1）水生植被

水生植被可分为沉水、浮水和挺水 3 种植物群落类型，即沉水植物群落和浮水植物群落、挺水植物群落。由于泸沽湖特殊的自然环境，长期的生态隔离，形成了特有的植物群落。水生植物种类和数量之丰富在全国高原湖泊中是少见的。据统计，水生维管束植物共有 37 种，隶属 25 属，19 科。

泸沽湖植被中沉水植物种类繁多，共 17 种，而且种群数量较大。沉水植物群落有：波叶海菜花群落、狸尾藻群落、红绒草群落、竹叶眼子菜群落等，物种主要有：金鱼藻、狐尾藻、红线草、大茨藻、亮叶眼子菜、波叶海菜花等。从水深 0.3 m 到 0.7 m，分布着深沉水植物，生长状态良好，群落盖度大，对维持泸沽湖的良好水环境起到十分重要的作用。浮水植物群落主要是鸭子草群落，物种有 16 种，主要是：细果野菱、青萍、鸭子草。挺水植物群落有芦苇群落、水葱群落、菱草群落、香蒲草群落，挺水植物共有 14 种，主要是：芦苇、菖蒲、茭白、水葱、野慈姑、两楼翘柴等。

水生植物种类中以沉水植物最为丰富,是云南其他高原湖泊所罕见,而且种群数量较大,以波叶海菜花、亮叶眼子菜、狐尾藻、丝状绿藻等群落为代表。由于湖体具有独特的优良水质和自然环境条件,产生了独有的水生植物:波叶海菜花,并以此物种为主,构成了特有的水生植物群落类型,是泸沽湖流域主要保护对象之一。波叶海菜花分布在水深 1～5 m 范围的粉砂、砂石、块石等湖床上,花白色、花期长,具有一定的观赏价值,而且因为波叶海菜花只能在水质较好的条件下生存,因此它是水质变化的天然晴雨表。

(2) 鱼类

泸沽湖的鱼类初步统计有 13 种,其中 4 种是泸沽湖的原生种:厚唇裂腹鱼、宁蒗裂腹鱼、泸沽湖裂腹鱼、泥鳅。前 3 种为泸沽湖特有物种,濒临灭绝;其他 9 种为次生的鲤、鲢、青、麦穗鱼、银鱼、鲫等。泸沽湖裂腹鱼体型较小,以水生无脊椎动物、浮游微生物为食,分布在湖水的上层,产量约占 70%。宁蒗裂腹鱼体型中等,食性较杂,但仍以水生无脊椎动物为主,居水层中部,多活动在绿音堂、红岩子、落水、里格一带,产量占 20%～25%。厚唇裂腹鱼体型最大,是以水生无脊椎动物、贝类为主食的杂食性鱼类,栖息于多岩石的深水中,在永宁海岛、长角海岛、长岛半岛、张家湾一带较多,产量占 5%～10%。

#### 6.1.4.2 物种破坏及其原因

过去,在未经认真研究论证的情况下,先后在泸沽湖流域引入和投放了麦穗鱼、鲤鱼、鲫鱼、大银鱼等外来鱼种及个别外来物种,造成原有水生生物种群结构及数量改变,部分原生珍稀动植物种类的减少和灭绝。宁蒗裂腹鱼、小口裂腹鱼、厚唇裂腹鱼的减少,除了由于上述不适当的物种引进之外,改变泸沽湖湖水进、出口自然形态也是其减少的一个重要原因,特别是筑坝、发电等隔绝裂腹鱼回游产卵通道的行为,也对裂腹鱼的繁殖造成了极大威胁。云南、四川两省应就如何恢复泸沽湖进出口自然形态进行合作。

## 6.2 陆地生态系统现状分析

### 6.2.1 植被现状与评价

#### 6.2.1.1 类型与空间分布

本区属滇中暖温性阔叶林、暖温性针叶林区、滇中西北部高原亚热带云南松、寒冷带云冷杉、宁蒗高原苍山冷杉林、云南松林小区。由泸沽湖湖滨向四周山地,随着海拔上升分布着不同类型的植被类型,森林分布呈垂直地带性变化。据历史资料记载和近年来的调查,泸沽湖流域有种子植物 784 种,隶属 378 属,114 科。其中有 11 个亚种,34 个变种,4 个变型。其中裸子植物有 5 科 18 种,被子植物 99 科近 630 种。该区域主要植被可划分为 5 个植被型:针叶林、阔叶林、竹林、灌木林、海岛高草植被。

由于自然条件优越,人为影响相对较小,从湖滨带向四周山地到最高点海拔 3870 m 的地带,都分布有森林。云南松林是该流域的主要植被类型;其分布类型与海拔高度相关,主要的植被类型按照海拔高度的不同而呈现出多样性分布的特点(表 1-6-1)。另外,四川盐源县有珍稀树木水杉、柏香、香樟等。

表 1-6-1 泸沽湖植被按海拔分布情况

| 序号 | 海拔区间 | 植被类型 |
| --- | --- | --- |
| 1 | 水面-海拔 3000 m~3100 m | 大面积的云南松林,林下生长有多种杜鹃、矮刺栎、草本有唇形花等 |
| 2 | 2800~3200 m | 云南松、山杨、川滇桤木等 |
| 3 | 3000~3200 m | 杜鹃、南烛、高山柳、榛子、箭竹为主 |
| 4 | 3000~3600 m,山地 | 较为典型的亚高山针叶林、苍山冷杉林、丽江云杉林 |
| 5 | 3400~3700 m 的向阳坡地 | 十分耐旱、耐瘠薄的刺柏、园柏 |
| 6 | 狮子山 3500 m 处 | 原生小果垂枝柏林 |
| 7 | 3700 m 左右 | 有高山杜鹃灌丛,有黄背高山栎,南烛等混生 |

#### 6.2.1.2 现状评价

泸沽湖地处群山之中,周围多座山峰高于湖面千余米。汇水范围内绝大多数为陡坡,加之前几十年大量砍伐树木,部分地区植被较差,又因降雨相对集中,故水土流失较为严重。此现象不仅从环湖的 21 处冲积地带可以明显看出,从 1970 年和 1981 年两次勘测湖区的结果对比,亦可证明。泸沽湖流域的森林蓄积按组成树种统计如表 1-6-2 所示。

表 1-6-2 森林蓄积按组成树种统计表 (单位:m³)

| 优势树种 | 冷杉 | 云杉 | 落叶松 | 铁杉 | 柏树 | 华山松 | 云南松 | 高山栎 | 山杨 | 白桦 | 合计 |
| --- | --- | --- | --- | --- | --- | --- | --- | --- | --- | --- | --- |
|  | 97997 | 572 | 15034 | 2846 | 763 | 300 | 14658 | 34428 | 7900 | 645 | 306998 |
| 冷杉 | 94623 |  | 3154 | 540 |  |  |  | 974 |  |  | 99291 |
| 落叶松 | 1617 |  | 11880 |  |  |  |  |  |  |  | 13497 |
| 铁杉 |  | 572 |  | 2106 |  |  |  |  |  |  | 2678 |
| 柏树 |  |  |  |  | 694 |  |  | 256 |  |  | 950 |
| 云南松 |  |  | 200 |  |  | 300 | 145655 | 3045 | 120 | 84 | 149404 |
| 高山栎 | 480 |  |  |  | 69 |  | 770 | 30153 |  |  | 31472 |
| 山杨 | 1277 |  |  |  |  |  | 88 |  | 7780 | 161 | 9306 |
| 白桦 |  |  |  |  |  |  |  |  | 400 |  | 400 |

由于泸沽湖位置偏远,交通不畅,受外界影响较小,加之流域范围相对集中,长期以来没有受到生态性灾难,高原湖泊原貌得以保持至今。但近年来,随着旅游业的快速发展,游人的增加,产生的污水已对湖区局部造成污染。

泸沽湖流域的森林覆盖率虽然较高,但植被类型单一,特别是湖周植被以云南松中幼林为主,涵养水源、保持水土、减轻水土流失等生态功能不强,且易受病虫危害。森林主要病害为:干基腐朽病、山杨心材白腐病、云南松瘤病、松落针病、红带菌病等。主要虫害有:松梢螟、杨树天牛、松蚜、松尺蠖等,但未造成灾害。

森林受人为破坏严重,林分大部分密度不大,透光好,以云南松林分的林冠下天然更新最好。冷杉、云杉、红杉林火烧迹地、采伐迹地常被派生群落所侵入,如高山柳、桦木、杨树、矮生灌木等,或由于人畜破坏后发生偏途演替以致沦为灌木、草地等。

### 6.2.2 栖息动物

由于在泸沽湖流域未曾做过详细的动物专项考察,据现有资料记载,兽类有:穿山甲、林麝、黑鹿、猕猴、青羊、赤鹿、红腹松鼠、灰腹松鼠、斑松鼠、狐、花面狸、高原兔、丛林猫、狼、熊等。鸟类有：黑颈鹤、绿尾红雉、白鹇、铜鸡、天鹅、普通秋沙鸭、绿头潜鸭、红头潜鸭、赤麻鸭、麻鸭、赤嘴潜鸭、斑头雁、小壁虎、凤头壁虎、岩鸽、鸬鹚、画眉等。两栖类中较多的为虎纹蛙、棘腹蛙。四川盐源县有野生动物熊、獐、鹿、野猪、狐狸等。

流域内属国家保护的动物有：黑颈鹤（国家Ⅰ级）、岩鸽、斑头雁（省级）、黑麋、林麝（国家Ⅱ级）、猕猴（国家Ⅱ级）、白鹇（国家Ⅱ级）、青羊等。目前这些动物数量很少，有的濒临灭绝。

### 6.2.3 水土流失现状与评价

#### 6.2.3.1 形成原因和危害

泸沽湖地区在大地构造上属于横断山和康滇台背斜文界地带，经第四纪新构造运动和外力溶蚀作用而形成，因此，该湖是高原断层溶蚀陷落湖泊，由一个近似西北-东南向的断层和两个东西向的断层共同构成。湖岸北部狮子山一带主要岩石为志留系下统石灰石；西岸分布着三迭系下统泥岩、砂岩夹少量泥灰岩、凝灰岩、砂页岩夹少量灰岩、硅质岩组成。泸沽湖的降雨量较多而且集中在夏季，雨季降水量占总降水量的95%以上，平均温度也较高，这些自然条件易于形成水土流失和泥石流等自然灾害。

#### 6.2.3.2 泥石流和水土流失现状

泥石流和水土流失主要是地质现象，泸沽湖周围地质构造脆弱，植被一旦破坏，将很容易造成严重的水土流失并发展成泥石流。近年来，由于人为的植被破坏和地质构造破碎，导致部分小流域发生严重的水土流失或泥石流，如流域内的老屋基、大渔坝、滑坡梁子、乌马河、长弯沟等地都发生了不同程度的泥石流，其中大渔坝发生的泥石流最为严重，泥石流不断推移，毁坏农田、威胁村舍安全、中断交通，并在一定程度上蚕食泸沽湖水面，破坏了旅游景观，影响旅游业健康发展。

通过将地质、地貌、水文、气候、土壤、植被相结合进行具体分析，将泸沽湖流域水土流失现状确定为：宏观范围上为微度侵蚀至轻度侵蚀，侵蚀模数 200～300 t/km²·a，即陆地年流失量为 200～300 t/km²；个别地段确定为极强度侵蚀（大渔坝泥石流和三家村泥石流沟）。泥石流沟的积水面积 10.6 km²，占全区积水面积的 10%，三家村片区，由于岩质为砂页岩和硅质岩，植被为阔叶林，针阔混交林，云、冷杉林和高山黄背栎林，群落盖度大，加之封山育林措施，近年来流失强度下降，未形成严重泥石流。

大渔坝泥石流沟汇水面积 4.1 km²，堆积扇面约 0.2 km²，主沟沟坡坡度一般在 40°以上，在源头老屋基处为断裂交汇处，地层以粉砂岩、页岩、泥炭岩、灰岩、页岩夹砾岩为主，易于风化和侵蚀。老屋基村（彝族）计有 28 户 145 人，221 亩坡耕地基本都在主沟源头区。近年来大渔坝泥石流在雨季频频暴发，对生态环境造成一定危害。

## 6.3 影响因素

### 6.3.1 自然条件影响

#### 6.3.1.1 湖泊-湖滨-陆地复合生态系统

泸沽湖流域的各种生态系统经历自然选择和生存竞争之后，最后形成统一的、协调发展的大生态系统,这个大系统是由陆地生态系统、湖泊生态系统以及湖滨带生态系统有机整合在一起,它们各自的结构和功能呈现出相互渗透、相互作用的特点。湖泊-湖滨-陆地是一个有机结合的复合生态系统,每个生态系统都处于相对平衡状态,一旦某个生态系统遭到干扰或破坏,相对平衡就会被打破,湖泊环境就要发生变化。如雨季森林受到大面积破坏,就会引起水土流失加剧,随之引发泥石流,湖滨带被侵占,继而湖泊面积萎缩、湖泊容量变小、水生植被和鱼类难以生存,湖泊生态环境发生变化。

#### 6.3.1.2 森林生态功能亟需加强

森林具有多种功能,在维护陆地生态平衡、促进生态良性循环中占主导地位。森林的作用,主要体现在调节气候、保持水土、涵养水源、防风固沙、改良土壤等方面。森林的各种作用归结起来,都是使生态保持平衡。森林能保持水土、防风固沙,保护植物和农田生态系统不受损害。

由于人为开山筑路等开发行为,导致泸沽湖流域的部分山坡植被受到破坏。泸沽湖的山区森林是陆地生态的主体系统,一旦森林遭到破坏,整个生态就失衡,会带来一系列严重后果:水土流失严重,土地肥力下降;水库淤积严重,效益大减;食物链网络结构受到破坏,森林减少使鸟兽失去了栖息场所,随之虫害猖獗,人们不得不使用化学农药,导致水质被污染。这样就会发生一系列恶性循环:森林覆盖率降低→水土流失加剧→旱、涝、泥石流等灾害严重→河流堵塞、湖泊淤积→土地资源贫瘠→经济效益低→贫困型生态灾难。

泸沽湖流域的森林覆盖率虽然较高,但植被类型单一,特别是湖周植被主要以云南松中幼林为主,此外还存在原生自然林消失、森林灌木化等问题,森林的总体生态功能不强。所以,亟需不断加大生态林建设工程的力度,逐渐将泸沽湖流域建设成为生态系统良性循环的环境保障体系。

#### 6.3.1.3 地表径流携带污染

农村地区降雨径流携带的N、P含量与土壤养分、土壤质地、降雨量及降雨强度、土地裸露时间等有关。泸沽湖汇水区以暴雨径流携带污染物入湖为主。泸沽湖流域云南部分汇水区,除耕地之外,主要是荒草地、疏林和灌木林等,表层土主要为红壤和棕壤。这两种土壤类型的特点是N、P含量较高,雨季地表径流冲刷植被覆盖不良的土壤,冲刷大量的N、P进入湖体,是湖水N、P含量偏高的客观原因之一。

#### 6.3.1.4 小范围的泥石流和水土流失

泥石流和水土流失主要是地质现象,在老屋基和大渔坝一带,由于植被破坏和地质构造破碎,有泥石流和水土流失现象,泥石流推移并在一定程度上蚕食泸沽湖水面。虽然已建设拦沙坝等工程,但"治标不治本",只有大力加强生态林业的建设力度,恢复自然特色的立体植被系统,才能够从根本上减少水土流失,防止泥石流的发生。只有提高认识、总结经验,加大治理力度、扩大治理范围,常抓不懈,才能逐渐改变部分区域水土流失较为严重的状况。

#### 6.3.1.5 水生生物数量日趋减少

由于1950~1970年酷渔滥捕、水资源利用不合理及产卵场所的破坏,目前裂腹鱼已濒临绝迹;加上外来鱼种的随意引入,导致了原有的裂腹鱼区系被打破,形成了以鲫鱼为主体的鱼类区系。如果不及时对泸沽湖的水生生物进行保护,并设法逐渐恢复泸沽湖原有湖泊生态系统,泸沽湖水生生物数量仍将呈减少之势,最终导致波叶海菜花、宁蒗裂腹鱼、小口裂腹鱼、厚唇裂腹鱼等泸沽湖特有珍稀物种的绝迹和水生生态系统平衡的破坏。

### 6.3.2 人类干扰影响

（1）人口负荷

泸沽湖流域，云南片区的东南部和四川片区的部分地区，人民生活水平不高。人口过度增长是生态平衡失调的起点，目前泸沽湖流域除旅游发展较好的村外，其他村庄还没有摆脱自给、半自给的发展模式，粮食、燃料基本就地解决。有的地方仍在以广种薄收来维持生存口粮，山区农民的燃料仍以农作物秸秆和砍伐树木为主。这样，人口的不断增长就给脆弱的陆地生态带来了负面影响，同时也间接影响到湖泊生态系统。

（2）污水和废弃物对水质的影响

落水、里格、小落水村落群最近十年来迅速发展的旅游业，在一定程度上处于无序状态。产生的污水和废弃物对湖泊造成污染，泸沽湖北岸盐源县大咀、博树等村也有一定程度的旅游业污染。与落水村相比较，这两个村还存在较明显的村落生活污水和农田灌溉排水对湖泊的污染。根据第五章的定量分析，从长期看，控制点源应成为今后保护泸沽湖水质的一个主要内容。

（3）面源污染和湖滨带破坏

作为典型的构造型湖泊，泸沽湖的流域面积与湖水面积之比较小，天然湖滨带较薄弱。紧靠湖泊水位线进行的一些活动如筑堤造田（小落水）、沿湖筑路（大咀）、兴建民居、客房和构筑物等，挤占了湖滨带，使湖滨带本可起到的保护湖泊的作用减弱甚至丧失。

虽然政府和有关部门正在严格按国家的有关政策和法律规定，结合产业结构调整，逐步开展退耕还湖和湖滨带的恢复工作，但考虑到湖区居民基本生活口粮保障问题以及湖滨带恢复工作难度问题，农业面源污染和湖滨带破坏带来的不良影响在一定时期内还将持续下去。

## 6.4 小 结

综上所述，泸沽湖流域的主要生态问题主要表现在植被、动物物种等各个方面。其中，湖区生态环境系统主要存在着以下3个问题：

（1）湖滨带破坏，耕地、住宅、公路等人为因素侵占湖滨带，人工沟渠将山溪直接排入湖体，旅游开发破坏湖滨带；

（2）水生植物分布不合理，波叶海菜花减少，挺水植被分布不尽合理；

（3）生物多样性降低，裂腹鱼等珍稀鱼类减少。

而陆地生态系统主要存在以下3个问题：

（1）植被树种单一，抗病能力差，水土保持能力降低；

（2）土地利用不合理，耕地侵占原有林地，农业面源污染；

（3）水土流失，暴雨径流冲刷，导致泥石流等自然灾害。

# 第七章 泸沽湖流域水污染综合防治规划总体方案

## 7.1 泸沽湖流域规划前期评估

### 7.1.1 污染治理规划项目及重点项目评估

根据已有资料显示,跨越"十五"(2001~2005年)的泸沽湖流域综合规划共计5项,其中云南省4项,分别是《泸沽湖流域环境规划报告》(1998)、《泸沽湖旅游区总体规划(修编)》(2001)、《泸沽湖环境综合治理规划》(2004)、《泸沽湖风景区综合规划文本》(2004)。其规划范围主要为泸沽湖流域云南辖区,竹地旅游接待规划区和四川省盐源县泸沽湖镇的大咀、凹垮、山南和博树自然村。四川省综合规划1项:《泸沽湖风景名胜区总体规划》(2001)。两省规划书中涉及水污染防治的项目总计有10项(不同的规划报告中同一工程可能规模、说法不同,本文将不同报告内容相同的项目归类为同一项目,不考虑规模上的差异;部分项目还包含子项目,例如陆地生态建设包括退耕还林、天然林保护等),项目具体内容见表1-7-1-1。

表1-7-1-1 "十五"期间各总体规划覆盖项目范围

| | 泸沽湖环境规划报告 | 泸沽湖风景区综合规划 | 泸沽湖环境综合治理规划 | 泸沽湖旅游区总体规划 | 泸沽湖风景名胜区总体规划 |
|---|---|---|---|---|---|
| 截污与污水处理 | | | | | |
| 村落垃圾处理 | | | | | |
| 小流域治理 | | | | | |
| 陆地生态建设 | | | | | |
| 能源建设工程 | | | | | |
| 落水村给水工程 | | | | | |
| 泥石流治理 | | | | | |
| 旅游厕所 | | | | | |
| 环湖路改造 | | | | | |
| 湖滨带治理 | | | | | |
| 裂腹鱼保护 | | | | | |

表1-7-1-1中的工程经过申报后,共有21项列入政府工作"十五"计划,并于2003年签订《泸沽湖水污染综合防治目标责任书项目表》(20项),作为重点工程,项目范围涵盖点源污染治理工程、农业面源污染治理工程、湖滨带生态修复及河口湿地修复工程、陆地生态修复及其他治理工程。各项工程统计表及其实施情况见表1-7-1-2。

## 第七章 泸沽湖流域水污染综合防治规划总体方案

表 1-7-1-2 "十五"期间泸沽湖水污染综合防治重点工程(云南)

| 类别 | 序号 | 项目名称 | 项目内容及规模 | 完成情况 |
|---|---|---|---|---|
| 点源 | 1 | 泸沽湖垃圾处理场 | 在Ⅰ期基础上扩大至 30 t/d | 正在实施 |
| 面源 | 2 | 小流域综合治理 | 滑坡梁子、长弯沟水土流失治理 | 完成 |
| | 3 | 大渔坝治理继续工程 | 大渔坝水土流失继续治理 | 正在实施 |
| | 4 | 乌马河治理继续工程 | 乌马河水土流失继续治理 | 完成 |
| | 5 | 泥石流综合治理移民前期工作 | 160户农民异地搬迁前期工作 | 未完成 |
| 湖滨带修复 | 6 | 退耕还湖工程 | 退耕还湖400亩,1000亩环湖生态林带;生态保护移民搬迁工程规划编制 | 完成 |
| | 7 | 湖滨带生态系统恢复试验工程 | 300亩湖滨带示范工程 | 正在实施 |
| | 8 | 波叶海菜花群落保护与恢复实验工程 | 提出保护方案及实施示范工程 | 已委托 |
| 陆地生态 | 9 | 泸沽湖生态林二期工程 | 人工造林0.5万亩,封山育林0.3万亩 | 完成 |
| 人居生态环境 | 10 | 农村能源替代工程 | 液化气供应站1座,液化灶800台 | 完成 |
| | 11 | 农村沼气试验 | 8 m³沼气试验池10口 | 完成 |
| | 12 | 卫生模范村建设工程 | 新建40 m²卫生厕所4座 | 完成 |
| 环境管理 | 13 | 晋升国家级自然保护区 | 晋升国家级自然保护区,强化和完善自然保护区建设管理工作 | 未完成 |
| | 14 | 环保宣教及培训 | 居民环保知识普及教育,骨干居民相关工程技术培训 | 完成 |
| | 15 | 环境监理能力建设 | 强化市及宁蒗县对泸沽湖的环境执法能力 | 完成 |
| | 16 | 环境监测能力建设 | 省、地监测站连续三年的结果分析 | 完成 |
| | 17 | 泸沽湖生态监护 | 开展全国保护母亲河生态监护活动 | 完成 |
| 其他 | 18 | 泸沽湖水底地形测量 | 水底地形测量 | 正在实施 |
| | 19 | 泸沽湖环境综合治理规划 | 泸沽湖环境综合治理规划编制 | 完成 |
| | 20 | 滇、川双方共同协调保护泸沽湖方案编制 | 滇、川双方共同协调保护泸沽湖方案编制 | 完成 |
| | 21[a] | 裂腹鱼资源调查及人工增殖技术研究 | 裂腹鱼资源调查及人工增殖技术研究 | 已委托 |

a 未列入泸沽湖水污染综合防治目标责任书项目表。

由表 1-7-1-2 可看出,21个重点项目,已完成的有14项,占总数的66.7%,正在实施的4项,预计年内都能够顺利完成,占总数的19.0%,已委托单位实施但还未开工的项目共2项,占总数的9.5%,未完成项目1项,占总数的4.8%。项目开工率为85.7%。

总体上看,在"十五"期间所列项目基本能够按原定计划完成。实地调查发现,陆地生态建设、人居生态环境改善与环境管理项目进展较为顺利,而污染治理(主要是面源治理)进展缓慢。部分项目未实施与进展缓慢的原因主要有以下几个:

(1) 部分建设项目本身需要多方论证,周期较长,如垃圾处理场建设工程不仅要对地形地质作充分的调查,还要保证废水、废气不影响居民生活与湖泊保护,并且需要制定详细的规划、设计、可行性研究报告、环境影响报告书,后期实际动工还需要大量时间。项目建设周期较长、实施安排时间短暂也成为不能按期完成的原因。

(2) 公众的态度也是重要的影响因素之一。湖区民众生活水平参差不齐,由于存在信仰、传统意识等因素,多数湖区居民不愿意离开祖辈生活的地方,导致移民工程进展不顺利。

### 7.1.2 总量削减评估

(1) 生活污染源削减评估

泸沽湖流域内基本无工业,农牧经济占绝对优势,近年来旅游业有非常大的发展。主要的点污染源来自农村生活和旅游。2000年与2004年主要的统计数据见表1-7-1-3和1-7-1-4。

表1-7-1-3　2000年村镇生活污水水污染负荷核定表

| 地 区 | 农村污水排放量/$10^4$ t·$a^{-1}$ | 旅游污水排放量/$10^4$ t·$a^{-1}$ |
|---|---|---|
| 云南部分 | 5.47 | 9.03 |
| 四川部分 | 19.17 | 9.59 |
| 合计 | 24.64 | 18.62 |

资料来源:泸沽湖综合治理规划报告(2004)。

表1-7-1-4　2004年村镇生活污水水污染负荷核定表

| 区 域 | 农村污水排放量/$10^4$ t·$a^{-1}$ | 旅游污水排放量/$10^4$ t·$a^{-1}$ |
|---|---|---|
| 云南 | 5.59 | 35.84 |
| 四川 | 20.48 | |
| 合计 | 26.07 | 35.84 |

部分资料来源于《泸沽湖水污染综合防治"十一五"规划》(云南部分)。

根据泸沽湖污水中污染物的含量,2000年与2004年污染物产生量见表1-7-1-5。

表1-7-1-5　2000年与2004年污染物产生量对比　　　　　(单位:t)

| 年 份 | COD | BOD | TN | TP |
|---|---|---|---|---|
| 2000年 | 86.6 | 52.0 | 10.8 | 1.26 |
| 2004年 | 123.8 | 74.4 | 15.4 | 1.80 |

目前泸沽湖流域在运行的污水处理设施有落水村和管理所污水处理站,总设计规模为960 m³/d,其处理效果见表1-7-1-6。

表1-7-1-6　流域内污水处理站效果

| 项 目 | $COD_{Cr}$ | $NH_3-N$ | $BOD_5$ | TP | TN |
|---|---|---|---|---|---|
| 落水村进水/mg·$L^{-1}$ | 197 | 29.4 | 41.7 | 3.50 | 30.2 |
| 落水村出水/mg·$L^{-1}$ | 108 | 26.5 | 10.7 | 2.53 | 28.8 |
| 削减率/% | 45.2 | 9.9 | 74.3 | 27.7 | 4.6 |
| 管理所进水/mg·$L^{-1}$ | 122 | 7.6 | 30.2 | 1.49 | 11.8 |
| 管理所出水/mg·$L^{-1}$ | 44 | 6.1 | 4.4 | 0.84 | 11.2 |
| 削减率/% | 63.9 | 19.7 | 85.4 | 43.6 | 5.1 |

泸沽湖的落水村、管理所片区是游客最集中的主要旅游区。2001年在两片区分别建成两

座污水处理站和部分污水收集管道。由表1-7-1-6的处理效果可见,这些设施目前在处理规模、设备选型、管网布局、管线渗漏等多个方面存在问题,已不能满足现在的污水处理要求,处理后尾水的最终排放去向问题仍未得到解决。若按照两个污水处理站满负荷运转,总计削减$COD_{Cr}$ 30.23 t,$BOD_5$ 10.40 t,TP 0.31 t,TN 0.42 t。因此2004年比2000年污染物排放仍呈增加趋势,$COD_{Cr}$、$BOD_5$、TP和TN的排放量分别增加7.0 t、12.0 t、4.29 t和0.12 t。

(2) 面源污染评估

流域内能源结构单一,目前仍然以薪柴作为主要生活能源,对湖区森林植被造成相当威胁。加快湖区能源工程建设步伐,是有效改善流域生态环境的重要途径之一。计划在完成《责任书》中的重点项目——泸沽湖卫生模范村建设项目的基础上,继续实施二期工程(液化气供应站1座,液化灶800台,8 $m^3$ 沼气试验池10口),以实现2005年流域内大部分居民使用液化气灶的目标。

今后泸沽湖流域的社会经济将得到进一步发展,为了改善流域内的卫生状况,为泸沽湖的开发利用创造一个优美的环境,计划实施泸沽湖流域卫生规模村建设工程(在沿湖村落新建40 $m^2$ 的公共卫生厕所4座)。

由于现有资料缺少必要的面源污染监测数据,多采用估算方法,因此面源污染削减量难以估计。本小节参照《泸沽湖环境综合治理规划》(2004年)估算各面源污染防治措施的削减量。

泸沽湖流域汇流面积小,没有大的入湖河道,只有几条小溪流,源流近短,入湖径流主要是降雨径流,包括小溪径流和区间坡面漫流。径流中污染物来源于牲畜养殖、堆肥、居民粪便、化肥施用和土壤天然养分等。乡村地区降雨径流携带的N、P负荷与土壤养分、土壤质地、降雨量及降雨强度、土地裸露时间等有关。泸沽湖汇水区以暴雨径流携带污染物入湖为主。据营养物流失研究成果报导,温带地区各地各种土地利用方式下农田N流失量为10~20 kg/$hm^2$·a,TP流失量0.10~1.25 kg/$hm^2$·a。泸沽湖流域云南部分汇水区,除耕地之外,主要是荒草地、疏林和灌木林等,表层土主要为红壤和棕壤。泸沽湖1996年降雨径流情况基本上属于正常年份,降雨量在900 mm左右。由此估算的泸沽湖流域降雨径流入湖污染负荷估算成果见表1-7-1-7。

表1-7-1-7 泸沽湖流域降雨径流入湖污染负荷

| 污染物 | $COD_{Cr}$ | TN | TP |
|---|---|---|---|
| 流失负荷合计/t·$a^{-1}$ | 32.03 | 20.85 | 3.58 |

资料来源:泸沽湖综合治理规划报告(2004)。

除了上述措施以外,流域非点源控制还有湖区能源工程建设、公共卫生厕所等措施,由于缺少必要的监测数据,其实施具体效果难以评估。随着泸沽湖流域社会经济进一步发展,流域面源亟待解决的问题还有农村废弃物和农业秸秆处理,沼气池、平衡施肥以及科学种植方式的推广,从而减少水土流失量,这些方面都将在本规划中给予充分的考虑。

### 7.1.3 小结

"十五"期间,泸沽湖流域共计有21项项目列入政府计划,已经完成的有14项,正在实施的4项,预计年内都能够顺利完成,已委托单位实施但还未开工的项目共2项,未完成项目1项。项目开工率为85.7%。在"十五"期间基本能够按照原定计划完成。实地调查发现,陆地生态建设、人居生态环境改善与环境管理项目进展较为顺利,而过程治理,主要是面源治理进展缓慢。点源治理总计削减 $COD_{Cr}$ 30.23 t、$BOD_5$ 10.40 t、TP 0.31 t、TN 0.42 t。但 2004 年比 2000 年污染物排放量仍呈上升趋势,$COD_{Cr}$、$BOD_5$、TP 和 TN 的排放量分别增加 7.0 t、12.0 t、4.29 t 和 0.12 t。流域内通过小流域水土流失治理、农村环境整治、能源替代工程等项目,其实施具体效果难以评估,但其实施对流域生态环境改善具有积极作用。根据评估,今后"十一五"规划的重点在于:

(1) 预防为主,重点整治流域内生活及旅游带来的污染。旅游业是拉动流域经济的主要动力。根据预测,流域内的旅游人数将持续增长,因此如何应对旅游对泸沽湖的压力,同时改善农村居民的生活水平,实现泸沽湖流域社会经济的可持续发展将是今后工作的中心。

(2) 加强基础设施建设,提高流域内的生活水平,缩小贫富差距,提高居民环境意识。流域内现在主要开发的文化项目是摩梭族母系氏族文化,其他少数民族的文化开发滞后,生活相对贫困。因此今后工作重点应积极开发其他少数民族文化,遏制贫困与生态退化的恶性循环。

(3) 加强省际合作。协调四川与云南两省对泸沽湖保护的投入与保护力度,避免"边保护边破坏"的恶性循环也是今后两省合作的重心。

## 7.2 流域环境问题诊断与规划方案总体框架

### 7.2.1 流域环境问题诊断

根据上述分析和实地调研,目前泸沽湖流域存在的主要环境问题可归纳为如下几方面。

(1) 泸沽湖流域自然条件颇好,但开发无序、人类干扰严重

泸沽湖是云南省九大高原湖泊中水质最好的湖泊,是省级自然保护区,流域范围内山体植被覆盖率高。然而根据实地考察发现,流域内人类干扰严重,如旅游开发无序发展、农业面源污染、农村生活污水、固体废物及水土流失等,给泸沽湖及其支流构成了潜在影响和危害。具体表现在:大落水村、里格村、菠放村等沿湖 80 m 范围内新建大量不协调的建筑物;山夸、南瓦、小落水、杜家村等村庄的旱田、水田紧靠湖边,四川泸沽湖镇山区仍存在一些大于 25° 的坡地农业耕种区;流域内各村庄生活污水未经任何处理直接或间接入河入湖;落水、里格、泸沽湖镇等旅游开发区和农村地区生产生活垃圾随意堆放;大渔坝、乌马河滑坡梁子和长湾沟等区域水土流失严重。由于人为干扰的综合作用,导致泸沽湖生态系统的脆弱性(如,湖滨带部分消失,水生动物减少等)。可以预见,随着时间的推移,泸沽湖的污染治理与恢复难度会不断增加。

(2) 泸沽湖流域旅游发展较好,但区域发展不平衡

泸沽湖虽然是滇川两省的省级风景名胜区,但区域发展不平衡,从而导致环境基础设施投入不均、交通不便、湖周生活水平差异大、环境意识难以保障等。从总体上看,云南旅游开发优于四川;但就局部而言,旅游开发中心主要集中在大落水和里格自然村,而三家村、菠放村、泸沽湖镇等区域发展缓慢,仍以传统的农业耕作为主要生产经营方式,同时没有针对集中在菠放村的我国人口最少的民族——普米族,进行旅游开发与文化宣传;从交通来看,三家村到山垮村尚无良好的湖滨道路,阻碍了区域经济发展;在生活贫苦与发展落后的共同约束下,当地的环境意识没有提高,污染处理设施也难以发挥作用,从而潜在地阻碍了今后环境基础设施的建设与维护。

（3）滇川两省协调机制尚待完善，环境管理亟待加强

泸沽湖地处偏僻的滇川两省交界处，针对泸沽湖整个流域，目前还没有制定协调一致的保护条例与法规平台、协调管理机构、环境监测网络、信息共享机制等。从而难以保障环境保护规划或工程方案的顺利实施，同时也无法形成滇川两省相互监督的机制，最终制约了泸沽湖流域的有效保护与当地的可持续发展。

### 7.2.2 规划思路及其技术方法

泸沽湖流域构成"一湖一带一环一坝"的景观格局，形成4类主体环境功能区，基本上揭示了泸沽湖流域的自然格局及其污染防治的空间分布。这种景观格局特征构成了"1234"污染控制单元，即"一湖、两带、三区、四片"（彩图3）。其中"一湖"为泸沽湖恢复与管理控制区；"两带"为云南污染控制与生态恢复带和四川污染控制与整治带；"三区"为小草海生态保护与环海污染控制区、草海生态保护与环海污染控制区和面源控制和整治区；"四片"为落水-三家村生活与旅游污染控制片、里格旅游开发区污染控制片、蒗放旅游开发区污染控制片和竹地旅游接待中心控制片。

根据水污染综合防治的特点和污染物迁移途径分析，规划总体方案的设计是：以控制单元为规划子区域，并建立系统的、立体的、多层次"工程控制、管理协调、经济发展"并重的综合性水污染防治与保障体系，最终实现不同规划期的目标（图1-7-2-1）。

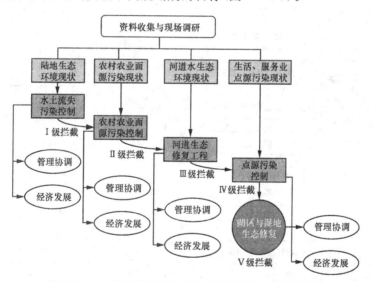

**图1-7-2-1 泸沽湖流域水污染防治规划方案总体框架**

其中工程控制包括污水收集与集中处理系统规划、农业面源污染防治规划、湖区与湿地生态环境修复工程规划、河道修复与陆地生态建设工程规划、社会主义新农村环境整治规划等5个方案；管理协调主要为流域水环境管理规划，其中以协调滇川两省管理机制和规划实施保障为主；而经济发展则贯穿工程控制和管理协调，具体表现在产业（农业、旅游服务业）结构调整等。

污水收集与集中处理系统规划、农业面源污染防治规划、湖区与湿地生态环境修复工程规划、河道修复与陆地生态建设工程规划、社会主义新农村环境整治规划、流域水环境管理规划的具体规划内容分解如图1-7-2-2所示，同时，规划方案与水污染防治目标对应关系见表1-7-2-1。

表 1-7-2-1　规划方案与水污染防治目标对应关系

| 规划方案 | 点源 | 面源 | 生态修复 | 景观 |
|---|---|---|---|---|
| 污水收集与集中处理系统规划 | √ | | | |
| 农业面源污染防治规划 | | √ | | √ |
| 湖区与湿地生态环境修复工程规划 | √ | √ | √ | √ |
| 河道修复与陆地生态建设工程规划 | | √ | √ | √ |
| 社会主义新农村环境整治工程规划 | | √ | | √ |
| 流域水环境管理规划 | √ | √ | √ | |

注：√表示目标对应已满足。

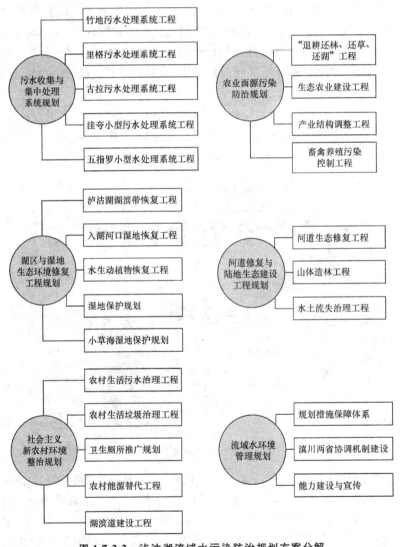

图 1-7-2-2　泸沽湖流域水污染防治规划方案分解

## 7.3 污水收集与集中处理系统规划方案

### 7.3.1 规划目标与布局

本规划主要对居民及旅游生活污水收集区进行污水集中处理,以避免点源生活污染对泸沽湖水质造成的影响。

从总体空间布局来讲,泸沽湖流域的污水处理拟采用分片区处理,拟建若干污水处理厂,分别收集相邻的且居住较为集中的村落污水。一个建在云南竹地,处理对象为三家村、落水、管理所、红崖子、竹地,经处理的污水达标后排出流域外;一个建在云南里格,处理对象为里格,经处理的污水达标后排出流域外;另外拟在四川泸沽湖镇的古拉(收集、处理泸沽湖镇区和古拉的生活污水)、伍指罗(收集、处理伍指罗、落凹和博树的生活污水)、大咀(收集、处理大咀的生活污水)、凹垮(收集、处理凹垮、格撒和钟凹的生活污水)建立污水处理厂,古拉和伍指罗处理厂的污水经处理后经泸沽湖出口处的湿地系统,最后进入雅砻江,大咀和凹垮处理厂的污水经处理后用于土地浇灌,进行自然渗透处理。

此布局只在较为集中的村庄修建污水收集管网,分为几个较为集中的片区分别处理,不涉及云南四川两省之间的管理协调问题,经济性和可操作性较好。

本工程的规划目标为:① 近期完成流域内污水收集管网的改建和铺设;② 中期完成竹地、里格、古拉、大咀、凹垮污水处理厂的建设。

本工程的规划布局为"1234"总体布局的"两带和三个片":云南污染控制与生态恢复带、四川污染控制与整治带、落水-三家村生活与旅游污染控制片、里格旅游开发区污染控制片和竹地旅游接待中心控制片。相应的工程为:竹地生活污水处理建设工程、里格生活污水处理建设工程、古拉生活污水处理建设工程、伍指罗生活污水处理建设工程、凹垮和大咀生活污水处理建设工程。

### 7.3.2 污水处理厂工艺

(1) 设计进水及出水水质

污水处理厂的处理程度执行《城镇污水处理厂排放标准》(GB 3838—2002)一级排放 A 标准,结合丽江市监测站水质监测数据及规划目标,确定泸沽湖流域污水处理的设计进水参数和出水指标(表 1-7-3-1)。

表 1-7-3-1 污水处理工程基本参数表　　(单位:$mg \cdot L^{-1}$)

|  | $BOD_5$ | $COD_{Cr}$ | SS | $NH_3\text{-}N$ | TP |
| --- | --- | --- | --- | --- | --- |
| 设计进水水质 | ≤160 | ≤280 | ≤180 | ≤30 | ≤5 |
| 设计出水水质 | ≤20 | ≤60 | ≤20 | ≤15 | ≤1 |

(2) 污水处理厂工艺设计

污水处理工艺应具有技术可靠先进、造价低、运行管理成本低、维护方便并适合当地实际情况的特点。目前,污水处理工艺主要有活性污泥法、生物膜法、氧化塘法、土地处理法、湿地处理法。根据上述所确定的进水参数和出水指标,本项目污水处理工艺应采用具有生物脱氮除磷的二级处理工艺。

泸沽湖属于低温地区,常年平均气温12~14℃,1月平均温度5~6℃,7月平均温度19~20℃。温度对于污水生物处理来说是一个重要的生态因子,温度低于10℃,大部分微生物便不能生长,污水处理效率也低,因此,低温地区的污水处理工艺应选择高生物量、低污泥负荷的工艺。另外,旅游区水质水量波动较大,污水处理工艺应选择抗冲击负荷较强的工艺。

基于以上因素及泸沽湖流域污水处理现状及发展要求,根据云南省高原湖泊保护的经验,本研究采用DSTE+湿地工艺作为泸沽湖流域的污水处理工艺。

DSTE系统是近年开发的一种以厌氧为主、好氧为辅的新型污水处理系统。其突出特点就是可以大幅度降低能耗、建造成本和运行成本低,处理效果优异,维护管理简便,不仅适用对生活污水的处理,还适合对高浓度有机废水的处理。

DSTE工艺的处理过程为:生活污水首先通过格栅去除大颗粒状和纤维状杂质后流入集水池,再通过水泵将污水泵入污水处理系统,该系统由沉砂池、下流式厌氧生物滤池、上流式厌氧生物滤池、生物接触氧化池、竖流式沉淀池、消毒排放池、污泥消化池等组成(由于厌氧段的水流方式及内循环设计,本身具有较强的调节能力,故无需调节池)。在厌氧生物滤池中设置高比表面积聚乙烯弹性填料,附着的生物量远远大于悬浮的生物量,而且悬浮的污泥主要是一些从填料上脱落的老化生物膜,大大提高了设备的处理能力,缩短了处理周期。经厌氧处理后的污水自流入生物接触氧化池,该池是一种以生物膜法为主,兼有活性污泥法的生物处理装置,对P的去除有显著效果。通过鼓风机提供氧源,在该装置中的有机物被微生物所吸附、降解,使水质得到进一步净化。厌氧段占优势的非丝状储磷菌把储存的聚磷酸盐进行分解,并提供能量,大量吸附水中的$BOD_5$,并释放出正磷酸盐,使厌氧段$BOD_5$下降,含P量上升。污水进入好氧段后,好氧微生物利用氧化分解获得能量,大量吸收厌氧状况释放的P和原水中的P,完成P的过度积累,从而达到去除$BOD_5$和P的目的。接触氧化后的混合液回流到第一级厌氧滤池进一步脱N,同时增强了设备工作稳定性,污水经反复循环后流入沉淀池,固液分离后,上清液可绿化或排放。

总体而言,DSTE工艺系统具有以下显著特点:① 由于厌氧阶段去除掉大量有机物及悬浮物,使其后的好氧工艺负荷量较低,有利于硝化反应的进行。② 由于厌氧阶段已去除大部分有机物,所以在好氧部分的需氧量大为减少,由此可节约能源。③ 厌氧结合好氧工艺不仅对$BOD_5$、$COD_{Cr}$、SS有较高的去除率,而且对除P脱N有显著效果;厌氧阶段本身具有抗冲击负荷的能力,它平衡和缓冲了好氧部分的负荷量,减少了负荷波动,因此好氧部分需氧量稳定,确保了出水水质。④ 处理系统操作管理灵活方便,其处理规模可根据污水量大小加以调整,比较适宜泸沽湖旅游区生活污水处理。在旅游淡季,由于旅游人口稀少,污水量小,可以运行一套(500 $m^3$/d)即可满足要求,这样可大大节约耗电量及运行成本。⑤ 厌氧池较深,水解效率高,可大幅度节省占地面积;可建成地下结构,上部可绿化。⑥ 全自动运行、管理方便。⑦ 无臭气,无二次污染。

考虑到竹地海是一天然湿地,在四川出流处也有一大块天然湿地,可在DSTE系统后增加处理环节,将进一步改善污水处理效果。湿地净化系统上接厌氧处理厂出水口,污水经过天然湿地自然净化后排放。

该工艺系建设部推广适用技术,目前已在全国各地广为运用,特别适于生活小区、旅游度假区、宾馆饭店使用。其工艺流程图见图1-7-3-1。

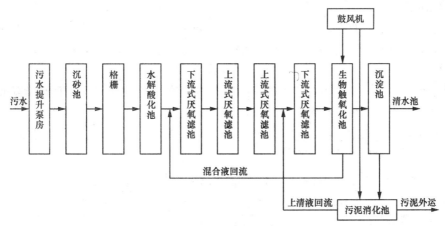

图 1-7-3-1　DSTE 工艺流程图

### 7.3.3　竹地生活污水处理建设工程

竹地污水处理厂将处理三家村、落水、管理所、红崖子、竹地等地的生活以及旅游污水。

污水处理厂的位置选定为竹地草海西南部出口 500 m 的长湾河北侧峡谷中,尾水进入竹地草海出口河——长湾河,流到泸沽湖流域外。污水处理厂近中期规模为 1500 m³/d,远期处理规模为 2000 m³/d。

排水体制采用雨、污分流制,只建设污水收集管网。由于服务范围较广,需要对环湖带的污水收集管网进行大规模的改建和铺设,具体的规划如下:

(1) 三家村

三家村位于泸沽湖入口处,旅游业已逐渐发展,根据目前旅游设施的建设以及分布情况,沿三家村村落靠湖沿线敷设截污管道,污水收集后汇集于村落北侧,在此位置修建加压泵站,同时从此泵站开始沿公路敷设压力输送管至管理所加压泵站,通过加压泵站及压力输送管线把污水输送至管理所,汇集后再压送至落水提升泵站。

(2) 管理所

管理所片区公路以下住户全部搬迁至路以上地段,远离湖边,故需重新修建截污管道收集该片区污水。截污干管沿公路敷设,完善支管接入,污水收集后汇入原管理所污水处理厂改造的调节池,通过压力管道用泵提升输送至落水村污水处理厂改造的大容量调节池。

(3) 落水村

落水上村的截污管道继续使用;落水下村湖边原有截污管道改造成为雨水管道,沿上、下落水村之间的规划机动车道重新铺设,使落水下村住户的污水倒流接入,远离泸沽湖,最大程度上减少对泸沽湖的污染威胁。

落水村新区沿建筑物北侧新建截污管道收集该片区的生活污水,通过压力管道用泵提升汇入村内机动车道截污干管与落水下村污水一起汇入落水村污水处理厂改造的大容量调节池。落水及管理所片区污水在调节池集中汇合后通过二级加压泵站提升送至竹地污水处理厂进行处理。

落水村的污水收集后,进入在原来污水厂建设的二级加压泵站,然后通过沿公路敷设的压力管线从落水输送到摩梭山庄大门口,汇入摩梭山庄大门口至竹地的污水自流输送干管。

(4) 红崖子

红崖子片区污水收集管道由企业投资,其污水可利用原有的压力管道和提升泵站以及自流渠和自流管道收集,而后提升进入摩梭山庄大门口至竹地的污水自流输送干管。

(5) 竹地

竹地接待中心将是未来污水产生的主要来源,沿规划景区主干道及景区环道新建截污干管收集该区旅游设施产生的污水,该片区污水与落水片区、红崖子等片区的污水汇合后由总管送至竹地污水处理厂集中处理。

竹地生活污水处理系统具体设计详见表1-7-3-2。

表1-7-3-2　竹地生活污水处理厂建设工程

| 服务范围 | 三家村、落水、管理所、红崖子、竹地 | |
|---|---|---|
| 工程项目 | 1. 三家村、落水、管理所、红崖子、竹地等管网建设工程<br>2. 竹地污水处理厂建设工程 | |
| 主要内容 | 近期 | 完成三家村、落水、管理所、红崖子、竹地等管网建设工程。<br>• 规划范围:三家村、落水、管理所、红崖子、竹地人口集中区;<br>• 管网形式:雨污分流制;<br>• 具体工程要求:新建污水收集输送管线19.5 km,其中落水及管理所片区14 km;竹地3 km,三家村2.5 km。 |
| | 中期 | 完成竹地污水处理厂建设工程。<br>• 规划范围:三家村、落水、管理所、红崖子、竹地;<br>• 工程选址:竹地草海西南部出口500 m的长湾河北侧峡谷;<br>• 工艺形式:采用DSTE工艺+湿地;<br>• 规模:处理能力达到1500 $m^3/d$,远期2000 $m^3/d$;<br>• 尾水去处:竹地草海出口河——长湾河。 |
| | 远期 | 工程维护 |
| 可能影响 | 正面影响 | 负面影响 |
| | 减少入湖生活污染 | 增加成本;<br>对旅游区景观稍有影响 |
| 方案成本 | 近期:1000万元(管网建设工程)<br>中期:380万元(污水处理厂建设工程)<br>总计:1380万元 | |

### 7.3.4　里格生活污水处理建设工程

里格污水处理厂将处理里格的生活以及旅游污水,尾水可以用于农灌,通过土壤系统进行渗透处理。污水处理厂近中期规模为300 $m^3/d$,远期处理规模为500 $m^3/d$。排水体制采用雨、污分流制,只建设污水收集管网。里格生活污水处理系统具体设计详见表1-7-3-3。

## 第七章 泸沽湖流域水污染综合防治规划总体方案

表 1-7-3-3 里格生活污水处理厂建设工程

| 服务范围 | | 里格 |  |
|---|---|---|---|
| 工程项目 | | 1. 里格管网建设工程<br>2. 里格污水处理厂建设工程 | |
| 主要内容 | 近期 | 完成里格管网建设工程。<br>• 规划范围：里格人口集中区；<br>• 管网形式：雨污分流制；<br>• 具体工程要求：里格片区沿村前道路敷设截污管道，将污水收集后送至里格污水处理厂。 | |
| | 中期 | 完成里格污水处理厂建设工程。<br>• 工程选址：里格地势低缓且平坦处；<br>• 工艺形式：采用 DSTE 工艺；<br>• 规模：处理能力达到 300 m³/d，远期 500 m³/d；<br>• 尾水去处：土壤自净系统，用于农田灌溉。 | |
| | 远期 | 工程维护 | |
| 可能影响 | | 正面影响 | 负面影响 |
| | | 减少入湖生活污染 | 增加成本；<br>对旅游区景观稍有影响 |
| 方案成本 | | 近期：100 万元（管网建设工程）<br>中期：150 万元（污水处理厂建设工程）<br>总计：250 万元 | |

### 7.3.5 古拉生活污水处理建设工程

古拉污水处理厂将处理泸沽湖镇区和古拉的生活以及旅游污水，尾水流向泸沽湖出口草海，通过湿地可进一步处理。污水处理厂近中期规模为 1000 m³/d，远期处理规模为 1500 m³/d。排水体制采用雨、污分流制，只建设污水收集管网。古拉生活污水处理系统具体设计详见表 1-7-3-4。

表 1-7-3-4 古拉生活污水处理厂建设工程

| 服务范围 | | 泸沽湖镇区、古拉 |
|---|---|---|
| 工程项目 | | 1. 泸沽湖镇区、古拉管网建设工程<br>2. 古拉污水处理厂建设工程 |
| 主要内容 | 近期 | 完成泸沽湖镇区、古拉管网建设工程。<br>• 规划范围：泸沽湖镇区和古拉人口集中区；<br>• 管网形式：雨污分流制；<br>• 具体工程要求：在泸沽湖镇区和古拉分别铺设污水管网，泸沽湖镇区的污水通过管道输送到古拉污水处理厂，污水收集范围达到 90% 以上。 |
| | 中期 | 完成古拉污水处理厂建设工程。<br>• 工程选址：古拉地势低缓且平坦处；<br>• 工艺形式：采用 DSTE 工艺＋湿地；<br>• 规模：处理能力达到 1000 m³/d，远期 1500 m³/d；<br>• 尾水去处：尾水经过湿地再进入泸沽湖出口草海。 |
| | 远期 | 工程维护 |

(续表)

| | 正面影响 | 负面影响 |
|---|---|---|
| 可能影响 | 减少入湖生活污染 | 增加成本；<br>对旅游区景观稍有影响 |
| 方案成本 | 近期：400万元（管网建设工程）<br>中期：280万元（污水处理厂建设工程）<br>总计：680万元 | |

### 7.3.6 伍指罗生活污水处理建设工程

伍指罗污水处理厂将处理伍指罗、落凹和博树的生活以及旅游污水，尾水流向泸沽湖出口草海，通过湿地可进一步处理。污水处理厂近中期规模为 500 m³/d，远期处理规模为 750 m³/d。排水体制采用雨、污分流制，只建设污水收集管网。伍指罗生活污水处理系统具体设计详见表 1-7-3-5。

表 1-7-3-5 伍指罗生活污水处理厂建设工程

| 服务范围 | 伍指罗、落凹和博树 | |
|---|---|---|
| 工程项目 | 1. 伍指罗、落凹和博树管网建设工程<br>2. 伍指罗污水处理厂建设工程 | |
| 主要内容 | 近期 | 完成伍指罗、落凹和博树管网建设工程。<br>• 规划范围：伍指罗、落凹和博树人口集中区；<br>• 管网形式：雨污分流制；<br>• 具体工程要求：在伍指罗、落凹和博树分别铺设污水管网，落凹和博树的污水通过管道输送到伍指罗污水处理厂，污水收集范围达到90%以上。 |
| | 中期 | 完成伍指罗污水处理厂建设工程。<br>• 工程选址：伍指罗地势低缓且平坦处；<br>• 工艺形式：采用DSTE工艺＋湿地；<br>• 规模：处理能力达到500 m³/d，远期750 m³/d；<br>• 尾水去处：尾水经过湿地再进入泸沽湖出口草海。 |
| | 远期 | 工程维护 |
| 可能影响 | 正面影响 | 负面影响 |
| | 减少入湖生活污染 | 增加成本；<br>对旅游区景观稍有影响 |
| 方案成本 | 近期：450万元（管网建设工程）<br>中期：220万元（污水处理厂建设工程）<br>总计：670万元 | |

### 7.3.7 凹垮、大咀生活污水处理建设工程

凹垮污水处理厂将处理凹垮、格撒和钟凹的生活以及旅游污水，尾水可以用于农灌，通过土壤系统进行渗透处理。污水处理厂近中期规模为 400 m³/d，远期处理规模为 600 m³/d。排水体制采用雨、污分流制，只建设污水收集管网。凹垮生活污水处理系统具体设计详见表 1-7-3-6。

表 1-7-3-6 凹垮生活污水处理厂建设工程

| 服务范围 | 凹垮、格撒和钟凹 | |
|---|---|---|
| 工程项目 | 1. 凹垮、格撒和钟凹管网建设工程<br>2. 凹垮污水处理厂建设工程 | |
| 主要内容 | 近期 | 完成凹垮、格撒和钟凹管网建设工程。<br>• 规划范围:凹垮、格撒和钟凹人口集中区;<br>• 管网形式:雨污分流制;<br>• 具体工程要求:在凹垮、格撒和钟凹分别铺设污水管网,格撒和钟凹的污水通过管道输送到凹垮污水处理厂,污水收集范围达到90%以上。 |
| | 中期 | 完成凹垮污水处理厂建设工程。<br>• 工程选址:凹垮地势低缓且平坦处;<br>• 工艺形式:采用DSTE工艺;<br>• 规模:处理能力达到400 m³/d,远期600 m³/d;<br>• 尾水去处:土壤自净系统,用于农田灌溉。 |
| | 远期 | 工程维护 |
| 可能影响 | 正面影响 | 负面影响 |
| | 减少入湖生活污染 | 增加成本;<br>对旅游区景观稍有影响 |
| 方案成本 | 近期:400万元(管网建设工程)<br>中期:200万元(污水处理厂建设工程)<br>总计:600万元 | |

大咀污水处理厂将处理大咀的生活以及旅游污水,尾水可用于农灌,通过土壤系统进行渗透处理。污水处理厂近中期规模为 200 m³/d,远期处理规模为 300 m³/d。排水体制采用雨、污分流制,只建设污水收集管网。近期管网建设投资 100 万元,中期污水处理厂投资 120 万元,总计 220 万元。

### 7.3.8 工程投资

表 1-7-3-7 污水收集与集中处理系统工程规划方案投资汇总表

| 序号 | 项目名称 | 规模/m³·d⁻¹ | | 投资估算/万元 | | 近中期投资/万元 | | 远期投资/万元 | |
|---|---|---|---|---|---|---|---|---|---|
| | | 云南 | 四川 | 云南 | 四川 | 云南 | 四川 | 云南 | 四川 |
| 1 | 竹地生活污水处理建设工程 | 1500 | 0 | 1380 | 0 | 1000 | 0 | 380 | 0 |
| 2 | 里格生活污水处理建设工程 | 300 | 0 | 250 | 0 | 100 | 0 | 150 | 0 |
| 3 | 古拉生活污水处理建设工程 | 0 | 1000 | 0 | 680 | 0 | 400 | 0 | 280 |

(续表)

| 序号 | 项目名称 | 规模/m³·d⁻¹ | | 投资估算/万元 | | 近中期投资/万元 | | 远期投资/万元 | |
|---|---|---|---|---|---|---|---|---|---|
| | | 云南 | 四川 | 云南 | 四川 | 云南 | 四川 | 云南 | 四川 |
| 4 | 伍指罗生活污水处理建设工程 | 0 | 500 | 0 | 670 | 0 | 450 | 0 | 220 |
| 5 | 凹垮生活污水处理建设工程 | 0 | 400 | 0 | 600 | 0 | 400 | 0 | 200 |
| 6 | 大咀生活污水处理建设工程 | 0 | 200 | 0 | 220 | 0 | 100 | 0 | 120 |
| 总计 | | | | 1630 | 2170 | 1100 | 1350 | 530 | 820 |
| | | | | 3800 | | 2450 | | 1350 | |

## 7.4 农业面源污染防治工程规划方案

泸沽湖流域的农业种植结构以菜地、旱地和水田为主,主要集中在湖盆区域和零星散落在25°以上的山坡,从空间布局上潜在增加了入湖污染负荷。此外,农田施用的化肥、农药和农田径流,已对泸沽湖流域河流和湖泊水质产生了一定的影响。本节在"第三章"主导功能区划分与湖滨带控制线的基础上,主要针对流域内农业面源污染进行综合防治规划,包括农业用地空间优化、生态农业建设和畜禽养殖污染控制。

### 7.4.1 规划目标与工程布局

农业面源专项规划的作用为:① 优化农业用地空间布局,调整产业结构,从源头减少污染;② 加强农田养分的保持能力,从根本上减少N、P等营养物质的流失;③ 调整畜禽养殖发展方向,积极控制畜禽养殖污染;④ 提高资源综合利用效率。

为了实现上述作用,本规划的目标为:① 退耕还林面积为 105 hm²,还草面积为 340 hm²,还湖面积为 23.61 hm²;② 基本农田改造,云南境内 258.13 hm² 耕地,四川境内 632.67 hm²;荒地改造云南境内 28.23 hm²,四川境内 65.13 hm²;③ 合理调整农业结构,积极推广生态农业,大力促进农业废物资源化;④ 实现禽畜粪便资源化利用率达到 95% 以上。

农业面源污染防治规划的原则为:立足农田、改造农田、合理布局。面源防治思路:① 以主导功能区划分与湖滨带控制线为基础,退出优先保护区内的农田,包括湖滨带、25°坡度及以上山体,即退耕还林、还草和还湖工程;② 改良基本农田,提高农业产值,即基本农田建设工程;③ 调整农业产业,升级农业生产技术,即生态农业建设工程;④ 规范泸沽湖流域内的畜禽养殖,控制污染产生和减少入湖负荷,即畜禽养殖污染控制工程。

### 7.4.2 备选规划措施

对于面源污染,源头控制措施有:保护性耕作、等高耕作、条状种植、植物覆盖、保护性作物轮作、营养物管理、有害物质综合管理、生态农业与生态施肥技术、植草水道和建立合理的轮牧制度等；迁移途径或末端控制有：污水处理厂、人工湿地、多水塘系统、缓冲带（河岸、草地和植被三类）、泥沙滞留工程、梯田和水渠改道等（表1-7-4-1）。

表1-7-4-1 农业面源污染防治工程规划备选措施

| 序号 | 措施 | 类型 | 序号 | 措施 | 类型 |
|---|---|---|---|---|---|
| 1 | 基本农田建设 | 管理 | 12 | 建设或完善农村污水处理厂 | 工程 |
| 2 | 荒地改造 | 管理 | 13 | 集中堆肥处理 | 工程 |
| 3 | 条状种植 | 管理 | 14 | 人工/天然湿地处理系统 | 工程 |
| 4 | 植被覆盖 | 管理 | 15 | 前置库工程 | 工程 |
| 5 | 保护性作物轮作 | 管理 | 16 | 多水塘系统 | 工程 |
| 6 | 营养物管理 | 管理 | 17 | 泥沙滞留工程 | 工程 |
| 7 | 综合有害物质管理 | 管理 | 18 | 梯田 | 工程 |
| 8 | 推广农村沼气设施 | 管理 | 19 | 水渠改道或改造 | 工程 |
| 9 | 合理的轮牧制度 | 管理 | 20 | 生态化畜禽养殖 | 工程 |
| 10 | 平衡施肥 | 管理 | 21 | 标准化农田 | 工程 |
| 11 | 退耕还林、还草、还湖 | 管理 | | | |

上述的规划措施长清单虽然在其他流域（如滇池、邛海、茈碧湖、杞麓湖等）治理中得到应用，但是在泸沽湖流域的适用性仍需经过仔细分析才能确定。分析的标准主要是：污染源分布和排放情况、流域内的经济发展水平、流域内的生产和生活方式、流域居民的生产生活习俗等。因此需要首先根据上述标准对这些措施进行适应性方面的初步筛选，去掉一些明显不适宜的措施。然后再通过对措施的污染物削减能力、产生的效益估算、所需的总投资和维护成本等方面的定量分析，最终得到优选的措施集合，筛选过程略。

综上分析，初步预选出11项可行和10项不可行的规划措施。其中，可行的备选措施详见表1-7-4-2。

表1-7-4-2 预选中可行的备选措施清单

| 序号 | 措施 | 类型 | 可行的原因 |
|---|---|---|---|
| 1 | 基本农田建设 | 管理 | 源头控制农田污染 |
| 2 | 荒地改造 | 管理 | 减少面源污染，同时水土得到保持 |
| 4 | 营养物管理 | 管理 | 指导合理性施肥，减少化肥农药入湖量 |
| 6 | 综合有害物质管理 | 管理 | 指导合理性使用农药，开发新型杀虫技术措施，减少农药的源头污染 |
| 7 | 标准化农田 | 工程 | 提高灌溉效率，合理用水，减少面源污染 |
| 8 | 平衡施肥 | 管理 | 减少无机化学肥料施用，采用有机肥，促进农田营养物质循环利用 |
| 9 | 退耕还林、还草、还湖 | 管理 | 固沙防风，减少水土流失，防洪，增加绿化，恢复生态 |
| 10 | 集中堆肥处理 | 工程 | 集中处理畜禽养殖污染物 |
| 11 | 推广沼气设施 | 管理 | 秸秆、垃圾的综合利用，资源循环利用，减少养殖户畜禽养殖污染入湖负荷 |

### 7.4.3 备选规划措施筛选

对前述11个可行措施,进行优、次、缓、急优选及其组合分析,最终得到合适的规划方案。

优先排序:从工程项目的污染物削减能力、效益估算、总投资、维护成本、财务评价等角度,采用多目标分析法,对上述措施进行优先排序,具体分析见表1-7-4-3。由于目前对面源污染治理技术的效果难以量化,同时,面源污染治理本身不确定因素众多,此优先排序采用双向比较方法确定权重,并采用Delphi法确定各指标值,然后加和得到总分,以分高为优。

表1-7-4-3 可行措施优先排序分析

| 措 施 | 削减能力 | 效益估算 | 总投资 | 维护成本 | 总 分 |
|---|---|---|---|---|---|
| 权 重 | **0.3** | **0.25** | **0.25** | **0.2** | |
| 基本农田建设 | 2 | 2 | 0 | 1 | 1.30 |
| 荒地改造 | 1 | 2 | 1 | 0 | 1.05 |
| 营养物管理 | 2 | 2 | 2 | 2 | 1.80 |
| 综合有害物质管理 | 1 | 1 | 2 | 1 | 1.25 |
| 标准化农田 | 2 | 2 | -1 | 0 | 0.85 |
| 平衡施肥 | 1 | 2 | 1 | 0 | 1.05 |
| 退耕还林、还草、还湖 | 2 | 2 | -1 | 1 | 1.05 |
| 集中堆肥处理 | 2 | 1 | 1 | 0 | 1.10 |
| 推广沼气设施 | 1 | 2 | 0 | 1 | 1.00 |

根据上述优先排序分析,可以得到各可行措施的优先级别,同时考虑到泸沽湖流域当地政府实施进程,把措施分为"最优、次优、备选"等三类。具体见表1-7-4-4所示。

表1-7-4-4 可行措施优先排序结果

| 最优措施 | 次优措施 | 备选措施 |
|---|---|---|
| (1) 营养物管理 | (1) 荒地改造 | (1) 标准化农田 |
| (2) 基本农田建设 | (2) 平衡施肥 | (2) 推广沼气设施 |
| (3) 综合有害物质管理 | (3) 退耕还林、还草、还湖 | |
| | (4) 集中堆肥处理 | |

方案设置:通过上述的措施优选,得到不同优先级别的措施。但由于措施之间有相关性,须对措施进行有机组合,得到科学合理的农业面源污染治理工程规划方案(表1-7-4-5)。

表1-7-4-5 优化后的最终规划具体方案以及分类

| 序号 | 工程 | 描述 | 类型 |
|---|---|---|---|
| 1 | "退耕还林、还草、还湖"工程 | 退耕还林工程 | 源头 |
| | | 退耕还草工程 | 源头 |
| | | 退耕还湖工程 | 源头 |
| 2 | 基本农田建设工程 | 基本农田建设 | 源头 |
| | | 荒地改造 | 源头 |

(续表)

| 序号 | 工程 | 描述 | 类型 |
|---|---|---|---|
| 3 | 生态农业建设工程 | 营养物管理 | 源头 |
| | | 平衡施肥示范工程 | 途径 |
| | | 有害物质综合管理 | 源头 |
| | | 标准化农田 | 源头 |
| | | 农药化肥经营管理 | 源头 |
| 4 | 畜禽养殖污染控制工程 | 集中堆肥处理工程 | 末端 |
| | | 推广沼气设施 | 末端 |

(1) 退耕还林工程

退耕还林范围包括"优先保护区"范围内 25°坡度以上的耕地,主要集中在老屋基搬迁后留下的耕地及其周围荒地,以及中底箐村公所以东的牦牛坪及其周围荒地,合计面积为 105 hm²。

由于海拔均在 3100 m 以上,且土壤底质条件差,因此选择种植能耐寒、耐瘠薄、成活率高、具有固土保水和吸湿改土功能、在泸沽湖流域高海拔地区普遍存在的云杉、冷杉,采用育种造林方法种植。

老屋基片区投资 60 万元,中底箐村公所以东的牦牛坪片区投资 75 万元,合计为 135 万元。

(2) 退耕还草工程

退耕还林范围为"开发警戒线"内的耕地,主要集中在沿湖荒地及沿湖村寨搬迁后留下的宅基地、部分耕地,扣除湖滨带生态建设方案的规划用地。其中云南方面包括山垮、普米、普乐、戴家湾、王家营盘、三家村、小渔坝、里格,面积约为 138 hm²,四川方面包括大咀、凹垮、山垮,面积约为 202 hm²,合计为 340 hm²。

草本植物选择黑麦草、三叶草、其他牧草,使覆盖度达到 80% 以上。采用育种造林的方法和采种种植的方法。

村寨的搬迁及其土地补偿费已在搬迁工程方案中考虑,这里仅考虑草地建设费用,合计投资为 348 万元,其中云南片区投资约 88 万元,四川片区投资约 260 万元。

(3) 退耕还湖工程

退耕还湖范围为"开发警戒线"内的耕地,在此范围内不允许开发为农田用地,主要集中在杜家村及小落水以东湖湾土地。杜家村面积约为 17.49 hm²,小落水以东湖湾面积约为 6.12 hm²,合计面积约为 23.61 hm²。

拆除湖堤后,杜家村及小落水以东湖湾的水深约为 1.0 m 左右,再加上水体透明度高,特别适合种植挺水植物,因此拟选择芦苇、茭草、香蒲等,种植密度为 4 株/m²,起到净化水质和点缀景观的作用。

村寨的搬迁及其补偿费已在搬迁工程方案中考虑,这里仅考虑挺水植物区建设费,合计投资为 123 万元,其中杜家村投资约 50 万元,小落水以东湖湾投资约 73 万元。

### 7.4.4 基本农田建设工程

为了控制地表径流导致的农业面源污染,必须把中低产田改造列为重点,坚定不移地进行坡改梯的改造工程。其重点是抓住以下 5 个主要环节:降缓坡度、增厚土层、改良质地、修筑地埂、建设坡面水系农田改造工程的具体项目列于表 1-7-4-6。

表 1-7-4-6　农田改造工程列表

| 项　　目 | 面积/亩 | | | | | | 投资/万元 | | | | | |
|---|---|---|---|---|---|---|---|---|---|---|---|---|
| 阶　　段 | 近期 | | 中期 | | 远期 | | 近期 | | 中期 | | 远期 | |
| 省　　份 | 云南 | 四川[c] | 云南 | 四川 | 云南 | 四川 | 云南 | 四川 | 云南 | 四川 | 云南 | 四川 |
| 基本农田建设[a] | 3872 | 3164 | 0 | 3164 | 0 | 3164 | 124 | 102 | 0 | 102 | 0 | 102 |
| 荒地改造[b] | 0 | 326 | 723.5 | 326 | 0 | 326 | 0 | 8 | 18 | 8 | 0 | 8 |
| 小计 | | | | | | | 124 | 110 | 18 | 110 | 0 | 110 |
| 云南(合计) | | | | | | | 142 | | | | | |
| 四川(合计) | | | | | | | 330 | | | | | |
| 总　计 | | | | | | | 234 | | 128 | | 110 | |

a. 基本农田建设以整治基本农田、降缓坡度、增厚土层、改良质地、修筑地埂、建设坡面水系、旧式台田改造、灌区配套与土地平整、旧庄基复垦、中低产田改造和坡改梯为主要内容,基本农田建设平均每亩需要资金 320 元;b. 荒地改造每亩需要资金 240 元;c. 因四川耕地和荒地总面积较多,因此分为三期分别改造。

### 7.4.5 生态农业建设工程

该规划方案主要是尽量减少农村农田面源污染,从源头和途径上控制污染。农业面源主要为农药化肥、农业残余物、畜禽养殖业废物等。本规划拟采用农业结构调整、平衡施肥、合理施药、等高耕作和梯田、堆肥技术等措施对农业面源污染进行治理,实现生态农业,并通过制度创新为有机肥、生态肥的生产以及农作物秸秆还田和平衡施肥等技术的推广和使用创造条件。逐步在农村开展"农村小康环境行动计划",加强对湖区周围菜田区的环境监测和监督,在水污染防治的同时完善食品卫生安全的监管,进一步增强流域内蔬菜产业的竞争实力。

该规划方案主要是尽量减少农村农田面源污染,从源头和途径上控制污染。主要内容包括:营养物管理、平衡施肥、有害物质综合管理、标准化农田、等高耕作和梯田、农药化肥经营管理。

（1）营养物管理

泸沽湖流域农田废弃物除少量被利用外,绝大部分均被扔到河流里和田埂上,致使大量农田废弃物都流到湖泊中腐烂,造成湖泊营养物含量过高、水环境恶化。采取生态农业建设,即提供先进的有机肥堆沤技术,生产富含微生物菌种的活性有机肥,以满足农田化肥减施工程中作物对土壤肥力和土壤改良的要求。建设垃圾坑等设施,进行烂菜叶、垃圾、畜禽粪便的收集、堆肥、生物发酵,再利用。

（2）平衡施肥

农业结构调整、增施有机肥,以此减少化肥和农药施用量,增加农家肥和沼渣用量,改善土壤质量,稳定提高农作物产量。推广化肥减氮、减磷技术以及平衡施肥和精准化施肥的实施,减少化肥施用量;农业部门积极开展和推广农业种植技术、土壤测土配方施肥和科学用药技术,指导农户施肥用药等;并开展"平衡施肥,合理施药"示范工程,地区选在大草海南岸坝子,从各自然村的具体生态环境和社会经济条件出发,因地制宜,制定生态环境保护村规、民约。增加农家肥施用量;实施农家肥可替代约20%的化肥。环保、农业等部门对技术人员和农户积极开展农业与环保培训,出版相应的推广材料,如传单、使用手册、板报等。

(3) 有害物质综合管理

采用新型杀虫技术,减少农药的使用。严格禁止违禁农药的销售、运输和使用。有规划地逐步减少农药和化肥的使用,并寻求合适的替代产品,如:昂立素等。

(4) 标准化农田

农田网格化,减少地表径流导致的水土流失;疏浚湖底底泥进行沿湖耕地的堆肥,减少化肥的施用。农田网格化,减少营养物和水土流失,平原地区网格化农田要达到80%以上。防止以泥沙为主的污染物,增加渗透和减少地表径流,同时保持土壤及其中的营养物。

(5) 农药化肥经营管理

严格禁止违禁农药的制造、销售和使用。推广生物复合肥,减少无机肥料,宣传普及推广新型肥料。

(6) 农业技术提高

适时推行一些类似保护性耕作、等高耕作、保护性作物轮作等农业面源污染管理对策,逐步引导农民在日常耕作中尽可能利用一些简易的源头控制措施来减轻农业面源污染。考虑到实际情况,仅作为远期措施。

### 7.4.6 畜禽养殖污染控制工程

(1) 目标

泸沽湖流域畜禽面源污染控制的主要措施是:禽畜粪尿处理及资源化工程。大牲畜、猪、羊粪便富含有机质,禽类粪便富含有机质、腐殖酸、氮磷等,收集后须经过资源化、无害化后转化成为高品质有机肥料,实现资源的回收利用,并能获得一定的经济效益。具体目标如下:

近期目标:建设禽畜粪便资源化设施,至2010年,实现流域内的禽畜粪便资源化利用率达30%,利用沼气池初步解决零星养殖户的禽畜粪便处理。

中远期目标:2011至2020年,扩充禽畜粪便资源化设施,完善收集渠道,实现流域内的禽畜资源化利用率达到80%以上。

(2) 集中处理和沼气池建设

云南省开展沼气池建设具有良好的基础,部分农户已经配备建设了沼气池。由于云南省的养殖总量较小,进一步推广沼气池建设是控制畜禽粪便的主要手段。四川省以优先发展畜禽粪便集中处理为主,沼气池建设为辅。畜禽养殖粪便集中处理详细规划如表1-7-4-7所示。

表 1-7-4-7  畜禽粪便集中处理规划详细列表

| 服务范围 | 泸沽湖流域两省的全部乡镇 | | |
|---|---|---|---|
| 工程项目 | 畜禽粪便收集处理工程<br>推广沼气池建设工程 | | |
| 主要目标 | 近中期 | 云南省 | (1) 近期在山垮、普乐、菠放、王家湾、吕家湾、三家村、竹地、小落水、老屋基等村建设畜禽粪便收集处理设施 10 个，集中堆肥处理；总计 100 万元。中期投入维护资金共计 100 万元。<br>(2) 个体养殖户建设"三位一体"沼气池。近期主要在山垮、普乐、老屋基等村鼓励发展个体养殖户 30 户，近期投资 90 万元。中期每户补充维护资金，投资 104 万元。 |
| | | 四川省 | (1) 近期在海门村、直普村、山南村、舍夸村建设畜禽粪便收集处理设施 20 个集中堆肥处理，总计 200 万元。中期投入维护资金共计 200 万元。<br>(2) 个体养殖户建设"三位一体"沼气池。近期主要在海门村、直普村、山南村、舍夸村等村鼓励发展个体养殖户 45 户，近期总投资 395 万元。中期每户补充维护资金投资 455 万元。 |
| | 远期 | 云南省 | (1) 山垮等村的 10 个堆肥处理设施，远期投资 75 万元。<br>(2) 个体养殖户建设"三位一体"沼气池。远期主要在山垮、普乐、老屋基等村鼓励发展和扩大规模养殖 10 户，远期投资 59 万元。 |
| | | 四川省 | (1) 海门等村的 20 个堆肥处理设施，远期投资 200 万元。<br>(2) 个体养殖户建设"三位一体"沼气池。远期主要在海门村、直普村、山南村、舍夸村等村鼓励发展和扩大规模养殖户 30 户，远期投资 180 万元。 |
| 可能影响 | 正面影响 | | 负面影响 |
| | 控制禽畜粪便流失量，减少面源污染的风险<br>增加流域内养殖户收入<br>沼气池的建设为居民提供新能源<br>促进生态产业链的形成和完善 | | 沼气池的气味可能有影响<br>大范围推广沼气池需要资金<br>畜禽散养存在粪便收集困难 |
| 方案效益 | 以 25% 的毛利计，每年增加纯收入 500 万元 | | |
| 结合方案 | 与"生态农业"发展相结合 | | |

### 7.4.7 投资计划

退耕还林还草还湖、基本农田改造、农村生态农业建设、畜禽养殖污染控制等 4 个方面的工程方案的投资计划如表 1-7-4-8 所示。

表 1-7-4-8  农业面源污染防治规划方案总投资详细描述

| 序号 | 项目 | 规模 | | 投资计划/万元 | | | | | | | |
|---|---|---|---|---|---|---|---|---|---|---|---|
| | | | | 近期 | | 中期 | | 远期 | | 小计 | |
| | | 云南 | 四川 | 云南 | 四川 | 云南 | 四川 | 云南 | 四川 | 云南 | 四川 |
| 1 | 退耕还林 | 105 hm² | 0 | 0 | 0 | 60 | 0 | 75 | 0 | 135 | 0 |
| 2 | 退耕还草 | 138 hm² | 202 hm² | 0 | 80 | 28 | 80 | 60 | 100 | 88 | 260 |
| 3 | 退耕还湖 | 23.61 hm² | 0 | 0 | 0 | 123 | 0 | 0 | 0 | 123 | 0 |
| 4 | 坡改梯等 | 258 hm² | 633 hm² | 124 | 102 | 0 | 102 | 0 | 102 | 124 | 306 |
| 5 | 荒地改造 | 48 hm² | 65.2 hm² | 0 | 8 | 18 | 8 | 0 | 8 | 18 | 24 |

(续表)

| 序号 | 项目 | 规模 | | 投资计划/万元 | | | | | | | |
|---|---|---|---|---|---|---|---|---|---|---|---|
| | | | | 近期 | | 中期 | | 远期 | | 小计 | |
| | | 云南 | 四川 | 云南 | 四川 | 云南 | 四川 | 云南 | 四川 | 云南 | 四川 |
| 6 | 化肥削减 | 306 hm² | 698 hm² | 543 | 1330 | 543 | 1330 | 543 | 1330 | 1629 | 3990 |
| 7 | 农药削减 | 306 hm² | 698 hm² | 194 | 475 | 0 | 475 | 0 | 475 | 194 | 1425 |
| 8 | 生态农业建设 | — | — | 121 | 124 | 121 | 124 | 121 | 124 | 363 | 372 |
| 9 | 集中堆肥处理 | 20个 | 40个 | 100 | 200 | 100 | 200 | 100 | 200 | 300 | 600 |
| 10 | 养殖户沼气池 | 40户 | 75户 | 90 | 395 | 104 | 455 | 59 | 180 | 253 | 1030 |
| | 小计 | | | 1172 | 2714 | 1097 | 2774 | 958 | 2519 | 3227 | 8007 |
| | 总计 | | | 3886 | | 3871 | | 3477 | | 11234 | |

## 7.5 湖区与湿地生态环境修复工程规划方案

泸沽湖湖区是指泸沽湖及其湖滨带、河流入河口等区域。湿地是指四川省内的草海、小草海和云南省内竹地。在"第三章"湖滨带控制线的基础上，该工程规划主要针对泸沽湖、入湖河口和湿地进行生态修复和水生动植物恢复工作。

### 7.5.1 规划目标与布局

本规划主要作用包括：① 设置最后的污染削减屏障——湖滨带和河口人工湿地，且符合区域旅游开发需要；② 营造并改善湖泊水生态系统，实现生态系统健康；③ 完善草海、小草海和竹地湿地综合管理。

为了实现上述作用，本工程的规划目标为：① 泸沽湖湖滨带修复在近期完成 31.5 hm²，其中云南和四川分别为 21.5 hm² 和 10 hm²；在中期完成 30 hm²，其中云南和四川分别为 20 hm² 和 10 hm²；② 河口人工湿地在近期完成大渔坝河、乌马河，中期完成菠放河、凹垮河；③ 在中期恢复波叶海菜花和放养 5000 条厚唇裂腹鱼、宁蒗裂腹鱼、泸沽湖裂腹鱼；④ 湿地综合管理在近期完成竹地湿地和草海，远期完成小草海。

本工程的规划布局为"1234"总体布局的"一个湖、两个区和一个片"：泸沽湖恢复与管理控制区、小草海生态保护与环海污染控制区、草海生态保护与环海污染控制区和竹地旅游接待中心控制片。相应的工程为：泸沽湖湖滨带恢复工程、入湖河口人工湿地建设工程、湖泊水生态系统恢复工程和草海与小草海湿地保护工程。

### 7.5.2 备选规划措施

本规划主要采用湖滨带恢复、河口湿地修复、水生动植物恢复和湿地综合管理等技术和管理措施。具体论述如下：

(1) 湖滨带恢复 在"第三章"湖滨带控制线和"6.1.1 湖滨带现状与评价"的基础上进行规模设计、物理基底设计、生物种群选择、生物群落结构设计、节律匹配设计和景观结构设计，水生植物资源的管理与利用等。

(2) 河口湿地修复 根据大渔坝河、乌马河、菠放河、凹垮河等河口的特征，并结合湖滨带恢复和水土流失治理,从规模设计、生物种群选择、生物群落结构设计等方面进行设计。

(3) 水生动植物恢复  在"6.1.4 水生生物现状与评价"的基础上,培育波叶海菜花,人工增殖厚唇裂腹鱼、宁蒗裂腹鱼、泸沽湖裂腹鱼,同时为了生态系统健康,对外来种进行限制、控制与消减等。

(4) 湿地综合管理  在"6.1.2 草海湿地现状与评价"的基础上,通过湿地保护范围的界定、隔离带和缓冲带的设置,强化天然湿地的建设等措施对草海、小草海和竹地湿地开展综合管理。

根据国内外同类地区实际规划和生态修复项目中的实践和研究,提出本规划的备选措施长清单,详见表1-7-5-1。

表1-7-5-1  湖区生态环境修复工程规划备选措施长清单

| 措　施 | 类　型 | 实际应用情况 |
| --- | --- | --- |
| 湖滨带修复 | | |
| 水生植物资源管理与利用 | 管理 | 洱海规划(2003)等 |
| 水生植被恢复技术 | 工程 | 滇池项目(2003)、邛海规划(2004)、洱海规划(2003)等 |
| 防护林或草林复合系统工程技术 | 工程 | 邛海规划(2004) |
| 人工浮岛工程技术 | 工程 | 日本琵琶湖(20世纪70年代) |
| 人工介质岸边生态净化工程技术 | 工程 | 常用 |
| 林基鱼塘系统工程技术 | 工程 | 邛海规划(2004) |
| 仿自然堤坝工程技术 | 工程 | 常用 |
| 河口湿地修复 | | |
| 水生植被恢复技术 | 工程 | 滇池项目(2003)、邛海规划(2004)、洱海规划(2003)等 |
| 仿自然堤坝工程技术 | 工程 | 常用 |
| 潜流湿地系统 | 工程 | 常用 |
| 入湖口天然湿地恢复 | 工程 | 茈碧湖(2005)、杞麓湖(2005) |
| 水生动植物恢复 | | |
| 水生植被恢复技术 | 工程 | 在滇池、太湖等湖泊广泛应用 |
| 人工增殖水生动物 | 工程 | 在滇池、太湖等湖泊广泛应用 |
| 湿地综合管理 | | |
| 强化天然湿地 | 工程 | 常用 |
| 缓冲带 | 工程 | 常用 |

### 7.5.3 备选规划措施筛选

在表1-7-5-1中的规划措施长清单,虽然在其他流域治理中已得到应用,但应用到泸沽湖流域需要进一步的预选和优选。预选要求主要为:湖滨带自然条件、污染分布与排放、旅游景观、区域开发、应用程度、优缺点等。优选标准主要为:污染物削减能力、效益估算、总投资和维护成本等,最终得到规划措施集合。

#### 7.5.3.1 备选方案预选

根据泸沽湖流域的实际情况,预选得出淘汰的措施详见表1-7-5-2。相应得到预选中可行的备选措施(表1-7-5-3)。

表 1-7-5-2　预选中淘汰的备选措施清单

| 措　施 | 类　型 | 实际应用情况 |
|---|---|---|
| **湖滨带修复** | | |
| 　人工浮岛工程技术 | 工程 | 日本琵琶湖(20 世纪 70 年代) |
| 　人工介质岸边生态净化工程技术 | 工程 | 常用 |
| 　林基鱼塘系统工程技术 | 工程 | 邛海规划(2004) |
| **河口湿地修复** | | |
| 　潜流湿地系统 | 工程 | 常用 |
| 　仿自然堤坝工程技术 | 工程 | 茈碧湖(2005)、杞麓湖(2005) |

表 1-7-5-3　预选中可行的备选措施清单

| 措　施 | 类　型 | 实际应用情况 |
|---|---|---|
| **湖滨带修复** | | |
| 　水生植物资源管理与利用 | 管理 | 洱海规划(2003)等 |
| 　水生植被恢复技术 | 工程 | 滇池项目(2003)、邛海规划(2004)、洱海规划(2003)等 |
| 　防护林或草林复合系统工程技术 | 工程 | 邛海规划(2004) |
| 　仿自然堤坝工程技术 | 工程 | 常用 |
| **河口湿地修复** | | |
| 　水生植被恢复技术 | 工程 | 滇池项目(2003)、邛海规划(2004)、洱海规划(2003)等 |
| 　入湖口天然湿地恢复 | 工程 | 常用 |
| **水生动植物恢复** | | |
| 　水生植被恢复技术 | 工程 | 在滇池、太湖等湖泊广泛应用 |
| 　人工增殖水生动物 | 工程 | 在滇池、太湖等湖泊广泛应用 |
| **湿地综合管理** | | |
| 　强化天然湿地 | 工程 | 常用 |
| 　缓冲带 | 工程 | 常用 |

#### 7.5.3.2　措施优选与方案设置

针对上述措施,分别进行优、次、缓、急优选,并得到措施进行组合分析,最终得到合适的规划方案。

(1) 优先排序

从工程项目的财务评价等角度,采用多目标分析法。由于污染控制措施和生态修复措施之间没有可比性,故对这两类措施分别进行优先排序,前者的评价指标为:污染物削减能力、效益估算、总投资、维护成;后者的评价指标为:生态价值、总投资、维护和景观适配性。具体分析见表 1-7-5-4。此优先排序采用双向比较方法确定权重,并采用特尔菲法确定各指标值,然后加和得到总分,以分高为优。

表 1-7-5-4 可行措施优先排序分析

| 措 施 | 削减能力 | 效益估算 | 总投资 | 维护成本 | 总 分 |
|---|---|---|---|---|---|
| 权 重 | 0.3 | 0.25 | 0.25 | 0.2 | |
| 污染控制 | | | | | |
| 入湖口天然湿地恢复 | 2 | 2 | 0 | 1 | 1.30 |
| 强化天然湿地 | 1 | 1 | 1 | 2 | 1.20 |
| 缓冲带 | 2 | 2 | -1 | 1 | 1.05 |
| 措 施 | 生态价值 | 总投资 | 维护成本 | 景观适配性 | 总 分 |
| 权 重 | 0.3 | 0.25 | 0.2 | 0.25 | |
| 生态修复 | | | | | |
| 水生植被恢复工程技术 | 2 | 1 | 1 | 2 | 1.55 |
| 水生植物资源管理与利用 | 1 | 2 | 2 | 1 | 1.45 |
| 防护林或草林复合系统工程技术 | 1 | 1 | 0 | 2 | 1.05 |
| 仿自然堤坝工程技术 | 1 | 1 | 1 | 1 | 1.00 |
| 人工增殖水生动物 | 1 | 1 | 1 | 2 | 1.25 |

确定指标值为 5 个参考值：-2,-1,0,1,2,其中-2 代表极不好或投资成本很高，-1 代表不好或投资成本高，0 代表一般或投资成本一般，1 代表好或投资成本低，2 代表很好或投资成本很低。

根据上述优先排序分析，可以得到各可行措施的优先级别，同时考虑到泸沽湖流域当地政府实施进程，把 8 个可行措施分为"最优、次优、备选"三类，同时也考虑到各类的优先次序的问题(即纵向排列顺序)。具体见表 1-7-5-5。

表 1-7-5-5 可行措施优先排序结果

| 最优措施 | 次优措施 | 备选措施 |
|---|---|---|
| (1) 入湖口天然湿地恢复 | (1) 强化天然湿地 | (1) 防护林或草林工程技术 |
| (2) 水生植被恢复工程技术 | (2) 人工增殖水生动物 | (2) 仿自然堤坝工程技术 |
| (3) 水生植物资源管理与利用 | | |

(2) 方案设置

通过上述的措施优选，得到不同优先级别的措施。但措施之间有其相关性，须对措施进行有机组合，得到科学合理的污染源治理工程规划方案。

以地理位置为区划原则，以改善泸沽湖生态环境、水质和景观为目的进行措施组合和方案设置，从而有效控制入湖污染物，恢复泸沽湖巨大的水体自净能力，丰富其生物多样性，改善沿岸景观等。具体措施组合和方案设置如下：

(a) 湖滨带生态恢复工程规划方案：水生植被恢复工程技术、水生植物资源管理与利用、防护林或草林复合系统工程技术、仿自然堤坝工程技术；

(b) 入湖河口人工湿地建设工程规划方案：水生植被恢复工程技术、入湖口天然湿地恢复；

(c) 湖泊水生态系统恢复工程规划方案：水生植被恢复工程技术、人工增殖水生动物；

(d) 草海与小草海湿地保护工程规划方案：强化天然湿地、缓冲带或隔离带。

### 7.5.4 泸沽湖湖滨带恢复工程

(1) 规划区背景与分区

根据现场调查和历史资料调研,对泸沽湖湖滨带区域,从空间尺度、土地利用、土壤质地、风浪侵蚀、植被分布、污染情况等角度进行规划区背景分析,具体见表1-7-5-6,并在此基础上进行功能分区。

表1-7-5-6　泸沽湖湖滨带背景分析

| 地　点 | 土壤类型 | 植被情况 | 污染情况 | 风浪侵蚀 | 宽　度 |
|---|---|---|---|---|---|
| 小渔坝 | 耕地主要为灰黑色耕作土,有机质含量较高;抛荒地为灰色砂土;沼泽为灰色泥土;浅水区底质主要为细沙,部分地段为沙夹泥;在水位较低时,有约1~2m宽自然沙滩;从湖滨自然滩地分析,该区段风浪侵蚀作用较小,基底相对稳定平缓 | 岸上稀疏地分布有滇杨、垂柳;沼泽及湖湾浅水区有零星芦苇、茭草分布,沉水植物有波叶海菜花、红线草、狐尾藻等 | 主要为几户人家及宾馆生活污水,自然排放于房屋前后耕地,并最终流入湖内,对水体造成一定污染;其次为耕地的面源污染,由于基本不施用化肥,以农家肥为主,面源污染相对较轻 | 风浪小基底稳定 | 90 m 左右 |
| 大渔坝 | 场地底质表层为典型的砂砾石,下层为灰黑色细砂夹土,稍湿,总体土质贫瘠 | 由于底质较差且处于风浪较大区域,在冲积扇内基本无较大植物群落分布,仅分布有十几棵滇杨和稀疏的禾本科植物,无挺水植物,有少量沉水植物 | 冲积扇内无居民居住,也无耕地,故基本无污染源。在冲积扇临水侧有大小不等坑塘,为当地居民挖砂取砂形成 | 风浪较大基底较差 | 平均宽200 m |
| 落水村南侧 | 土地利用类型为耕地,以灰黑色耕作土为主,有机质含量较高,土壤相对肥沃;在耕地与湖水之间有约6m宽沙滩带;浅水区底质大多为细沙、中粗砂,少部分地段为砂夹泥;该区段水面开敞,风浪较大,基底稳定 | 在沙滩地临水一侧自然生长一排蔷薇,无挺水植物,沉水植物有红线草、狐尾藻等 | 区域内无住户,无排水沟渠及河流,污染源主要为耕地面源,由于基本不施用化肥,以农家肥为主,污染相对较轻 | 风浪较大基底稳定 | 平均宽50 m |
| 三家村 | 岸上带主要为耕地各部分抛荒地,土壤为灰色耕作土,有机质含量较高;湖湾浅水区为砂泥质底质;南侧部分岸段有残留石埂。从湖滨自然滩地分析,该区段风浪侵蚀作用较小,主要受沉积控制,基底相对稳定平缓 | 岸上稀疏分布有滇杨、垂柳;浅水区分布有芦苇群落,伴生茭草;沉水植物广泛分布有红线草、波叶海菜花、狐尾藻等,水生植被相对茂盛 | 污染物主要为几户人家产生的生活污水,自然排放于房前屋后的耕地中,不直接入湖,污染相对较轻;其次为耕地的面源污染,由于基本不施用化肥,以农家肥为主,所以面源污染也相对较轻 | 风浪较小基底稳定 | 平均宽80 m |

（续表）

| 地 点 | 土壤类型 | 植被情况 | 污染情况 | 风浪侵蚀 | 宽 度 |
|---|---|---|---|---|---|
| 三家村至吕家湾 | 沿岸陡峭，稍缓之地集中居住村民，在耕地与湖水之间有约2m宽沙滩带；浅水区以细沙及中粗砂为主；该区段水面开敞，风浪较大，但基底稳定 | 分布有旱柳、滇杨、云南松、杜鹃等，但总体覆盖度低。水生植物以沉水植物为主，挺水植物分布较少 | 水生植物的人为扰动相对较小，故本次工程不再进行水生植被的恢复，主要针对岸上带即环湖公路与水面线之间狭窄区域林种单一、覆盖度低的情况进行补种，减少水土流失，形成稳定的湖滨防护带 | 风浪较大基底稳定 | 平均宽20 m |
| 菠放村西侧 | 以灰黑色耕作土为主，有机质含量较高，土壤相对较肥；在耕地与湖水之间有约2m宽沙滩带；浅水区以细沙及中粗砂为主；该区段水面开敞，风浪较大，但基底稳定 | 除分布有稀疏禾本科植物外，无陆生植物及挺水植物分布，在深水广泛分布有以波叶海菜花为主的沉水植物 | 场地内有一小型排污土沟，主要为公路以上王家营排污沟，经土地自然吸收后，流量较小 | 风浪较大基底稳定 | 平均宽60 m |
| 菠放至普乐村 | 以黄色耕作土为主，有机质含量较高，土壤相对肥沃；此段湖滨带总体地势低，有部分耕地为季节性淹没地，部分地段有地下水渗出，场地相对潮湿；浅水区以细沙及中粗砂为主 | 除分布有稀疏禾本科植物外，无陆生植物及挺水植物分布，在深水处有少量红线草、狐尾藻分布 | 场地东侧有一小型排水土沟，主要为公路以上部分农户排水，水量较小 | 风浪较大基底稳定 | 平均宽70 m |
| 普乐村前鱼塘湖 | 主要由两个较大的鱼塘群组成，现已废弃。塘深约1m，塘埂为土质埂，塘底为泥土质。该区段为开敞水面，浅水区底质为细沙及中粗沙，风浪相对较大，基底稳定 | 鱼塘埂长有滇杨、垂柳等乔木，塘内有少量芦苇、蓝草、青萍等水生植物，湖水深处有少量红线草、狐尾藻分布 | 有少量普乐村污水通过场地两侧边沟流入，流量较小 | 风浪较大基底稳定 | 平均宽100 m |
| 山垮河至草海 | 土地利用类型为季节性耕地，以黑色沙夹土为主，土壤相对贫瘠；浅水区由于沉积作用主要为泥夹细沙。该区段水面开敞，风浪相对较大，但由于地处上风向，大风浪时日相对较少，基底总体稳定 | 山垮河两侧分布有垂柳，无挺水植物，在深水处有少量红线草、狐尾藻分布 | 场区有山垮河通过，山垮河主要接纳地表径流和少量山垮村生活污水，总体水质较好，属轻微污染 | 风浪较大基底稳定 | 平均宽70 m |

(续表)

| 地点 | 土壤类型 | 植被情况 | 污染情况 | 风浪侵蚀 | 宽度 |
|---|---|---|---|---|---|
| 小草海至大咀 | 土地利用类型为季节性耕地,以黑色沙夹土为主,土壤相对贫瘠;浅水区由于沉积作用主要为泥夹细沙。该区段水面开敞,风浪相对较大,但由于地处上风向,大风浪时日相对较少,基底总体稳定 | 除分布有稀疏禾本科植物外,无陆生植物及挺水植物分布,在深水处有少量狐尾藻分布 | 附近即为大片农田面源污染,污染负荷大 | 基底稳定 | 平均宽70 m |
| 里格 | 以黄色耕作土为主,有机质含量较高,土壤相对较肥;此段湖滨带总体地势低,有部分耕地为季节性淹没地 | 植被破坏严重 | 污水通过场地两侧边沟流入,流量较大 | 风浪较大基底稳定 | 平均宽70 m |
| 其他 | 林地或水生植被 | 植被丰富 | 污染轻 | — | 平均宽70~100 m |

(2) 湖滨带生态恢复工程具体设计

湖滨带是指介于湖泊最高水位线和最低水位线之间的水、陆交错带。它是湖泊天然保护屏障,被称为湖泊的"肝脏"。

湖滨带设计的主要内容包括:规模设计、物理基底设计、生物种群选择、生物群落结构设计、节律匹配设计和景观结构设计、水生植物资源的管理与利用等。其中,泸沽湖湖滨带生物种群选择和生物群落结构设计见表1-7-5-7,恢复工程的规模设计、物理基底设计、节律匹配设计和景观结构设计具体见表1-7-5-8。

表1-7-5-7 湖滨带恢复水生植物种群选择列表

| 分区 | 功能 | 类型 | 物种 |
|---|---|---|---|
| 里格恢复区 | 生态景观型景观,生态 | 湿生植物 | 青刺果、女贞、金竹 |
| | | 挺水植物 | 芦苇、荬草、香蒲 |
| | | 浮叶植物 | 波叶海菜花 |
| | | 沉水植物 | 生长良好,本方案无须考虑 |
| 小渔坝-落水村南侧恢复区 | 游览型经济,游览、生态 | 湿生植物 | 青刺果、女贞、金竹 |
| | | 挺水植物 | 芦苇、荬草、香蒲,其中以芦苇为主 |
| | | 浮叶植物 | 波叶海菜花 |
| | | 沉水植物 | 狐尾藻、红线草、菹草、黑藻、金鱼藻、苦草、伊乐藻、马来眼子菜 |
| 三家村-普乐恢复区 | 自然砾石型截污,生态 | 湿生植物 | 滇榿木、枫树、漆树、柳树 |
| | | 挺水植物 | 荬草、香蒲 |
| 普乐-草海恢复区 | 湿地型截污,生态 | 挺水植物 | 芦苇、荬草、香蒲 |
| | | 浮叶植物 | 波叶海菜花 |
| | | 沉水植物 | 狐尾藻、红线草、菹草、黑藻、金鱼藻 |
| 小草海-大咀恢复区 | 截污绿化型截污,景观 | 湿生植物 | 青刺果、女贞、金竹 |
| | | 挺水植物 | 芦苇、荬草、香蒲,其中以芦苇为主 |
| | | 浮叶植物 | 波叶海菜花 |

表 1-7-5-8　湖滨带恢复工程规划方案详细描述

| 服务范围 | 里格、小渔坝-落水村南侧、三家村-普乐、普乐-草海、小草海-大咀的水陆交替带,面积 61.5 hm²。 | |
|---|---|---|
| 工程项目 | 里格湖滨带恢复区工程;小渔坝-落水村南侧湖滨带恢复区工程;三家村-普乐恢复区工程;普乐-草海恢复区工程;小草海-大咀恢复区工程;水生植物收割管理。 | |
| 主要目标 | 近期 | (1) 里格湖滨带恢复区工程(生态景观型)<br>• 规模:长度约 0.5 km,宽 50～100 m,面积约为 3.5 hm²;<br>• 结构设计:① 从水平方向上,采用由岸边到湖心,依次为湿生植物、挺水植物、浮叶植物、沉水植物;② 从垂直方向上,具体物种见表 1-7-3-7。<br>(2) 小渔坝-落水村南侧湖滨带恢复区工程(游览型)<br>• 位置与规模:规划范围从小渔坝到落水村南侧,长度约 4.5 km,宽 30～50 m,面积约为 18 hm²;<br>• 结构设计:① 从水平方向上,采用由岸边到湖心,依次为湿生植物、挺水植物、浮叶植物、沉水植物;② 从垂直方向上,深度同北岸,具体物种见表 1-7-3-7。<br>(3) 小草海-大咀恢复区工程(截污绿化型)<br>• 位置与规模:规划范围从小草海北侧到大咀村,长度约 2.5 km,宽 30～50 m,面积约为 10 hm²;<br>• 结构设计:① 从水平方向上,采用由岸边到湖心,依次为湿生植物、挺水植物、浮叶植物;② 从垂直方向上,具体物种见表 1-7-3-7。<br>(4) 水生植物收割管理<br>• 保护好原有的群落结构,分块分区收割;在沉落季节,须采取全部收割的方式将其地上部分清除干净。资源用做渔业饲料和沼气原料。 |
| | 中期 | (1) 三家村-普乐恢复区工程(自然砾石型)<br>• 位置与规模:从三家村到普乐,长度约 4.3 km,宽 30～60 m,面积为 20 hm²;<br>• 结构设计:① 从水平方向上,采用由岸边到湖心,依次为湿生植物、挺水植物;② 从垂直方向上,拟在 2690.8 m 以上沿湖大道上种植滇梧木、枫树、漆树、柳树;2689.8 m～2690.8 m 种植茭草、香蒲等挺水植物。<br>(2) 普乐-草海恢复区工程(湿地型)<br>• 位置与规模:从普乐到草海,长度约 1.5 km,宽 50～100 m,面积为 10 hm²;<br>• 结构设计:① 从水平方向上,采用由岸边到湖心,依次为挺水植物、浮叶植物和沉水植物;② 从垂直方向上,具体物种见表 1-7-3-7。<br>(3) 湖滨带维护与植被收割 |
| 可能影响 | 正面影响 | 负面影响 |
| | 恢复泸沽湖湖区生态环境;<br>有效减少入湖污染负荷,提高自净能力;<br>改善湖区景观环境。 | 需拆除原有湖滨带内的建筑物,增加投资的成本。 |
| 方案间匹配 | 与"人居环境综合整治工程规划方案"结合考虑。 | |
| 方案成本 | • 近期 120 万(湖滨带恢复)+20 万(维护费)=140 万元;其中四川:40 万(湖滨带恢复)+8 万(维护费)=48 万元,云南:80 万(湖滨带恢复)+12 万(维护费)=92 万元<br>• 中期 100 万元(湖滨带恢复)+20 万(维护费)=120 万元;其中四川:25 万(湖滨带恢复)+8 万(维护费)=33 万元,云南:75 万(湖滨带恢复)+12 万(维护费)=87 万元 | |

### 7.5.5　入湖河口人工湿地建设工程

大渔坝河、乌马河、蒗放河、凹垮河等河口是典型的生态交错区,植被生长较好,但由于水土流失等原因,导致大渔坝河、凹垮河的河口堆积了大量碎石,破坏了入湖河口生态功能。本规划方案将采用生态修复和人工湿地技术进行河口改造。

根据实地考察,上述 4 个入湖河流的河口可以分为砾石型(大渔坝河河口和凹垮河河口)、人工干扰型(乌马河河口和蒗放河河口)。具体设计如下。

(1) 砾石型河口

此类河口需要清理堆积的碎石,保障水流畅通。在此基础上,结合附近湖滨带建设,进行生态修复。

(a) 清理碎石  大渔坝河和凹垮河口分别需要清理碎石 20 $m^3$ 和 30 $m^3$,河口拓宽分别达 10~15 m 和 40~60 m。此费用分别约为 15 万元和 25 万元。

(b) 河口水生-陆生植物选配  为有效削减来自入湖口处河道两侧的污染,需要在现有河道植被类型和配置情况的基础上,按照从陆地向水体变化的方向,设计以乔木植物带-灌木植物带-水生植物带为主体的植物搭配工程。其中乔木选择滇楷木、枫树、漆树、柳树,灌木选择青刺果、女贞、金竹,草本植物选择黑麦草、三叶草,水生植物选择的挺水植物为芦苇、茭草、香蒲。从规划范围来看,大渔坝河和凹垮河分别为 1500 $m^2$ 和 2500 $m^2$。费用分别为 10 万元和 15 万元。

(2) 人工干扰型河口

此类河口为人类干扰严重。为了构建入湖截污的最后防线,结合河道生态修复建设工程,进行人工湿地建设。按照来水方向设计工程方案,依次为:格栅、河口人工湿地建设工程。

(a) 格栅  由于乌马河和蒗放河来水中含有来自上游农田中的秸秆等一些固体垃圾,会随河水进入湖体,造成二次污染,因此需要设置格栅对其进行拦截和定期清理。在乌马河和蒗放河分别设置 1 个和 4 个格栅(规格为 1.0 m(宽)×1.0 m(高)),造价分别为 2 万和 3 万元。

(b) 河口人工湿地建设工程  从入湖口向湖心方向以及从堤岸到水体中心方向,依次为:挺水植物区、漂浮植物带、沉水植物带。考虑到雨季行洪的便利,湿地沿乌马河和蒗放河入流中心线的位置种植一些高度相对较低的植物。植物的选择与当地湖滨带相似,规划面积分别为 900 $m^2$ 和 2000 $m^2$,造价分别约为 50 万元和 90 万元。

表 1-7-5-9  入湖河口人工湿地建设工程规划方案详细描述

| 服务范围 | | 大渔坝河、乌马河、蒗放河、凹垮河等河口,规划面积 7000 $m^2$ |
|---|---|---|
| 工程项目 | | 大渔坝河河口生态修复工程;凹垮河河口生态修复工程;乌马河河口人工湿地建设工程;蒗放河河口人工湿地建设工程;水生植物收割管理。 |
| 主要目标 | 近期 | (1) 大渔坝河河口生态修复工程(砾石型)<br>• 规模:长度约 50 m,宽 30 m,面积约为 1500 $m^2$;<br>• 工程设计:① 清理碎石 20 $m^3$,河口拓宽达 10~15 m;② 河口水生-陆生植物选配,具体物种见 7.5.5 小节。<br>(2) 乌马河河口人工湿地建设工程(人工干扰型)<br>• 规模:长度约 50 m,宽 30 m,面积约为 900 $m^2$;<br>• 工程设计:① 设置 1 个栅格(规格为 1.0m(宽)×1.0m(高));② 人工湿地建设,具体物种见 7.5.5 小节。<br>(3) 水生植物收割管理<br>保护好原有的群落结构,分块分区收割;在沉落季节,须采取全部收割的方式将其地上部分清除干净。资源用做渔业饲料和沼气原料。 |

(续表)

| 主要目标 | 中期 | (1) 凹垮河河口生态修复工程(砾石型)<br>• 规模：长度约 50 m，宽 50 m，面积约为 2500 m²；<br>• 工程设计：① 清理碎石 30 m³，河口拓宽达 40～60 m；② 河口水生-陆生植物选配，具体物种见 7.5.5 小节。<br>(2) 蒗放河河口人工湿地建设工程(人工干扰型)<br>• 规模：长度约 50 m，宽 40 m，面积约为 2000 m²；<br>• 工程设计：① 设置 4 个栅格(规格为 1.0 m(宽)×1.0 m(高))；② 人工湿地建设，具体物种见 7.5.5 小节。<br>(3) 湖滨带维护与植被收割。 |
|---|---|---|
| 可能影响 | 正面影响 | 负面影响 |
|  | 有效减少入湖污染负荷，提高自净能力，改善湖区景观环境。 | 可能会影响雨季行洪。 |
| 方案间匹配 | 与湖滨带恢复共同设计效果更显著 ||
| • 方案成本 | 近期：15 万(清理碎石)+10 万(植物选配)+2 万(格栅)+50 万(河口人工湿地)＝77 万元<br>• 中期：25 万(清理碎石)+15 万(植物选配)+3 万(格栅)+90 万(河口人工湿地)＝133 万元 ||

### 7.5.6 湖泊水生态系统恢复工程

波叶海菜花和宁蒗裂腹鱼、小口裂腹鱼、厚唇裂腹鱼是泸沽湖特有物种，有必要恢复特有的水生动植物。在污染得到治理之后，本规划将通过人工增殖和放流等措施恢复上述物种，从而实现泸沽湖水体的生态系统健康，同时通过管理协调手段进行有效保护。为了协调方案设置的衔接问题，湖泊水生态系统恢复工程拟定在中期实施。

人工增殖、放流是渔业资源保护的一项常规性工作，是保护渔业资源增殖、保证渔业资源再生能力的一种有效方法。具体措施如下：

(1) 每年依法向泸沽湖投放 1 万条宁蒗裂腹鱼、小口裂腹鱼、厚唇裂腹鱼，并在鱼类自然繁殖季节组织敷设人工鱼巢，设定禁渔区和禁渔期，保证湖泊渔业资源的充分增殖和合理利用。投资额为 10 万元，云南、四川两省分别为 5 万元。

(2) 社会各界来放生水生野生动植物的，必须提前向泸沽湖流域主管部门提出申请，经技术人员检验、检疫合格批准后，按规定时间、地点、数量在渔政执法人员现场监督下放生。

(3) 配合湖滨带建设，恢复波叶海菜花，具体措施见湖滨带建设规划工程。

### 7.5.7 草海与小草海湿地保护工程

湿地是泸沽湖流域内独特的景观类型，尽管仅占总规划面积的 3.2%，但在生物多样性保护、生态修复、污染物削减等方面发挥了很重要的作用。此外，还是泸沽湖流域旅游资源的一个重要组成部分，主要包括四川辖区内的草海湿地和小草海湿地，以及竹地的中海子、竹海和小海子。

功能定位：① 草海湿地：泸沽湖的出流地，物种多样性保护，湿地周围污染与泸沽湖间的缓冲带，水生植物提供，重要的文化和旅游景观；② 小草海湿地：水生生物提供，物种多样性保护，削减来自周围农村和农田的少量污染。

依据功能定位和湿地的生态和环境现状，结合未来的发展状况，在备选规划措施优选的基础上,对草海湿地和小草海湿地提出不同的保护措施(图 1-7-5-1)。

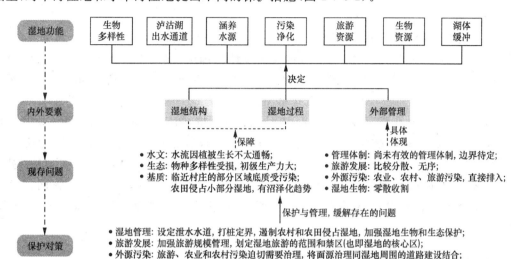

图 1-7-5-1 草海湿地污染现状与保护对策

(1) 草海湿地

根据上述分析,主要从如下几方面进行规划设计:

① 湿地保护范围的界定以及隔离带和缓冲带的建设

根据草海湿地的现状,结合旅游、退耕还林等相关规划,确定草海湿地的保护范围,详见图 1-7-5-4,并结合实际地形、地势、污染以及旅游开发等情况,共分 5 段设计隔离带的规模和形式。

$C_1$ 段:范围为落洼-母支,全长 6.03 km。由于本段湿地紧邻农村,因此设计形式为从外向内的"道路+截污明渠+树木隔离带"型结构。通过对现有道路的改造(含路旁明渠建设),从根本上防止面源污染随雨水冲刷进入湿地。树木隔离带的作用等同于界桩。为有效保护草海湿地的自然生态,本规划将从严设计,遵循《自然保护区管护基础设施建设技术规范》(HJ/T 129—2003)和国家的道路设计规范,道路宽度为 7.5 m(2×3.75 m),明渠宽度设计为 0.5 m,深度 0.5 m,雨水口的箅面低于路面 3~5 cm。树木隔离带设计为双排,树木株距和行距均为 2 m,除博树、扎俄落和伍指罗为方便旅游而各预留 200 m 外,其余湿地沿线均种植树木作为隔离带。树木应该选用喜水的树种,并在高度上有所控制,以不影响湿地景观为宜。此外,考虑到旅游的需要,设置垃圾箱 120 个,间隔为 50 m。道路与截污明渠建设投资预算为 120 万元,隔离带建设投资为 15 万元,垃圾箱投资为 4.0 万元,$C_1$ 段总投资为 139 万元。

$C_2$ 段:范围为母支-湿地出口,全长 1.77 km,主要通过种植临道路的树木隔离带来确定湿地保护区的范围。树木隔离带设计为单排,树木株距为 2 m,应选择景观树种,并搭配组合。$C_2$ 段总投资为 5 万元。

$C_3$ 段:范围为湿地出口-布尔脚东侧山体,全长 2.80 km,本段的湿地较两侧山体和道路低。通过种植临道路的树木隔离带的形式,主要设计双排树木隔离带,树木株距和行距均为 2 m;来界定保护边界,并保护和恢复此段内湿地外侧的护坡。$C_3$ 段总投资为 4 万元。

$C_4$ 段:范围为布尔脚东侧山体-密瓦,全长 1.98 km,本段的湿地紧邻农村和农田,主要设计双排树木隔离带,树木株距和行距均为 2 m,并多选用喜水树种。设计置垃圾箱 20 个,间隔为 100 m。除布尔脚和密瓦各处预留 200 m 外,其余湿地沿线均种植树木作为隔离带。$C_4$ 段总投资为 6 万元。

$C_5$ 段:范围为密瓦-凹垮河入湖口,全长 2.93 km,本段濒临流域内最大的农田分布区,地势平坦,农业面源污染较为严重。为此,本段的设计将选用"隔离带+缓冲带"的形式,设置 50 m 宽的缓冲带,缓冲带为灌木和草本植物结合,外围以双排树木隔离带,树木株距和行距均为 2 m。缓冲带和隔离带建设投资为 37 万元,征地补偿为 85 万元,$C_5$ 段总投资为 122 万元。

除树木隔离带外,在草海湿地内设置 12 块区界性标桩,间距为 500 m。标桩为水泥预制件制作,形状为长方形柱体,柱体平面长 0.24 m、宽 0.12 m,露出地面 0.5 m,埋入地下深度根据具体情况确定,并注明"草海湿地保护范围"字样以及监管单位名称。此外,在母支、博树、扎俄落、伍指罗和密瓦以及湿地出口处设立 6 块标牌。标牌以金属材料制作,牌面规格为 1.36 m×2 m,贴近地面设置,对旅游和其他生产活动加以提示和控制。标桩和标牌总投资预算为 2 万元。

② 强化天然湿地建设

博树、扎俄落、伍指罗、布尔脚和密瓦近邻湿地,根据前述规划,将对其污水处理后排放,但考虑到污水的排放仍然会对湿地产生影响,特规划在邻近这 5 个村的湿地边缘地区设置强化型天然湿地,通过在湿地内配置去污能力强的物种来达到对污染物的进一步去除,如:芦苇、茭草、水葱、菖蒲、水芹、香蒲、菱和浮萍,设计规模为 6 $hm^2$,单个规模为 1.2 $hm^2$。同时,借助于强化型天然湿地的建设,在湿地处建设观景和游船栈桥,栈桥设计宽度为 6.0 m,长度为 200 m,高度为 1.0 m,栈桥底部水体需保持连通状态。

此外,在拟建的污水处理厂入湿地口以及河流入湿地口,同样建设强化型天然湿地,经计算,建设规模为 40 $hm^2$,物种选用芦苇、茭草、水葱、菖蒲、水芹、香蒲、菱、浮萍、狐尾藻、菹草、金鱼藻和伊乐藻等。由于湿地内的水深有限,因此在空间布局上不必遵循挺水-浮水-沉水植物的模式,可以不同物种搭配种植,以增强湿地的物种多样性和稳定性。强化天然湿地和栈桥建设总投资预算为 30 万元。

③ 湿地与湖体的缓冲带建设

经过湿地的水位要略低于湖体,但由于受到农业和农村旅游的污染影响,使得湿地的水质要劣于泸沽湖的平均水质。为了防止湿地周围的污染因水体交换而进入泸沽湖,在湿地与湖体的结合处建设缓冲带,选用对污染去除能力强的植物物种,如:芦苇、茭草、水葱、菖蒲、水芹、香蒲、菱和浮萍。缓冲带的设计长度为 1.76 km,宽度为 300 m。总投资预算为 30 万元。

④ 核心区设置

为有效保护湿地的生物多样性和生态过程,综合分析草海湿地各段的不同形态、湿地与泸沽湖的关系、湿地物种以及湿地出水段物种类型的分布情况等因素,在草海湿地内划定 3 个核心区加以重点保护。核心区的位置和范围见图 1-7-5-4。保护对象分别为:与泸沽湖相关的物种、草海湿地特有物种、湿地下游河流段的物种。

除定期的植物收割和其他保护行动外,未经批准,任何单位和个人不得进入核心区内,因特殊需要需进入核心区,应事先向草海的相关管理部门提出申请。核心区外围设置提示牌加以提醒。同时,核心区的植物收割应该依据生物保护原则,在空间和时间上均遵循间隔收割的思想,单次的最大连续收割面积为 250 $m^2$,单次的最大连续收割宽度为 50 m。总投资预算为 3 万元。

⑤ 旅游通道设计和旅游规模控制

为规范湿地内的旅游行为,特此在湿地内划定旅游区和游船通道,非旅游区内禁止游客进入,非游船通道禁止游船通行。旅游规模和游船数量的限制规定依据《泸沽湖风景名胜区(四川片区)总体规划》实施。总投资预算为3万元。

⑥ 泄水通道

为保持泸沽湖的水位稳定在 2689.8~2690.8 m 之间,在草海湿地保护的同时,需要对其水文结构进行设计。根据泸沽湖保护的需要,遵循湿地内水流的基本规律,设计泄水通道1条,全长 6.30 km,宽度为 5 m,水道内以漂浮类植被为宜,如:浮萍等。总投资预算为 15 万元。

(2) 小草海湿地

小草海湿地目前被侵占的湿地已部分退耕和退塘还湿,根据对其污染类型的分析和评价,确定主要实施的工程为:小草海湿地打桩定界,以建设林木隔离带的形式代替,树木隔离带设计为单排,树木株距为 2 m,长度为 2.56 km。此外,为防止面源污染直接进入小草海,在湿地的东北部恢复强化净化型的天然湿地,设计规模为 180 m×100 m。对小草海内的植物也同样要定期收割,采取间隔收割的方式。设置标牌和标桩各 1 块。标牌和标桩规格同草海湿地。小草海湿地总投资预算为 10 万元。

(3) 竹地湿地恢复工程

竹地为规划中的旅游接待地,拟建的污水处理厂的污水也将直接排入下游河流。根据现场调研,竹地的竹海、中海子和小海子目前表现为明显的沼泽化。为配合竹地旅游接待地的建设,对中海子和小海子采用水质恢复和适配性的景观建设的思路,主要恢复陆域 30 m 宽的缓冲带,总长度 4.20 km,为灌木和草本植物结合的物种搭配结构,水域内恢复挺水、浮水和沉水植被,优选具备水质净化、同时兼具观赏性的浮叶植物和漂浮植物,恢复面积 8 $hm^2$。总投资为 12 万元。

### 7.5.8 投资计划

**表 1-7-5-10 湖区与湿地生态环境修复工程规划方案总投资汇总表**

| 序号 | 项目名称 | 规模 | | 投资估算/万元 | | 近中期投资/万元 | | 远期投资/万元 | |
|---|---|---|---|---|---|---|---|---|---|
| | | | | 云南 | 四川 | 云南 | 四川 | 云南 | 四川 |
| 1 | 湖滨带恢复工程 | 41.5 $hm^2$ | 20 $hm^2$ | 179 | 81 | 179 | 81 | 0 | 0 |
| 2 | 入湖河口人工湿地建设工程 | 4500 $m^2$ | 2500 $m^2$ | 210 | 0 | 200 | 0 | 0 | 0 |
| 3 | 湖泊水生态系统恢复工程 | 25000 条 | 25000 条 | 5 | 5 | 5 | 5 | 0 | 0 |
| 5 | 草海湿地恢复工程 | 0 | 600 $hm^2$ | 0 | 359 | 0 | 359 | 0 | 0 |
| 7 | 小草海湿地恢复工程 | 0 | 2.56 km | 0 | 10 | 0 | 10 | 0 | 0 |
| 8 | 竹地湿地恢复工程 | 4.20 km | | 12 | 0 | 12 | 0 | 0 | 0 |
| | 总 计 | | | 406 | 455 | 396 | 455 | 0 | 0 |
| | | | | 861 | | 851 | | 0 | |

## 7.6 河道修复与陆地生态建设工程规划方案

泸沽湖流域主要的入湖河流有大渔坝河、乌马河、幽谷河、王家湾河、菠放河、凹垮河、蒙垮河、大咀河、八大队河等。根据实地调查和历史资料,流域内这些河流水质较好。但由于部分河流两岸山地较多、植被较差而造成水土流失;同时由于王家湾河、蒙垮河、幽谷河等河入湖段两岸农田较多,两岸大量的农田灌溉退水和农村农业固体废物入河,对河流水质产生了影响,需要对其进行规划治理以促进其河流生态系统的良性循环。

### 7.6.1 规划目标

泸沽湖流域河道修复与陆地生态建设工程规划的目标是:在遵循自然规律的前提下,采用适宜的工程和管理手段,重建受损或退化的河流生态系统,使规划河道的水质维持在良好状态,并使河流资源的可再生循环能力得到增强,促进河流生态系统的良性循环;保护好现有森林,并结合天保工程和退耕还林工程的实施,通过宜林荒山、荒地造林,退耕造林,封山育林和低效林改造等措施,因地制宜地恢复森林植被,提高森林覆盖率,减少并控制水土流失。

### 7.6.2 备选规划措施

根据对流域内相关污染防治措施的总结,以及对国内外河道修复及陆地生态建设相关规划研究的综合分析,结合流域内的实际情况和未来的发展趋势,确定河道修复和陆地生态建设规划的主要措施如表 1-7-6-1 所示。

表 1-7-6-1　泸沽湖流域河道修复与陆地生态建设工程备选措施长清单

| 序号 | 措施 | 类型 | 实际应用情况 |
|---|---|---|---|
| **河道修复** | | | |
| 1 | 河道形态修复 | 工程 | 丹麦(斯凯恩河) |
| 2 | 修复河床断面 | 工程 | 日本 |
| 3 | 人工增氧 | 工程 | 上海黄浦江 |
| 4 | 引水增流 | 工程 | 常用 |
| 5 | 拆除废旧坝、堰 | 工程 | 美国 |
| 6 | 水生植被恢复 | 工程 | 滇池项目(2003)、邛海规划(2004) |
| 7 | 生态河堤 | 工程 | 常用 |
| 8 | 水生植物资源管理与利用 | 管理 | 洱海项目(2003)等 |
| 9 | 水生-陆生植物搭配与群落组建技术 | 工程 | 常用 |
| 10 | 河道清淤除障 | 工程 | 常用 |
| 11 | 河道隔离网 | 工程 | 常用 |
| 12 | 污水截流 | 工程 | 常用 |
| 13 | 入河口人工湿地 | 工程 | 滇池、太湖等流域 |
| 14 | 河岸植被缓冲带 | 工程 | 常用 |
| 15 | 前置库 | 工程 | 滇池项目(2002)、邛海规划(2004) |
| 16 | 合理处置与管理固体废物 | 管理 | 滇池项目(2003)、邛海规划(2004)、洱海项目(2003)等 |
| 17 | 沿河厕所拆建和卫生厕所建造 | 工程 | 滇池流域农村生态卫生旱厕科技示范(2003) |

(续表)

| 序 号 | 措 施 | 类 型 | 实际应用情况 |
|---|---|---|---|
| **山地造林工程** | | | |
| 1 | 封山育林 | 管理 | 全国范围 |
| 2 | 人工造林与飞播造林 | 工程 | 全国范围 |
| 3 | 低效林改造 | 工程 | 全国范围 |
| 4 | 生态防护林抚育 | 工程 | 全国范围 |
| 5 | 生态防护林林分更新 | 工程 | 全国范围 |
| 6 | 森林防火与病虫害防治 | 管理 | 全国范围 |
| **水土流失治理工程** | | | |
| 1 | 等高耕作 | 管理 | 甘肃中部及陇东地区 |
| 2 | 少耕覆盖 | 管理 | 渭北旱原,澳大利亚 |
| 3 | 条状种植 | 管理 | 广东、福建 |
| 4 | 植被覆盖与地膜覆盖 | 管理 | 甘肃、陕西,用于旱作 |
| 5 | 水平沟、鱼鳞坑 | 工程 | 黄河流域 |
| 6 | 坡改梯 | 工程 | 全国范围 |
| 7 | 谷坊 | 工程 | 小流域上游,毛沟,支沟 |
| 8 | 拦沙坝与淤地坝 | 工程 | 小流域治理 |
| 9 | 顺水坝 | 工程 | 用于小河道弯道 |
| 10 | 护岸缓冲林 | 工程 | 洪泽湖、太湖等 |
| 11 | 围山转 | 工程 | 河北、北京等 |
| 12 | 山边沟 | 工程 | 台湾省 |

### 7.6.3 备选规划措施筛选

上述的规划措施长清单虽然在其他地区的河道修复与陆地生态建设时得到应用,但是并不一定适合于泸沽湖流域。因此,需要对这些措施的效果和适应性方面进行初步筛选,去掉一些明显不适宜的措施。然后再通过对措施的污染物削减能力、产生的效益估算、所需的总投资和维护成本等方面的定量分析,最终得到优选的措施集合。

(1) 预选

根据泸沽湖流域的实际情况,从定性或定量的角度对表1-7-6-1中的措施进行逐一评价,主要的评价标准包括:工程意义、实际应用程度、优缺点、处理的经济性以及与其他措施的匹配性等。根据分析结果,初步预选出可行和不可行的规划措施,详见表1-7-6-2。

表 1-7-6-2 泸沽湖流域河道修复与陆地生态建设措施预选

| 序号 | 措施 | 预选 | 原因 |
|---|---|---|---|
| **河道修复** | | | |
| 1 | 河道形态修复 | × | 流域内河道形态基本保持自然 |
| 2 | 修复河床断面 | × | 流域内河床断面基本保持自然，无人工铺设的硬质河床 |
| 3 | 人工增氧 | × | 成本较高，且溶解氧浓度尚可 |
| 4 | 引水增流 | × | 成本较高，流域河流水量较充足 |
| 5 | 拆除废旧坝、堰 | × | 流域内河道上坝堰较少 |
| 6 | 水生植被恢复 | √ | 改善河流生态系统，保护水质，削减面源污染物 |
| 7 | 生态河堤 | × | 成本较高，且部分河段已建设河堤 |
| 8 | 水生植物资源管理与利用 | √ | 防止二次污染，资源充分利用 |
| 9 | 水生-陆生植物搭配与群落组建技术 | √ | 成本低，两栖区及河岸现存不少植被 |
| 10 | 河道清淤除障 | √ | 减少内源污染和改善河流水利性能 |
| 11 | 河道隔离网 | × | 成本较高，无需隔离 |
| 12 | 污水截流 | × | 基本无点源污染入河 |
| 13 | 入河口人工湿地 | × | 点源污染较少，不必采用人工湿地 |
| 14 | 河岸植被缓冲带 | √ | 有效截留两岸面源污染，在农田与河道之间起到一定的缓冲作用 |
| 15 | 前置库 | × | 缺少合适的水库 |
| 16 | 合理处置与管理固体废物 | √ | 改善人居环境和河岸两侧景观 |
| 17 | 沿河厕所拆建和卫生厕所建造 | √ | 减少污染排放，节约水资源 |
| **山地造林工程** | | | |
| 1 | 封山育林 | √ | 适合人工造林困难的地区 |
| 2 | 人工造林与飞播造林 | √ | 恢复森林生态的重要措施 |
| 3 | 低效林改造 | √ | 改善森林生态系统 |
| 4 | 生态防护林抚育 | √ | 增强森林生态系统功能 |
| 5 | 生态防护林林分更新 | √ | 有利于促进森林生态健康发展 |
| 6 | 森林防火与病虫害防治 | √ | 有利于促进森林生态健康发展 |
| **水土流失治理工程** | | | |
| 1 | 等高耕作 | √ | 减少农业非点源污染 |
| 2 | 少耕覆盖 | √ | 有利于作物的增产增收，减少作业次数 |
| 3 | 条状种植 | × | 不适合当地实际情况 |
| 4 | 植被覆盖与地膜覆盖 | √ | 减少水土流失 |
| 5 | 水平沟、鱼鳞坑 | × | 不适合当地实际情况 |
| 6 | 坡改梯 | √ | 减少农业非点源污染 |
| 7 | 谷坊 | √ | 可用于小流域治理 |
| 8 | 拦沙坝与淤地坝 | √ | 可用于小流域治理 |
| 9 | 顺水坝 | √ | 可用于小流域治理 |
| 10 | 护岸缓冲林 | √ | 加固堤防，过滤入河污染物 |
| 11 | 围山转 | × | 不适合流域内地形条件 |
| 12 | 山边沟 | × | 不适合流域内地形条件 |

注：√指通过预选；×指被淘汰的技术。

(2) 措施优选与方案设置

此外,由于水污染防治需达到污染削减的目标,并兼顾经济和环境效益的最优化以及工程和管理措施的可操作性与可持续性,在技术优选时选择 4 项指标来对技术进行评价:削减能力、环境效益、单位投资和单位维护成本。

表 1-7-6-3 泸沽湖流域河道修复与陆地生态建设措施优选

| 子规划 | 优选技术与措施 |
| --- | --- |
| 河道修复 | 河岸带生态系统管理;河道清淤除障;河道警示牌 |
| 山地造林工程 | 生态防护林建设、水源涵养林培育工程 |
| 水土流失治理工程 | 小流域治理工程、坡面治理工程、水土流失监管能力建设 |

### 7.6.4 河道生态修复工程

天然河道是一个复杂的生态系统,由不同的栖息生物群落组成。这个生态系统的物理结构广义上可分为:河道的河床(水生物区)、水交换区(两栖区)和受水影响的河岸区。三个区有不同的水文特征,它们直接或间接地制约着生物群落。泸沽湖流域目前河流生态系统现状良好,从促进河流生态系统健康发展出发,应尽量营造河道的天然状态。因此,对于泸沽湖流域的入湖河道修复应主要以管理措施为主,同时辅以必要的工程措施。

根据对泸沽湖流域内相关污染防治措施的总结,结合丽江地区《水污染防治"十五"计划》,以及对国内外河道实践经验的综合分析,结合泸沽湖流域的实际情况和未来的发展趋势,确定河道生态修复规划的主要措施(表 1-7-6-4)。

表 1-7-6-4 河道修复工程规划方案详细描述

| 服务范围/对象 | | 泸沽湖流域入湖河道 |
| --- | --- | --- |
| 工程项目 | | 河岸带生态系统管理;河道清淤除障;河道警示牌 |
| 主要内容 | 近期 | (1) 河岸带生态系统管理<br>河岸带管理方针通常包括 3 个方面:最小河岸带宽度;河岸带树木最小残留量;其他补充管理措施。<br>① 最小河岸带管理宽度<br>　确定泸沽湖流域内入湖河道最小河岸带管理宽度为 15 m。<br>② 河岸带树木最小残留量<br>　河岸两边保存有郁闭度为 50%～70%的林带。<br>③ 其他补充管理措施<br>• 在最小河岸带管理宽度内的植被不能受到任何干扰,仅在树木对河堤的稳固性产生危害的情况下可以去除。<br>• 最小河岸带管理宽度以外的植被可进行定期收割。可在此区域种植经济树木及灌木,当其成材后适当进行收割砍伐。<br>• 河岸管理带内只能发展土著物种,当外来物种生长时,必须坚决予以根除。<br>• 定期对河岸管理带进行检查,以避免其受到人类、交通车辆、病虫害、畜禽、野生动物及火灾的影响<br>• 禁止在最小河岸带管理宽度内放牧牲畜、家禽。<br>• 在河岸带内施用化肥、杀虫剂等化学制品需要受到控制以避免其对河岸带功能产生影响,以及避免对河流水体产生污染。<br>(2) 河道清淤除障<br>对部分淤塞严重的河段进行清淤除障,清淤规模约为 $10^5$ m³。在清淤的同时,检查河底的高程及宽度,以保证施工质量。 |

(续表)

| 主要内容 | 近期 | (3) 河道警示牌<br>在大渔坝河、乌马河、幽谷河、王家湾河、薅放河、蒙垮河等主要入湖河道两侧设置河道警示牌,平均 1 个/km。警示牌内容可以为"保护河道,人人有责"、"保护河道,就是保护生态,保护我们自己的家园"等。 | |
|---|---|---|---|
| | 中期 | 同近期 | |
| | 远期 | 同近期 | |
| 可能影响 | | 正面影响 | 负面影响 |
| | | 防止河岸冲刷,减少侵蚀泥沙和农田的 N、P 等营养物质进入河道;美化河流生态景观。 | 无 |
| 方案间<br>匹配情况 | | 与农业面源污染防治相结合 | |
| 方案成本<br>(含维护投资) | | • 近期直接投资:河道清淤除障 200 万元;河道警示牌 20 万元。<br>• 中期直接投资:河道清淤除障 200 万元。<br>• 远期直接投资:河道清淤除障 200 万元。<br>• 维护成本:河岸带生态系统管理可利用其植物资源再利用价值解决维护成本问题,维护成本不列入本规划。 | |

### 7.6.5 山地造林工程规划方案

泸沽湖流域的山地造林工程主要包括生态林保护与建设工程和水源涵养林培育工程两部分(表 1-7-6-5)。

表 1-7-6-5 山地造林工程规划方案详细描述

| 服务范围/对象 | 泸沽湖流域林业用地,退耕地 |
|---|---|
| 工程项目 | (1) 生态林保护与建设工程<br>(2) 水源涵养林培育工程 |
| 生态林保护与建设工程规划 | |
| 主要内容 | (1) 流域内全部天然林应纳入到天然林保护工程,实行管护。对于水源区的天然林应严格实施封山护林,严禁乱砍滥伐,乱采滥挖等破坏天然林资源行为。<br>(2) 根据疏林地植被密度,在稀疏和空隙的地方种植生长快速、适应性强的乔灌木或草本,增加植被覆盖,植物可选择云南松、云杉、冷杉、刺槐、车桑子等。光、热、土壤条件较好的地段可种植经济林木。<br>(3) 面积较大的宜林荒山荒地和未成林造林地,可采用人工播撒,局部植被密集的地方可适当整治。播撒完成后,进行封育,建议封育时间为 5 年以上。距离农村居住区距离较近,或受人为干扰较严重地区,可采取分区封禁,并聘请专人管护。<br>(4) 对单一的云南松林进行改造,在林隙补种阔叶树种形成针阔混交林。其中,在高海拔营建暗针叶林,在 3100 m 以下营建针阔混交林和阔叶林,采用育苗造林。<br>(5) 规划近期人工造林 0.5 万亩,中期人工造林 0.5 万亩,远期人工造林 0.7 万亩。 |

(续表)

| 水源涵养林培育工程规划 | | |
|---|---|---|
| 主要内容 | 培育水源涵养林,保护天然林,逐步改造疏林地、宜林荒山荒地和未成林造林地。选择树体大、冠幅大、落叶丰富易于分解、根系深的长寿阔叶乔木为主,配种针叶乔木、灌草,营造垂直郁闭好的复层群落结构混交林。根据林地与居住点远近,受人为干扰的程度实行封禁或定期封禁。聘请管护员,严禁乱砍滥伐的行为。<br>• 工程选址:分别在大渔坝泥石流沟汇水区、三家村泥石流沟汇水区、吕家湾泥石流汇水区建设水源涵养林。<br>• 树种选择:在海拔 3100 m 以上地区种植云杉、冷杉;在海拔 3100 m 以下地区种植滇杨和桦木等阔叶树种。<br>• 工程规模:近期 30 hm², 中期 30 hm², 远期 30 hm²。 | |
| 影响 | 正面影响 | 负面影响 |
| | 森林生态恢复健康;减少水土流失,改善坝子小气候。 | 增加投资。 |
| 方案间匹配情况 | 须与面源控制工程、河道整治工程和水土流失治理工程相协调。 | |
| 方案成本 | 近中期投资 1150 万元,其中生态林保护与建设工程规划投资 550 万元,水源涵养林培育工程规划投资 600 万元;远期投资 600 万元,其中生态林保护与建设工程规划投资 300 万元,水源涵养林培育工程规划投资 300 万元。 | |

### 7.6.6 水土流失治理工程规划方案

水土流失治理工程与山体造林建设工程紧密相连,森林生态系统的健康发展有助于水土保持。本方案中,水土保持主要指小流域治理工程、坡面治理工程(表 1-7-6-6)。

表 1-7-6-6 水土流失治理工程规划方案详细描述

| 服务范围 | 泸沽湖流域水土流失严重地区 | |
|---|---|---|
| 工程项目 | 小流域治理工程;坡面治理工程;生态移民工程;水土流失监管能力建设 | |
| 主要内容 | 近中期 | (1) 小流域治理工程<br>在大、小渔坝泥石流沟、乌马河、滑坡梁子和长湾沟等水土流失严重的区域,采用工程和生物方法相结合的措施进行小流域综合治理。工程措施采用修筑小型淤地坝,减少入湖泥沙;在对堤岸侵蚀严重的弯道修建顺水坝,平缓面按宜植面积大小种植乔灌林,防止水力侵蚀。生物措施采取种草、植树,以求护坡、稳沟、涵养水源,减轻水土流失,改善生态环境,延长工程寿命。<br>(2) 坡面治理工程<br>① 大于 25°坡度的坡耕地,实行退耕还林。小于 25°坡耕地,优先将坡度大的坡耕地改建成坡式梯田,通过逐年翻耕和径流冲淤改造成水平梯田,改造面积 1000 亩,改造重心为泸沽湖周边地区。坡耕地修筑地埂,埂上种植牧草、灌木柴薪林或茶林。<br>② 坡地推广等高耕作技术,缓坡地、平地推广少耕覆盖与地膜覆盖技术,园林地推广被覆盖技术,种植绿肥或豆科植物,人员培训 2 万人次。<br>③ 水土流失严重的山地挖水平沟,依坡度决定坡距,局部地形条件恶劣的挖鱼鳞坑,坡耕地改梯。工程重点放在泸沽湖周边山地。<br>④ 滑坡、泥石流导致植被破坏的坡体补植固土能力强的灌木、草种,防止泥石流恶性循环。<br>(3) 水土流失监管能力建设<br>在现有的水利部门的监管机构基础上建立一个水利、林业、农业、环境联动的监管部门,监管流域内水土流失状况。 |

(续表)

| 主要内容 | 远期 | 同近期 | |
|---|---|---|---|
| | | 正面影响 | 负面影响 |
| 可能影响 | | 水土流失得到治理,入湖泥沙量减少;农田肥力得到保持。 | 水利工程占据部分农田。 |
| 方案间匹配情况 | 须与面源控制工程、森林生态建设和河道整治工程相协调。 | | |
| 方案成本 | 近中期投资 1600 万元,其中水土流失监管建设 100 万元。远期投资 550 万元。 | | |
| 方案效益 | 淤地坝等淤积泥土,产生良田;保水保土耕作使作物产量增加,附加产值增大;泸沽湖水质改善等,多为间接效益。 | | |

### 7.6.7 投资计划

**表 1-7-6-7　河道修复与陆地生态建设工程规划方案总投资详细描述**

| 序号 | 项目名称 | 性质 | 规模 | 投资估算/万元 | | 近中期投资/万元 | | 远期投资/万元) | |
|---|---|---|---|---|---|---|---|---|---|
| | | | | 云南 | 四川 | 云南 | 四川 | 云南 | 四川 |
| 1 | 河道清淤除障 | 工程 | $3\times10^5$ m³ | 450 | 150 | 300 | 100 | 150 | 50 |
| 2 | 河道警示牌 | 工程 | 400 个 | 15 | 5 | 15 | 5 | 0 | 0 |
| 3 | 生态林保护与建设 | 工程 | 1.7 万亩 | 650 | 200 | 400 | 150 | 250 | 50 |
| 4 | 水源涵养林培育工程 | 工程 | 90 hm² | 525 | 375 | 350 | 250 | 175 | 125 |
| 5 | 水土流失治理工程 | 工程 | — | 2000 | 0 | 1500 | 0 | 500 | 0 |
| 6 | 水土流失监管能力建设 | 管理 | — | 75 | 75 | 50 | 50 | 25 | 25 |
| 合计 | | | | 3715 | 805 | 2615 | 555 | 1100 | 250 |
| | | | | 4520 | | 3170 | | 1350 | |

## 7.7　社会主义新农村环境整治规划工程方案

### 7.7.1　规划目标与布局

建设社会主义新农村,是党中央根据我国经济社会发展的阶段特点,为解决"三农"问题而明确提出的重要战略举措。其目标是将农村基本建成经济社会协调发展、基础设施功能齐备、人居环境友好优美、民主意识显著增强、村容村貌格调向上的社会主义新农村,最终全面实现小康。建设社会主义新农村主要包括:发展现代农业、增加农村收入、改善农村面貌、培养新型农民、增加农民和农村投入及深化农村改革 6 个方面。

本规划本着科学合理、经济实用的总原则,对新农村建设的重点内容进行规划,包括:"六通"中的通路、通水、通气(燃料)、通电;"五改"中的改厕、改厨、改圈舍;"两建"中的建集中垃圾处理站等。具体来讲即通过科学配置农村污水治理设施,合理建设农村生活垃圾收集与处理系统,大力开展新农村循环经济示范工程以及规划湖周道路交通建设工程,将泸沽湖流域广大农村建设成为经济繁荣、设施完善、环境优美、文明和谐的社会主义新农村,达到"环境怡人、村镇宜居"的"村容整洁"标准。

对于各项具体工程规划布局如下：农村生活污水治理工程规划范围包括云南省内的吕家湾子、普乐、普米、王家湾、戴家湾、杜家村、小落水；四川省内的张家湾子、赵家湾子、阿洼、博洼、母支、扎俄落、海门行政村、山南行政村。参考当地实践经验和结合实际情况，本规划将采用氧化塘处理吕家湾子、普乐、普米、王家湾、杜家村、小落水的生活污水，同时配套地建设引流沟渠。利用建设的湖滨带和草海湿地处理戴家湾、母支、扎俄落、海门行政村、山南行政村部分村落的生活污水。其他则利用建设的湖滨带对生活污水进行处理。

农村生活垃圾治理工程规划参考当地实践经验并结合实际情况，相应地完善农村生活垃圾收集系统，建立和配备合适数量的垃圾池和清运车，将垃圾运送到垃圾填埋场集中处理。部分生活垃圾及农业废弃物如秸秆、牲畜粪便等则利用沼气池进行再处理，将其引入循环经济的生产环节中。

新农村循环经济示范工程规划范围为整个流域内农村地区，关键在于通过各村典型循环经济示范农户的带动作用和榜样作用彻底改变泸沽湖流域广大农村农民传统的粗放型生产模式，改变农民落后的生活习惯，逐渐培养环境意识，改变传统的以薪柴为主要能源的生产生活方式，大力推广沼气、太阳能等清洁能源。在增加农民收入的同时，降低农业生产和日常生活的污染负荷，培养一批思想先进、生活富裕的社会主义新型农民。

湖周道路交通建设工程规划配合蒗放、草海等区域旅游开发，将规划建设从三家村至山垮湖滨路，促进当地的进一步开发。

### 7.7.2 技术路线及备选规划措施

以中共中央国务院《关于推进社会主义新农村建设的若干意见》为指导，根据对流域内相关污染防治措施的总结，并结合流域内的实际情况和未来的发展趋势，确定社会主义新农村环境整治规划的主要措施如表1-7-7-1所示。

**表1-7-7-1　泸沽湖流域社会主义新农村建设环境整治工程备选措施长清单**

| 序　号 | 措　施 | 类　型 | 实际应用情况 |
|---|---|---|---|
| 农村生活污水治理 | | | |
| 1 | 污水处理厂 | 工程 | 常用 |
| 2 | 人工湿地 | 工程 | 常用 |
| 3 | 引水设施 | 工程 | 常用 |
| 4 | 氧化塘 | 工程 | 常用 |
| 5 | 湖滨带 | 工程 | 常用 |
| 农村生活垃圾治理工程 | | | |
| 1 | 生活垃圾填埋场 | 工程 | 全国范围 |
| 2 | 村镇固体废物收集系统 | 工程 | 全国范围 |
| 3 | 生活垃圾回收利用 | 管理 | 常用 |
| 新农村循环经济示范工程 | | | |
| | 沼气池 | 工程 | 全国范围 |

### 7.7.3 备选规划措施筛选

对上述的规划措施清单中各项措施的效果和适应性方面进行初步筛选,去掉一些明显不适宜的措施。然后再通过对措施的污染物削减能力、产生的效益估算、所需的总投资和维护成本等方面的定量分析,最终得到优选的措施集合。

(1) 预选

根据泸沽湖流域人居的实际情况,从定性或定量的角度对表 1-7-7-1 中的措施进行逐一评价,主要的评价标准包括:工程意义、实际应用程度、优缺点、处理的经济性以及与其他措施的匹配性等。根据分析结果,初步预选出可行和不可行的规划措施(表 1-7-7-2)。

表 1-7-7-2　泸沽湖流域人居环境综合整治工程备选措施长清单

| 序号 | 措施 | 预选 | 原因 |
| --- | --- | --- | --- |
| 农村生活污水治理 | | | |
| 1 | 污水处理厂 | √ | 已有建成设施 |
| 2 | 人工湿地 | √ | 现有天然湿地可利用 |
| 3 | 引水设施 | √ | 为必要配套设施 |
| 4 | 氧化塘 | √ | 建设及运行费用低 |
| 5 | 湖滨带 | √ | 可充分利用湖滨带净化能力 |
| 农村生活垃圾治理工程 | | | |
| 1 | 生活垃圾填埋场 | √ | 必要 |
| 2 | 垃圾收集池 | √ | 必要 |
| 3 | 垃圾转运站 | √ | 必要 |
| 4 | 生活垃圾回收利用 | √ | 循环经济的重要环节 |
| 新农村循环经济示范工程 | | | |
| 1 | 沼气池 | √ | 成本低,推广难度小 |

注:√指通过预选;×指被淘汰的技术。

(2) 措施优选与方案设置

根据以上分析,得到优选的技术清单(表 1-7-7-3)。

表 1-7-7-3　泸沽湖流域人居环境综合整治工程措施优选

| 子规划 | 优选技术与措施 |
| --- | --- |
| 农村生活污水治理 | 污水处理厂、人工湿地、引水设施、氧化塘、湖滨带 |
| 农村生活垃圾治理工程 | 生活垃圾填埋场、村镇固体废物收集池、垃圾转运站 |
| 新农村循环经济示范工程 | 沼气池 |

### 7.7.4 农村生活污水治理工程

目前农村生活污水已成为泸沽湖的重要影响因素,有必要开展农村生活污水处理。本规划拟采用天然湿地、污水处理厂、氧化塘、湖滨带净化等方式,开展大范围的农村生活污水处理。

规划范围包括云南省内的吕家湾子、普乐、普米、王家湾、戴家湾、杜家村、小落水;四川省内的张家湾子、赵家湾子、阿洼、博洼、母支、扎俄落、海门行政村、山南行政村部分地区。本规划将采用氧化塘处理吕家湾子、普乐、普米、王家湾、杜家村、小落水的生活污水,同时配套地建设引流沟渠。利用建设的湖滨带和天然湿地处理戴家湾、母支、扎俄落、海门行政村、山南行政村部分地区的生活污水。其他则利用建设的湖滨带对生活污水进行处理。规划时间为近、中期。在污水处理过程中体现循环经济、综合利用的思想,具体表现为:设计回流管道引污水处理厂尾水灌溉农田,一方面减少直接入湖污染负荷,另一方面污水处理厂出水中较高的N、P含量有利于农作物生长;污水处理厂及氧化塘底泥是上好的肥料;经氧化塘处理的污水同样可经引水设施引入农田灌溉。

大力开展节水宣传活动。在村民取水水源处设置宣传牌提倡一水多用,从源头减少生活污水的产生量。

农村生活污水治理工程具体可分为农村引水设施建设工程、污水处理工程、中水二次利用工程和节水宣传管理工程。

(1) 农村引水设施建设工程

本工程是整个农村生活污水治理工程的基础,目的在于建设完善的生活污水收集系统,主要作用是将村庄中各农户的生活污水集中起来并引至污水处理设施集中处理,具体工程形式为以暗渠为主,明暗渠相结合。工程覆盖云南省内的吕家湾子、普乐、普米、王家湾、戴家湾、杜家村、小落水,四川省内的张家湾子、赵家湾子、阿洼、博洼、母支、扎俄落、海门行政村、山南行政村。同时配套设计中水回引系统,引经过处理的中水回灌农田。

(2) 污水处理工程

针对不同地区的不同情况采用不同的污水处理方法对由污水引水系统收集的污水进行处理(表1-7-7-4)。吕家湾子、普乐、普米、王家湾、杜家村、小落水等沿湖区域可将现有鱼塘建设成氧化塘,基本无需额外投资,塘址应位于开发警戒线以外。采用污水处理厂进行污水处理在本节不作阐述,详情见7.3节有关内容。靠近草海、小草海区域可直接将污水引至天然湿地进行净化,并注意对湿地情况进行监测,也可以天然湿地为基础,辅以建设少量人工湿地已取得更好的净化效果。适宜区域包括南瓦、扎俄落、赵家湾子等地。张家湾子、博洼等地可直接采用建设湖滨带处理生活污水,需要注意的是生活污水排水口须在开发警戒线以外。

表1-7-7-4 泸沽湖流域农村生活污水治理工程

| 工程类型 | 规划区域 |
| --- | --- |
| 天然湿地+人工湿地 | 竹海、草海、小草海 |
| 污水处理厂 | 落水村、三家村到小渔坝一线、里格、大咀、古拉、洼垮、伍指罗 |
| 氧化塘 | 吕家湾子、普乐、普米、王家湾、杜家村、小落水 |
| 引水设施 | 建设氧化塘、污水处理厂地区 |
| 湖滨带 | 杜家村、小落水、吕家湾子、大咀等泸沽湖沿岸区域 |

总的来说,泸沽湖南岸及北岸各村有条件的可采用氧化塘处理,其余采用建设湖滨带对生活污水进行处理;泸沽湖东岸各村建设湖滨带处理生活污水。环草海、小草海各村利用天然湿地进行处理。其他村庄由于村民较少,产生生活污水量小,不对环境造成严重影响,暂不考虑。泸沽湖沿岸其他村镇采用污水处理厂处理生活污水。污水处理厂尾水和氧化塘尾水可通过引水设施回引至农田灌溉。

(3) 节水宣传管理工程

开展节水宣传活动,每年每村至少开展两次宣传节约用水的专题活动。详细规划内容见

表 1-7-7-5。

**表 1-7-7-5　生活污水治理工程详细情况**

| 服务范围 | 泸沽湖流域内的农村和乡镇所在地的人居社区 | |
|---|---|---|
| 工程项目 | 农村引水设施建设工程、污水处理工程、中水二次利用工程和节水宣传管理工程 | |
| 主要目标 | 近期 | (1) 农村生活污水引水设施建设工程<br>• 范围：云南省内的吕家湾子、普乐、普米、王家湾、戴家湾、杜家村、小落水；四川省内的张家湾子、赵家湾子、阿洼、博洼、母支、扎俄落、海门行政村、山南行政村。<br>• 形式：以暗渠为主，明渠和暗渠相结合的引水设施建设。<br>• 规模：沿泸沽湖村庄覆盖面积占农村面积 90% 以上。<br>(2) 氧化塘建设工程<br>• 范围：吕家湾子、普乐、普米、王家湾、杜家村、小落水等地。<br>• 规模：各村庄根据现有鱼塘规模和生活污水产生量决定。其中普乐建设 300 $m^3$ 氧化塘 1 个，王家湾、吕家湾子各建设 150 $m^3$ 氧化塘 1 个，小落水建设 200 $m^3$ 氧化塘 1 个。<br>• 工艺：将部分鱼塘按照深度改建成兼性塘（水深 2 m 左右），补充适量的塘面曝气设备，通过藻类-浮游生物-鱼的食物链使污水得到净化或直接将已废弃鱼塘改建成氧化塘。<br>• 选址：主要由现有鱼塘位置决定。选择开发警戒线外距村庄最近的适宜面积的鱼塘改建，优先考虑已废弃鱼塘。<br>• 出水处理：经引水设施回灌农田。<br>• 底泥处理：用作肥料。<br>(3) 节水管理宣传活动<br>• 范围：流域内所有农村。<br>• 方式：每村每年开展两次节水宣传活动，提倡一水多用、节约用水，推广处理水灌溉农田。 |
| | 中期 | (1) 农村生活污水引水设施建设工程<br>• 范围：同"近期"<br>• 规模：环草海、小草海村庄覆盖面积占农村面积 80%；沿泸沽湖村庄覆盖面积 90%。<br>(2) 农村生活污水湿地处理工程<br>• 范围：环草海、小草海村庄，主要包括赵家湾子、密瓦、扎俄落、母支、布尔脚、阿洼等。<br>• 工艺：以植物碎石床为主的生态综合工艺＋天然湿地净化，其中人工湿地构建表面流湿地系统，四周筑一定高度围墙，保持 10～30 cm 水层厚度，种植芦苇等挺水植物。<br>• 规模：草海规划 3 块人工湿地，每个处理能力 800 t/d，小草海规划 2 块人工湿地，每个处理能力 500 t/d。<br>• 选址：草海湿地分别位于扎俄落南侧、母支南侧和密瓦北侧；小草海湿地位于赵家湾子北侧和阿洼西侧。<br>(3) 节水管理宣传活动<br>• 范围：流域内所有农村。<br>• 方式：每村每年开展两次节水宣传活动，提倡一水多用、节约用水，落实处理水灌溉农田。 |
| | 远期 | 工程维护 |
| 可能影响 | 正面影响 | 负面影响 |
| | 减少入湖污染负荷；充分利用水资源，改善农村面貌。 | 增加投资成本，占用部分土地资源。 |
| 方案间匹配情况 | 整体方案与"农业面源治理工程规划方案"、"湖滨带恢复工程"、"草海与小草海湿地保护工程"结合实施。 | |
| 方案成本 | 近期：300 万（引水设施建设）＋100 万（氧化塘建设）＋50 万（维护费）＋10 万（宣传费用）＝460 万元；<br>中期：300 万（引水设施建设）＋400 万（湿地建设）＋50 万（维护费）＋10 万（宣传费用）＝760 万元。<br>总计投资 1220 万元 | |

### 7.7.5 农村生活垃圾治理工程

为实现建设社会主义新农村的伟大目标,达到"村容整洁"的建设要求,参考当地实践经验和结合实际情况,本规划力图完善农村生活垃圾收集系统,首先将生活垃圾进行分类,可利用部分新农村循环经济示范工程中有关内容进行利用,不可利用部分拟建立和配备合适数量的垃圾池和清运车,将垃圾运送到垃圾填埋场集中处理。具体包括农村生活垃圾分类收集利用、农村生活垃圾收集系统建设工程和农村生活垃圾回收利用工程。

根据实地调查发现,泸沽湖流域农村生活垃圾具有有机质含量高、水分多、易腐败、毒性较小等特点;从成分上来讲以各种农业废弃物如秸秆、牲畜粪便、植物残体、食物残渣为主,掺杂有少量白色垃圾、塑料制品,有毒有害物质主要是化肥、农药残余物。解决农村生活垃圾问题首先要解决好农村生活垃圾的收集,也就是改变农民随手乱扔垃圾的习惯,建立起垃圾收集和回收利用的意识。

(1) 农村生活垃圾分类、收集、利用

本活动针对泸沽湖流域所有农村居民展开,旨在纠正农村居民随手乱扔垃圾的生活习惯,使农村居民能够接受集中处理垃圾和回收利用垃圾的生活方式。主要内容包括介绍垃圾的分类方法,使农村居民能正确将生活垃圾分为有机和无机两类分别处理;结合新农村循环经济示范工程中有关沼气池建设的介绍使居民真正意识到生活垃圾——尤其是农业丢弃物、畜禽粪便等有机质的价值和家庭处理方法,如沼气池发酵、堆肥处理;定期开展鼓励引导性活动,如"塑料袋、编织袋、包装袋换洗衣粉"活动,通过宣传教育+引导手段使农村居民积极配合农村生活垃圾收集系统建设工程的顺利实施,营造一种"人人宣传、各个参与"的和谐氛围。本项目近中期实施。

(2) 农村生活垃圾收集系统建设工程

本工程规划区域为整个泸沽湖流域农村地区,目的在于建设完善的垃圾收集系统,落实建设社会主义新农村兴建集中垃圾处理站的具体建设内容,实现"户集、村收、镇运、县处理"的最终目标。农村和各乡镇所在地的固体废物收集系统结构见图1-7-7-1。

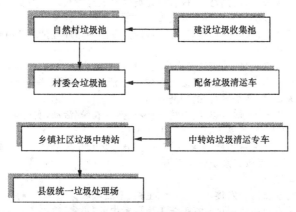

**图 1-7-7-1 农村生活垃圾管理系统**

具体措施包括:赠送农户垃圾桶,工程开始时可在重点区域赠送垃圾桶供居民使用,重点区域包括旅游开发区和生态敏感区,如竹地湿地旅游接待中心、落水、里格、蒗放等地。在湖周地区设置约 10~15 个垃圾箱,其中长沙河入湖口设置 4~6 个,大新河入湖口附近 3~5 个,北岸附近 3~4 个。推广垃圾收集池,按照各村常驻人口数量设置,最终达到每 15 户左右设置一个垃圾收集池,尽量将有机垃圾和无机垃圾区分开。建设垃圾中转站并设立垃圾分拣机构,按垃圾能否回收利用分拣。以里格、落水、普米、竹地、庞家屋基、南瓦、泸沽湖镇为核心收集周围地区垃圾,即将泸沽湖流域划分为以上述村落为核心 7 个主要垃圾收集区。配备垃圾清运车,最终保证每个垃圾收集区内至少拥有 3 辆垃圾清运车。各自然村设置保洁员负责监督居民,建立湖面垃圾收集监督队伍,主要负责湖周和湖面生活垃圾与旅游垃圾收集,禁止旅游垃圾入湖,并监督管理湖周村庄。在管理中应杜绝农村,尤其是湖区附近的村庄,生活垃圾堆放在水体附近。

(3) 农村生活垃圾回收利用工程

本工程规划范围为泸沽湖流域所有农村地区,分为两个部分:以户为单位的自回收利用和以行政村为单位的垃圾回收利用。

合理管理和充分利用人畜粪便、植物残体、食物残渣等有机垃圾,与农村沼气开发结合实施;可进行堆肥处理,县镇级垃圾中转站可考虑焚烧垃圾作为能源。

表 1-7-7-6　泸沽湖流域农村生活垃圾治理工程详细描述

| 服务范围 | | 泸沽湖流域内的农村和乡镇所在地的人居社区 |
|---|---|---|
| 工程项目 | | 农村生活垃圾分类收集利用、农村生活垃圾收集系统建设工程、农村生活垃圾回收利用工程 |
| 主要目标 | 近期 | 1. 农村生活垃圾分类收集利用<br>(1) 垃圾分类介绍<br>• 目的:使农村居民能正确将生活垃圾分为有机和无机两类,提倡对不同类垃圾分开收集并分别处理。<br>• 形式:在村委会的配合下派专人进村宣讲。<br>• 范围:泸沽湖流域各村,环湖村庄和旅游开发区优先。<br>(2) 垃圾回收利用介绍<br>• 目的:结合新农村循环经济示范工程中有关沼气池建设的介绍使居民了解到生活垃圾——尤其是农业丢弃物、畜禽粪便等有机质的价值和利用方法如沼气池发酵、堆肥处理;使大部分示范村居民掌握有机垃圾家庭处理方法。<br>• 形式:在村委会的配合下派专人进村宣讲。<br>• 范围:泸沽湖流域各村,环湖村庄、旅游开发区和循环经济示范村优先。<br>(3) 居民互动活动<br>• 目的:使收集垃圾、利用垃圾成为农村居民自觉行动,改变长期以来农村居民随手乱扔垃圾的陋习,引导农村居民积极配合农村生活垃圾收集系统建设工程的顺利实施,营造一种"人人宣传、各个参与"的和谐氛围。<br>• 形式:定期开展"塑料袋、编织袋、包装袋换洗衣粉"活动,农村居民可用收集到的废弃物换取诸如洗衣粉、肥皂之类的简单生活用品。<br>• 范围:泸沽湖流域各村,环湖村庄、旅游开发区和循环经济示范村优先。<br>2. 农村生活垃圾收集系统建设工程<br>(1) 赠送垃圾桶<br>• 范围:竹地旅游开发接待区、落水、里格、蒗放区域。<br>• 目的:使农村生活垃圾收集系统工程目标中的"户集"得以实施。<br>• 形式:工程开始时可在重点区域赠送垃圾桶供居民使用。<br>• 数量:竹编垃圾筐 100 个。<br>(2) 湖周地区设置垃圾箱<br>• 目的:减少入湖垃圾量。 |

(续表)

| 主要目标 | | |
|---|---|---|
| | 近期 | • 规模:泸沽湖周边设置 10~15 个垃圾箱;长沙河入湖口设置 4~6 个,大新河入湖口附近 3~5 个,北岸附近 3~4 个。<br>(3) 推广垃圾收集池<br>每个自然村至少保证建设 1 个,里格、竹地、落水、泸沽湖镇达到每 30 户建设一个垃圾收集池,总计约 60 个;每个村委会配备 1 辆垃圾收集车。<br>(4) 建设垃圾中转站<br>分别在里格、落水、普米、竹地、庞家屋基、南瓦、泸沽湖镇建立垃圾中转站收集周围地区垃圾,既将泸沽湖流域划分为以上述村落为核心的 7 个主要垃圾收集区,每个收集区配备一辆垃圾清运车(泸沽湖镇收集区 2 辆),共计 8 辆。在垃圾中转站设立垃圾分拣机构,按垃圾能否回收利用分拣。云南部分(里格收集区、落水收集区、普米收集区、竹地收集区)垃圾最终运往永宁乡;四川部分(庞家屋基收集区、南瓦收集区、泸沽湖收集区)垃圾经海门桥运出规划区域处理。<br>• 里格收集区:收集里格、杜家村、小落水、老屋基泸沽湖北岸垃圾;<br>• 落水收集区:收集红崖子、小渔坝、大渔坝等泸沽湖西岸村落垃圾;<br>• 普米收集区:收集三家村、吕家湾子、普米、普乐、戴家湾、山垮等泸沽湖南岸村落垃圾;<br>• 竹地收集区:收集小海子、中海子、拉别落、竹地等竹地旅游接待中心范围内村落垃圾;<br>• 庞家屋基收集区:主要收集海门行政村生活垃圾;<br>• 南瓦收集区:收集范围覆盖山南行政村,包括海梁子、密瓦、布尔脚、南瓦、马尾落、何家社等村落垃圾;<br>• 泸沽湖镇收集区:收集范围包括木夸行政村、博树行政村和多舍行政村,包括钟洼、格撒、洼夸、大咀、赵家湾子、张家湾子、柳角、博洼、阿洼等泸沽湖东北岸和小草海沿岸村落,扎俄落、博树、伍支罗、落洼等草海湿地北侧村落,多舍、古拉、母支等草海东北村落生活垃圾。<br>(5) 垃圾收集处理监督队伍<br>各自然村设置保洁员负责监督本村居民;建立湖面垃圾收集监督队伍,主要负责湖周和湖面生活垃圾与旅游垃圾收集,禁止旅游垃圾入湖,并监督管理湖周村庄;在管理中应杜绝农村,尤其是湖区附近的村庄,生活垃圾堆放在水体附近。<br>3. 农村生活垃圾回收利用工程<br>在循环经济示范村推广沼气池处理农户产生的生活垃圾(人畜粪便、植物残体、食物残渣)。在 7 个垃圾中转站试点垃圾堆肥和沼气池发酵。 |
| | 中期 | 1. 根据各村情况,再建 45 个垃圾收集池,新配备垃圾清运车 7 辆。<br>2. 在前期工作基础上,在山区、半山区推广建设"三结合"沼气池,加大农户自处理垃圾量。在 7 个垃圾中转站利用分拣后的有机垃圾堆肥、沼气池发酵。 |
| | 远期 | 1. 根据各村情况,再建垃圾池 45 个,新配备垃圾清运车 8 辆;保证每个垃圾收集区拥有 3 辆垃圾清运车,泸沽湖收集区拥有 5 辆。<br>2. 全面普及沼气池处理生活垃圾,沼气池普及率达到 50%。 |

| 可能影响 | 正面影响 | 负面影响 |
|---|---|---|
| | 减少固体废物入湖量;充分利用能源,减少农户经济压力;规范农村生活环境清洁卫生。 | 增加投资成本,占用部分土地资源。 |

| 方案间匹配情况 | 整体方案与"新农村循环经济示范工程"结合实施。 |
|---|---|

| 方案成本 | 垃圾回收利用费用在新农村循环经济示范工程中计算<br>近期:20 万(宣传教育活动和赠送垃圾桶)+300 万(垃圾清运车)+100 万(垃圾收集池和垃圾桶)+200 万(垃圾中转站)=620 万元;<br>中期:300 万(垃圾清运车)+100 万(垃圾收集池)=400 万元;<br>远期:200 万(垃圾清运车)+100 万(垃圾收集池)=300 万元;<br>投资总计:1320 万元。 |
|---|---|

### 7.7.6 新农村循环经济示范工程

#### 7.7.6.1 泸沽湖流域新农村循环经济概述

社会主义新农村的目标要求是:"生产发展、生活宽裕、乡风文明、村容整洁、管理民主"。其中"生产发展、生活宽裕"属于物质文明建设范畴,是实现社会主义新农村目标的基础——农业生产效率的提高,使农民收入增加;资源利用的高效,将废物产生量大大降低,减小环境负担。因此,建设社会主义新农村,首先要构建一种更合理更高效的生产方式。转变农村经济发展模式,由一直沿袭的"大量生产、大量消费、大量废弃"传统增长模式,转变为以资源的高效利用和循环利用为核心的循环经济也就成为建设社会主义新农村的关键所在。

农村循环经济,其本质就是生态农业经济,要求运用生态学规律把农村经济活动组织成一个"资源—产品—再生资源—再生产品"的反馈式循环流程,对农村土、水、肥、药、能等各种生产生活要素进行统筹考虑,不断提高农业生产中各种资源的生产率和农业综合生产能力,达到变废为宝、循环利用、节约能源、优化环境的目的,促进生态的良性循环,实现可持续发展。

农村循环经济通过改厕、改厨、改圈等建设,把农村的"三废"(秸秆、粪便、垃圾)变成"三料"(燃料、饲料、肥料),解决生态保护和农民致富之间的矛盾,促进生产、生活、生态的协调发展。有利于建设资源节约型、环境友好型的新农村。

目前泸沽湖流域内农村以种植业和养殖业为主要产业,依据地理位置的差别分为中心沿湖农业区和四周山地农业区。重要作物有水稻、玉米、洋芋、荞子、燕麦及一定数量的果树和经济林木;养殖鱼、鸡、鸭、猪、牛、羊等畜禽。现有生产方式仍然是传统的线性结构,对农作物施用化肥、农药,引天然水灌溉,丢弃秸秆等作物残体;以饲料喂养畜禽,清理粪便。此外,泸沽湖流域农村居民仍以薪柴为主要能源,对生态环境破坏很大。

根据实际调查所得信息,查阅相关资料,结合泸沽湖流域的自然条件和现有农业基础,设计符合当地情况的农村循环经济模式。依照循环经济相关原理,采用"依源设模,以模定环,以环促流,以流增效"方法,合理设计食物链,通过链环的衔接,使系统内的能流、物流、价值流和信息流畅通。

具体来说,即以沼气池为核心,实现秸秆的三段利用和禽畜粪便的两段利用,结合不同地区的自然条件和生活污水、生活垃圾治理工程,设计山地农业区"畜禽-沼-粮"、湖滨农业区"畜禽-沼-鱼-粮"的生态模式,使有机废弃物资源化,使光合产物实现再生增殖。

#### 7.7.6.2 泸沽湖流域新农村循环经济形式

(1) 沼气池

沼气池是泸沽湖流域农村循环经济的核心,是"资源-产品-再生资源-再生产品"链条中连接产品和再生资源之间最重要的一环,起到变废为宝的作用。大力发展"一池三改",建沼气池,改厨房、改猪圈、改厕所,有效将种植业、养殖业的线性结构整合起来,将沼气池转变为秸秆及粪尿处理池、有机肥料厂、户用能源站,为农村居民提供生活用能和肥田肥料,有利于减少砍伐薪柴对生态的破坏和保持农村的卫生环境。中英合作云南环境发展与扶贫项目(YEDP)已经进行沼气推广活动并得到群众欢迎。沼气池建设方案包括"三合一"和"五合一"两种形式,即灶、厕所、沼气池三合一,灶、厕所、沼气池、猪圈、堆肥五位一体的建设形式,根据各地不同特点而推行。

(2) 秸秆三段利用

第一段利用：以秸秆为粗饲料，搭配必要的精料饲养畜禽，转化为肉、奶、毛皮等产品。

第二段利用：将畜禽产生的粪便通过生产沼气，解决农村的生活用能。

第三段利用：将厌氧发酵后剩余的沼渣和沼液作肥料使用。

(3) 畜禽粪便两段利用

将畜禽粪便由目前作为肥料肥田的一次性利用改为生物质能源——肥料两次利用。资料显示，每 6 kg 畜禽粪便（干粪）即可产生 1 m³ 沼气，相当于 0.7 kg 的标准煤。

(4) 其他配套设施

目的：结合生活污水处理工程和生活垃圾处理工程，挖掘其他可利用资源。

由于当地光照充足，可利用太阳能：安装太阳能热水器；辅以其他设施建设温室大棚，种植反季节蔬菜。

建设与沼气池配套的鱼塘，完善"禽畜-沼-鱼-粮"生态模式。生活污水处理工程中建设的氧化塘和鱼塘结合起来；部分氧化塘本身可作为养鱼塘，底泥既可进入沼气池产生沼气又可作为肥料肥田，出水还可灌溉农田。

建设污水处理厂底泥回收设施，回收污水处理厂底泥进入沼气池发酵或直接作为肥料混合于土壤中。

生活垃圾处理工程中建设的垃圾收集池可作为沼气池原料的重要供给来源之一，乡镇级垃圾中转站也可将分拣后的有机垃圾投入沼气池发酵。建设卫生厕所，配合生活垃圾处理工程收集人粪尿，投入沼气池发酵产生沼气。

建设家用沼气灶、沼气灯，配合沼气池满足居民用能需求。

改建猪圈、鸡舍等养殖设施，收集畜禽粪便。

#### 7.7.6.3 具体操作模式

(1) 山地农业区"畜禽-沼-粮"循环经济模式

用农作物秸秆喂牲畜，回收牲畜粪便并与生活有机垃圾、卫生厕所收集的人粪尿混合，在沼气池中发酵变成沼气，结合配套设施沼气灶、沼气饭煲、沼气灯和太阳能收集装置转化为农村居民生活用能，既节约了劳力，又省下了购买薪柴的费用。沼液、垃圾中转站堆肥、氧化塘和污水处理厂底泥，可用于耕地施肥。沼液不但可作为牲畜饲料添加剂，还可用于农作物浸种。用沼液浸种后育苗，农作物的产量也会提高。沼液浸种有三大好处：出苗齐，可防百叶枯病，亩均可增产 10%~20%。如果秧苗下田后，再配合施有机肥，每亩可节约农药、化肥 100 元以上。氧化塘、污水处理厂出水作为农田灌溉的主要水源。农作物的秸秆再用来饲养牲畜，以养猪为例，一年可养两季，以每头最低获利 200 元计算，每年可获利 8000 元。整个过程中基本实现废弃物的零排放，可获得农作物产品、畜禽、生活用能；对环境压力小，成功解决生态保护和农民致富之间的矛盾，促进生产、生活、生态的协调发展。

(2) 湖滨农业区"畜禽-沼-鱼-粮"循环经济模式

在山地农业区"畜禽-沼-粮"循环经济模式的基础上建设配套鱼塘，沼气池内高温发酵后的肥水可用于养鱼。用沼液拌过粉碎的秸秆和饲料喂鱼，这种饲料鱼儿爱吃，还可减少鱼病。一个池塘每年可放养 16000 尾鱼，用沼液作添加剂，喂鱼，鱼长得快，少生病，养鱼第一年可收获 5000 斤，获利 1.5 万元，第二年可收获 1.5 万斤，获利 4 万元。还可以利用鱼塘养鸭、鹅，利润就更高了。养过鱼的水浇灌农作物，鱼塘底泥是上好的有机肥，鱼塘本身可作为氧化塘使用。利用靠近泸沽湖的地理优势,将山地农业"畜禽-沼-粮"循环经济模式发展为湖滨农业"畜禽-沼-鱼-粮"循环经济模式,保护泸沽湖水质的同时,获得更大的经济利益。

#### 7.7.6.4 泸沽湖流域新农村循环经济示范工程

规划区域:泸沽湖流域所有农村。

规划目标:通过本工程的实施在泸沽湖流域推广循环经济这一先进的生产方式,加快社会主义新农村建设步伐。合理推广农村沼气设施,通过充分循环利用农村废物(人畜粪便、秸秆等),减少废物污染量,改善环境质量,提高人民生活水平,改善村容村貌。

要求:① 对于湖滨地区,与土地管理部门科学合理地确定可使用土地政策,原则上应处于开发警戒线之外 100 m;② 对于山区,考虑到农民收入较低,政府部门须通过环保意识和提供额外补贴来帮助农户;③ 推广农村沼气活动,鼓励农民采用沼气设施,并防止设施闲置;④ 谨慎审查沼气池技术的设计标准,并积极开展技术研发工作。

(1) 近期

加大宣传力度,向广大农村居民介绍新农村循环经济的优势和效益;详细介绍山地农业"畜禽-沼-粮"循环经济模式和湖滨农业"畜禽-沼-鱼-粮"循环经济模式的费用效益;使农村居民了解新农村循环经济的优越性,并自觉自愿参与其中。

在里格、竹地、落水、蒗放、泸沽湖镇 5 个地区大力推广新农村循环经济并开始使用太阳能(里格、竹地、落水、蒗放推广湖滨农业"畜禽-沼-鱼-粮"循环经济模式(图 1-7-7-2);泸沽湖镇推广山地农业"畜禽-沼-粮"循环经济模式),普及率达到 50% 以上。

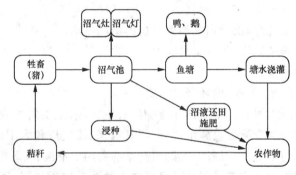

图 1-7-7-2 泸沽湖家庭生态农业和循环经济示范点的生态链图示

在沿湖其他各自然村推广湖滨农业"畜禽-沼-鱼-粮"循环经济模式,普及率达到 15%。

在山区、半山区各自然村保证每村至少有 1 户山地农业"畜禽-沼-粮"示范典型循环经济模式。

在 8 个垃圾中转站开始进行有机垃圾分拣、发酵的试运行。

(2) 中期

面向海门行政村等山地、半山地区域,进一步加强对新农村循环经济的宣传力度。

建设以里格、落水、蒗放为核心,湖周其他村落共同构筑的环泸沽湖新农村循环经济带。其中里格、落水新农村循环经济模式普及率达到 80%,在旅游接待区普及太阳能,蒗放新农村循环经济模式普及率达到 70%,其他村落普及率达到 30%。

竹地湿地旅游接待中心附近区域循环经济模式普及率达到 90% 并普及太阳能,将竹地建设为整个泸沽湖流域的示范区。

泸沽湖镇新农村循环经济模式普及率达到70%,普及太阳能。

在山区、半山区加大循环经济模式普及力度,达到20%的普及率,将庞家基村建设为山区新农村循环经济的示范村,普及率达到60%。

8个垃圾中转站全面开始有机垃圾分拣、沼气池处理和堆肥处理。

监督以开展循环经济模式地区的执行情况,尤其是沼气池的使用情况,避免设备闲置。

(3) 远期

开展与农村循环经济相关的专题讲座,介绍先进生产经验,鼓励农民发展特色经济和旅游经济。

以里格、落水、蒗放为核心,湖周其他村落共同构筑的环泸沽湖新农村循环经济带建成。其中里格、落水新农村循环经济模式普及率达到90%,蒗放达到80%,其他村落普及率达到50%,本区域内普及太阳能。里格、落水、蒗放开展生态农业观光、采摘,结合太阳能温室技术建立绿色蔬菜种植基地,开展生态农业游。

竹地湿地旅游接待中心成为泸沽湖流域的生态农业旅游示范区,建设绿色蔬菜基地、有机果园和生态农庄。

泸沽湖镇新农村循环经济模式普及率达到90%。

在山区、半山区村庄循环经济模式普及率,达到50%,将庞家基村普及率提高到80%。

污水处理厂、氧化塘尾水回灌全面完工,泸沽湖流域内农田灌溉以中水为主。

监督以开展循环经济模式地区的执行情况,尤其是沼气池的使用情况,避免设备闲置。

(4) 方案成本

沼气设备成本每套5000元;拟采用居民自出资30%、政府补贴剩余部分处理。

近期成本:200万(循环经济设备费用)+20万(宣传费用)+100万(有机垃圾处理费用)=320万元;

中期成本:220万(循环经济设备费用)+20万(宣传费用)+100万(有机垃圾处理费用)=340万元;

远期成本:180万(循环经济设备费用)+20万(宣传费用)+100万(有机垃圾处理费用)=300万元;

总计:560万元,其中政府投资330万元。

### 7.7.7 湖滨道路交通建设工程

配合蒗放、草海等区域旅游开发,落实社会主义新农村建设"六通"中的"通路",将规划建设从三家村至山垮湖滨路,中期建成使用。具体规划如下:

- 起点:三家村
- 终点:山垮
- 建设规模:6 km
- 拟建等级:三级
- 投资:1000万元
- 规格:遵循《自然保护区管护基础设施建设技术规范》(HJ/T 129—2003)和国家的道路设计规范,道路宽度为7.5 m(2×3.75 m),考虑到沥青会给湖区带来较大的污染负荷,故选择砂石基底,压实,表面水泥固化。排水沟宽度设计为0.5 m,深度0.5 m,雨水口的箅面低于路面 3～5 cm。
- 选址：选择平整取弃土场等临时用地，距湖滨带开发警戒线 100 m 以上。
- 路边绿化带建设：公路两边种植行道树，单排，株距 2 m。选择喜湿树种并控制高度。边坡种草和低矮灌木，以不影响湖区景观为宜，选择拦污能力较强的物种。设置垃圾桶 60 个，间距 100 m，并设置警示牌提醒游客不要乱扔垃圾。
- 作用：以公路为依托，加强泸沽湖南岸三家村-山垮一线的旅游开发，提高当地经济发展水平；利用公路、公路排水沟、边坡拦污植物构筑一道拦污截流防线；减少携带大量污染负荷的地表径流进入泸沽湖。
- 不利因素：公路的修建可能带来一定的尾气、噪声污染，影响周围生态环境。特别是汽车尾气能以颗粒物的形式沉降到湖中，大量游客的涌入加剧生态环境压力。
- 通车时间：2015 年以前建成使用。

### 7.7.8 投资计划

社会主义新农村环境综合整治方案规划近中远期总投资为 2580 万元，具体投资情况详见表 1-7-7-8。

表 1-7-7-8  社会主义新农村环境综合整治工程规划方案总投资详细描述

| 序号 | 项目名称 | 规模 | | 投资估算/万元 | | 近期投资/万元 | | 中期投资/万元 | | 远期投资/万元 | |
|---|---|---|---|---|---|---|---|---|---|---|---|
| | | 云南 | 四川 | 云南 | 四川 | 云南 | 四川 | 云南 | 四川 | 云南 | 四川 |
| 1 | 农村生活污水处理工程 | — | — | 650 | 570 | 260 | 200 | 310 | 450 | 0 | 0 |
| 2 | 农村生活垃圾治理工程 | 30 个垃圾池、10 辆垃圾车、3 个垃圾中转站 | 120 个垃圾池、13 辆垃圾车、5 个垃圾中转站 | 500 | 720 | 250 | 370 | 150 | 250 | 100 | 200 |
| 3 | 新农村循环经济示范工程 | 循环经济模式普及率超过 50% | | 400 | 560 | 120 | 200 | 140 | 200 | 140 | 160 |
| 4 | 湖滨道路交通建设工程 | 6000 m | — | 1000 | 0 | 0 | 0 | 500 | 0 | 500 | 0 |
| | 合计 | | | 2550 | 1850 | 630 | 770 | 1100 | 900 | 740 | 360 |
| | | | | 4400 | | 1400 | | 2000 | | 1100 | |

## 7.8 流域水环境管理规划方案

由于泸沽湖在行政区划归上的特殊性，使得水环境管理成为影响泸沽湖水污染综合防治成效的关键要素之一，是规划得以顺利实施的重要保障。泸沽湖及其流域内的水环境管理规划无论在内容安排还是在分阶段实施进度计划上，均需结合实际情况进行创新设计，以保障泸沽湖水质和水生态的改善,以及滇、川两省各自辖区内污染控制措施的顺利及有效实施。

### 7.8.1 现状环境管理评估

(1) 管理现状回顾

随着 1980 年代后期和 1990 年代初期对泸沽湖旅游开发强度的增大,泸沽湖及其周边地区环境问题开始逐步凸现,云南和四川两省相关部门也开始对各自辖区内的水域和陆域的水环境问题进行管理。

① 云南省辖区内管理工作回顾

1994 年 11 月 30 日,云南省第八届人民代表大会常务委员会第十次会议批准了《云南省宁蒗彝族自治县泸沽湖风景区管理条例》,决定在云南省的辖区内设立泸沽湖管理委员会,对泸沽湖风景区实行统一管理,建立分级负责、各有关部门密切配合的管理体制。《云南省宁蒗彝族自治县泸沽湖风景区管理条例》设定泸沽湖的最低水位为 2689.8 m(黄海高程),最高蓄水位为 2690.8 m,泸沽湖风景区按三级实施保护,水质采用《地面水环境质量标准》中Ⅱ类标准,并对景区的开发利用以及管理等提出要求。1999 年,宁蒗彝族自治县人大常委会又通过了条例的实施细则。

在管理机构上,宁蒗县设立了泸沽湖省级旅游区管理委员会。

② 四川省辖区内管理工作回顾

2004 年 7 月 30 日,四川省第十届人民代表大会常务委员会第十次会议批准了《凉山彝族自治州泸沽湖风景名胜区保护条例》,对泸沽湖湖泊、草海湿地及水源河流进行保护,并决定在四川省的辖区内设立风景区管理机构行使管理职能,将泸沽湖风景区划分为:重点村落保护区、点,湿地生态保护区,风景游览保护区,生态恢复区;实行分区、分类、分级保护。水质目标和特征水位与《云南省宁蒗彝族自治县泸沽湖风景区管理条例》保持一致。

在管理机构上,盐源县 2004 年设立了直属州政府的县级单位泸沽湖管理局。

③ 省际协调

为共同保护两省交界区域的生态环境,在 2004 年 6 月份协调会议的基础上,2004 年 11 月,云南、四川两省环保局举行了"云南四川环境保护协调委员会"第一次会议,并正式成立了"云南四川两省环境保护协调委员会",下设"泸沽湖环境保护协调工作组",对泸沽湖环境综合整治工作的开展进行了深入讨论,并形成了协调意见,以促进双方共同对泸沽湖进行保护。

(2) 管理现状简要评估

① 缺乏环境保护方面的地方管理法规

根据对《云南省宁蒗彝族自治县泸沽湖风景区管理条例》和《凉山彝族自治州泸沽湖风景名胜区保护条例》的分析,在泸沽湖流域内目前尚无一部专门的水环境保护方面的地方法规。尽管在两个条例中均有关于水环境保护的条文,但由于其均是以风景保护为核心,因此在水环境的监督与管理、保护与治理以及奖励与处罚等方面均缺少明确的规定,也未指定专门的水环境保护与监管部门。此外,两个条例中对泸沽湖水质功能的界定均为Ⅱ类,与两省环保机构确定的Ⅰ类地表水环境功能区划类型不符。

② 滇川两省协调机制尚不充分

泸沽湖地处偏僻的滇川两省交界处,针对泸沽湖整个流域,目前还没有制定协调一致的保护条例与法规平台、协调管理机构、环境监测网络、信息共享机制等。从而难以保障环境保护规划或工程方案的顺利实施,同时也无法形成滇川两省相互监督的机制,最终制约了泸沽湖流域的有效保护与当地的可持续发展。

自 2004 年成立的川滇两省"泸沽湖环境保护协调工作组",目前在一些基本问题上初步达成了共识,但协调的工作仍亟需深入开展下去。由于协调机制的缺乏,造成了目前两省相关部门在污染防治措施方面的进度安排不一,防治目标、措施和政策等的不协调。

### 7.8.2 规划措施保障体系

(1) 对旅游行为的规范

鉴于旅游业在泸沽湖流域经济发展以及水环境保护中的特殊地位,需要对流域内的旅游行为进行规范化调整。结合云南省和四川省在泸沽湖流域内的景区和旅游规划,在本规划中,对旅游行为做出如下规范:

① 严格控制湖滨带保护区内的旅游活动,严禁污水和固体废物直接入湖。

② 规范湖泊游船和湖滨带各种旅游项目的规模、活动区域范围,并做出明确警示标志,严格禁止使用机动船设施,此外,船主负责游船垃圾收集,并严格执行环保责任。

③ 慎重引进外来物种,包括鱼类、水生和陆生植物,尤其严格禁止引进对当地独有物种造成威胁的外来物种,且禁止游人向湖区放生鱼类及其他水生生物。

④ 云南辖区内的落水、里格村落群不允许再新增旅游接待设施,待竹地旅游接待设施完善后,引导游客入住竹地,对侵占最高水位线上 80 m 内的旅游设施逐步、分期、分批拆除。

⑤ 四川辖区内的泸沽湖沿线以及草海湿地沿线(最高水位线上 80 m 内)同样执行上述规定,除已规划的集中接待区外,其余村落不得新增旅游接待设施。

⑥ 市场调节,对入住云南省和四川省划定的集中接待区的游客,与直接入住在泸沽湖沿线以及草海湿地沿线村庄的游客实行区别票价,且后者票价远高于前者,以鼓励和引导游客的行为。

⑦ 旅游线路调整。结合云南省和四川省的总体旅游规划,将泸沽湖、永宁与丽江、玉龙雪山或中甸景区连片开发经营,并以此对泸沽湖流域的游客采取旅游路线引导措施。泸沽湖流域调整为专门的自然风光游览和社会风情展示地区,进行半封闭式管理,近中期接待少量住宿,到规划远期不接待住宿,从而有效降低持续发展的旅游产业对泸沽湖的污染压力。

⑧ 新建旅游设施建设项目,严格执行建设项目环境影响评价,确保选址、规模、配套的环保节能设备满足规划要求。

(2) 人口容量

考虑流域的环境容量和生态系统所能接受的综合开发强度,对流域所能承受的人口上限进行规划。

① 旅游流动人口容量。根据云南省和四川省的景区规划,在集中接待区设施建设完成后,游客大部分将入住集中接待区。在此基础上,参考旅游规划,确定流域的旅游流动人口承受上限云南部分为 4800 人/d,四川部分为 6000 人/d。

② 泸沽湖沿线常住人口容量。由于摩梭家庭生活方式的特性,流域内摩梭人口多年保持相对稳定,因此泸沽湖沿线常住人口将控制在目前的人口总量水平,严格限制新的人口迁入。由此,规划云南辖区内的常住人口为 6500 人,四川辖区内沿湖人口基本控制在规划基准年的水平。

## 7.8.3 滇川两省协调机制及其能力建设

(1) 县级常设协调机构的建立

考虑到泸沽湖流域的规划范围面积仅有 262.6 km², 也仅涉及永宁乡和泸沽湖镇两个乡镇行政单位, 而目前川滇两省"泸沽湖环境保护协调工作组"则主要是由地市级以上机构组成, 协调工作组例行会议的次数非常有限, 在具体的协调和沟通上存在不足。据此, 本规划建议在"泸沽湖环境保护协调工作组"的领导下, 建立常设的县级"泸沽湖环境保护协调小组", 分别由宁蒗县和盐源县的相关部门组成, 并建议接收国家环境保护总局定期监督。协调小组的组成情况详见图 1-7-8-1, 并将在规划近期内完成前期调研、意见征求和实施。

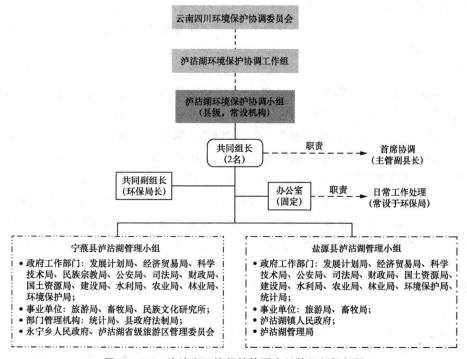

图 1-7-8-1 泸沽湖环境保护协调小组的组织框架图

(2) 流域水环境管理的制度与法规体系建设

在协调机制建立并有效运行的前提下, 建设泸沽湖流域内的水环境管理制度和相应的法规体系。

① 两省共同参与, 制定统一的《泸沽湖流域管理条例》

规范目前两省在泸沽湖流域保护中的法律依据, 使其在统一的法律框架下开展保护以及后续的监督和评估工作, 进一步明确泸沽湖水面和湖滨带的占地范围并进行划桩定界。具体内容见表 1-7-8-1。鉴于《泸沽湖流域管理条例》的重要性, 需在规划近期完成立法调研, 在规划中期完成立法和批准程序。

表1-7-8-1 《泸沽湖流域保护条例》的拟订内容

| 组 成 | | 具体内容 |
| --- | --- | --- |
| 第一章 | 总则 | 目的、保护范围、泸沽湖水位、保护与监管和协调部门等 |
| 第二章 | 监督与管理 | 泸沽湖保护协调小组的组成与职责、宁蒗县和盐源县人民政府的职责 |
| 第三章 | 综合治理和合理开发利用 | 水体水质类别、禁止向水体排放的污染物类型、流域内的河流水系保护、外来物种引进限制、禁止发展的行业和区域界限、保护范围内的环境影响评价、污水处理设施建设规定 |
| 第四章 | 奖励与处罚 | 奖励与处罚的行为、对象以及额度 |
| 第五章 | 附则 | 细则和解释权、批准核定单位、实施日期 |

② 基本制度建设

在《泸沽湖流域保护条例》的基本框架下,就泸沽湖流域内水环境保护的基本制度建设进行设计。基本制度可以在全流域的框架下,遵循公平、公正和公开的原则,在云南和四川行政辖区内分别设计实施。主要包括:旅游开发与水环境保护、旅游开发受益与水环境保护的协调机制、发展均衡与水环境保护等。上述制度是在遵循国家和地方相关"原制度"的基础上设计的"派生制度",目的是为了更好地协调泸沽湖流域的发展与水环境保护的关系。

过度的旅游开发对泸沽湖的发展会产生负面影响,但适度的旅游开发和旅游布局会对泸沽湖的保护提供资金支持;泸沽湖旅游开发的受益应该优先用于泸沽湖的保护,从而使泸沽湖的生态环境和文化等能够持续下去;泸沽湖不仅属于目前已经从旅游开发中受益的小部分群体,更是属于流域内的全体居民。流域内目前存在的发展不均衡问题将会对泸沽湖的保护产生负面的影响,因此迫切需要在泸沽湖的旅游开发和水污染防治中对发展的不均衡问题给予充分的关注,并在经济结构调整、资金投入、旅游布局等方面给予流域内相对不发达地区必要的倾斜。鉴于上述分析,需要对适宜的旅游环境容量、旅游发展与水环境保护的机制、水环境保护与社会均衡发展等方面开展专门的研究,并结合地方相关实践,在相关的规章中体现上述制度的内涵。

③ 川、滇泸沽湖管理机构的结构与职责重新认定

考虑到目前滇、川两省设置的泸沽湖管理机构主要的职责在于旅游开发和景区管理,为强化对泸沽湖的环境管理,需要分别设立含旅游、水利、渔业、环境等方面的综合性管理机构,在县人民政府的直接领导和"泸沽湖环境保护协调小组"的指导下开展工作,并对职责进行重新认定。

④ 统一的监测与信息共享机制以及规划实施评估监督体系

目前,只有丽江市环保局对泸沽湖进行常规的水质监测,而四川辖区内没有水质监测点位,也未对水质进行监测。为保护好泸沽湖的水质和生态系统,需要建立统一的环境监测制度和信息共享机制。由丽江市和凉山州在各自辖区内布设监测点位,点位的布设要兼顾陆地污染类型的分布情况、湖体的水动力学和湖底地形等特点,在主要河流的入河口、主要旅游区附近的水体也要布设监测点位,以全面反映泸沽湖的水质。此外,根据现场调研,目前的水质监测无法全面衡量泸沽湖水质的变化趋势,需要在常规监测外加入生物监测(PFU法,GB/T 12990—91)的内容。在生物监测的基础上,对泸沽湖特有鱼类和物种开展保护研究;统一投放鱼苗和禁渔时间。

监测信息共享是泸沽湖流域水环境管理的基础保障,四川和云南辖区内的湖体和河流监测数据将经由"泸沽湖环境保护协调小组"分别向各自的上级主管部门报告。常规监测信息将在监测后的一周内实现共享,突发污染事故的监测信息需实现即时共享。

在本规划实施后,为衡量四川省和云南省各自辖区内对规划的执行情况,需要建立一套规划实施评估监督体系。建立目标责任考察制度,并由"云南四川环境保护协调委员会"对目标的完成情况进行考核和相互监督。考核的内容包括:拟建工程的完成情况、污染削减情况、水质的改善程度、能力建设的资金投入情况等。水质的改善程度将依据监测信息,评估水质在设定基准年的基础之上的改善情况,而非简单地对比水质的优劣。

⑤ 共同合作争取"多元投资"

鉴于泸沽湖流域在自然保护、文化维系等方面的独特优势和无可替代的重要性,而流域分属的宁蒗县和盐源县均无力开展全面和系统的污染防治和文化、生态保护活动,因此需要在统一的协调下,共同编制项目建议书和相关规划,利用目前国家投资长江流域水污染防治、三峡库区上游水污染防治、退耕还林、扶贫、生态保护、小流域治理等的机遇,争取国家的资金支持。此外,还需要积极争取国际组织、NGO、相关基金的广泛援助,并争取在两省共同确立为省级自然保护区的基础上,申报为国家级自然保护区,以加大保护力度,并争取国家在自然保护区建设上的投资,从而更好地服务于泸沽湖的自然生态保护和水污染防治。

⑥ 能力建设

泸沽湖环境保护协调机制的建立需要在机构设置、环境监测、信息共享、立法调研等方面提供必备的能力建设经费支持。根据职能的设置,常设协调小组的年度经费预算约为30万元;环境监测和信息共享设备初期投资约需200万元,年度监测和信息共享费用约为20万元;《泸沽湖管理条例》的前期调研、意见征求、立法、报批等程序需投资100万元。

(3) 确定泸沽湖适宜水位

根据《云南省宁蒗彝族自治县泸沽湖风景区管理条例》和《凉山彝族自治州泸沽湖风景名胜区保护条例》,确定泸沽湖的最低水位为2689.8 m(黄海高程),最高水位为2690.8 m,一切开发利用活动应当在该正常水位内进行。同时,泸沽湖四川省辖区内还要根据泸沽湖的水位要求,确定草海湿地出水流量,采取措施保障水位稳定在黄海高程2689.8~2690.8 m。泸沽湖的水位调控是否符合要求应该被纳入规划实施的评估监督体系之中。

### 7.8.4 环境宣教与中长期科学研究

增强相关方针、政策、法规的宣传,提高各级政府对流域环境与发展问题的综合决策能力,使公众更加深刻了解泸沽湖水质和生态保护的法规,能自觉运用有关法律、法规政策来保护泸沽湖及其流域生态环境质量。

考虑到泸沽湖流域内的居民文化素质、生活发展水平等方面的因素,环境宣教方面侧重于开展一些符合实际的、操作性强的措施,具体如下:

• 通过在泸沽湖流域内开展保护母亲湖等的宣传教育,以及利用共青团、志愿者等组织形式,建立保护泸沽湖的有效宣教机制,以配合水污染综合防治规划的实施,并在全流域内推行生态监护工作。

• 云南省和四川省辖区内的泸沽湖管理机构要制定环境宣教的具体行动方案,以促进流域内环境宣教工作的顺利实施。

- 在主体环境功能区、湖滨带控制线、3个湿地区域设置相关标志物或宣传牌。
- 在集中接待宾馆内增加节水节能宣传资料,提高游客节水、节能意识。
- 对开展环境宣教工作所必需的能力建设项目进行规划设计,在泸沽湖沿线的干道上设置10块大型宣传板和广告牌以及小型宣传画,并可与景区的相关宣传资料相结合,宣传泸沽湖母亲湖保护的重要性和意义。初期投资为10万元,年度宣教经费为2万元。

针对泸沽湖的特点以及保护的迫切性,需要川、滇两省合作,完善泸沽湖的基础信息数据,并开展泸沽湖流域环境承载力的研究,为泸沽湖的旅游开发与环境保护提供系统和科学的参考。此外,还需对规划中的技术进行示范研究,具体包括:

- 开展泸沽湖流域范围内水体污染物源解析研究,全面摸清点源、面源和内源的时空分布特征和规模,相应地建立泸沽湖流域水质管理模型及管理系统,为滇川两省水环境管理提供支持。
- 在上述研究的基础上,尽快开展泸沽湖流域区域环境规划研究,重点研究泸沽湖流域范围内的土地利用空间布局,"水-土-植物"相互作用机理,并提出动态优化途径,此外,探索出当地环境保护模式。
- 在深入调查当地自然资源、人文资源和周边地理环境的基础上,开展可持续性生态旅游总体规划研究,综合考虑旅游价值、经济效益、交通发展、环境保护和资源(水、景观和人文)保护。
- 尽快开展跨流域管理机制与政策研究,为滇川两省及时建立协调机制提供依据。
- 开展泸沽湖水体生态系统及特有物种群落恢复研究,为恢复特有裂腹鱼和波叶海菜花等特有物种提供指导。
- 鼓励开展生态监测和湖泊生态系统预警系统研究,在生态监测的基础上,考虑湖内水质、水生生态系统不同物种结构、湖滨湿地生态系统健康状况、入湖沟渠以及外源输入等方面的因素,配合现场试验、调查和实验室研究,以全面反映湖泊生态系统的变化过程,进而做出预警。
- 开发泸沽湖环境管理信息系统。

### 7.8.5 公众参与

为了进一步提供公众意识和监督规划方案的实施,建议增强公众参与力度,具体途径包括:

- 开展环保课堂,集中学习保护泸沽湖的环保知识,尤其是向当地群众宣传教育法律法规、规划方案、主体环境功能区划、湖滨带控制线和流域水环境管理要求。
- 鼓励国际组织、NGO等与当地群众一道参与泸沽湖流域环境、资源和发展等相关工作,建议当地政府对此类组织和群众给予物质和精神支持。
- 鼓励当地群众和旅游公司向游客宣传泸沽湖的环境保护要求。
- 鼓励公众积极参与并监督泸沽湖工程项目,并及时向有关政府举报。

## 7.8.6 投资计划

表 1-7-8-2 流域水环境管理规划总投资详细描述

| 序号 | 项目名称 | 性质 | 规模 | 投资估算/万元 | | 近中期投资/万元 | | 远期投资/万元 | |
|---|---|---|---|---|---|---|---|---|---|
| | | | | 云南 | 四川 | 云南 | 四川 | 云南 | 四川 |
| 1 | 滇川两省协调机制建立 | 新建 | — | 525 | 525 | 400 | 400 | 125 | 125 |
| 2 | 环境宣教 | 新建 | — | 50 | 50 | 30 | 30 | 20 | 20 |
| 合计 | | | | 575 | 575 | 430 | 430 | 145 | 145 |
| | | | | 1150 | | 860 | | 290 | |

# 第八章 规划总体方案优选与可行性分析

## 8.1 规划总体方案优选

### 8.1.1 规划总体方案设计

泸沽湖流域水污染防治规划方案是在前述各项方案的基础上,对子项目规模、投资等方面进行总结分析,共设计子项目 32 项,合计总投资 29235 万元,其中:近中期投资 19848 万元,远期投资 9387 万元,云南省和四川省项目汇总见表 1-8-1 和表 1-8-2。

表 1-8-1 泸沽湖流域水污染防治规划(云南)方案及投资汇总表

| 序号 | 项目名称 | 项目规模 | 近中期投资/万元 | 远期投资/万元 | 备注 |
|---|---|---|---|---|---|
| | 一、污水收集与集中处理系统规划 | | | | |
| 1 | 竹地生活污水处理建设工程 | 1500 $m^3$/d | 1000 | 380 | 在建 |
| 2 | 里格生活污水处理建设工程 | 300 $m^3$/d | 100 | 150 | 在建 |
| | 小计 | | 1100 | 530 | |
| | 二、农业面源污染防治规划 | | | | |
| 3 | 退耕还林 | 105 $hm^2$ | 60 | 75 | |
| 4 | 退耕还草 | 138 $hm^2$ | 28 | 60 | |
| 5 | 退耕还湖 | 23.61 $hm^2$ | 123 | 0 | |
| 6 | 坡改梯等 | 258 $hm^2$ | 124 | 0 | |
| 7 | 荒地改造 | 48 $hm^2$ | 18 | 0 | |
| 8 | 农田径流面源控制(化肥/农药削减) | 化肥和农药各 306 $hm^2$ | 1280 | 543 | |
| 9 | 生态农业建设工程 | — | 242 | 121 | |
| 10 | 畜禽养殖污染控制 | — | 394 | 159 | |
| | 小计 | | 2269 | 958 | |
| | 三、湖区与湿地生态环境修复工程规划 | | | | |
| 11 | 湖滨带恢复工程 | 41.5 $hm^2$ | 179 | 0 | |
| 12 | 入湖河口人工湿地建设工程 | 4500 $m^2$ | 210 | 0 | 大渔坝河、乌马河、菠放河 |
| 13 | 湖泊水生态系统恢复工程 | 25000 条 | 5 | 0 | |
| 14 | 竹地湿地恢复工程 | 4.20 km | 12 | 0 | |
| | 小计 | | 406 | 0 | |
| | 四、河道修复与陆地生态建设工程规划 | | | | |
| 15 | 河道清淤除障 | 2.25×$10^5$ $m^3$ | 450 | 300 | |
| 16 | 河道警示牌 | 300 个 | 15 | 15 | |

(续表)

| 序号 | 项目名称 | 项目规模 | 近中期投资/万元 | 远期投资/万元 | 备注 |
|---|---|---|---|---|---|
| 四、河道修复与陆地生态建设工程规划 | | | | | |
| 17 | 生态林保护与建设 | 1.3万亩 | 650 | 400 | |
| 18 | 水源涵养林培育工程 | 52.5 hm² | 525 | 350 | |
| 19 | 水土流失治理工程 | — | 2000 | 1500 | |
| 20 | 水土流失监管能力建设 | — | 75 | 50 | |
| | 小计 | | 3715 | 2615 | |
| 五、社会主义新农村环境整治工程规划 | | | | | |
| 21 | 农村生活污水处理工程 | — | 570 | 0 | 与污水处理厂建设协调 |
| 22 | 农村生活垃圾治理工程 | 30个垃圾池、10辆垃圾车、3个垃圾中转站 | 400 | 100 | 不包括填埋场建设 |
| 23 | 新农村循环经济示范工程 | 普及率超过50% | 260 | 140 | |
| 24 | 湖滨道路交通建设工程 | 6000 m | 500 | 500 | |
| | 小计 | | 1730 | 740 | |
| 六、流域水环境管理规划 | | | | | |
| 25 | 滇川两省协调机制建立 | — | 400 | 125 | |
| 26 | 环境宣教 | — | 30 | 20 | |
| | 小计 | | 430 | 145 | |
| | 合计 | | 9650 | 4988 | 共计14638万元 |

表 1-8-2　泸沽湖流域水污染防治规划(四川)方案及投资汇总表

| 序号 | 项目名称 | 项目规模 | 近中期投资/万元 | 远期投资/万元 | 备注 |
|---|---|---|---|---|---|
| 一、污水收集与集中处理系统规划 | | | | | |
| 1 | 古拉生活污水处理建设工程 | 1000 m³/d | 400 | 280 | |
| 2 | 伍指罗生活污水处理建设工程 | 500 m³/d | 450 | 220 | 小型 |
| 3 | 凹垮生活污水处理建设工程 | 400 m³/d | 400 | 200 | 小型 |
| 4 | 大咀生活污水处理建设工程 | 200 m³/d | 100 | 120 | 小型 |
| | 小计 | | 1350 | 820 | |
| 二、农业面源污染防治规划 | | | | | |
| 5 | 退耕还林 | 0 | 0 | 0 | |
| 6 | 退耕还草 | 202 hm² | 160 | 100 | |
| 7 | 退耕还湖 | 0 | 0 | 0 | |
| 8 | 坡改梯等 | 633 hm² | 204 | 102 | |
| 9 | 荒地改造 | 65.2 hm² | 16 | 8 | |
| 10 | 农田径流面源控制(化肥/农药削减) | 化肥和农药各698 hm² | 3610 | 1805 | |

（续表）

| 序号 | 项目名称 | 项目规模 | 近中期投资/万元 | 远期投资/万元 | 备注 |
|---|---|---|---|---|---|
| 二、农业面源污染防治规划 | | | | | |
| 11 | 生态农业建设工程 | — | 248 | 121 | |
| 12 | 畜禽养殖污染控制 | — | 1250 | 380 | |
| | 小计 | | 5488 | 2519 | |
| 三、湖区与湿地生态环境修复工程规划 | | | | | |
| 13 | 湖滨带恢复工程 | 20 hm² | 81 | 0 | |
| 14 | 入湖河口人工湿地建设工程 | 2500 m² | 0 | 0 | 凹垮河 |
| 15 | 湖泊水生态系统恢复工程 | 25000 条 | 5 | 0 | |
| 16 | 草海湿地恢复工程 | 600 hm² | 359 | 0 | |
| 17 | 小草海湿地恢复工程 | 2.56 km | 10 | 0 | |
| | 小计 | | 455 | 0 | |
| 四、河道修复与陆地生态建设工程规划 | | | | | |
| 18 | 河道清淤除障 | 7.5×10⁴ m³ | 150 | 100 | |
| 19 | 河道警示牌 | 100 个 | 5 | 5 | |
| 20 | 生态林保护与建设 | 0.4 万亩 | 200 | 150 | |
| 21 | 水源涵养林培育工程 | 37.5 hm² | 375 | 250 | |
| 22 | 水土流失治理工程 | — | 0 | 0 | |
| 23 | 水土流失监管能力建设 | — | 75 | 50 | |
| | 小计 | | 805 | 555 | |
| 五、社会主义新农村环境整治工程规划 | | | | | |
| 24 | 农村生活污水处理工程 | — | 650 | 0 | 与污水处理厂建设协调 |
| 25 | 农村生活垃圾治理工程 | 120 个垃圾池、13 辆垃圾车、5 个垃圾中转站 | 620 | 200 | 不包括填埋场建设 |
| 26 | 新农村循环经济示范工程 | 普及率超过50% | 400 | 160 | |
| | 小计 | | 1670 | 360 | |
| 六、流域水环境管理规划 | | | | | |
| 27 | 滇川两省协调机制建立 | — | 400 | 125 | |
| 28 | 环境宣教 | — | 30 | 20 | |
| | 小计 | | 10198 | 4399 | |
| | 合计 | | 9650 | 4988 | 共计 14597 万元 |

## 8.1.2 规划总体方案优选

2006～2020 年期间，流域 GDP 总共达到 5 亿元。在本规划认定的情景下，为实现泸沽湖流域社会经济战略和生态环境保护目标,近中远期共投资29235万元,所占比例远大于国家"十五"期间平均的环境保护投资为1.3%。可见,泸沽湖流域社会经济难以在资金上满足水污染防治规划的工程措施,亟需云南、四川两省共同支持。

总体来看,农业面源治理工程和河道与陆地治理工程占的总投资最大,分别为39%和26%。所以,泸沽湖流域水污染防治工作重点在面源与水土流失治理上。在近中期投资中,农业面源治理、河道与陆地治理和新农村建设占据着最大份额的投资,分别为41%、22%和17%;远期中,仍是以农业面源治理工程和河道与陆地治理工程为主,其次是污水处理工程。

对于云南省,近中期投资中农业面源治理、河道与陆地治理和新农村建设所占比例最大,分别为24%、39%和18%;湖区与湿地建设投资最小,仅占4%。在远期投资中,污水收集与处理、农业面源治理和新农村建设占据着绝大份额的投资,分别为13%、55%和16%,其次为河道与陆地治理。

对于四川省,近中期投资中农业面源治理、河道与陆地治理和新农村建设所占比例最大,分别为20%、51%和15%。在远期投资中,污水收集与处理和农业面源治理占据着绝大份额的投资,分别为18%和59%,其次为新农村建设和河道与陆地治理。

综上,河道与陆地治理工程和农业面源治理是本规划投资方面的重中之重,其次,污水处理、新农村建设和水环境管理也至关重要。为了实现规划目标,分期投资和投资方向需要不偏不倚,确保大部分方案得以实施。

(1) 资金筹措渠道

按照国家平均环境保护投资1.3%的水平,泸沽湖流域本身难以达到规划投资要求。因此,需要云南、四川两省共同投资完成,同时在规划中远期环境保护投资比例应该逐步上升到1.5%~2%之间,这也符合目前国家和各级地方政府对环境保护投资的趋势。然而尽管如此,当地财政收入也无法保障规划目标的可达性,亟需滇川两省政府的大力支持,在资金投入方面给予重点倾斜,同时也需要得到国家的大力扶持,尤其是三峡库区及上游地区项目,同时,积极联手争取国际基金等。

结合泸沽湖流域和滇、川两省的实际情况,建议本规划投资渠道可通过以下途径实现:

- 将泸沽湖流域水污染防治规划项目纳入"三峡库区及上游地区"项目当中,积极争取国家资金资助。
- 退耕还林和陆地生态建设等结合国家实施的"天然林保护工程"和"退耕还林"政策进行。同时可将此类项目建设和以工代赈相结合。
- 宣传教育和科学研究、社会主义新农村环境整治规划项目可以争取国际组织、NGO、国际基金等组织的资金援助。
- 建立污水和垃圾处理收费良性运行机制,加大污水和垃圾处理费的征收力度,推进污水和垃圾处理产业化(如BOT模式),增强水污染和固体污染治理项目的融资能力,吸引企业、社会投资。
- 河道整治部分可纳入"水利系统年度工程"计划之列。
- 对泸沽湖湖滨生态旅游区内的土地采取保护和有偿开发的原则,募集污染整治和生态保护所需资金,但是要严格控制开发的区域,严禁进入开发警戒线。
- 根据"谁污染谁治理的原则",企业的治理资金以企业自筹为主,但对合适的项目或者是清洁生产项目,可给予贷款贴息补助或其他财政扶持。

- 积极争取银行贷款、社会集资和国外资金等多元化投资渠道,保证资金落实到位。

(2) 优化推荐方案

根据方案设计部分对工程措施的筛选分析以及具体工程、管理措施的费用-效益分析,在综合分析众多影响因素的前提下,如:泸沽湖在两省环境保护中的地位、财政负担和外部投入以及泸沽湖流域的社会经济发展对泸沽湖乃至流域生态环境质量的要求等,为确保在有限的投资下尽可能地满足泸沽湖流域水污染防治的目标,以下将根据经济性原则和优化方法,对泸沽湖流域的工程方案进行优化比选。

根据本规划方案设计部分对不同技术方案的比较分析可知:

- 生态修复工程,尤其是湖滨带与湿地生态修复、河流入湖口湿地建设等,处理污染物的效益高,投资少,对泸沽湖的水环境保护有明显作用,是需要优先考虑的项目。
- 农村沼气推广、卫生厕所对于减少农村面源污染、改善农村人居环境、恢复流域生态环境具有十分明显的作用,建议作为优先考虑的项目,分期实施,尤其是湖区周围农村,更要安排在近期优先考虑。
- 流域水环境管理规划的投资较少,但对防治工作的开展至关重要,尤其是两省协调管理机制,有助于规划顺利实施,建议在近中期优先考虑。
- 云南部分的里格、竹地污水处理厂已经动工,但四川部分的污水处理厂进展缓慢。因此建议将污水处理厂建设作为四川近中期优先实施项目。
- 陆地生态建设、生态保持和退耕还林还草还湖等,可解决泸沽湖流域的面源污染和泥沙淤积问题,但投资大、且属于国家长期投资项目,实施的进度要统一服从于国家和省、市的安排。
- 此外,规划中提到的一些费用较低、简单、便于操作的面源污染控制技术,可安排流域内的农民在日常生产中逐步认识到其重要性并加以优先实施,如:生态农业、推广平衡施肥、坡耕地改造、畜禽养殖污染控制、综合有害物质管理、梯田以及水渠改道或改造等。

表 1-8-3　优化工程项目实施计划进度

| 实施项目 | 优先等级 | 实施项目 | 优先等级 |
| --- | --- | --- | --- |
| 竹地生活污水处理建设工程 | 高 | 湖滨带恢复工程 | 高 |
| 里格生活污水处理建设工程 | 高 | 入湖河口人工湿地建设工程 | 高 |
| 古拉生活污水处理建设工程 | 高 | 湖泊水生态系统恢复工程 | 高 |
| 伍指罗生活污水处理建设工程 | 高 | 草海湿地恢复工程 | 高 |
| 凹垮生活污水处理建设工程 | 次高 | 小草海湿地恢复工程 | 高 |
| 大咀生活污水处理建设工程 | 次高 | 竹地湿地恢复工程 | 高 |
| 退耕还林 | 高 | 河道清淤除障 | 次高 |
| 退耕还草 | 高 | 河道警示牌 | 高 |
| 退耕还湖 | 高 | 生态林保护与建设 | 次高 |
| 农田改造(坡改梯) | 中 | 水源涵养林培育工程 | 次高 |
| 农田改造(荒地改造) | 中 | 水土流失治理工程 | 次高 |
| 农田径流面源控制 | 高 | 水土流失监管能力建设 | 中 |
| 生态农业 | 高 | 农村生活污水处理工程 | 高 |
| 农商结合的生态农业 | 中 | 农村生活垃圾治理工程 | 高 |
| 畜禽养殖污染控制 | 高 | 新农村循环经济示范工程 | 高 |
| 滇川两省协调机制建立 | 高 | 湖滨道路交通建设工程 | 高 |
| 环境宣教 | 次高 | | |

表 1-8-3 列出了优化工程项目实施计划,其主要在县人民政府的指导下,由县环保局为责任单位负责实施。当然,优选项目清单及其投资仅供地方相关部门在决策时参考,具体项目实施仍然要根据资金的投入情况来具体分析,具体见彩图 4。

## 8.2 规划方案目标可行性分析

### 8.2.1 总量目标

规划所设计的 6 大类工程项目涵盖了污染源治理、生态建设、人居环境整治以及水环境管理建设等方面,依据对泸沽湖流域环境问题的诊断研究,所列的项目均为解决泸沽湖流域生态环境问题和持续经济社会发展所迫切需要的,项目整体上具备很高的可行性。

总量控制是流域水污染防治的核心目标之一。根据本规划的研究,所设计的 6 大类工程,从源头、迁移途径和末端对污染物进行多级、多层次的拦截和去除,可有效地削减流域内的 COD、TN 和 TP 污染负荷。比较表 1-5-5-3,本方案的总量控制目标可达性分析详见表 1-8-4。

表 1-8-4 泸沽湖流域总量控制目标可达性分析

| 项目 | COD/% | TN/% | TP/% |
| --- | --- | --- | --- |
| 污水收集与集中处理系统规划 | 22 | 14.2 | 11 |
| 农业面源污染防治规划 | 30.2 | 30.5 | 26.8 |
| 湖区与湿地生态环境修复工程规划 | 9.2 | 25.5 | 30 |
| 河道修复与陆地生态建设工程规划 | 15.5 | 10 | 12 |
| 社会主义新农村环境整治工程规划 | 23.1 | 19.8 | 20.2 |
| 流域水环境管理规划 | — | — | — |

从单项工程的设计上来分析,也具有十分强的可行性。本规划的特色在于对具体方案的多层次筛选和优选,更增强了工程和管理措施设计的可行性。

• 生活污水处理厂设计要求、覆盖范围、选址等符合泸沽湖保护的总体目标和当地实际情况,在设计上是可行的。

• 农业面源污染治理:农业面源治理的各项措施实施后,可以创造清洁的农业生态环境,建成高产、稳产的生态农田和蔬菜基地。同时大幅度降低农药、化肥的施用量,控制田间水土流失,减少对泸沽湖的营养物输入。预计整个农村、农业面源治理工程实施后,将达到良好的效果。

• 河道与陆地生态建设:大渔坝河等是泸沽湖的主要支流,把河道水系作为一个连续系统,河道与上游陆地生态建设综合考虑,方案实施可以增强其生态和环境功能,减少入湖的污染物。

• 湖区及湿地生态修复,是拦截入湖污染物的最后屏障,本规划结合实际情况,以公众参与为基础,进行生态修复以及管理措施的设计,确保了此方案科学可行。

综上,无论从整体方案的设计还是单项技术的角度分析,所设计的方案和技术都是可行的,既实现了流域的污染物总量控制目标,也促进了流域社会经济的可持续发展。

### 8.2.2 流域生态环境改善目标

规划中设计的 6 大类工程和管理措施实施后,结合流域内的经济结构调整和优化措施,满足了污染物总量控制的目标,也促进了河道和湖泊水质目标的实现。为了维持并改善泸沽湖及其流域内Ⅰ类水质,通过开展流域点源、面源污染治理和河道治理、湖区与湿地生态修复等工程,可以确保河流水质的稳定和改善。

在陆地生态和水土保持工程实施后,将增加流域的森林覆盖率,改善流域的生态环境,尤其是邻近河道的区域以及坡耕地较多的山地,减少了水土流失和地质灾害的发生,提升了流域生态系统健康的程度。

## 8.3 风 险 分 析

泸沽湖流域水污染防治规划时间跨度长(2006~2020 年),内容涵盖了流域水污染的所有相关方面,因此会在资料收集、现有信息和科学技术知识不完备性等方面存在不确定性,从而使规划的设计和实施出现风险。为此,需对规划设计和实施全过程中的内部和外部风险进行分析,识别出风险源和风险因子,在系统分析的基础上提出减缓和预防风险的对策。

### 8.3.1 外部风险及其预防对策

外部风险主要是:流域社会经济发展的不确定性对污染负荷预测和治理方案带来的风险、资金筹措的风险、规划设计的风险、规划目标可达性的风险、规划实施中的管理风险以及国家宏观水环境管理战略变化所带来的风险等。

(1) 社会经济发展的不确定性对污染负荷预测和治理方案带来的风险

泸沽湖的水污染防治是在流域社会经济发展的前提下实施的,污染负荷的预测和对应的防治措施的设计均基于目前研究人员和地方决策者以及公众和相关利益者的基本判断,因此难免会出现预测结果与实际出现偏差的情况,如:经济发展大于预期设计,污染负荷大幅增加。对于这种风险,常用的预防策略是:① 增强预测技术方法的有效性,并在访谈、调研和对历史数据进行深入分析的基础上,根据区域发展的阶段性理论,以相对准确地对流域内未来的经济发展和污染负荷的变化进行预测和判断;② 应用情景分析理论和方法,设计合理的、可能的多种情景,并制定不同情景下的适应性策略。

(2) 资金筹措的风险

《泸沽湖流域水污染防治规划》投资大、受益相对较小、外部性大,资金的筹措是影响规划能够实施、规划目标能否实现的关键环节。根据分析,本规划的投资对于泸沽湖流域而言是一个比较重的负担,因此需要采取多元筹资和融资渠道,特别是对于一些可以自负盈亏的项目,适时采用经济手段,以减轻地方政府财政负担。

(3) 规划设计的风险

规划的设计是基于现有的信息、预测结果以及技术水平,可能会出现规划设计的部分内容与实际发展不相符合,从而影响规划目标的实现。对此,应采用适应性的管理模式,对《泸沽湖流域水污染防治规划》采取短期项目评估和长期规划评估的方式,并将结果反馈,对规划进行修编。

(4) 人口和旅游对环境影响的不确定性的风险

人口和旅游对环境影响的不确定性表现在：人口和旅游的实际规模的不确定性，人口和旅游的环境行为的不确定性。从而直接影响到污染负荷和污水等环保基础设施的正常运行，同时对项目实施效果产生影响。因此，需要适当扩大环保基础设施的设计规模，并通过管理措施约束人口与旅游规模和旅游行为。

(5) 规划目标可达性的风险

就目前我国的水污染防治规划而言，规划目标普遍制定过高，从而使得在短期内需要投入大量的资金用于污染防治，直接影响了规划目标的实现程度。对此，应采用科学的目标确定方法，在综合评价泸沽湖流域地区可用于水污染投资水平和社会经济发展的前提下，对规划目标做出调整。同时，在短期项目和长期规划评估的基础上，对目标进行适时修订。

(6) 新建项目环境影响的风险

虽然要求新建项目严格执行建设项目环境影响评价，但新建项目的实施、运行对环境影响的不确定性造成一定的环境风险，如偷排污水、关停处理设施等。所以需要通过当地环保主管部门严格实时监督和执法，查处违规违法现象。

(7) 规划实施中的管理风险

泸沽湖流域为跨界流域，管理难以协调，且当地环保局的相关机构设置略显不足，因此在《泸沽湖流域水污染防治规划》的实施过程中，可能会出现在污染监管、执法、污染整治项目设计与施工等方面出现管理不到位，从而直接影响项目实施的有效性和投资效益。对此，需要在综合评估的基础上，加强对跨界流域协调管理和当地环保局的能力建设投资。

(8) 国家宏观水环境管理战略变化所带来的风险

国家宏观水环境管理战略的变化会在国家投资倾向、投资重点区域和领域、污染防治目标以及防治技术等方面对泸沽湖流域的水污染防治带来影响。仅以《国家环境保护"十一五"规划基本思路》为例，在指导思想、规划指标和目标、规划的重点方向、环境监管和循环经济、环境法治建设、引用水源的保障、重点工程以及税费经济政策等方面与已往的规划有明显不同。上述管理战略的变化会直接影响到国家各级，包括省、市对环境投资和管理重心的转移，因此需要当地相关环境主管部门能密切关注国家水环境管理战略的变化，从而对规划和工作做出调整。

## 8.3.2 内部风险及其防范

内部风险主要存在于工程和管理策略自身在技术安全性、生态安全性、二次污染和水利风险等方面。

(1) 技术安全性的风险分析

本规划中的污染控制工程和管理措施，均是在经过大量实地和文献调研的基础上得到的，尤其是结合了云南省和四川省在其他高原湖泊治理中的经验，技术和管理手段都比较成熟，因此在实施中，只要遵循相关设计说明和规范，就可将风险降至最低程度。

(2) 生态安全性的风险分析

在泸沽湖的湖滨带、入湖河口以及农村面源治理中，大量采用了以水生植被为核心的生态工程，植被类型选择的不当会带来严重的生态隐患。因此在工程设计中，应该严格按照生态安全性原则，筛选并使用本地土著种，禁止使用外来物种。此外，在植被节律组合上，依据生态系统稳定性的相关理论进行搭配,保障生态系统的稳定和污染削减效果的最大化。

(3) 二次污染风险分析

泸沽湖的湖滨带、入湖河口生态恢复以及底泥疏浚,都存在带来二次污染的可能。对此,要采取严格的后期管理措施,在植被打捞、收割和处置以及底泥余水、堆场管理、监测等方面采用措施,确保将二次污染的风险降至最低。加强对泥浆输送系统以及围埝的日常养护和监控,建立对突发事故,如:长时间降雨的应急处理机制。

(4) 水利风险分析

此外,由于本规划中部分项目的实施地点在湖内和河道入湖口,因此在防洪、湖堤安全等方面会存在风险。对此,需要与水利相关部门密切合作,在实施的过程中,充分考虑到生态和水污染防治工程对水利防洪的影响,保障湖堤和河道行洪安全。

此外,泸沽湖流域水污染防治规划是一个需要多部门协作、共同实施的项目,因此云南省和四川省各职能部门需要统一行动,各司其职,通过指导监督、具体实施、评估反馈等程序,以推进泸沽湖流域水污染的防治和生态环境的改善。

# 第九章 结论与建议

## 9.1 结 论

(1) 泸沽湖流域水污染防治工作的开展直接影响着泸沽湖的保护、当地社会经济的可持续发展和两省协调发展。目前,泸沽湖流域出现了一些生态环境问题,直接影响了流域的可持续发展:

- 滇、川两省的协调管理机制亟待完善
- 污染源类型多样化
- 开发无序、人类干扰严重
- 湖滨带遭到不同程度的损害
- 陆生生态系统物种单一,多样性受损
- 旅游开发区域发展不平衡

(2) 为实现泸沽湖流域水污染综合防治目标,促进流域社会经济的发展,需要在近中远期共投资 29235 万元,用于污染治理和生态恢复,约占流域同期(2006~2020年)GDP近60%。这一比例远大于国家"十五"平均的环境保护投资 1.3%。泸沽湖流域社会经济难以在资金上满足水污染防治规划措施的需求,亟需国家和云南、四川两省共同支持。

(3) 总体来看,在近中期投资中,农业面源治理、河道与陆地治理和新农村建设占据着最大份额的投资,分别为 24%、27% 和 22%;远期中,仍是以农业面源治理工程和河道与陆地治理工程为主,其次是污水处理工程。对云南省而言,近中期投资中农业面源治理、河道与陆地治理和新农村建设所占比例最大,分别为 24%、39% 和 18%;湖区与湿地建设投资最小,仅占 4%。在远期投资中,污水收集与处理、农业面源治理和新农村建设占据着绝大份额的投资,分别为 13%、55% 和 16%,其次为河道与陆地治理。对于四川省而言,近中期投资中农业面源治理、河道与陆地治理和新农村建设所占比例最大,分别为 20%、51% 和 15%。在远期投资中,污水收集与处理和农业面源治理占据着绝大份额的投资,分别为 18% 和 59%,其次为新农村建设和河道与陆地治理。

(4) 近期优先实施的项目有:污水收集与集中处理工程、湖区与湿地生态环境修复工程、农业面源污染治理工程,以及流域水环境管理建设等,其中:

- 云南部分的里格、竹地污水处理厂已经动工,但四川部分的污水处理厂进展缓慢,因此建议将污水处理厂建设作为四川近中期优先实施项目。
- 生态修复工程,尤其是湖滨带与湿地生态修复、河流入湖口湿地建设等,处理污染物的效益高、投资少,对泸沽湖的水环境保护有明显作用,是需要优先考虑的项目。
- 农村沼气推广、卫生厕所对于减少农村面源污染、改善农村人居环境、恢复流域生态环境具有十分明显的作用,建议作为优先考虑的项目,分期实施,尤其是湖区周围农村,更要安排在近期优先考虑。
- 流域水环境管理建设的投资较少,但对防治工作的开展至关重要,尤其是两省协调管理机制,有助于规划顺利实施,建议在近中期优先考虑。

- 陆地生态建设、生态保持和退耕还林还草还湖等可解决泸沽湖流域的面源污染和泥沙淤积问题,但投资大且属于国家长期投资项目,实施的进度要统一服从于国家和省、市的安排。
- 此外,规划中提到的一些费用较低、简单、便于操作的面源污染控制技术,可安排流域内的农民在日常生产中逐步认识到其重要性并加以优先实施,如:生态农业、推广平衡施肥、坡耕地改造、畜禽养殖污染控制、综合有害物质管理、梯田以及水渠改道或改造等。

## 9.2 建 议

(1) 多层次多渠道筹集治理资金,加快生态建设的步伐。建议泸沽湖流域水污染防治规划纳入云南、四川两省国民经济和社会发展计划,建立健全投入补偿机制和全社会投入机制。

(2) 泸沽湖流域水环境和生态系统的保护是一个多学科交叉的系统工程,是项目实施的难点。根据第七章的分析,建议由云南四川环境保护协调委员会牵头,做好组织协调工作,成立常设的县级"泸沽湖环境保护协调小组",共同组长可由宁蒗县和盐源县人民政府主管副县长担任;农业、林业、水利等行业要按照各自职能分工、明确责任;加强行业指导和工程管理以及对规划实施的监督与评估。

(3) 做好规划项目的可研及设计工作,进一步细化本规划项目,将目标和治理措施细化和更具体化,切实落实好各项治理工程。

(4) 对流域内的水土流失、农业面源污染、河流和湖泊水文与生态状况等进行更为细致的基础资料监测和收集,为规划的进一步实施做准备。

- 全面调查与分析流域内的农业面源污染和水土流失状况,为科学制定流域土地规划提供详实数据。
- 全面调查和收集泸沽湖的库容、水位以及主要河道的流量、水质数据,建设湖泊水系的环境信息系统,分析河道水量和水质的季节性变动对湖泊水体生态环境功能的作用。
- 确定泸沽湖湖滨带和湿地的合理位置、宽度以及更为精确的生态水位,为合理地实施湖滨带生态恢复和入湖河道生态修复工程奠定基础。
- 上述所涉及到的各种数据的监测频次要至少满足国家和省、市相关部门的要求,并可根据实际情况进行加密监测,如:针对水土流失和农业面源污染严重的情况,对雨季河道和湖泊的水质、水文等进行多次和连续的监测。
- 在详细数据监测的基础上,建立精确的湖泊容量模型和生态动力学模型以及流域面源模型,模拟流域土地利用结构变化对泸沽湖的影响,分析泸沽湖流域和湖泊生态变化对流域内社会经济发展的影响。

(6) 加强两省县级环境保护行政能力建设,保障对泸沽湖的依法保护和监测、检查、执法力度。

(7) 完善泸沽湖流域水环境管理的制度与法规体系建设,重点明确川、滇泸沽湖管理机构的结构与职责。

下篇

# 松华坝水源保护区水污染综合防治规划

## 松华坝水源保护区

作为昆明市的主要优质饮用水源以及滇池水体交换的重要水源,松华坝水源保护区为昆明市的经济和社会发展做出了巨大的贡献。松华坝水源保护区(嵩明县)总面积为 539.28 km$^2$,是主要入库河流——冷水河和牧羊河的水源涵养区和主要径流区,分别占到松华坝水源保护区总面积、总人口和总入库水量的 92.7%、85.9% 和 90%。

尽管早在 1981 年,昆明市就在全国率先建立了饮用水源保护区,并在 1989 年出台了《昆明市松华坝水源保护区管理规定》,使得水源区的森林植被覆盖率大幅提高,水源的出水量持续稳定,但由于保护区内人口的增加以及社会经济活动强度的增大,加之特殊的地形条件导致保护区内的水土流失仍相对比较强,使得水源区内的污染仍一定程度存在,冷水河和牧羊河的氮和有机物超标严重。此外,水源区的社会经济发展一直处于较为落后的水平,也一定程度上对水源区的保护带来不利的影响。在此情况下开展《松华坝水源保护区水污染综合防治规划》研究,对于新昆明的建设以及水源区的社会经济发展均具有十分重要的意义。

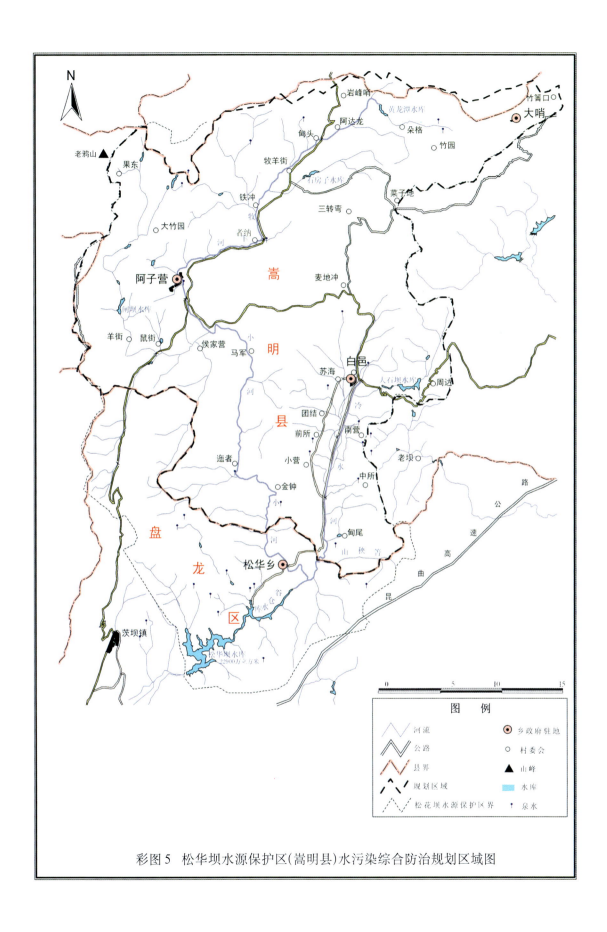

彩图5 松华坝水源保护区(嵩明县)水污染综合防治规划区域图

## 分区目的：

以水源涵养、污染防治以及恢复冷水河和牧羊河的生态廊道为核心，以促进农业和牧羊河结构调整和区域社会经济发展为目的来划分环境功能区，从而带动小集镇、农业和农村以及水源区的生态环境保护。

## 分区结果：

| 一级功能区 | 二级功能亚区 |
|---|---|
| Ⅰ区：源头区 | Ⅰ$_1$：牧羊河水源涵养区 |
| Ⅱ区：冷水河子流域区 | Ⅱ$_1$：青龙潭水源涵养区 |
| | Ⅱ$_2$：白邑坝子污染控制区 |
| | Ⅱ$_3$：白邑山地水保区 |
| Ⅲ区：牧羊河子流域区 | Ⅲ$_1$：牧羊河源头水保区 |
| | Ⅲ$_2$：牧羊河中游水保区 |
| | Ⅲ$_3$：牧羊河下游水保区 |
| | Ⅲ$_4$：坝子污染控制区 |

注：①一级保护区的范围以冷水河、牧羊河河道内缘以上口外侧约100m为界，非常根据木河道的情况加以具体调整。由于范围太小，在本图中未能得到体现；②Ⅱ$_2$、Ⅲ$_4$为污染控制区。对应于前文提及的二级保护区两侧1500m为界，并做了适当的调整；③Ⅰ$_1$、Ⅱ$_1$、Ⅱ$_3$、Ⅲ$_1$、Ⅲ$_2$和Ⅲ$_3$为水源涵养区

## 控制策略：

从农业和农村非点源污染控制的角度来看，Ⅱ$_2$、Ⅲ$_4$为重点区；水土流失防治中，Ⅱ$_3$、Ⅲ$_1$和Ⅲ$_2$为重点区；Ⅱ$_4$和河流水系为本规划的核心保护区，要严格限制Ⅱ$_4$的旅游业、渔业的发展以及向河流中排放污水

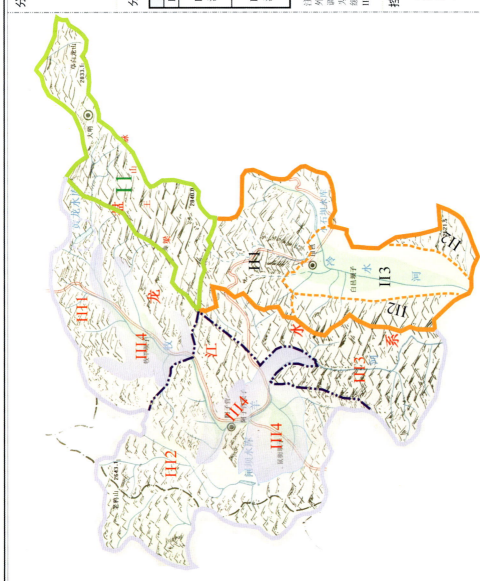

彩图6 松华坝水源保护区（嵩明县）水污染控制区划

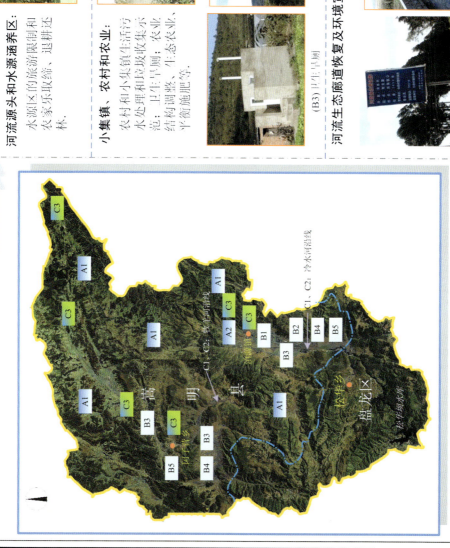

彩图 7 松华坝水源保护区（嵩明县）目前已实施的部分水污染防治工程和管理措施图

## 主要工程方案类型

| 序号 | 项目名称 |
|---|---|
| (一) 小集镇和农村人居环境综合整治 | 小集镇人工湿地建设、生态塘、秸秆阿料利用和能源替代、畜禽气化集中供气系统、沼气池、卫生旱厕、垃圾收集与清运、垃圾集运员、垃圾填埋场、能源补贴、垃圾收集与清运、生态农业示范村建设 |
| (二) 农业面源和生态农业建设规划 | 生态农业产业结构调整、农业技术培训和服务、农田基础设施建设、农田营养物管理、保护性耕作、坡耕地改造、完善化肥农药监测设施工程、鱼塘管理、生态小集镇建设、畜禽禁用农药化肥农膜与项目行动 |
| (三) 河道生态修复和污染治理工程规划 | 河道清源除险、冷水河上游河道两侧修建防护隔离带、冷水河下段河岸植被缓冲带、河道保洁员、河道两侧设置警示牌、源头水体管理与保护 |
| (四) 森林生态修复和管护 | 中幼林抚育间伐、林相改造、森林管护人员、荒山造林、造经济林、低效林改造、森林防火、宣传、森林管护的社区管理模式推广、林业检测执法、退耕、坡改梯、小流域治理 |
| (五) 水源区管理 | 完善水环境管理体系和政策、加强能力建设、基础信息的收集与整理以及信息化、环境宣教 |

### 主要工程方案图例：

- 人工湿地
- 生态塘
- 地表漫流系统
- 生态示范村
- 沼气池、卫生旱厕和能源补贴
- 重点农业面源污染控制和生态农业推广区
- 垃圾池
- 重点治理小流域
- 森林管护重点区域
- 水源地重点控制
- 河道缓冲带建设、管理与保治

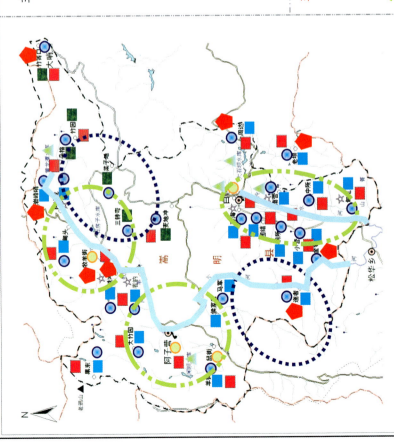

松华坝水源保护区（嵩明县）水污染综合防治规划方案的近中远期总投资为104774万元，其中近期投资43966万元，中期投资32074万元，远期投资28734万元。

彩图8 松华坝水源保护区(嵩明县)水污染综合防治规划总体方案布局示意图

# 第一章 总 则

## 1.1 编制依据

- 编制《松华坝水源保护区(嵩明县)水污染综合防治规划》委托书(2005);
- 《滇池流域水污染防治"九五"计划及2010年规划》(1998);
- 《滇池流域水污染防治"十五"计划》(2003);
- 《昆明市地表水水环境功能区划(2001～2010年)》(2001);
- 《昆明市松华坝水源保护区管理规定》(1989);
- 《昆明市人大常委会关于加强松华坝水源保护区保护的决定》(2002);
- 《云南省环境保护"十一五"规划和2020年远景目标基本思路》(2005);
- 《滇池保护条例》(2002年修订);
- 《云南省水资源费征收管理暂行办法》(1997);
- 《云南省实施〈中华人民共和国水法〉办法》(2005);
- 《云南省环境保护条例》(1992);
- 《饮用水水源保护区污染防治管理规定》(1989);
- 《入河排污口监督管理办法》(2004);
- 《中华人民共和国环境保护法》(1989);
- 《中华人民共和国水污染防治法》(1996);
- 《中华人民共和国水法》(2002);
- 《中华人民共和国水土保持法》(1991);
- 《中华人民共和国森林法》(1998);
- 《中华人民共和国固体废物污染环境防治法》(2004);
- 《国务院关于落实科学发展观加强环境保护的决定》(2006);
- 《生活饮用水卫生标准》(GB 5749—85);
- 《地表水环境质量标准》(GB 3838—2002)。

## 1.2 编制目的

松华坝水库是昆明市的主要优质水源和滇池水体交换的重要水源,为昆明市的经济和社会发展做出了巨大的贡献。松华坝水源保护区(含嵩明县和盘龙区)总面积为590.3 km²,其中嵩明县辖区内的滇源镇(由原白邑乡和原大哨乡合并)以及阿子营乡为水源区的上游,是主要入库河流——冷水河和牧羊河的水源涵养区和主要径流区,分别占到保护区总面积、总人口和总入库水量的92.7%、85.9%和90%。

早在1981年,昆明市就在全国率先建立了饮用水源保护区,并在1989年出台了《昆明市松华坝水源保护区管理规定》,使得水源区的森林植被覆盖率大幅提高,水源的出水量持续稳定,但由于保护区内人口的增加以及社会经济活动强度的增大,加之特殊的地形条件导致保护区内的水土流失仍相对较强,使得水源区内的污染仍一定程度存在,冷水河和牧羊河的N和有机物超标严重。此外,水源区的社会经济发展一直处于较为落后的水平,2004年不同乡镇的人均纯收入比嵩明县比较水平低17.14%~48%不等,也一定程度上对水源区的保护带来不利的影响。

嵩明县辖区内的松华坝水源区保护以及水污染防治,对于新昆明的建设以及水源区的社会经济发展均具有十分重要的意义。因此,在目前的社会经济发展水平和污染现状条件下,迫切需要对松华坝水源保护区(嵩明县)制定水污染综合防治规划,以保障为昆明市提供更为优质和稳定的水源,并促进水源区的社会发展。

本规划拟在相关规划、法规和标准的指导下,对松华坝水源保护区(嵩明县)的水污染综合防治进行规划,其目的在于:基于对水源区内生态和水环境问题的诊断和目前昆明市、嵩明县两级政府相关机构已开展的相关整治措施的效果分析,结合保护区在规划期内的相关保护规划,以生态和水质改善、污染防治以及水源区内的社会持续发展为规划目标,从陆地生态恢复、点源和农业面源治理、河道生态修复、人居环境整治、水源地管理以及水源区发展等方面入手,制定出科学合理、经济可行、符合实际情况并具备技术先进性的综合规划方案,确保松华坝水源保护区水环境和生态改善,为昆明市及嵩明县进行水源区水污染治理提供技术支持,为实施综合整治提供工程和管理基础。

## 1.3 编制的指导思想与原则

### 1.3.1 指导思想

以邓小平理论和"三个代表"重要思想为指导,以科学发展观和构建社会主义和谐社会为总纲领,以建设社会主义新农村为契机,坚持以人为本,以松华坝水源保护区(嵩明县)的水污染防治与水源地保护以及社会经济均衡发展为核心,通过污染治理、陆地和河道生态恢复、水源地管理与监督以及水源区产业结构调整与利益补偿机制的建立等工程和管理措施,建立完整的和相互促进的水污染防治体系,促进水源保护区内的生态与水环境改善,并最终确保水源区内重要的入库河流——冷水河和牧羊河的水质达到《昆明市地表水水环境功能区划》的要求,为新昆明和水源保护区内小康社会的全面建设提供根本保障(图2-1-1)。

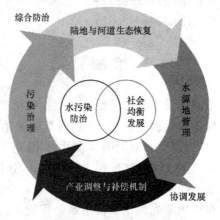

**图 2-1-1 松华坝水源保护区(嵩明县)水污染综合防治指导思想**

## 1.3.2 规划方法

以水源区内的主要河流为核心,根据水系的分布和污染物的传输特征进行分区,采用国际上先进的流域分析方法(Watershed Approach)来设计和布局水污染防治工程和措施。规划方法为:以河流为生态廊道,遵循污染物产生和输移以及入河的自然规律,对水源区进行分区规划与污染控制,以建立子区"源头-途径-末端"的全过程综合污染防治,构筑"点(点源)-面(面源)-线(河道)"相结合的立体化污染削减和控制体系(图2-1-2)。流域分析方法由美国环保局(EPA)倡导并推广应用,它的优点在于能够反映污染物输移的基本特征,并以生态学相关知识为基础,从而改变了传统水污染防治规划将点源和面源割裂开来分别进行治理的不足,体现了流域的自然属性和国际上流域管理和规划的最新理念。此外,在水源区水污染防治的过程中,还将建立和完善水源区环境管理体系,来辅助于水污染防治工作的开展,并在水污染防治中对水源区的社会发展给予特别关注,以促进水源区保护的可持续性。

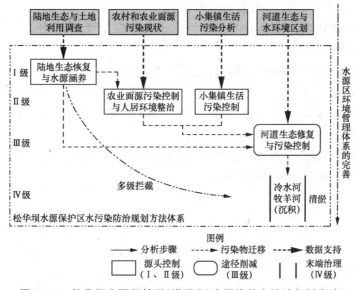

图2-1-2 松华坝水源保护区(嵩明县)水污染综合防治规划方法

针对水源保护区的特殊功能定位,以系统生态学原理为指导,以水源区水污染防治为核心,分析工程、管理措施的必要性、可行性和可操作性,并结合公众参与以及产业结构调整、利益补偿机制等经济策略,实现水源区内的水环境保护与社会、经济发展以及农村发展和农业结构调整的"双赢"。

由于水源保护区水环境系统的综合性和复杂性,在实施水污染综合防治规划时,要推行综合化防治。按照统一规划、目标导向、总量控制、因地制宜、经济可行、突出重点、分步实施和强化管理的方针,从污染源防治、陆地和河道生态环境恢复与建设、经济结构调整与利益补偿、政府管制和经济刺激政策等多方面来达到规划目标的实现。

## 1.3.3 基本原则

(1)以人为本原则:以全面、协调和可持续的科学发展观为指导,以建设社会主义新农村为契机,推动社会经济结构调整和经济增长方式的根本转变,以促进水环境与经济社会的协调发展为主线,以改善水源区内的水环境质量和保护人体健康为根本,以强化执法监督、提高环境管理能力为保障,促进松华坝水源区(嵩明县)水环境质量的改善。

(2)均衡发展与利益补偿原则:由于水源区的特殊性,在水污染防治中要体现水源区与区外社会经济均衡发展的思想,并保障水源区居民为水源保护做出的牺牲能得到相应补偿,其生产生活应保持处在嵩明县中等、偏上水平,使其能够自发地对水源区加以保护。

(3)系统性和重点突出原则:将水源区作为一个完整的系统加以考虑,实行水污染综合整治,重点防治点源和面源污染。并根据区域特点进行综合整治工程规划和重点项目、措施规划,并将水源区的水污染综合防治规划纳入嵩明县和昆明市国民经济发展规划。

(4)保护兼顾发展原则:充分认识水源区的水资源价值以及水源地农民为此所付出的巨大代价,将水污染综合防治与产业结构调整相结合,以促进水源区社会经济与环境保护的可持续发展。同时,规划的编制要同其他专业和综合规划相衔接。

(5)预防保护为主原则:解决水源区的水环境问题,突出重点污染控制区,合理运用水环境容量,以技术和经济为基础,实行目标总量控制。

(6)科学性和前瞻性原则:制定的规划措施不仅有前瞻性、科学性、合理性,也要有经济性,从而保障规划得以落实。

(7)适宜性和可操作性原则:在编制综合防治规划中,应结合区域特点,实事求是、因地制宜地提出符合当地客观情况的环境目标要求,编制合理的治理方案及保护措施,立足于近中期、远期相结合,统一规划、分步实施,注重长远,调整短时期内的利弊,实现社会经济与环境的可持续发展,使方案具有较强的指导性和可操作性。

(8)可持续发展原则:规划的编制要为促进水源区及地方的可持续发展服务,可持续发展的思想要贯串规划方案设计的整个过程。

## 1.4 规划范围与时段

### 1.4.1 规划范围

《松华坝水源保护区水污染综合防治规划》的规划范围以子流域为单元,兼顾行政区划,主要包括嵩明县境内的滇源镇和阿子营乡。松华坝水源保护区(嵩明县)的径流区面积共 450.6 km²,水源保护区面积,也即本规划面积约为 539.28 km²(见彩图 5)。

表 2-1-1 松华坝水源保护区(嵩明县)规划区域内村级行政区划分布

| 乡 | 村委会 | 村委会/个 | 径流区面积/km² | 水源区面积/km² |
|---|---|---|---|---|
| 滇源镇 | 周达、迤者、老坝、小营、南营、前所、中所、团结、甸尾、苏海、金中、白邑、三转弯、麦地冲、菜子地、大哨、竹园、竹箐口 | 18 | 248.04 | 298.0 |
| 阿子营乡 | 马军、甸头、鼠街、羊街、者纳、铁冲、朵格、果东、牧羊、大竹园、侯家营、阿子营、阿达龙、岩峰哨 | 14 | 202.56 | 241.28 |
| 合计 | | 32 | 450.6 | 539.28 |

### 1.4.2 规划基准年及规划时段

在征询云南省和嵩明县相关部门意见的基础上,结合昆明市的相关规划,将《松华坝水源保护区(嵩明县)水污染综合防治规划》的基准年定为2004年,规划时段分为:
- 近期:2006~2010年;
- 中期:2011~2015年;
- 远期:2016~2020年。

## 1.5 规划指标与目标

为体现"防治结合"的规划思路,确保规划各项目标的实现,需建立完善的规划指标体系。需要明确的是,水污染防治规划的编制实施,需要各个部门的努力,需要在各个方面进行有效控制。

以松华坝水源保护区(嵩明县)的水污染防治为核心,确定陆地生态恢复、污染源治理、水质和总量控制为主要规划目标,并在水污染防治的同时兼顾保护区的社会发展。用15年的时间(尤其是近期),通过保护区内的水污染综合防治规划方案的实施及强化保护区水源管理,全面加强松华坝水源区(嵩明县)的水环境保护和生态建设,实现保护区内生态系统的良性循环和社会经济与环境保护的协调发展,为满足地表水功能区划目标提供保障。

根据《云南省环境保护"十一五"规划和2020年远景目标基本思路》和规划的目的,结合实际情况分析,初步确定规划指标为环境质量类、污染控制类、环境管理类和经济类指标,共11个(表2-1-2),以规划指标的达到来满足规划目标的实现。

表2-1-2 松华坝水源保护区(嵩明县)水污染综合防治规划指标

| 类别 | 序号 | 指标名称 | 单位 | 指标 | | | |
|---|---|---|---|---|---|---|---|
| | | | | 2004年 | 2010年 | 2015年 | 2020年 |
| 环境质量 | 1 | 冷水河和牧羊河的水质类型 | — | Ⅳ类 | Ⅱ类 | Ⅱ类 | Ⅱ类 |
| | 2 | 森林覆盖率 | % | 63.3 | 65.0 | 68.0 | 70.0 |
| 污染防治 | 3 | 小集镇生活污水集中处理率(二级) | % | 0.0 | 100 | 100 | 100 |
| | 4 | 生活垃圾无害化处置率 | % | 0.0 | 85.0 | 90.0 | 95.0 |
| | 5 | 农业生态产业秸秆利用率 | % | <20 | 80.0 | 90.0 | 95.0 |
| | 6 | 合理施用化肥农田比例 | % | <30 | 80.0 | 90.0 | 95.0 |
| | 7 | 畜禽粪便处理率 | % | <50 | 90.0 | 95.0 | 98.0 |
| | 8 | TN总量在2004年上的削减率(冷水河) | % | — | 24.1 | 62.0 | 65.0 |
| | | TN总量在2004年上的削减率(牧羊河) | % | — | 49.2 | 74.7 | 78.0 |
| 环境管理 | 9 | 环境监察、监测、信息和宣教 | — | 较弱 | 达到国家标准化要求 | | |
| | 10 | 自动监测网络建设 | — | 无 | 2010年建成冷水河和牧羊河出嵩明县境的在线监控系统 | | |
| 经济 | 11 | 农民人均纯收入 | 元 | 1739 | 2865 | 县均水平 | |

注:水质指标符合 GB 3838—2002 的要求。

(1) 近期目标(2006~2010年)
- 生态环境目标：保护区内水环境功能区水质达标率达到95%；冷水河和牧羊河的水质基本达到Ⅱ类；森林覆盖率达到68.0%。
- 工程和管理措施目标：建设完整的河道生态防护体系，封闭一切直接入河的生活和灌溉退水排放口；水源区内全部推广卫生厕所；环境监察、监测、信息和宣教等达到国家标准化要求；2010年建成冷水河和牧羊河出嵩明县境在线监控系统；推广生态农业模式，农民人均纯收入达到2865元。

(2) 中期目标(2011~2015年)
- 生态环境目标：保护区内水环境功能区水质达标率达到100%；冷水河和牧羊河的水质达到Ⅱ类；森林覆盖率达到70.0%。
- 工程和管理措施目标：建立完整的河道管理体系；所有农村的污水排放前均经过生物处理；生态农业模式得到进一步推广；水源区保护的能力建设得到加强；农民人均纯收入达到嵩明县的平均水平。

(3) 远期目标(2016~2020年)
- 生态环境目标：保护区内水环境功能区水质达标率达到100%；冷水河和牧羊河的水质稳定为Ⅱ类；森林覆盖率达到72.0%。农村和农业面源基本得到控制，水土流失得到基本控制，生态环境基本实现良性循环。
- 工程和管理措施目标：水源区保护的能力建设得到巩固；全部实现生态农业，农民人均纯收入达到嵩明县的平均水平。完成规划所列的水污染综合治理工程，保护区内的水环境管理与政策体系得到完善，生态环境保护得到切实保障。

## 1.6 技术路线

松华坝水源区(嵩明县)是一个包含了多种土地类型以及不同等级水系的复杂系统，整治水源区的水污染问题是一个多目标、多层次的系统工程，规划研究以实现水源保护区主要入库河道水质目标为核心，利用流域分析方法，向外辐射实施点源、农业和农村面源、陆地生态等方面的工程设计和管理对策，在环境科学、生态学原理基础上，以环境数值模拟技术和地理信息系统技术(GIS)等作为技术支持工具，并着重考虑了水源区的社会发展和利益补偿，应用系统论、控制论、预测学等多学科方法开展规划研究，技术路线见图2-1-4。

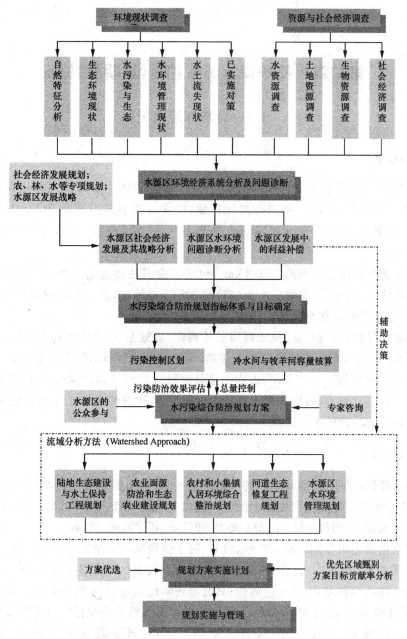

图 2-1-4 松华坝水源保护区(嵩明县)水污染综合防治规划技术路线

# 第二章　松华坝水源保护区(嵩明县)概况

## 2.1　自然环境概况

### 2.1.1　地理位置

松华坝水库是昆明市重要的防洪、供水工程,是昆明市主要的优质饮用水源。水库始建于1958年,1988年至1995年进行加固扩建,使设计库容从过去的 $7.0 \times 10^7 \mathrm{~m}^3$ 提高到 $2.19 \times 10^8 \mathrm{~m}^3$,蓄水库容从 $6.0 \times 10^7 \mathrm{~m}^3$ 提高到 $1.05 \times 10^8 \mathrm{~m}^3$,多年平均实现城市供水 $1.4 \times 10^8 \mathrm{~m}^3/\mathrm{a}$。

松华坝水源保护区总面积约590.3 km²,包括了嵩明县和盘龙区的滇源镇和阿子营乡以及官渡区的松华乡、双龙、龙泉等7个乡(镇)的325个自然村,其中水源涵养区和径流区多分布在嵩明县,松华坝水库在盘龙区辖区内。

松华坝水源保护区(嵩明县)位于嵩明县的西部,地处东经102°41′~103°21′,北纬25°25′~25°28′之间。水源区东与嵩明县杨桥乡接壤,南与盘龙、五华毗邻,北与寻甸山水相连,西北角与富民相交。面积为539.28 km²,占嵩明县总面积的38.4%,其中坝区面积仅占8%。水源区内年产水2亿多立方米,占松华坝水库蓄水量的90%和滇池水体年交换量的42%,是松华坝水源保护和滇池治理的重点区域。

### 2.1.2　地质地貌

松华坝水源区(嵩明县)属浅切割的中山山地地貌,山间盆地与山岭相间,东北部较高,西南部较低,整个地势由东北向西南逐渐倾斜。境内一般海拔在1920~2200 m之间,最高点位于梁王山主峰大尖山,海拔2840 m,最低海拔1917 m,相对高差923 m。

水源区系由梁王山分割而形成白邑、牧羊、阿子营和鼠街4个大小不一的坝子及其周围的山地和水系等组成,地质构造较为复杂。区内分布着较多的碳酸盐岩层,砂页岩和玄武岩次之。碳酸盐岩体结构较完整,富于连续性,具有物理学性能好、地基牢固特点。其中,白邑坝子平均海拔为1960 m,面积约31.5 km²,系由断陷并由河流沿构造线侵蚀沉积而形成;坝子四面环山,由北向南倾斜,规模较小,发育历史短。此外,阿子营坝子海拔为2100 m,面积12.67 km²。水源区内的主要土壤有4个土类,7个亚类。土类有:红壤、棕壤、紫色土、石灰土。亚类有山地红壤、黄红壤、暗红壤、粗骨性红壤、红色石灰土、棕壤和紫色土。

### 2.1.3　气候气象

水源区地处低纬高原,属北亚热和温暖气候。由于该区东、西、北三面有较高的山体屏障,山地气候较明显,暖温带,温带气候类型并存。主要气候特征是:冬春少雨晴暖干旱,夏季多雨温凉,四季不分明,干湿季明显。由于受北高南低的地形影响,气温北低南高,其年平均温度以海拔1950~2840 m各高度年平均温度为13.8~9.2℃。气温年度变化小,日差异大。每年1

~3月和12月,气温较低,日均值在5~8.5℃之间;6~8月气温较高,日均值在18.3~20.7℃之间。其中,阿子营乡多年平均气温为12.7℃,多年平均日照时间为1794.4 h,全年无霜期为200 d左右,适合于花卉,特别是百合的生长;(原)大哨乡为典型的高寒立体山区气候,冬春少雨、夏季雨量集中,多年平均气温10.9℃,多年平均日照时间为1676.3 h。

2004年,水源区平均气温14.6℃,最低气温1月7.3℃,最高8月20.5℃。全年降雨量933.7 mm,最大降雨量为7月173.4 mm,最小降雨量为4月3.7 mm,年平均霜期143 d。

### 2.1.4 河流水系

松华坝水源保护区属金沙江水系,盘龙江源头,冷水河、牧羊河及其支流和龙潭构成了水源区水系的基本形态(表2-2-1和2-2-2)。牧羊河和冷水河常年经流不息,在寺山和狮子山之间汇合后注入松华坝水库。松华坝水源区年平均产水量约2亿立方米,除区域内自用水外,还向省会昆明城市年供应生产生活用水(优质水)1.827亿立方米。

表2-2-1 冷水河和牧羊河的径流情况

| 河流 | 丰水年 | | 平水年 | | 偏枯年 | | 特枯年 | |
|---|---|---|---|---|---|---|---|---|
| | 径流深/mm | 径流量/$10^8$ $m^3$ | 径流深/mm | 径流量/$10^8$ $m^3$ | 径流深/mm | 径流量/$10^8$ $m^3$ | 径流深/mm | 径流量/$10^8$ $m^3$ |
| 冷水河 | 871.4 | 0.98 | 613.3 | 0.68 | 454.1 | 0.50 | 282.7 | 0.31 |
| 牧羊河 | 320.7 | 1.11 | 223.8 | 0.77 | 163.8 | 0.57 | 105.9 | 0.37 |

资料来源:嵩明县水利志。

表2-2-2 松华坝水源保护区(嵩明县)的主要龙潭及其出流量

| 乡 | 编号 | 泉水名称 | 位置 | 多年平均出流量/$10^4$ $m^3$ |
|---|---|---|---|---|
| 滇源镇 | 1 | 青龙潭 | 白邑村东2 km | 85.65 |
| | 2 | 黑龙潭 | 龙潭营村南300 m | 788.4 |
| | 3 | 大龙潭 | 回子营村西30 m | 24.25 |
| | 4 | 白龙潭 | 中所村东南400 m | 105.14 |
| | 5 | 后龙潭 | 甸尾村南400 m | 135.8 |
| | 6 | 上纳保龙潭 | 上纳保村西100 m | 40.4 |
| | 7 | 下纳保龙潭 | 下纳保村西200 m | 64.6 |
| | | 小计 | | 1244.24 |
| 阿子营乡 | 1 | 马军龙潭 | 马军村南20 m | 220.7 |
| | 2 | 仙人洞 | 马军村西北800 m | 72.6 |
| | 3 | 新坝龙潭 | 马军村西北1000 m | 362.6 |
| | 4 | 黄龙潭 | 黄龙潭村东600 m | 1302.4 |
| | 5 | 花鱼龙潭 | 沟以头村北300 m | 80.1 |
| | 6 | 羊街村龙潭 | 羊街村 | 78.8 |
| | | 小计 | | 2117.2 |
| | | 合计 | | 3361.44 |

冷水河发源于滇源镇的龙马寺东南,南流后在新建村进入白邑坝区,在白邑村与冷水洞和青龙潭等的来水汇合后南流,并纵贯白邑坝区,在盘龙区小河村东南处与牧羊河交汇。冷水河

在嵩明县境内主河道全长 14.5 km,流经 8 个村委会,34 个村小组,径流面积约 111.4 km²,是松华坝水库蓄水的主要来源。冷水河为常年性河流,源头植被保护较好,河床系砂卵石层,平均断面宽度为 15 m,比降为 1/1500,最大流量为 67.2 m³/s,最小流量为 0.5 m³/s,多年平均流量为 0.72×10⁸ m³,径流区地下水的蕴藏量比较丰富。冷水河多年平均径流深 667.6 mm,径流量 0.76×10⁸ m³。

牧羊河目前主要以黄龙潭为水源,在黄龙潭以下西流 5 km 后折向西南,经牧羊、阿子营,并在高仓村 0.5 km 处接纳鼠街河,后流经滇源镇后,在盘龙区小河村东南处与冷水河交汇。牧羊河在嵩明县境内主河道全长 48.15 km,流经 9 个村委会,39 个村小组,径流面积约 346.82 km²,是松华坝水库蓄水的主要来源,年均向松华坝水库供水 1×10⁸ m³。平均比降 14.2‰,最大流量为 122 m³/s,最小流量为 0.002 m³/s,多年平均流量为 0.78×10⁸ m³。牧羊河多年平均径流深 241.3 mm,径流量 0.84×10⁸ m³。

### 2.1.5 陆地生态

水源区内山地面积大,宜林比例高,动植物种类较为丰富,共有野生动物 60 余种,植物 500 余种,野生食用菌 20 多种,野生药材 450 余种。截至 2004 年,水源区内的林业用地面积已达 358.9 km²,占总土地面积的 68.7%。林业用地中有林地面积 311.1 km²,灌木林地面积 19.6 km²,森林覆盖率为 63.3%,其中:有林地覆盖率为 59.58%,灌木林覆盖率为 3.75%,区内大多数的荒山均已被绿化。滇源镇和阿子营乡的森林覆盖率分别为 61.23% 和 77.04%,森林覆盖率比 1988 年的 47.9% 和 1996 年的 60.1%,分别提高了 15.4% 和 3.2%。

### 2.1.6 自然资源

根据 2004 年的统计,水源区内共有耕地 6610 hm²,占水源保护区总面积的 12.16%,低于嵩明县耕地占总国土面积的比例 14.7%。其中,水田梯田面积为 726 hm²,旱地坡耕地面积为 2694 hm²。

## 2.2 社会经济发展状况

截至 2004 年年末的统计,嵩明县辖区内松华坝水源区的滇源镇和阿子营乡总人口 64886 人,占嵩明县总人口的 21.7%,比 2003 年增加了 906 人。其中:农业人口 62197 人,占总人口的 95.86%,高于嵩明县农业人口在总人口中的比例 89.4%;非农业人口 2689 人;人口密度为 120.6 人/km²,低于嵩明县 2004 年的平均人口密度 213.2 人/km²(图 2-2-1)。

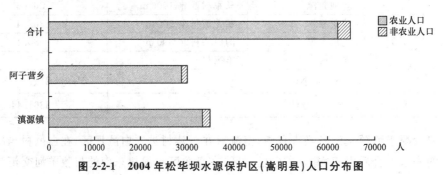

图 2-2-1 2004 年松华坝水源保护区(嵩明县)人口分布图

松华坝水源保护区(嵩明县)的经济以传统农业产业为主,近年农业产业结构调整步伐开始加快,农业经济主要以粮食、烤烟、蔬菜、水果为主的传统农产品,畜牧业增加值在整个农村牧渔增加值中的比重不断扩大,占到28.1%,畜牧业产值占农村经济总收入的7.13%,畜牧业产品单一,生猪占绝对的主导优势,产值占畜牧业产值的70%。近年来,由于"两烟"双控,畜牧业在农民增收中的作用地位更加突出,畜禽养殖成了稳定农村增收的主导产业。林业对国民生产总值的贡献明显弱化,水源区农民增收的出路问题难以解决。

2004年,水源区的农作物播种面积为10437 $hm^2$,平均复种指数为1.58,其中,粮播面积5979 $hm^2$,总产25256 t;烤烟种植1935 $hm^2$;蔬菜种植2189 $hm^2$;花卉种植334 $hm^2$。水源区内农业人口的人均耕地面积为1.25亩,高于嵩明县的平均水平1.04亩,但坡耕地比例高。

滇源镇辖白邑坝子的主要粮食作物为水稻、玉米、小麦和豆类、薯类等,经济作物以烤烟、蔬菜为主;滇源镇辖大哨水源涵养区的主要产业类型为农业,其中,农业占经济总收入的92.7%,其中又以传统种植业和畜牧业为主,分别占50.4%和36.5%,第三产业只占很小的比例,仅为7.3%;阿子营乡的粮食作物以水稻、大麦、玉米、马铃薯、小麦、蔬菜和蚕豆为主,经济作物则主要是花卉、烤烟。

2004年,嵩明县松华坝水源保护区的主要经济指标为(表2-2-3):农林牧总产值14766万元,比2003年增7%;畜牧业总产值4155万元,比2003年减5.2%;乡镇工业总产值6119万元,比2003年增1.7%;农村经济总收入57289万元,比2003年增56.7%;粮食作物总产值25256 t,比2003年增18.8%;烤烟总产量3661 t,比2003年增6%;水果总产量1589 t,比2003年增1.2%;年末大牲畜丰栏19597头(匹),比2003年增9.4%;年末生猪存栏44829头,比2003年减0.5%;年末羊存栏25286只,比2003年增32%;年末家禽存栏78390只,比2003年增0.49%;肉类总产值5826 t,比2003年增5.0%。

表2-2-3 水源区2004年的农村经济结构构成 (单位:万元)

| 乡镇 | 总产值 | 农业 | 林业 | 牧业 | 渔业 | 农林牧渔服务业 |
| --- | --- | --- | --- | --- | --- | --- |
| 滇源镇 | 8675 | 5520 | 136 | 2521 | 120 | 336 |
| 阿子营乡 | 6091 | 4203 | 53 | 1634 | 28 | 175 |
| 合计 | 14766 | 9723 | 189 | 4155 | 148 | 511 |

由上述分析,水源区内山地面积大,耕地比例低,且受制于水源地保护的种种限制,使得不能发展工业,因此经济结构单一,大农业的产值较低。而在农业、林业、牧业和渔业中,农业和牧业所占的比例最大,这主要取决于水源区内山地多和人口多集中在冷水河和牧羊河沿线等特点造成的。

由于产业结构单一,使得水源区内的农民收入与嵩明县的平均水平相比存在很大的差距。2004年,水源保护区内的平均人均纯收入为1739元,与县人均纯收入2754元相比,低36.9%。其中:(原)白邑乡人均纯收入2282元,与县人均纯收入相比低17.14%;阿子营乡人均纯收入1505元,与县人均纯收入相比低45.35%;(原)大哨乡人均纯收入1431元,与县人均纯收入相比低48.04%。

从总的变化趋势上分析(图2-2-2),与2003年相比,水源区与嵩明县的人均纯收入差距在逐步拉大,贫穷与社会的非均衡发展已经成为制约水源区内水污染防治与水源地保护的最大障碍之一。

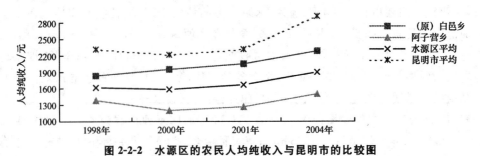

图 2-2-2 水源区的农民人均纯收入与昆明市的比较图

# 第三章 水源保护区社会经济发展战略分析

## 3.1 发展战略指导思想

### 3.1.1 以水源保护区的可持续发展为目标

可持续发展已成为当今许多国家制定社会经济发展战略的指导思想。它在寻求经济增长的同时，兼顾资源的永续利用和生态环境的保护，从而实现环境保护和经济发展的双赢目标。

松华坝水源保护区受水资源保护区政策的限制，不能发展工业，导致经济结构单一，社会经济发展滞后。2003年，水源区种植业产值占总产值的65%以上。由于产业结构的单一，使得水源区内的农民收入与嵩明县的平均水平相比存在很大的差距。2004年，水源区的人均纯收入1739元，与县人均纯收入2754元相比，低36.9%。与此同时，松华坝水库的重要水源地冷水河和牧羊河均出现比较明显的恶化趋势，牧羊河的水质为轻污染级别。由此，如何提高水源区人民生活水平，同时保护好水源区生态环境，以实现社会—经济—生态系统的可持续发展，将作为其主要的指导思想之一。

### 3.1.2 依靠现代科学技术，强化污染治理

科学技术是经济高速、健康发展的根本手段，是提高经济发展与环境保护可持续性的关键。松华坝水库是昆明市市民的饮用水源地，是水源区社会—经济—生态环境发展的基础，水源保护是区域内的首要任务，因此决无可能再走"先污染后治理"的道路。在发展经济的同时，必须依靠现代科学技术，对社会经济发展实行统一规划，对水源区内污染物进行总量控制，强化管理，特别是加强水源区内面源污染的防治与管理，降低污染控制的成本，确保松华坝水库的水质。

### 3.1.3 依托特色资源，推进产业结构调整

社会经济的发展是水源区发展的主要目标，也是促进生态环境保护的基础。为确保农业增产、农民增收，松华坝水源保护区应依托地方特色资源，主攻特色经济，推进产业结构调整，在一定规模限度内发展无公害蔬菜和做强花卉产业，推广经济林建设和苗圃栽培，增强发展后劲，促进水源区社会经济的发展。

## 3.2 社会经济系统动态仿真模型

为了实现松华坝水源保护区社会经济的可持续发展，就必须对其社会经济制定总体发展战略规划。只有充分利用现有的各种资源，优化出促进水源区社会、经济和生态环境协调发展的规划方案，才能为水源区社会经济的可持续发展提供科学的决策支持。为此，本节将在分析水源区社会经济系统特征及其内部各因素之间复杂关系的基础上，按照系统动力学(SD)原理

建立该地区系统动态仿真模型,为制定水源区经济发展的最佳方案奠定基础。

### 3.2.1 水源保护区系统特征与系统动力学方法

#### 3.2.1.1 水源区系统特征

自然界和人类社会中的一切事务都不是孤立存在的,它们间互相制约、相互联系,形成各式各样的系统。就松华坝水源保护区而言,整个水源区是一种特殊的区域经济体系。水源区内的经济活动是水源区发展的基础:一方面,它能通过物质生成水源区的经济效益;但另一方面,由于经济活动涉及资源开采、利用和生产等过程,而在这些过程中往往会对生态环境带来不利影响并对环境造成损害,当这种损害达到一定强度时,就必然会威胁到水源区的进一步发展乃至人们的生活与生存。因此,为了避免出现这种情况,在松华坝水源保护区的经济发展过程中,必须综合地考虑水源区的自然资源、经济区位及生态环境等状况,只有采取有利于环境的经济发展模式,既发展经济,又保护生态环境,才能实现社会经济的可持续发展。

#### 3.2.1.2 系统动力学方法

系统动力学(System Dynamics,简称SD)是一种研究复杂系统行为的方法,以控制论、信息论和系统论作为理论基础,由美国麻省理工学院(MIT)的Forrester教授于20世纪50年代中期创立。之后,系统动力学在工业企业、城市社会系统、国家经济系统乃至世界范围的人口、资源、环境、经济系统中得到了广泛应用。

SD从系统的微观入手,构造系统的基本结构,建立数学的规范模型,采用VENSIM等专用软件,在计算机上进行模拟,用以反映系统的动态行为。该方法通过系统内各要素之间的信息反馈关系,经模型模拟以剖析系统,获取更丰富、更深刻的信息,进而寻求解决系统问题的途径。它能有效地处理高阶次、非线性、多反馈、复杂时变系统的问题,能定量地分析各类复杂系统结构与动态行为之间的内在关系。正因如此,系统动力学已广泛用于研究与规划复杂社会经济系统的未来行为和相应的长期战略决策。

在制定松华坝水源保护区水污染综合防治规划时,如何反映系统的未来发展趋势,优选出相对较优的规划方案,是确定下一步政策措施的关键。为此,本部分将基于水源区现状分析,建立水源区动态仿真模型,进而为水源区社会经济发展作出战略分析和预测。

### 3.2.2 水源保护区社会经济系统分析

松华坝水源保护区是一个以人为中心,涉及社会、经济、环境、资源等多种因素的复杂系统。要实现水源区社会经济的可持续发展,就必须在上述众多因素之间来研究经济发展与环境之间的协调机制。这些因素的因果关系极为复杂,领域内部诸多元素之间相互作用,形成复杂的系统行为。只有通过因果关系的分析,才能建立符合实际情况的因果链及反馈环,追踪资源的动态信息,并建立适当模型,进行计算机仿真运算,从而逐时段地展现出系统内部多变量之间相互作用和影响的动态行为。在SD模型模拟的基础上,提出适合水源区社会经济发展的规划方案,为相关的研究和决策提供科学依据。

#### 3.2.2.1 子系统划分

利用1999~2003年水源区统计资料、嵩明县近年研究报告和远期规划文件,以及相关研究参数,对松华坝水源保护区进行社会经济系统分析并构建SD模型。根据松华坝水源保护区地域特征和资料数据统计的便利性,确定模型边界为该水源区所辖行政区划范围。规划年限为 2006 年至 2020 年,分为 3 个阶段:2006~2010 年(近期)为第一阶段;2010~2015 年(中期)为第二阶段;2016~2020 年(远期)为第三阶段。

根据模型设计的需要和实际情况,将水源区社会经济系统划分为人口、农业、污染及固体废物 3 个子系统。这 3 个子系统的相互作用构成了松华坝水源保护区社会经济和生态环境的主要行为,并可反映整个系统的动态变化趋势。

3.2.2.2 子系统描述及关系分析

松华坝水源保护区的社会经济系统是一个综合的巨系统,其各子系统之间存在着密切的联系,任何一个子系统的变化都将导致一系列的变化,信息在各子系统之间来回反馈。因此,在对如此复杂的系统进行研究时,仅仅考虑一个或其中几个子系统都不能完整全面地反映实际系统的特征。只有确定出每个子系统内部的构成要素及相互作用关系,以及各子系统之间的影响关系,才能为下一步的模型设计做好准备。

根据各个子系统内部构成元素的特点和相互关系,将每个子系统进行细划分:
- 人口子系统:分为农业人口和非农业人口两个部分;
- 农业子系统:由种植业、林业、畜牧业、渔业和农业服务业子模块构成,其中种植业又分为蔬菜种植、花卉种植和其他作物种植;
- 水源区污染及固体废物子系统:由 TN、TP 模块及其相关子模块组成;固体废物考虑了固体废物年产生量和处理量。

各子系统具体分述如下。

(1) 人口子系统

在社会经济发展中,人口是十分关键的因素,人口数量和质量直接影响经济发展速度和规模。松华坝水源保护区是山多地少,以农业为主,农业人口占较大比例,2004 年水源区农业人口占总人口的 95.86%。人口子系统与其他各子系统的关系十分密切,人的生产活动创造各行业产值,而与此同时,又会在生产和生活中消耗能源、资源和排放污染物。因此,要实现经济的持续发展,就必须对这些相互关系统筹考虑,合理规划资源和能源,使其开发利用实现动态平衡,实现松华坝水源保护区经济的良性发展,如:要提高人民的生活水平,就必须大力调整农业结构,减少依靠种粮为生的农业人口,这不仅可促进经济发展,而且可使原有的坡耕地退耕还林,以有效地保护生态环境。人口子系统与其他子系统之间的关系如图 2-3-1 所示。

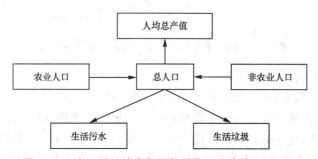

图 2-3-1 人口子系统内部及与其他子系统的相互关系

(2) 农业子系统

根据实地调查结果,松华坝水源保护区的农业生产主要以种植业和乳畜业为主,2003 年两者总产值占农业总产值的 95% 以上。其中,种植业主要分为粮食生产、蔬菜种植和花卉种植,粮食生产受耕地面积限制,产量基本稳定;蔬菜种植和花卉种植则呈迅速发展趋势。粮食作物生产为水源区人民提供了必需的生活资料,同时也为畜牧业的发展提供了饲料,为社会带来可观的经济效益。畜牧业能够为水源区内人口及嵩明县居民提供副食品并通过这些副食产品带来经济收入。但畜牧业的迅速发展必然会导致大小牲畜存栏数量的增加,会加剧水源区内环境污染,同时耕地面积的变化直接关系到农田施肥量,与面源污染密切相关。因此,在农业子系统中所要考虑的问题是在规划期内农业总产值变化,耕地变动,灌溉用水量,农业产业结构以及环境污染等变化情况。农业子系统与其他子系统的关系见图2-3-2。

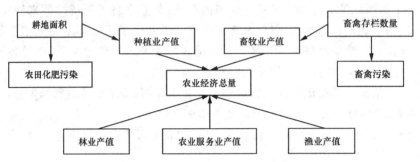

**图 2-3-2 农业子系统内部及与其他子系统的相互关系**

(3) 污染子系统

由于松华坝水源保护区的主要污染物是 TN,在综合考虑松华坝水库的水质现状的基础上,确定水质污染模块主要考虑 TN、TP 的变化情况。两种污染物来源大致相当,主要都为面源,具体考虑农村生活污染、畜禽养殖污染、农田化肥污染和水土流失等;固体废物污染主要为农村生活垃圾。整个系统反映了水源区的社会经济发展对湖体以及陆地环境造成的污染情况。该子系统与其他子系统的关系如图 2-3-3 所示。

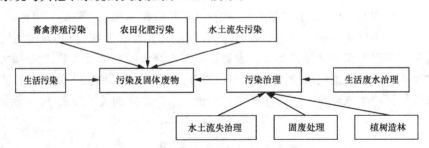

**图 2-3-3 污染子系统内部及与其他子系统相互关系**

#### 3.2.2.3 水源区社会经济系统 SD 模型

在系统分析的基础上,确定各子系统的变量,建立系统流程图。流程图是对实际系统的抽象反映,说明了组成反馈回路的状态变量和速度变量相互之间的连接关系,以及系统中各反馈回路之间的连接关系,这些关系是建立模型方程的依据。因此,在建模过程中,流程图的设计是一个关键环节和主要工作。松华坝水源保护区社会经济系统的系统流程图如下。

(1) 人口子系统

在人口子系统中,选取总人口为状态变量,人口出生率和死亡率、人口迁入率和迁出率以及城市化水平为辅助变量。模型主要反映未来人口数量增长趋势和构成。图 2-3-4 为人口子系统流程图。

# 第三章 水源保护区社会经济发展战略分析

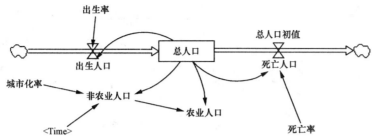

**图 2-3-4　人口子系统流程图**

(2) 农业子系统

根据研究的需要,农业子系统又细分为种植业、畜牧业、林业、渔业和农业服务业 5 个子模块,选取花卉产值、蔬菜产值、大牲畜存栏数量、生猪存栏数量、羊存栏数量、家禽存栏数量、渔业产值、农业服务业产值和林业产值等为状态变量。流程图如图 2-3-5。

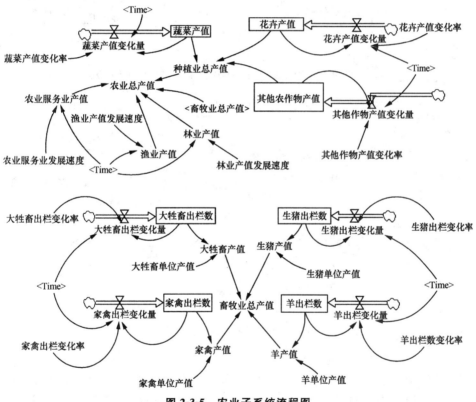

**图 2-3-5　农业子系统流程图**

(3) 污染子系统

污染子系统主要分为 TP、TN 和陆地固体废物污染(图 2-3-6)。

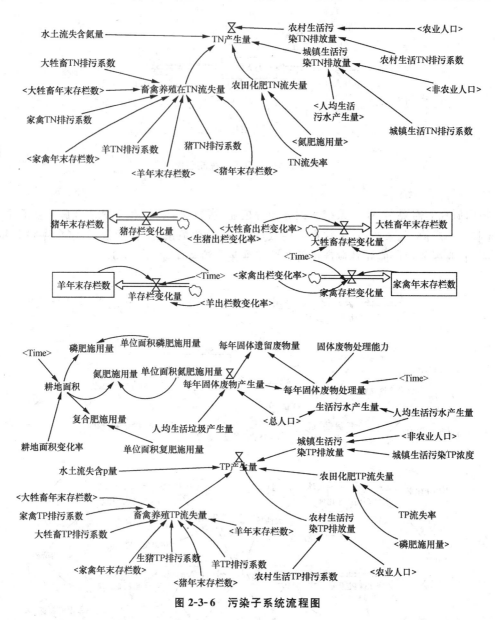

图 2-3-6 污染子系统流程图

#### 3.2.2.4 模型参数变量的确定

以实地调查收集到的 1999~2003 年的相关资料为依据构建模型,用系统动力学专用模拟语言建立松华坝水源保护区社会经济与环境、资源相互关系模型。该模型由 13 个状态变量、18 个速率变量、83 个辅助变量和常量组成。其中系统参数采用以下 3 种方法确定:① 采用算术平均值法确定;② 采用发展趋势推算法确定;③ 采用表函数法确定。

#### 3.2.2.5 模型有效性检验

模型建立之后,必须对模型的有效性进行检验,以确保运行结果与实际系统行为相符,设计的方案具有实用性。在模型建立的过程中,必须不断地对模型的结构、参数的选取等进行修正和检验,以使模型基本反映真实系统的特征,方可投入模拟运行。灵敏度分析是最常用的模型适合性检验方法。为了使基于模型模拟的分析与推荐的政策令人可信,必须了解当模型的变量在合理的范围内变动时,这些分析会有多大变化,这就是模型的灵敏度分析。

模型的灵敏度分析可分为3种,即数值灵敏度分析、行为灵敏度分析、政策灵敏度分析。

一个强壮性好的有效的模型应具有较低的行为灵敏度与政策灵敏度。由于模型中所涉及的参数较多,逐个进行检验很繁琐且无必要,所以本研究将重点考察模型中22个参数的影响。

灵敏度分析方法如下:

首先定义在 $t$ 时刻某参数 $x$ 对某变量 $Q$ 的灵敏度为

$$S_Q = \frac{\Delta Q(t)/Q(t)}{\Delta X(t)/X(t)} \tag{3-1}$$

然后,选取代表系统行为的主要变量 $P_i(i=1,2,\cdots,n)$,定义在 $t$ 时刻某参数对系统行为的灵敏度为

$$S(t) = \frac{1}{n}\sum_{i=1}^{n}S_{P_i} \tag{3-2}$$

选取系统内关键的6个参数和10个变量进行灵敏度分析。分析过程从2003年至2020年,取某一参数变化值(增加或减少10%)在模型上运行,每一参数对应每一变量可得到相应灵敏度值,然后求其平均值,即为该参数相对于该变量的灵敏度值。然后求该参数对所有变量的灵敏度,求其平均值,即为该参数对模型系统行为的灵敏度(表2-3-1)。

表 2-3-1　松华坝水源保护区(嵩明县)社会经济 SD 模型灵敏度分析结果

| | 单位大牲畜产值 | 花卉产值变化率 | 农业服务业发展速度 | 人均生活垃圾产生量 | 人口自然增长率 | 单位耕地磷肥年施用量 |
|---|---|---|---|---|---|---|
| 总人口 | 0 | 0 | 0 | 0 | 0.001 | 0 |
| 农业总产值 | 0.231 | 0.08 | 0.0196 | 0 | 0 | 0 |
| 大牲畜出栏数 | 0 | 0 | 0 | 0 | 0 | 0 |
| 羊年末存栏数 | 0 | 0 | 0 | 0 | 0 | 0 |
| 固废年产生量 | 0 | 0 | 0 | 0.1254 | 0 | 0 |
| 农田化肥 TN 流失量 | 0 | 0 | 0 | 0 | 0 | 0 |
| 城镇生活污染 TP 排放量 | 0 | 0 | 0 | 0 | 0 | 0.1262 |
| 生活污水产生量 | 0 | 0 | 0 | 0 | 0 | 0 |
| 耕地面积 | 0 | 0 | 0 | 0 | 0 | 0 |
| 渔业产值 | 0 | 0 | 0 | 0 | 0 | 0 |
| 平均值 | 0.0231 | 0.008 | 0.00196 | 0.01254 | 0.0001 | 0.0262 |

从表 2-3-1 可看出,10种变量对系统的影响都比较小,灵敏度不超过0.03。模型通过历史性检验和灵敏度分析之后,可以认为该模型能够真实反映现实系统,稳定性较强,是强壮性较好的模型,适合进行仿真模拟和作为政策分析。

## 3.3　水源保护区社会经济发展预测与分析

在进行水源区未来发展变化预测过程中,综合考虑了水源区社会经济与环境保护之间的协调发展。由于水源区内农业是经济主导产业,人民生活水平相对较低,相对落后的经济发展和人民生活水准造成环境保护工作进展缓慢,大部分村民环境保护意识薄弱,牧羊河和冷水河水质已出现恶化趋势。因此,本研究着重通过农业产业结构调整、充分利用优势资源等方面大

力提高经济发展水平,与此同时,加强环境保护,重点对牧羊河和冷水河水体以及相关水系进行污染控制。利用松华坝水源保护区社会经济和环境保护系统动力学模型,根据实地调查结果以及当地政府的相关规划,把政策调整、人为控制等相关参数反映到模型中,对水源区的未来发展变化进行预测分析。下面分别从人口以及经济两个角度对松华坝水源保护区未来发展变化进行预测分析。

### 3.3.1 人口变化分析

由前文的分析,到 2004 年末,松华坝水源保护区内仍以农业人口为主,占到总人口的 95.86%。由于水源区不能发展工业,未来的人口构成仍将以农业为主。同时,水源区人口的自然增长率控制较好,有利于控制人口数量,提高人口素质。截止到 2020 年,水源区总人口将超过 7.2 万,其中农业人口将达到 6.9 万,仍占较大比例。表 2-3-2 给出了不同规划期内主要年份农业人口和非农业人口数量。

表 2-3-2 松华坝水源保护区(嵩明县)主要年份人口变化结果/人

| 年 份 | 2004 | 2010 | 2015 | 2020 |
|---|---|---|---|---|
| 非农业人口 | 2675 | 2789 | 2874 | 2950 |
| 农业人口 | 63115 | 65813 | 67811 | 69592 |
| 总人口 | 65790 | 68602 | 70685 | 72542 |

### 3.3.2 经济发展预测分析

目前,松华坝水源保护区经济发展落后,城镇化水平低,产业结构单一,以传统农业产业为主,农业经济以粮食、烤烟、蔬菜、水果为主的传统农业产品。根据调查结果分析,今后,松华坝水源保护区要加快农业产业结构调整,在考虑水源区内化肥施用量的前提下,有计划地控制花卉产业发展、蔬菜种植及经济林,按照这样的发展思路和发展速度,水源区未来 10 余年社会经济将保持稳定增长的态势。表 2-3-3 给出了规划期内主要年份农业总产值以及种植业、林业、畜牧业和渔业等产业总产值变化情况。

表 2-3-3 松华坝水源保护区(嵩明县)主要年份经济指标增长情况

| 产值/万元 \ 年份 | 2004 年 | 2010 年 | 2015 年 | 2020 年 |
|---|---|---|---|---|
| 农业总产值 | 14766 | 22171 | 31252 | 45743 |
| 种植业 | 9723 | 14632 | 18781 | 25248 |
| 林业 | 189 | 288 | 508 | 986 |
| 畜牧业 | 4155 | 6415 | 10898 | 18116 |
| 农业服务业 | 511 | 685 | 908 | 1227 |
| 渔业 | 148 | 151 | 159 | 167 |

由表 2-3-3 可以看出,松华坝水源保护区农业总产值呈稳定增长趋势,预计到 2020 年将达到 45743 万元,是 2004 年的 3.1 倍,年均增长速度为 7.3%,尽管发展速度仍然相对缓慢,但比较稳定。预计到 2020 年,水源区农业总产值将达到 45743 万元,其中种植业产值将达 25248 万元,年均增长率为 6.05%;畜牧业产值将增至 18116 万元,年均增长率 9.6%;林业产

值将由2004年的189万元增至986万元,年均增长率为11.9%。

根据预测结果,水源区的产业结构也逐渐趋于合理化。2002年,畜牧业总产值在农业总产值中所占比重约为28%,预测到2020年将增至40%。同时,随着种植业发展无公害蔬菜和花卉种植,从2004年到2020年,种植业总收入在水源区农业总产值中所占比重将由66.09%变为55.2%;随着退耕还林措施的逐步实施和林业经济林建设,林业总产值在农业总产值中的比例由2004年的1.27%升为2020年的2.16%。图2-3-7反映了2004年和2020年农业各产业总产值的比例结构变化。

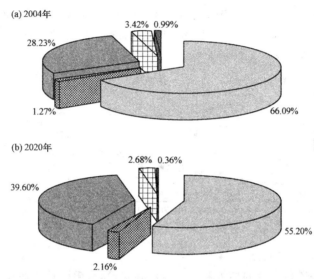

**图2-3-7　松华坝水源保护区(嵩明县)2004和2020年农业各产业总产值比例变化比较**
□种植业产值;▨林业产值;▧畜牧业总产值;□农业服务业产值;▩渔业产值

考虑到种植业和畜牧业是水源区经济的支柱产业,对水源区经济发展具有举足轻重的作用;林业既关系到水源区的经济又关系到水源区的生态环境,因此分别对三者进行详细分析。渔业和农业服务业所占比率较小,且增长速度稳定,在此不再细述。

#### 3.3.2.1　种植业发展预测分析

种植业是松华坝水源保护区的主导产业,种植业总产值是水源区总产值的主要组成部分。其中,蔬菜种植和花卉产业是水源区具有地方特色的产业,也是水源区未来发展的重点。随着市场经济的发展,松华坝水源保护区的种植业结构也在随之调整。通过控制烤烟和稳定粮食种植,有计划地发展无公害蔬菜和花卉种植,水源区农业稳步发展,不仅具有较高的经济效益,而且还能保持水土平衡,改善生态环境。

2004年,水源区花卉产值为1012万元,蔬菜产值为1303万元,分别占水源区种植业总产值的10.4%和13.4%。随着种植业产业结构调整,预计到2020年,水源区花卉产值将达到10329万元,年均增长14.6%;蔬菜产值将增至5979万元,年均增长9.4%。表2-3-4给出了规划期内主要年份种植业产值具体预测数据。

表 2-3-4  松华坝水源保护区(嵩明县)不同水平年下种植业总产值构成预测/万元

| 年 份 | 2004 | 2010 | 2015 | 2020 |
| --- | --- | --- | --- | --- |
| 花卉 | 1012 | 3297 | 5914 | 10329 |
| 蔬菜 | 1303 | 2956 | 4223 | 5979 |
| 其他农作物 | 7408 | 83780 | 8643 | 8941 |
| 种植业总产值 | 9723 | 14632 | 18781 | 25248 |

由表 2-3-4 可知,蔬菜种植和花卉种植的发展将带动种植业总产值的增长。预计到"十一五"结束,二者产值和在农业总产值中的比重将达到 43%;到 2020 年,二者总产值之和将增至 16308 万元,所占比例提升到 64.6%。与此同时,其他农作物种植也在稳步增长,种植业总产值内部构成增长情况如图 2-3-8 所示。

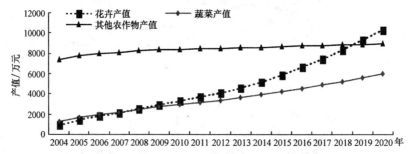

图 2-3-8  松华坝水源保护区(嵩明县)种植业总产值内部组成增长情况比较

#### 3.3.2.2 林业发展预测分析

随着水源区退耕还林力度的加大和林业经济林建设,水源区林业面积逐步扩大,森林覆盖率逐步提高,林业总产值也稳步增长,由 2004 年的 189 万元增至 986 万元,年均增长率为 11.9%,是农业五大产业中产值增长最快的一项。

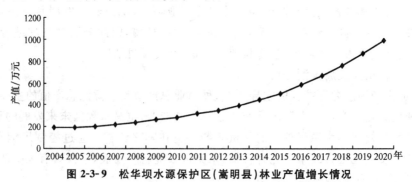

图 2-3-9  松华坝水源保护区(嵩明县)林业产值增长情况

#### 3.3.2.3 畜牧业发展预测分析

畜牧业是水源区经济收入的主要来源,已经具有一定的养殖规模和较高的养殖技术,尤其是生猪养殖,给水源区农民带来较大经济收益。2004 年,水源区内大牲畜、猪、羊和家禽的出栏数分别为 2320 头、49256 头、4542 头和 78247 只。按照水源区畜牧业发展相关规定对策措施,结合当地畜牧业发展现状,预测未来 10~15 年畜牧业生产情况,预测结果见表 2-3-5。

表 2-3-5  松华坝水源保护区(嵩明县)畜牧业生产预测数据

| 年份 | 2003 | 2010 | 2015 | 2020 |
|---|---|---|---|---|
| 大牲畜/头 | 2320 | 3578 | 5762 | 8783 |
| 生猪/头 | 49256 | 71126 | 114548 | 177858 |
| 羊/头 | 4542 | 10950 | 27247 | 65565 |
| 家禽/只 | 78247 | 144735 | 291114 | 555539 |

由表 2-3-5 可知,松华坝水源保护区的畜牧业具有良好的养殖基础,在未来十几年内,松华坝水源保护区的畜牧业生产将呈稳定增长态势。其中,生猪出栏数量将由 2003 年的 49256 头增至 2020 年的 177858 头,增长 8%;同时,根据预测,大牲畜、羊和家禽到 2020 年将分别达到 8783 头、65565 头和 555539 只。

若单位牲畜产值按 2003 年标准计算的话,预测规划期内畜牧业产值数据如表 2-3-6,2020 年畜牧业产值将增至 18116 万元,年均增长率 9.6%。

表 2-3-6  松华坝水源保护区(嵩明县)不同年份畜牧业产值  (单位:万元)

| 年份 | 2003 | 2010 | 2015 | 2020 |
|---|---|---|---|---|
| 大牲畜 | 402 | 776 | 1250 | 1906 |
| 生猪 | 3263 | 4694 | 7560 | 11739 |
| 羊 | 189 | 394 | 981 | 2360 |
| 家禽 | 301 | 550 | 1106 | 2111 |
| 总产值 | 4405 | 6414.85 | 10897.7 | 18116 |

## 3.4  水源保护区社会经济发展战略目标与措施

以上根据松华坝水源保护区的现状,并参考相关规划,通过 SD 模型对水源区的经济发展进行了预测和详细分析。为保证预测结果的实现,本小节结合预测数据,针对水源区目前的经济与生态环境基本情况及存在的问题,对水源区可持续发展的措施作进一步阐述。

### 3.4.1  水源保护区社会经济发展战略目标

本着促进松华坝水源保护区水环境保护与经济协调发展,结合社会主义新农村的建设,本规划拟通过 2005 年到 2020 年内 16 年的时间,将松华坝水源保护区建设成为一个自然生态环境优美、人民生活富足、社会和谐稳定的优美区域。

根据以上模型预测分析数据,到 2020 年,水源区经济总量将有很大提高,其中农业总产值将达到 45743 万元,是 2004 年的 3.1 倍,年均增长速度为 7.3%,发展比较稳定。

第一阶段:从现在到 2010 年,调整阶段。该阶段的主要任务是利用 5 年时间,依据松华坝水源区的基础条件和优势,确定产业发展的方向,从政策环境建设、资本、市场开发与人才引进等方面打好基础。加大对蔬菜及花卉种植的投入,推行农业减氮措施的实施;加强林业经济林建设,逐步改变产业结构,在一定限度内发展水源区以蔬菜及花卉种植为主的特色产业。

第二阶段:从 2010 年到 2015 年,快速发展阶段。经过第一阶段的奠基,该阶段加快发展速度。通过挖掘资源潜力,大力开发蔬菜及花卉销售市场,大力引进与推广优良品种及先进科学技术。同时加强生态环境的保护和建设,治理农业面源污染和生活污染源,确保水源区水环境质量。

第三阶段:从 2016 年到 2020 年,提高与完善阶段。该阶段的主要任务是保持经济的发展势头,突出科技在社会经济发展中的贡献率,调整农业产业结构,保证蔬菜和花卉种植等特色产业的快速和有计划的发展,提高生态环境建设水平,以实现环境与经济协调发展的目标。

### 3.4.2 发展措施

为实现预测结果展示的水源区的美好未来,达到水源区发展的战略目标,依据水源区的基本情况及分析,提出以下发展措施。

(1) 以农民增收为核心,在保护生态环境的前提下,狠抓产业结构调整,促进和谐社会和社会主义新农村的建设。

(2) 对于种植业,在一定规模限度内发展无公害蔬菜和花卉产业。种植业一方面要稳步推进粮食生产,有计划地控制烤烟产量,另一方面,还应有计划地发展精细蔬菜、高档花卉的种植面积,引进名、特、优、新精细菜种植,确保农业减氮目标的实现,加强关于蔬菜和花卉种植的技术培训,建立监管体系,提高蔬菜和花卉的品质,健全蔬菜和花卉的销售市场,实施"品牌战略",全力打造松华坝水源保护区的无公害蔬菜品牌和阿子营百合品牌。

(3) 对于畜牧业,改良养殖品种,发展无公害养殖。加强引进优良品种和建立养殖基地的工作,发展无公害生猪养殖和种草养畜,推广特种养殖,优种优饲,并搞好防疫工作。

(4) 对于林业,加快发展经济林建设。通过引进合适品种,加强技术培训,开发销售市场,发展经济林建设,既增大水源区森林覆盖率,也提高农民收入。

# 第四章 水源保护区水污染控制分区

为全面分析水源保护区内的水系分布和污染物输移规律,需要对水源区内的景观格局进行分析,并在此基础上划分污染控制区,分区制定控制策略和适宜性的发展对策。污染控制区划就是从水源区景观生态格局和生态环境的系统特点出发,根据水源区内的生态环境现状及其空间分布、经济产业类型结构布局和社会发展状况,按照《水污染防治法》及《中华人民共和国水污染防治法实施细则》、《昆明市松华坝水源保护区管理规定》和《昆明市地表水水环境功能区划》的要求,在对水源区生态环境问题分析、景观生态安全格局构建的基础上,结合区内未来的发展方向,对其实施环境污染控制分区,以体现水源区内不同地域生态环境特点及其对未来发展的支撑能力,并分区实施针对性的污染控制、生态恢复、资源开发及保护策略。

## 4.1 区划目的

(1) 明确水源保护区内生态环境系统的结构与分布特征,分析主要的生态环境问题及其空间格局。

(2) 评价不同生态环境功能区在水源区发展中的支撑作用,甄别起关键景观生态安全作用的局部敏感点及其关系。

(3) 实施污染控制分区,按照水源保护区内生态环境的分异性规律及区内相似性、区内差异性的原则划分为不同单元的组合,并深入研究其资源条件和主要生态环境问题,寻求经济发展和环境污染、生态破坏的内在联系,探讨各环境区的总体环境质量和环境承载能力。

(4) 制定各分区的发展模式、保护策略和重点,为嵩明县和昆明市相关部门环境决策管理、制定长远发展规划以及保护松华坝水源地提供战略性和方向性的依据,促进区内经济与环境的协调发展、服务于自然资源的合理开发与保护,水源区内的生物多样性的维护,并最终实现生态环境的健康和稳定发展,为昆明市提供更为优质的水源。

## 4.2 区划原则

(1) 保护优先和可持续发展原则

水源区特殊的功能定位,决定了其只能优先考虑对其的保护和水污染防治,在其保护的前提下兼顾社会和经济的发展。以水污染防治和保护来促进区内自然资源的合理开发和土地资源的合理利用,避免盲目对资源和生态环境的破坏而对水源地保护带来的负面影响,当然,在水污染防治的同时,仍需增强区内社会经济发展的生态环境支撑能力,促进社会经济的可持续发展。

(2) 主导功能原则

根据水源区的主导功能,对其从高到低进行功能区划,依次为:水源涵养、污染拦截、为区域内居民提供生存和生活的资源与场所等,为此,需要根据不同的功能定位对水源区实施以功能特征为基础的区划研究。

（3）发生学原则

根据区域生态环境问题、景观生态安全格局和生态环境功能的关系，确定区划中的主导因子及区划依据。

（4）环境基础的一致性原则

区内环境结构的一致性和区间环境结构的差异，区域的自然属性和社会属性是污染控制区划的基础。自然环境的结构和特点不同，人类利用自然资源发展生产的方向、方式和程度亦有明显的不同，人类活动对环境影响方式和程度以及环境对人类活动适应能力不同，则污染物的降解能力也不同。这就导致了不同地区在环境污染与破坏的类型和程度，保护和改善环境的方向和措施上的明显差异。保持作为环境演变与控制基础的自然环境的一致性，是污染控制区划的基本原则。

（5）相似性原则

污染控制区划要根据区划指标的一致性与差异性进行分区，但也要注意到：这种特征的一致性是相对一致性，不同等级的区划单位各有一致性标准。污染控制分区的基本目的在于寻求建立与经济发展相协调的水污染防治对策，在同一控制区内，具有相似的环境影响条件和相似的环境问题，因而保护和改善环境的对策、措施也必须有其相似性。

（6）区域相关原则

在划分污染控制区界限时，根据松华坝水源区的水系分布和行政区划特点，在以子流域为基础划分污染控制区的基础上，兼顾乡（镇）边界的完整性，并与其他规划相协调来划分控制亚区，从而使得控制区的划分与规划的实施能够有机地联系起来，从而确保规划的顺利实施。同时，在空间尺度上，水源区内任一控制区的生态环境功能都与区外更大范围的自然环境与社会经济因素相关，在评价与区划中，要从一个更大的空间尺度来考虑，特别是要将整个松华坝水源保护区（包含盘龙区）作为一个整体的基础上来分析本规划区域的问题。

（7）共轭性原则

流域内所划分的控制区对象必须具有独特性，在空间上是完整的自然区域，不应存在相互交叉。

## 4.3 区划依据和方法

### 4.3.1 区划依据

污染控制分区是依据区域生态环境问题特点及其功能的重要性，和生态环境特征的相似性与差异性而进行的地理空间分区。主要分为两个等级：

（1）从宏观上以地形地貌、水系分布、气象、植被为依据实施划分控制区，表现出自然特征差异；

（2）根据社会经济发展、资源特点、生态环境问题及其防治重点进行控制亚区划分。

### 4.3.2 区划方法

流域污染控制区划多采用定性分区和定量分区相结合的方法进行，边界的确定应考虑利用山脉、河流等自然特征与行政边界：

- 控制区划界时,应注意区内自然特征的相似性与地貌单元的完整性;
- 控制亚区划界时,要注意区内社会经济发展、资源特点和生态环境问题等的一致性。

从方法论的角度,区划的方法可分为区域划分法和类型划分法。区域划分法是根据区域要素之间内在的逻辑等级关系,将整个区域为单元的一种自上而下逐级进行划分的方法,而类型划分法是将具有相似一致性和发生统一性等特征的区域单元,合并成区域单元的一种自上而下逐级进行划分的方法。但随着区划由定性向定量的方向发展,类型划分法逐步取代区域划分法并成为区划的主要方法。

松华坝水源保护区(嵩明县)的污染控制区划采用 GIS 支持下的层次因子法,从自然环境结构特征、生态功能现状和污染控制管理三个层次上,进行多因子信息综合,分析环境目标及其与各种因子和不同区域的关系,在此基础上划分污染控制区。

### 4.3.3 区划步骤

(1) 景观格局分布

根据景观生态学的理论,景观是一个由不同土地单元镶嵌组成,具有明显视觉特征的地理实体,由"斑块-廊道-基质"镶嵌组成,是进行污染控制区划的背景和基础自然信息。

对于水源区的生态系统而言,水系和地貌、植被特征是构成景观格局的主导因子。本规划区域内的河流形态较为简单,主要是冷水河和牧羊河及其支流和龙潭构成,表 2-4-1 对区内的主要水系给予了总结。

表 2-4-1 松华坝水源保护区(嵩明县)水系景观布局

| 水 系 | 水系分布 | 径流面积/km² | 地貌特征 | 植被特征 |
| --- | --- | --- | --- | --- |
| 冷水河 | 白邑坝子 | 111.4 | 坝区,地势平坦 | 源头植被覆盖高 |
| | 含:小石坝水库 | 17.8 | 上游为山区,水库以下为坝区 | 源头植被覆盖 |
| 牧羊河 | 阿子营、白邑 | 346.82 | 山地面积大,坝区较少 | 森林覆盖率高 |
| | 含:黄龙水库 | 21.15 | | |
| | 含:鼠街河 | 63.3 | 上游为山区,下游为坝区 | 源头植被覆盖 |
| | 含:羊街河(闸坝水库) | 28.3 | 上游为山区,下游为坝区 | 源头植被覆盖 |

由表 2-4-1 可知,在水源区内,主要的景观类型分为 3 类:山地、坝区和河流水系。冷水河和牧羊河水系均发源于山地,冷水河的主河道主要在坝区。

在水源区景观中,存在一些关键性的局部、位置和空间联系,它们被称为景观生态安全格局,对维持区内的生态安全和支撑社会经济的持续发展起到至关重要的作用。

根据水源区的水系景观格局和土地利用现状分析,将其景观生态格局划分为:

① 两条生态廊道——冷水河和牧羊河是本区规划的重点,是区内重要的生态廊道和污染物传输途径,因此也成为拦截和削减污染物进入松华坝水库在本区内的最后屏障。河流沿线的公路是水源区内重要的经济分布带,也是主要的污染分布带。为此,在综合分析的基础上,需对其采取综合整治,恢复河岸带、加强管理,以恢复其生态廊道的功能,可采取如下措施:

- 以冷水河、牧羊河河道内缘上口外每侧约 100 m 划为一级保护区(保护范围以 100 m 为基准,但需要根据不同河段的情况加以具体调整);
- 河道生态修复为主,还原河道本来自然形态,对尚未硬化的河道,尽可能少采用混凝土

式河堤,发挥天然河流的景观价值与净化水体的功能;
- 配合实施河道两侧生态环境整治,减少固体废物入河量,控制人居污水和农业灌溉退水的入河口,并在河岸带两侧建设缓冲带、控制面源和点源污染;
- 划定保护范围,在《中华人民共和国行政许可法》的前提下制定河道管理的相关规定。

② 三个污染控制分区——源头区(Ⅰ区)、冷水河子流域区(Ⅱ区)和牧羊河子流域区(Ⅲ区)。在3个污染控制分区划分前,先将一级保护区划出,然后以再以子流域为基础,划分二级保护区(污染控制区)和水源涵养区。其中:二级保护区为一级区以外各1500 m(范围以1500 m为基准,但需要根据不同河段的情况加以具体调整),二级区以外为水源涵养区(图2-4-1)。

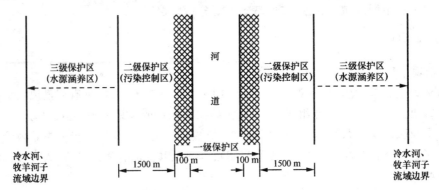

图2-4-1 松华坝水源保护区(嵩明县)三级保护区划概念示意图

③ 四片坝区——白邑、牧羊、阿子营和鼠街是水源内主要的4片坝区,也是人口和经济密集的区域,同样,也是规划中需重点控制的区域。

④ 五个生态敏感点——青龙潭、黄龙潭、黑龙潭、闸坝水库和大石坝水库等水源敏感点,也划为一级保护区。

(2) 生态环境功能和适宜性分析

根据水源区保护的需要和区内社会经济发展现状,主要的经济类型多集中分布在坝区,尤其是白邑坝子、牧羊坝子、鼠街坝子和阿子营坝子。坝区多适合于进行农业和花卉、蔬菜等的种植,而山地区则可用来发展经济林等产业类型。

## 4.4 区划结果与重点

根据区划方法和步骤,在景观格局分析和三级保护区划的基础上,结合水源区内相关的农业和林业及社会经济发展规划等资料,以水源涵养、污染防治以及恢复冷水河和牧羊河的生态廊道为核心,以促进农业产业结构调整和区域社会经济发展为目的来划分污染控制区,从而带动小集镇、农业和农村以及水源区的生态环境保护。据此,将水源保护区细分为8个控制亚区(表2-4-2和彩图6)。

表 2-4-2  松华坝水源保护区(嵩明县)污染控制分区

| 控制区 | 控制亚区 | 对应于 | 自然、生态环境特征 |
|---|---|---|---|
| Ⅰ区:源头区 | Ⅰ₁:牧羊河水源涵养区 | 水源涵养区 | 主要为山地,森林覆盖率高达 80.13% |
| Ⅱ区:冷水河子流域区 | Ⅱ₁:青龙潭水源涵养区 | 水源涵养区 | 主要为山地,为青龙潭的水源涵养区 |
| | Ⅱ₂:白邑坝子污染控制区 | 二级保护区 | 农业和人口密集,冷水河的主要污染源 |
| | Ⅱ₃:白邑山地水保区 | 水源涵养区 | 主要为山地,中度水土流失 |
| Ⅲ区:牧羊河子流域区 | Ⅲ₁:牧羊河源头水保区 | 水源涵养区 | 多为山地,坡耕地较多,水土流失严重 |
| | Ⅲ₂:牧羊河中游水保区 | 水源涵养区 | 坡耕地较多,人口密集,水土流失严重 |
| | Ⅲ₃:牧羊河下游水保区 | 水源涵养区 | 主要为山地,人口稀少 |
| | Ⅲ₄:坝子污染控制区 | 二级保护区 | 小集镇,人口密集,主要的污染源 |

注:① 一级保护区的范围以冷水河、牧羊河河道内缘上口外每侧约 100 m 为界,并需根据不同河段的情况加以具体调整,由于范围太小,在本表和图 2-4-1 中未能得到体现;② Ⅱ₂、Ⅲ₄为污染控制区,对应于前文提及的二级保护区,主要以一级保护区两侧 1500 m 为界,并做了适当的调整;③ Ⅰ₁、Ⅱ₁、Ⅱ₃、Ⅲ₁、Ⅲ₂和Ⅲ₃为水源涵养区。

一级保护区为本规划中严格保护和加强管理的核心,从农业和农村非点源污染控制的角度来看,Ⅱ₂、Ⅲ₄为重点区;从水土流失防治来看,Ⅱ₃、Ⅲ₁和Ⅲ₂为重点区;水源地和河流水系为本规划的核心保护区,要严格限制Ⅲ₄和水源地的旅游业、渔业的发展以及向河流中排放污水。

## 4.5 分区论述

### 4.5.1 源头区

(1) 范围

依据水源地水文水系分布情况,划定牧羊河水源涵养区(Ⅰ₁),东经 102°41′~103°19′,北纬 25°05′~25°27′之间,区内最低海拔 2200 m,最高海拔 2883 m。Ⅰ₁区是本规划范围内植被覆盖率最高的地区,约为 80.13%,降雨量也超过规划范围内的平均水平,达到 1016 mm,且雨量集中,适宜于森林和植被生长。

尽管本区内没有直接的河流进入牧羊河和冷水河,但是作为牧羊河的重要水源涵养地,是确保为昆明市提供持续性和优质性水源的根本所在,因此也必须在规划中重点加以考虑。

(2) 水污染防治相关问题

① 森林面积大,管护和树种改造的压力大;

② 区内经济结构单一,贫困与环境污染问题并存;

③ 由于没有直接的经济来源和补偿,区内仍有部分坡耕地尚未退耕还林。

(3) 保护目标和实施的主要措施

为确保Ⅰ₁区的社会经济持续发展,以此为水源涵养提供更为直接和长期的动力,需要实现三个主要的目标:① 在管护好现有森林的基础上逐步将坡耕地退为林地或草地;② 通过林业结构调整、农村能源建设、利益补偿等方式,确保区内人居纯收入能够在 2015 年达到嵩明县的平均水平;③ 在 2015 年全部实现退耕还林目标,农业和农村污染得到基本控制。考虑到Ⅰ₁区的现实条件,对目标的实现不能急于求成,要在保障外来资金、技术等援助的前提下逐步实施。主要措施参见第六章对应的部分。

### 4.5.2 冷水河子流域区

(1) 范围

作为流域内主要的经济和人口密集区,冷水河子流域的污染控制直接关系到本规划水污染防治目标的实现。依据现场调研和相关资料分析,将本区划分为3个子区:青龙潭水源涵养区($II_1$)、白邑坝子污染控制区($II_2$)、白邑山地水保区($II_3$)。根据污染负荷和冷水河水质分析,确定$II_2$为本区控制的核心。

(2) 主要环境问题

① 白邑坝子是水源区内最重要的农业生产基地,尤其是耕地主要分布在冷水河两侧,农业面源污染严重;

② 人居垃圾、畜禽粪便、生活污水等未能得到有效的处理和处置;

③ 未能建立有效的河道管理体系,冷水河下游农田侵占河岸带的现象比较严重。

(3) 保护目标和实施的主要措施

为确保II区的社会经济持续发展,以此为水源涵养提供更为直接和长期的动力,需要实现四个主要的目标:① 推广农业减氮计划和生态农业方式,减少农业面源污染产生量,尤其是N;② 规划人居环境整治工程、垃圾收集和处理工程、白邑集镇以及农村的生活污水处理系统等,控制直接入河的污染源;③ 对冷水河实施生态修复和管理,确保在2010年建成完善的冷水河污染控制和管理体系;④ 加强对一级保护区、青龙潭和黑龙潭等的严格管理,确保龙潭出水维持在I类水质,严格管理冷水河沿线约100 m范围内的种植和污染排放活动。主要措施参见第六章对应的部分。

### 4.5.3 牧羊河子流域区

(1) 范围

包括流域内的湖盆区,面积约合108.7 km²,共分2个控制亚区,其中,牧羊河源头水保区($III_1$)约65.4 km²,牧羊河中游水保区($III_2$)约43.3 km²、牧羊河下游水保区($III_3$)、坝子污染控制区($III_4$)。

(2) 主要生态环境问题

① 与冷水河相比,牧羊河的径流面积大,河流流程长,河流沿线多农村和农田分布,农业和农村污染更为严重;

② 牧羊河中下游坡耕地仍较多,水土流失比较严重;

③ 未能建立有效的河道管理体系,河流沿线农田侵占河岸带的现象更为突出。

(3) 保护目标和实施的主要措施

为确保II区的社会经济持续发展,以此为水源涵养提供更为直接和长期的动力,需要实现四个主要的目标:① 规划人居环境整治工程、垃圾收集和处理工程、小集镇以及农村的生活污水处理系统等,控制直接入河的污染源,尤其是河流沿线的村庄;② 在农业结构调整的同时,推广农业减氮计划和生态农业方式,减少农业面源污染产生量,尤其是N;③ 坡耕地退耕还林;④ 分段实施河流生态修复工程,并确保在2015年建成完善的牧羊河污染控制和管理体系;⑤ 加强对一级保护区和黄龙潭的严格管理,确保龙潭出水水质维持在I类水质,严格管理牧羊河沿线约100 m范围内的种植和污染排放。主要措施参见第六章对应的部分。

# 第五章 水源保护区水环境系统分析与环境问题诊断

## 5.1 河流和水源地水质综合评价

### 5.1.1 冷水河和牧羊河水质评价

冷水河和牧羊河是松华坝水库的重要水源地,其径流面积占地松华坝水源区总面积的84%,两河的水质直接影响了水库的水质类别。根据 2003 年和 2004 年的监测,对水质进行综合评价,评价标准采用 GB 3838—2002 中的Ⅱ类标准(表 2-5-1～2-5-4)。

表 2-5-1　2003 年冷水河(甸尾断面)的主要水质监测值　　　(单位:mg·L$^{-1}$)

| 指标 | Ⅱ类 | 样品数 | 最小值 | 最大值 | 平均值 | 最大超标倍数 | 超标率 |
|---|---|---|---|---|---|---|---|
| 油 | 0.05 | 6 | 0 | 0.092 | 0.026 | 0.84 | 33.3 |
| pH | 6～9 | 6 | 7.7 | 8.67 | | 0 | 0 |
| DO | 6 | 6 | 8.7 | 6.99 | 7.8 | 0 | 0 |
| $COD_{Mn}$ | 4 | 6 | 0.2 | 2.68 | 0.95 | 0 | 0 |
| COD | 15 | 6 | 4.63 | 11.3 | 7.4 | 0 | 0 |
| $BOD_5$ | 3 | 6 | 0.4 | 3.1 | 1.34 | 0 | 0 |
| $NO_3^-$ | 10 | 2 | 0.25 | 0.71 | 0.48 | 0 | 0 |
| $NH_3$-N | 0.5 | 2 | 0 | 0.58 | 0.11 | 0.16 | 16.7 |
| TN | 0.5 | 6 | 0.61 | 1.44 | 0.92 | 1.88 | 100 |
| TP | 0.1 | 6 | 0.018 | 0.05 | 0.032 | 0 | 0 |
| $Cr^{6+}$ | 0.05 | 6 | 0 | 0 | 0 | 0 | 0 |
| As | 0.05 | 6 | 0 | 0 | 0 | 0 | 0 |
| $Fe^{3+}$ | 0.3 | 6 | 0.065 | 0.48 | 0.215 | 0.6 | 33.3 |
| $SO_4^{2-}$ | 250 | 4 | 0 | 4 | 2.9 | 0 | 0 |
| Hg | 0.00005 | 6 | 0 | 0 | 0 | 0 | 0 |
| Pb | 0.01 | 6 | 0 | 0 | 0 | 0 | 0 |
| Mn | 0.1 | 6 | 0.004 | 0.07 | 0.029 | 0 | 0 |
| 阴离子洗涤剂 | — | 6 | 0 | 0.025 | 0.008 | 0 | 0 |

注:深色填充框表示超标项。根据 GB 3838—2002,TN 不作为河流水质评价的指标,但作为水库和湖泊的水质评价标准;而牧羊河和冷水河作为直接入松华坝水库的河流,且河流长度有限,因此根据松华坝水库 TN 为最主要超标因子的现状,综合同地方相关部门的协商结果,仍然选取 TN 作为冷水河和牧羊河的评价标准。

表 2-5-2　2003 年牧羊河的(小河断面)主要水质监测值　　　　　　　(单位:mg·L$^{-1}$)

| 指标 | Ⅱ类 | 样品数 | 最小值 | 最大值 | 平均值 | 最大超标倍数 | 超标率 |
|---|---|---|---|---|---|---|---|
| 油 | 0.05 | 6 | 0 | 0.064 | 0.022 | 0.28 | 33.3 |
| pH | 6~9 | 6 | 8.01 | 8.58 | | 0 | 0 |
| DO | 6 | 6 | 9.3 | 6.6 | 7.76 | 0 | 0 |
| $COD_{Mn}$ | 4 | 6 | 0.8 | 2.64 | 1.5 | 0 | 0 |
| COD | 15 | 6 | 6.9 | 19.69 | 13.89 | 0.31 | 33.3 |
| $BOD_5$ | 3 | 6 | 0.7 | 2.78 | 1.39 | 0 | 0 |
| $NO_3^-$ | 10 | 2 | 0.17 | 1.059 | 0.61 | 0 | 0 |
| $NH_3$-N | 0.5 | 2 | 0 | 0.105 | 0.05 | 0 | 0 |
| TN | 0.5 | 6 | 0.34 | 1.2 | 0.72 | 0.14 | 66.7 |
| TP | 0.1 | 6 | 0.017 | 0.067 | 0.034 | 0 | 0 |
| $Cr^{6+}$ | 0.05 | 6 | 0 | 0 | 0 | 0 | 0 |
| As | 0.05 | 6 | 0 | 0 | 0 | 0 | 0 |
| $Fe^{3+}$ | 0.3 | 6 | 0.083 | 0.29 | 0.17 | 0 | 0 |
| $SO_4^{2-}$ | 250 | 4 | 12.7 | 21.1 | 18.7 | 0 | 0 |
| Hg | 0.00005 | 6 | 0 | 0 | 0 | 0 | 0 |
| Pb | 0.01 | 6 | 0 | 0.07 | 0.012 | 6 | 16.7 |
| Mn | 0.1 | 6 | 0.002 | 0.24 | 0.055 | 1.4 | 16.7 |
| 阴离子洗涤剂 | 0.2 | 6 | 0 | 0.3 | 0.058 | 0.5 | 16.7 |

表 2-5-3　2004 年牧羊河和冷水河的月水质监测　　　　　　　(单位:mg·L$^{-1}$)

| 断面 | 日期 | 水温 | pH | $NH_3$-N | TN | TP | $COD_{Mn}$ | $BOD_5$ |
|---|---|---|---|---|---|---|---|---|
| 牧羊河<br>(小河) | 1月9日 | 11 | 7.82 | 0.00 | **0.56** | 0.029 | 1.3 | 1.4 |
| | 3月3日 | 12 | 8.09 | 0.09 | **1.05** | 0.042 | 0.3 | 2.2 |
| | 5月9日 | 19.6 | 7.95 | 0.146 | 0.38 | 0.031 | 2.2 | 3 |
| | 7月7日 | 20 | 8.45 | **2.179** | **2.88** | 0.077 | **4.2** | 2 |
| | 9月7日 | 17.4 | 8.4 | **0.842** | **2.72** | **0.206** | 5.6 | 1.2 |
| | 11月9日 | 13 | 8.69 | 0.13 | 0.97 | 0.014 | 1.3 | 0.9 |
| 冷水河<br>(甸尾) | 1月9日 | 12 | 7.87 | 0.122 | **0.68** | 0.05 | 1.1 | 1 |
| | 3月3日 | 12.5 | 8.21 | 0.45 | **1.13** | 0.091 | 0.3 | 2 |
| | 5月9日 | 20.2 | 7.76 | **0.523** | **1.36** | 0.056 | 3.2 | 3.7 |
| | 7月7日 | 16 | 8.43 | 0.362 | **0.91** | 0.011 | 0.5 | 1.5 |
| | 9月7日 | 15 | 8.36 | 0.472 | **1.73** | 0.035 | 0.7 | 0.6 |
| | 11月9日 | 14 | 8.48 | 0.118 | **0.96** | 0.017 | 0.6 | 0.7 |
| Ⅱ类标准 | | — | 6~9 | 0.5 | 0.5 | 0.1 | 4.0 | 3.0 |

注:加粗数字表示超标项。

**表 2-5-4　2003 和 2004 年牧羊河和冷水河的平均水质**　　　（单位：mg·L$^{-1}$）

| 断面 | 年份 | NH$_3$-N | TN | TP | COD$_{Mn}$ | BOD$_5$ |
|---|---|---|---|---|---|---|
| 小河（牧羊河） | 2003 年 | 0.11 | **0.92** | 0.032 | 0.95 | 1.34 |
|  | 2004 年 | **0.564** | **1.43** | 0.066 | 2.5 | 1.8 |
| 甸尾（冷水河） | 2003 年 | 0.05 | **0.72** | 0.034 | 1.5 | 1.39 |
|  | 2004 年 | 0.341 | 1.13 | 0.043 | 1.1 | 1.6 |
| Ⅱ类标准 |  | 0.5 | 0.5 | 0.1 | 4.0 | 3.0 |

注：加粗数字表示超标项。

冷水河 2003 年的监测表明，油、NH$_3$-N、TN 和 Fe 超标，其中 TN 超标最为严重，达到 GB 3838—2002 的Ⅳ类标准；而 2004 年的监测表明，TN 超标仍然最为严重，其中 9 月份的水质达到 GB 3838—2002 的Ⅴ类标准。

牧羊河 2003 年的监测表明，油、Pb、COD、TN、Mn 和阴离子洗涤剂超标，其中，Pb 超标最为严重，达到 GB 3838—2002 的Ⅴ类标准，其次为 TN 和 Mn；而 2004 年的监测证实，TN 超标最为严重，其中 7 月份和 9 月份的监测结果为劣Ⅴ类，除此之外，NH$_3$-N 和 BOD 也分别超标。

根据对 2003 年和 2004 年的水质监测分析，冷水河的综合污染指数为 0.738，属清洁级；而牧羊河的则为 1.286，可归为轻污染级。由此，冷水河的水质要优于牧羊河，但 NH$_3$-N 和 TN 超标已经成为影响两条河流水质的限制性因素。此外，2004 年冷水河和牧羊河的水质均比 2003 年有比较明显的恶化，说明对其进行水污染综合防治已经迫在眉睫。此外，冷水河的 Fe、牧羊河的 Pb 和 Mn 在部分月份超标，水质仍然不太稳定。

冷水河的水质好于牧羊河主要是由于冷水河的长度较短、径流面积小，而且两侧主要为农田，且部分农田又低于河堤；而与此相反，牧羊河的长度较长、径流面积大，径流区内的主要农村和农田均密集于河流沿线，因此农村和农药面源污染严重。综上，农业和农村面源、人居生活污染以及水土流失所造成的污染物输出已经成为影响冷水河和牧羊河水质的最主要因素，也是水污染综合防治的核心部分。

### 5.1.2 主要龙潭水质评价

黑龙潭和青龙潭为冷水河的两个源头，2004 年其水质监测结果如表 2-5-5 所示。

黑龙潭和青龙潭 2004 年的监测表明，两者污染情况相似，其 DO、TN、TP 均超过Ⅰ类标准。其中 DO 轻微超标，均符合Ⅱ类标准；TN、TP 污染都较严重，TN 均为Ⅲ类标准，而 TP 均已达到Ⅳ类标准。

总体情况分析，监测断面的污染程度顺序为：牧羊河＞冷水河（甸尾）＞青龙潭＞黑龙潭。

表 2-5-5　2004年黑龙潭和青龙潭主要水质监测值

| 指标 | I类 | 样品数 | 黑龙潭 | | 青龙潭 | |
|---|---|---|---|---|---|---|
| | | | 平均值/mg·L$^{-1}$ | 超标倍数 | 平均值/mg·L$^{-1}$ | 超标倍数 |
| pH | 6~9 | 1 | 7.45 | 0 | 7.47 | 0 |
| DO | 7.5 | 1 | 6.67 | 0.12 | 6.94 | 0.08 |
| COD$_{Mn}$ | 2 | 1 | 0.41 | 0 | 0.43 | 0 |
| COD | 15 | 1 | 1.24 | 0 | 0.41 | 0 |
| BOD$_5$ | 3 | 1 | 0.43 | 0 | 0.31 | 0 |
| NO$_3^-$ | 10 | 1 | 0.73 | 0 | 0.75 | 0 |
| NH$_3$-N | 0.15 | 1 | 0 | 0 | 0 | 0 |
| TN | 0.2 | 1 | 0.78 | 2.9 | 0.81 | 3.05 |
| TP | 0.02 | 1 | 0.06 | 2 | 0.08 | 3 |
| Cr$^{6+}$ | 0.01 | 1 | 0 | 0 | 0 | 0 |
| As | 0.05 | 1 | 0 | 0 | 0 | 0 |
| Fe$^{3+}$ | 0.3 | 1 | 0 | 0 | 0 | 0 |
| SO$_4^{2-}$ | 250 | 1 | 1.75 | 0 | 0.57 | 0 |

注：深色填充框表示超标项。

## 5.2　污染负荷分析与预测

根据以往资料分析及现场调查，发现目前在松华坝水源保护区（嵩明县）内对水体水质产生影响的来源主要有：畜禽养殖、农田化肥、农村和小集镇生活污染、水土流失和固体废物等。为了全面分析不同区域的污染物产生量对冷水河和牧羊河的影响，根据第四章的污染控制分析，本节也将分3个区分别计算污染负荷：源头区、冷水河子流域、牧羊河子流域。

### 5.2.1　污染负荷现状分析

#### 5.2.1.1　面源污染负荷现状

根据现场勘察和资料调研，松华坝水源保护区内的面源污染包括：农村生活、畜禽养殖、农田化肥、水土流失等。其污染输入量的多少与水源保护区内的降水量、土地利用方式、地形地貌、土壤植被和农业活动以及田间管理有着密切关系。一般而言，降雨量大，则入河径流量大，面源污染程度将增加。此外，地形地质因素、人类活动也与面源污染有关。松华坝水源区（嵩明县）属浅切割的中山山地地貌，山间盆地与山岭相间，东北部较高，西南部较低，整个地势由东北向西南逐渐倾斜。水源区系由梁王山分割而形成白邑、牧羊、阿子营和鼠街4个大小不一的坝子及其周围的山地和水系等组成。就区内的河流而言，牧羊河两侧坡耕地面积较多、农村多沿河而建；冷水河两侧农田较多、化肥使用量较大，这些都直接或间接导致了整个水源区面源污染严重的局面。

面源调查有两种方法：① 对受纳水体的水质、水量分析，计算汇水区污染物输出量；② 对污染物的产生、迁移过程的直接调查，计算污染物的产生量和输出量。前者为目前国内外较多采用的方法，它只需对区域水质水量进行同步观测，就可得到量化模型。后者是对污染物产生和输出的全过程剖析，并对污染物分类定量，以利于针对各类污染物采取控制措施。本规划采用后一种方法对进入河流的面源污染物进行估算(图 2-5-1)。

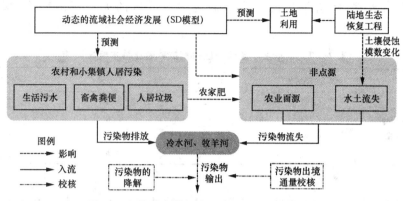

**图 2-5-1　污染负荷调查、预测与分析技术路线**

(1) 农村和小集镇生活污染

截至 2004 年年末,水源区内总人口为 64886 人,城市化水平很低,白邑、牧羊和大哨 3 个小集镇的生活污水在排放前均未经过有效的处理,其余农村的生活污水也绝大多数未经任何处理,且多通过灌溉渠进入农田,后进入河道。

此外,根据 2004 年 11 月的调查,(原)白邑乡内尚有 19 户小餐馆,主要分布在南云、苏海、中所、小营和白邑,日产污水 7.0 t,日产垃圾 0.27 t。根据嵩明县滇池管理局 2005 年 7 月份的统计,水源区内总的生活污水负荷为:642.3 t/d,折合 $23.44 \times 10^4$ t/a。

农村生活污染包括农业人口产生的生活污水和粪便。目前松华坝水源保护区内共有农业人口 62197 人,产生的生活污水大部分均未经处理,通过沟渠或地表径流等进入河道。本规划参考滇池流域的相关研究成果来确定区内农村生活污染的排污系数和污染负荷(表 2-5-6)。

**表 2-5-6　农村和小集镇生活污染产生量**

| 分区 | 农村人口/人 | 城镇人口/人 | 日排尿量/L·人$^{-1}$ | 日排粪量/kg·人$^{-1}$ | 排污系数/g·人$^{-1}$·d$^{-1}$ | | | | | | 污染物排放量/t·a$^{-1}$ | | |
|---|---|---|---|---|---|---|---|---|---|---|---|---|---|
| | | | | | COD$_{Cr}$ | | TN | | TP | | COD$_{Cr}$ | TN | TP |
| | | | | | 农村 | 城镇 | 农村 | 城镇 | 农村 | 城镇 | | | |
| 源头区 | 7365 | 393 | | | | | | | | | 50.52 | 1.16 | 1.34 |
| 冷水河子流域 | 23082 | 1124 | 2.0 | 0.25 | 17.4 | 26.1 | 0.4 | 0.6 | 0.46 | 0.69 | 157.30 | 3.62 | 4.16 |
| 牧羊河子流域 | 31750 | 1194 | | | | | | | | | 213.02 | 4.90 | 5.63 |
| 合计 | 62197 | 2711 | — | — | — | — | — | — | — | — | 420.84 | 9.67 | 11.13 |

松华坝水源保护区内的农村基本不使用水冲厕所,以旱厕为主。农村人口产生的粪便在水源区内绝大部分以旱厕及堆肥的形式进入农田,再通过农田进入水体,而不同于城市通过化粪池及污水处理系统后再进入水体。

(2) 畜禽养殖污染

由于水源区的特殊性,区内并无规模化养殖场,因此养殖分散、规模小,畜禽养殖的粪便多用于农田施肥,但部分村庄,特别是牧羊河沿线村庄存在畜禽粪便随意排放,会在雨季被冲刷入河,对河流水质造成不利影响。

由于松华坝水源区内由畜牧业产生的粪便主要作为农家肥进入农田,通过农田径流等进入水体,对河流的水质会造成污染,后果不可忽视。根据《2004年嵩明县国民经济和社会发展统计年鉴》中的数据,经折算后统计出水源区内各分区的大牲畜、猪、羊、家禽数目,详见表2-5-7。

**表 2-5-7　松华坝水源保护区内畜禽养殖业基本情况调查**

| 分区名称 | 大牲畜/头 | 猪/头 | 羊/头 | 家禽/只 |
|---|---|---|---|---|
| 源头区 | 4216 | 17302 | 7448 | 22642 |
| 冷水河子流域 | 7325 | 30155 | 7295 | 51811 |
| 牧羊河子流域 | 9773 | 46433 | 13046 | 81854 |
| 合计 | 21314 | 93890 | 27789 | 156307 |

资料来源:嵩明县统计年鉴(2004)。

畜禽所产生的污染负荷是通过水源区内畜禽的种类和数目,以及每头畜禽所产生的污染当量来计算。参考《滇池流域农业面源污染控制专题调研报告》等研究报告,同时结合区内的实际情况,得到畜禽养殖排污系数见表2-5-8。具体计算结果见表2-5-9。由表2-5-9可知,松华坝水源区畜禽养殖$COD_{Cr}$排放总量为2710.68 t/a,TN排放总量为1156.06 t/a,TP排放总量为209.81 t/a。

**表 2-5-8　畜禽养殖排污系数**　　　　　　　　　　　(单位:g·头·d$^{-1}$)

| 名称 | $COD_{Cr}$ | TN | TP |
|---|---|---|---|
| 大牲畜 | 200 | 85.1 | 14.5 |
| 猪 | 26.8 | 11.5 | 2.3 |
| 羊 | 12.05 | 6.25 | 1.23 |
| 家禽 | 2 | 0.64 | 0.1 |

**表 2-5-9　畜禽养殖业污染负荷计算**　　　　　　　　(单位:t·a$^{-1}$)

| 分区名称 | 大牲畜 | | | 猪 | | |
|---|---|---|---|---|---|---|
| | $COD_{Cr}$ | TN | TP | $COD_{Cr}$ | TN | TP |
| 源头区 | 307.77 | 130.96 | 22.31 | 169.25 | 72.63 | 14.53 |
| 冷水河子流域 | 534.73 | 227.53 | 38.77 | 294.98 | 126.58 | 25.32 |
| 牧羊河子流域 | 713.43 | 303.56 | 51.72 | 454.21 | 194.90 | 38.98 |
| 小计 | **1555.92** | **662.04** | **112.80** | **918.43** | **394.10** | **78.82** |
| 分区名称 | 羊 | | | 家禽 | | |
| | $COD_{Cr}$ | TN | TP | $COD_{Cr}$ | TN | TP |
| 源头区 | 32.76 | 16.99 | 3.34 | 16.53 | 5.29 | 0.83 |
| 冷水河子流域 | 32.09 | 16.64 | 3.28 | 37.82 | 12.10 | 1.89 |
| 牧羊河子流域 | 57.38 | 29.76 | 5.86 | 59.75 | 19.12 | 2.99 |
| 小计 | 122.22 | 63.39 | 12.48 | 114.10 | 36.51 | 5.71 |
| 合计 | $COD_{Cr}$ | 2710.68 | TN | 1156.06 | TP | 209.81 |

(3) 农田化肥污染

统计松华坝水源保护区内的化肥、地膜和农药使用情况(表2-5-10)。由表2-5-10可知,水源保护区内N、P、K肥和复合肥的使用量分别达1619 t、1472 t、345 t和1503 t。

表2-5-10 松华坝水源保护区(嵩明县)农田面积和化肥农药使用情况

| 乡镇名称 | | 化肥(折纯)/t | | | | 旱地 | 水田 | 地膜 | 农药 |
| --- | --- | --- | --- | --- | --- | --- | --- | --- | --- |
| | | 氮肥 | 磷肥 | 钾肥 | 复合肥 | | | | |
| 滇源镇 | 白邑 | 956 | 936 | 213 | 673 | 22380 | 14520 | 165 | 29 |
| | 大哨 | 485 | 401 | 132 | 780 | 8025 | 0 | 152 | 31 |
| 阿子营 | | 178 | 135 | 0 | 50 | 20025 | 13875 | 13 | 2 |
| 合计 | | 1619 | 1472 | 345 | 1503 | 50430 | 28395 | 330 | 62 |

资料来源:嵩明县统计年鉴(2004)。

根据表2-5-10可知,水源区内的耕地亩均施用各种化肥62.7 kg,农药0.8 kg。与2000年相比,水源区内化肥的总使用量有小幅度上升,增加了3.80%,其中氮肥和磷肥的总量在降低,分别降低了1.28%和1.93%,而钾肥和复合肥的使用量在上升,分别增加了4.23%和16.87%。

化肥流失量取决于化肥利用率的高低及土壤固定量,利用率高且固定大,则流失量少;反之,则流失量多。但化肥的利用率及土壤固定因土壤、作物、施肥方法而各异,且现有的研究报告在这方面的结果悬殊很大。农业化学手册为:氮肥利用率为29.1%~68.9%,固定率10.3%~30.5%,流失率18.4%~47.5%。联合国粮农组织48年连续试验结果为:磷肥13.2%被吸收,87.1%留在土壤中,没有磷从土壤中淋洗冲走。昆明市土壤肥料工作站研究为:氮肥利用率为27.20%~62.81%,磷肥利用率11.78%~28.43%。参考《滇池流域农业面源污染控制专题调研报告》并结合松华坝水源保护区的当地情况,取TN流失率为7%,TP流失率为2%,复合肥中N:$P_2O_5$:$K_2O$为15%:15%:15%进行推算。

计算结果如表2-5-11所示,松华坝水源区农田化肥中TN和TP的流失量分别为129.11 t/a和14.82 t/a。

表2-5-11 松华坝水源保护区(嵩明县)的农田化肥污染 (单位:$t \cdot a^{-1}$)

| 分区名称 | 氮肥中纯氮含量 | 磷肥中纯磷含量 | TN流失量 | TP流失量 | COD |
| --- | --- | --- | --- | --- | --- |
| 源头区 | 738.05 | 284.26 | 51.66 | 5.69 | 443.35 |
| 冷水河子流域 | 822.6 | 352.61 | 57.58 | 7.05 | 918.76 |
| 牧羊河子流域 | 283.8 | 104.26 | 19.87 | 2.09 | 1472.24 |
| 总计 | 1844.45 | 741.14 | 129.11 | 14.82 | 2834.35 |

此外,在冷水河和牧羊河两岸设有专门的灌溉闸门,农田灌溉退水会直接进入两条河流,是重要的污染来源之一。参考《全国水环境容量核定技术指南-污染源调查》中的方法介绍,并结合松华坝水源区当地情况,取旱地源强系数为0.0209 t/亩·年,水田源强系数为0.0627 t/亩·年,计算得水源区内的农田径流COD污染为2834.35 t/a。

(4) 水土流失

松华坝水源保护区内有陡峻的沟谷地形和破碎的地质结构,特别是在牧羊河子流域内。区内的表层土、砂、石等结构松散,降水集中,从而有一定程度的水土流失存在。规划区内的水土流失以水力侵蚀为主,主要集中在河道两岸岸坡、山地植被稀疏地带。降雨期土壤,泥沙随雨水大量流失,土壤中的有机物、TN、TP 等成分大部分溶解于水或以流失土粒为载体直接进入河道水体。参考嵩明县滇池管理局《农业面源污染控制技术集成系统试验示范项目实施方案(2005)》,松华坝水源保护区内水土流失情况见表 2-5-12。土壤中营养物含量 TN 为 0.18%,TP 为 0.07%。在分区 I(源头区)内,由于无主要河流经过,故没有考虑水土流失量。区内水土流失所产生 TN、TP 流失量见表 2-5-14。

表 2-5-12 松华坝水源保护区(嵩明县)的水土流失情况

| 乡镇 | 水土流失面积/km² | 水土流失程度 | | | |
|---|---|---|---|---|---|
| | | 轻度 | 中度 | 强度 | 极强度 |
| 白邑 | 75.5 | 28.43 | 39.15 | 7.51 | 0.41 |
| 大哨 | 12.3 | 3.17 | 6.61 | 2.51 | — |
| 阿子营 | 72.97 | 39.39 | 30.64 | 2.97 | — |
| 合计 | 160.77 | 70.99 | 76.4 | 12.97 | 0.41 |

资料来源:嵩明县滇池管理局,农业面源污染控制技术集成系统试验示范项目实施方案(2005)。

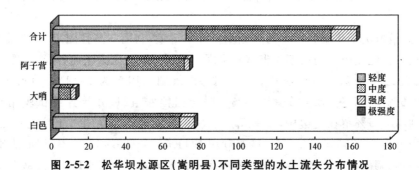

图 2-5-2 松华坝水源区(嵩明县)不同类型的水土流失分布情况

此外,水源区内水土流失和石漠化仍部分存在。根据卫星遥感测试,水源区内的石漠面积 34.13 km²,占总面积的 6.5%(表 2-5-13)。

表 2-5-13 松华坝水源保护区(嵩明县)内石漠化分布 (单位:km²)

| 乡 镇 | 国土面积 | 岩溶面积 | 石漠化面积 | | | |
|---|---|---|---|---|---|---|
| | | | 总面积 | 重度 | 中度 | 轻度 |
| 滇源镇 | 525.50 | 335.59 | 34.13 | 3.42 | 8.67 | 22.04 |
| 阿子营乡 | 282.13 | 179.02 | 23.01 | 2.47 | 6.29 | 14.25 |
| 合计 | 243.37 | 156.57 | 11.12 | 0.95 | 2.38 | 7.791 |

表 2-5-14 松华坝水源保护区(嵩明县)内水土流失所产生的污染负荷

| 分区名称 | 水土流失面积/km² | 水土流失量/t·a⁻¹ | TN 流失量/t·a⁻¹ | TP 流失量/t·a⁻¹ |
|---|---|---|---|---|
| 冷水河子流域 | 50.33 | 109357 | 196.84 | 76.55 |
| 牧羊河子流域 | 80.04 | 164826.4 | 296.69 | 135.38 |
| 合计 | 130.37 | 274183.4 | 493.53 | 191.93 |

(5) 各分区污染负荷现状

综合上述污染途径,2004 年各分区内面源污染物的排放量见表 2-5-15,水源区内面源污染的 $COD_{Cr}$、TN、TP 总负荷量为 5965.88 t/a、1788.39 t/a 和 427.7 t/a。

表 2-5-15　松华坝水源保护区(嵩明县)内 2004 年各分区的面源污染物排放量

| 污染来源 | 污染负荷/t·a$^{-1}$ | | | | | | | | |
|---|---|---|---|---|---|---|---|---|---|
| | Ⅰ:源头区 | | | Ⅱ:冷水河子流域 | | | Ⅲ:牧羊河子流域 | | |
| | COD$_{Cr}$ | TN | TP | COD$_{Cr}$ | TN | TP | COD$_{Cr}$ | TN | TP |
| 农村、小集镇生活 | 50.52 | 1.16 | 1.34 | 157.30 | 3.62 | 4.16 | 213.02 | 4.90 | 5.63 |
| 畜禽养殖 | 526.30 | 225.87 | 41.01 | 899.62 | 382.85 | 69.25 | 1284.77 | 547.35 | 99.55 |
| 农田化肥 | 443.35 | 51.66 | 5.69 | 918.76 | 57.58 | 7.05 | 1472.24 | 19.87 | 2.09 |
| 水土流失 | — | — | — | — | 196.84 | 76.55 | — | 296.69 | 115.38 |
| 合计 | 1020.17 | 278.69 | 48.04 | 1975.68 | 640.89 | 157.01 | 2970.03 | 868.81 | 222.65 |

#### 5.2.1.2　固体废物污染负荷现状

任意排放、未加处理的固体废物也是导致水体污染的重要原因。在松华坝水源区内基本上无工业企业,因此本规划主要对生活垃圾和农业固体废物进行负荷分析。

(1) 生活垃圾

在松华坝水源区的部分村庄已经配备了垃圾收集池,但由于垃圾运输、填埋等方面的原因,水源区内的农村生活垃圾仍未得到有效的处理,随处倾倒生活垃圾现象仍比较严重。村落缺少公共厕所,人畜粪便常在饲养圈内同谷草做成农家肥饼堆积在村落空地和农田、池塘、河道旁,部分粪水没有进入沼气池,直接露天储存在便池内,降雨时,垃圾粪便中的污染物随雨水经地表径流入河,对水质产生影响。

水源区内非农业人口 2711 人,农业人口 62197 人,固体废物非农业人口产生系数取 0.77 kg/人·d;农业人口产生系数取 0.5 kg/人·d。生活垃圾产生量见表 2-5-16。

表 2-5-16　松华坝水源保护区(嵩明县)内的生活垃圾产生量

| 分区 | 农业人口数 | 非农业人口数 | 农业人口产生系数 /kg·人$^{-1}$·d$^{-1}$ | 非农业人口产生系数 /kg·人$^{-1}$·d$^{-1}$ | 农业人口固体废弃物产生量 /t·a$^{-1}$ | 非农业人口固体废弃物产生量 /t·a$^{-1}$ | 总计 /t·a$^{-1}$ |
|---|---|---|---|---|---|---|---|
| 源头区 | 7365 | 393 | 0.5 | 0.77 | 1344.11 | 110.45 | 1454.56 |
| 冷水河子流域 | 23082 | 1124 | 0.5 | 0.77 | 4212.47 | 315.90 | 4528.37 |
| 牧羊河子流域 | 31750 | 1194 | 0.5 | 0.77 | 5794.38 | 335.57 | 6129.95 |
| 合计 | 62197 | 2711 | 0.5 | 0.77 | 11350.95 | 761.93 | 12112.88 |

(2) 农业固体废物

农业固体废物主要是农作物秸秆,但只要回收秸秆合理利用,留在农田里的残余秸秆对农田产生的污染负荷是可以忽略不计的。2004 年各分区农业固体废物量见表 2-5-17。

表 2-5-17　松华坝水源保护区(嵩明县)内的农业生产垃圾产生量　　(单位:t·a$^{-1}$)

| 分区名称 | 烤烟 | 玉米 | 水稻 | 土豆 | 蔬菜 | 花卉 |
|---|---|---|---|---|---|---|
| 源头区 | — | — | — | — | — | — |
| 冷水河子流域 | 607 | 3109 | 766 | 665 | 354 | 13 |
| 牧羊河子流域 | 1170 | 5521 | 803 | 1048 | 10817 | 828 |
| 合计 | 1777 | 8630 | 1569 | 1713 | 11171 | 841 |
| 总计 | 25701 | | | | | |

## 5.2.2 污染负荷预测

### 5.2.2.1 面源污染负荷预测

面源污染负荷同样按照不同的污染途径(农村生活、畜禽养殖、农田化肥、水土流失)来进行预测。考虑到水土流失是嵩明县今后治理的重点,水土流失产生的污染按现有水平保持不变,以2004年为基准年,采用系统动力学模型(SD)分别预测2010年、2015年、2020年的面源污染物排放量(见表2-5-18)。

表2-5-18 各分区面源污染物排放量预测结果

| 污染途径 | 污染负荷/t·a$^{-1}$ | | | | | | | | |
|---|---|---|---|---|---|---|---|---|---|
| | Ⅰ:源头区 | | | Ⅱ:冷水河子流域 | | | Ⅲ:牧羊河子流域 | | |
| | COD$_{Cr}$ | TN | TP | COD$_{Cr}$ | TN | TP | COD$_{Cr}$ | TN | TP |
| 2010年 | | | | | | | | | |
| 农村和小集镇生活 | 52.64 | 1.21 | 1.39 | 164.05 | 3.77 | 4.34 | 222.02 | 5.10 | 5.87 |
| 畜禽养殖 | 479.61 | 205.28 | 36.38 | 839.70 | 358.79 | 63.55 | 1158.86 | 494.58 | 87.88 |
| 农田化肥 | 300.2 | 38.66 | 4.19 | 358.3 | 43.16 | 5.18 | 552.6 | 14.93 | 1.53 |
| 水土流失 | — | — | — | — | 196.84 | 76.55 | — | 296.69 | 115.38 |
| 合计 | 832.36 | 245.15 | 41.96 | 1362.05 | 602.56 | 149.62 | 1933.48 | 811.30 | 210.66 |
| 2015年 | | | | | | | | | |
| 农村和小集镇生活 | 54.25 | 1.25 | 1.43 | 168.91 | 3.88 | 4.47 | 228.77 | 5.26 | 6.05 |
| 畜禽养殖 | 527.55 | 228.62 | 40.84 | 882.60 | 378.29 | 67.16 | 1241.93 | 533.77 | 95.28 |
| 农田化肥 | 232.3 | 29.94 | 3.24 | 277.2 | 33.43 | 4.01 | 427.6 | 11.52 | 1.18 |
| 水土流失 | — | — | — | — | 196.84 | 76.55 | — | 296.69 | 115.38 |
| 合计 | 814.10 | 259.81 | 45.51 | 1328.71 | 612.44 | 152.19 | 1898.3 | 847.24 | 217.89 |
| 2020年 | | | | | | | | | |
| 农村和小集镇生活 | 55.67 | 1.28 | 1.47 | 173.35 | 3.98 | 4.58 | 234.78 | 5.40 | 6.21 |
| 畜禽养殖 | 539.10 | 233.90 | 41.83 | 899.59 | 385.82 | 68.54 | 1267.44 | 545.19 | 97.39 |
| 农田化肥 | 179.74 | 23.17 | 2.51 | 214.52 | 25.87 | 3.10 | 330.83 | 8.91 | 0.92 |
| 水土流失 | — | — | — | — | 196.84 | 76.55 | — | 296.69 | 115.38 |
| 合计 | 774.51 | 258.35 | 45.81 | 1287.46 | 612.51 | 152.77 | 1833.05 | 856.19 | 219.90 |

各分区面源污染物排放量随时间变化趋势见图2-5-3~2-5-5。

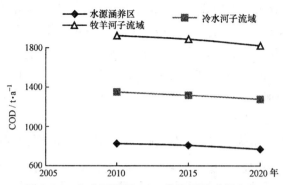

图 2-5-3　各分区面源 COD 排放量随时间变化

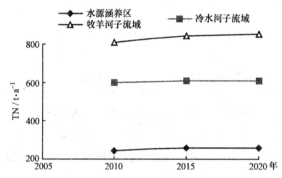

图 2-5-4　各分区面源 TN 排放量随时间变化

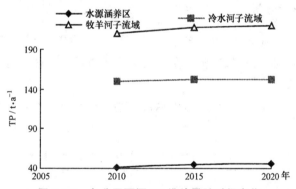

图 2-5-5　各分区面源 TP 排放量随时间变化

松华坝水源区内面源污染物排放量随时间变化见表 2-5-19。

表 2-5-19　松华坝水源保护区(嵩明县)2010～2020 年面源污染物负荷预测

| 年　份 | 污染负荷/t·a⁻¹ | | |
| --- | --- | --- | --- |
| | $COD_{Cr}$ | TN | TP |
| 2010 | 4127.89 | 1659.01 | 402.24 |
| 2015 | 4041.11 | 1719.49 | 415.59 |
| 2020 | 3895.02 | 1727.05 | 418.48 |

由预测结果不难看出：① COD 负荷量有所减少，这主要是由于农业面积较小所致；② TN、TP 有小幅上涨。2004 年松华坝水源区面源污染物 COD、TN、TP 排放总量为 5965.88 t/a、1788.39 t/a、427.7 t/a；预计到 2010 年将分别达到 4127.89 t/a、1659.01 t/a、402.24 t/a；到 2020 年 COD 将进一步削减到 3895.02 t/a，而 TN、TP 则分别为 1727.05 t/a、418.48 t/a，均呈小幅增加。

#### 5.2.2.2 固体废物污染负荷预测

根据第三章所建立的系统动力学模型，对生活垃圾产生量进行预测，结果见表 2-5-20。

表 2-5-20　松华坝水源保护区（嵩明县）内的生活垃圾产生量预测结果/t·a$^{-1}$

| 年　份 | 2010 | 2015 | 2020 |
| --- | --- | --- | --- |
| 源头区 | 1515.71 | 1561.88 | 1602.93 |
| 冷水河子流域 | 4722.56 | 4862.52 | 4990.22 |
| 牧羊河子流域 | 6388.95 | 6583.22 | 6756.01 |
| 合计 | 12627.22 | 13007.62 | 13349.16 |

由表 2-5-20 可知，在水源保护区内，生活垃圾产生量呈增长趋势，从 2004 年的 12112.88 t/a 增长到 2010 年的 12627.22 t/a、2015 年的 13007.62 t/a 和 2020 年的 13349.16 t/a，这主要是由于人口的增加所致。但同样，由于人口增长的幅度较小，因此污染负荷的增加速度也较为缓慢。

### 5.2.3　污染物排放总量分析

根据上述面源污染负荷分析，得到各途径、各污染物污染负荷情况，并计算污染物排放总量。以下分别从污染物排放总量、入河总量和污染途径贡献比较进行阐述。

（1）污染物排放总量

根据以上面源的污染负荷计算结果，汇总得到松华坝水源区内的污染物排放总量，详见表 2-5-21。

表 2-5-21　松华坝水源保护区（嵩明县）内的污染物排放量汇总

| 污染物来源 | 污染物种类 | COD/t·a$^{-1}$ | TN/t·a$^{-1}$ | TP/t·a$^{-1}$ |
| --- | --- | --- | --- | --- |
| 面源 | 农村和小集镇人居 | 420.84 | 9.68 | 11.13 |
|  | 农田化肥 | 2710.68 | 1156.06 | 209.81 |
|  | 水土流失 | 2834.35 | 129.11 | 14.83 |
|  | 合计 | 5965.87 | 1788.38 | 427.7 |

（2）污染物入河总量及其预测

入河污染物是影响河流水质的根本原因。根据中国环境规划院 2003 年发布的《全国水环境容量核算指南》中提供的技术参数，结合滇池流域的相关研究以及松华坝水源保护区的实际情况，确定面源污染中水土流失的 N、P 流失量按可溶态计算，且输送路径较短，其入河系数可按1.0考虑;农村面源中除农田退水部分的COD因为是直接入河所以系数取1.0外,其余部分的COD经过发酵贮存得到削减,根据滇池"九五"、"十五"攻关研究及中荷合作滇南湖群研究结果,进入农田后的COD最终约有10%的量进入河流水体;农村面源中的N、P入河系数分别按10%、5%的流失率计算。其中分区Ⅰ(源头区)无主要河流经过,其污染负荷没有计入入河污染负荷量。由此汇总得到松华坝水源保护区内2004年的入河污染负荷量(表2-5-22)。

**表 2-5-22　松华坝水源保护区(嵩明县)内 2004 年的污染物入河量汇总**

| 污染物来源 | 污染物种类 | COD/t·a$^{-1}$ | TN/t·a$^{-1}$ | TP/t·a$^{-1}$ |
|---|---|---|---|---|
| 面源 | 农村和小集镇人居 | 253.261 | 93.821 | 8.9005 |
| | 农田化肥 | 2391 | 77.45 | 9.14 |
| | 水土流失 | — | 49.353 | 19.193 |
| 其中: | 冷水河 | 1024.45 | 115.91 | 18.38 |
| | 牧羊河 | 1622.02 | 104.76 | 18.89 |
| **合计** | | **2646.47** | **220.68** | **37.26** |

由表 2-5-22 可以看出:

- 入河 COD 最主要的贡献来自于农田化肥,其贡献率达到 91%,其次是畜禽养殖。
- 入河 TN 最主要的贡献来自于农村和小集镇人居(包括生活污水、畜禽养殖等)和农田化肥,贡献率分别为 43%和 35%,另外水土流失也造成了较多的 TN 入河。
- 入河 TP 最主要的贡献来自于水土流失,其贡献率达到 51%,究其原因可能是水土流失造成了较多的吸附态的 P 流失。农田化肥和畜禽养殖造成的 TP 流失也不容忽视,贡献率分别为 25%和 23%。

依据 2004 年牧羊河和冷水河的水质、水文监测,估算出两条河的入松华坝水库的通量分别为,冷水河:COD 339.34 t/a,TN 34.92 t/a,$NH_3$-N 10.54 t/a,TP 1.33 t/a;牧羊河:COD 804.36 t/a,TN 52.76 t/a,$NH_3$-N 20.81 t/a,TP 2.47 t/a。对比分析两条河水源头的水质,并考虑到河道的自净功能,可知冷水河的白邑-甸尾段共入河的污染物量为:COD 571.1 t/a,TN 32.18 t/a,$NH_3$-N 16.3 t/a,TP 1.1 t/a;牧羊河阿达龙-小河段共入河的污染物总量为:COD 1735.6 t/a,TN 49.92 t/a,$NH_3$-N 43.9 t/a,TP 1.9 t/a。2004 年,冷水河和牧羊河共入松华坝水库的污染物总量为:TN 87.68 t/a,$NH_3$-N 31.35 t/a,TP 3.80 t/a,COD 1143.7 t/a。

松华坝水源区内污染物排放量随时间变化见表 2-5-23。

表 2-5-23  松华坝水源保护区（嵩明县）内的污染物入河量预测

| 年 份 | 河 流 | 入河量/t·a$^{-1}$ | | |
|---|---|---|---|---|
| | | COD$_{Cr}$ | TN | TP |
| 2010 | 冷水河 | 458.68 | 99.10 | 16.23 |
| | 牧羊河 | 690.69 | 94.57 | 17.76 |
| | 小计 | 1149.36 | 193.67 | 33.99 |
| 2015 | 冷水河 | 382.35 | 91.33 | 15.25 |
| | 牧羊河 | 574.67 | 95.09 | 17.78 |
| | 小计 | 957.02 | 186.42 | 33.03 |
| 2020 | 冷水河 | 321.81 | 84.53 | 14.41 |
| | 牧羊河 | 481.05 | 93.64 | 17.64 |
| | 小计 | 802.87 | 178.17 | 32.05 |

由表 2-5-23 可知，与 2004 年相比，水源区内的 COD 入河量有所降低，但 TN 的入河量仍然维持在一个相对稳定的高入河量上，因此需要从产业结构调整和污染防治两方面入手进行综合防治。

## 5.3 冷水河和牧羊河水质预测

在污染负荷量发展趋势基础上，用水质模型对规划年 2010 年、2015 和 2020 年的冷水河和牧羊河的水质进行预测。水质预测的模型计算结果详见表 2-5-24 和图 2-5-6，图中的对比标准为 GB 3838—2002 中的 Ⅱ 类水质。

表 2-5-24  冷水河和牧羊河的水质预测

| 年 份 | 2010 | 2015 | 2020 |
|---|---|---|---|
| COD$_{Cr}$/mg·L$^{-1}$ | | | |
| 冷水河 | 13.25 | 11.63 | 10.35 |
| 牧羊河 | 12.63 | 11.53 | 10.63 |
| TN/mg·L$^{-1}$ | | | |
| 冷水河 | 1.06 | 1.15 | 1.08 |
| 牧羊河 | 1.33 | 1.40 | 1.41 |
| TP/mg·L$^{-1}$ | | | |
| 冷水河 | 0.041 | 0.042 | 0.042 |
| 牧羊河 | 0.065 | 0.062 | 0.064 |

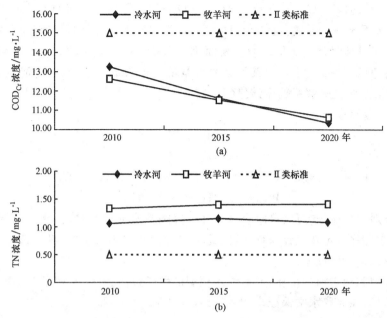

图 2-5-6　冷水河和牧羊河的 $COD_{Cr}$ 和 TN 的浓度预测（2010～2020）

通过以上规划年对冷水河和牧羊河的水质的趋势预测结果来看，$COD_{Cr}$ 和 TP 浓度低于标准，满足Ⅱ类的地表水功能区划标准。由此可知，$COD_{Cr}$ 和 TP 可以不作为本规划的重点控制指标。而与此相反，根据对 TN 的浓度预测可知，若不对 TN 采取措施，则 TN 将持续维持在较高的浓度，已远远超过了Ⅱ类地表水的水质要求。

## 5.4　水环境容量与总量控制

总量控制研究与制定是水污染综合整治规划工作的重要内容，是工程方案设计的基础。为了使规划水域满足规划水质目标的要求，必须对其实施污染物总量控制，根据纳污能力、纳污现状、不同水平年的水质控制目标、污染源源强与受纳水体水质的关系等因素，提出规划水域按照水功能区划要求的水质目标，以及在不同水平年水质目标下的纳污总量。尔后，在此基础上计算不同水平年的纳污量和规划河段的污染物削减量。

在冷水河和牧羊河水质现状分析和预测的基础上，结合污染源负荷分析，界定本规划中的水环境容量与总量控制核算方法：首先是确定污染物控制指标及其削减量分配方案，并从经济、技术两个方面分析其可行性，使其能够兼顾社会效益、经济效益和环境效益等各相关方面；然后以此提出相对优化合理的推荐方案，作为嵩明县和昆明市相关行政主管部门履行职能、控制水体排污总量和实施整治措施的依据。

由于水源区的特殊性，冷水河和牧羊河环境容量的核算仅作为污染削减和制定工程方案的依据，即使有剩余容量也不对其进行分配。

### 5.4.1　水环境容量核算

根据对监测数据的分析，冷水河和牧羊河的水环境容量核算选用如下的模型：

$$W = 86.4[Q_d(C-C_o) - Q_u(C_u-C_o) - Q_b(C_b-C_o)] + 0.001(1-e^{-K})VC \quad (5\text{-}1)$$

其中：$W$ 为河段某污染物水环境容量(kg/d)；$Q_u$、$Q_d$ 为河段上、下断面设计流量($m^3/s$)；$Q_b$ 为可控支流入口处设计流量($m^3/s$)；$C_u$ 为上断面流入污染物浓度设定值($mg \cdot L^{-1}$)；$C$ 为河段污染物水质目标值($mg \cdot L^{-1}$)；$C_o$ 为某污染物背景浓度值($mg \cdot L^{-1}$)；$V$ 为河段设计水体体积($m^3$)；$K$ 为河段某污染降解系数设计值($d^{-1}$)。

式(5-1)也可以写成

$$W = W_1 + W_2 \quad (5\text{-}2)$$

其中，

$$W_1 = 86.4[Q_d(C-C_o) - Q_u(C_u-C_o) - Q_b(C_b-C_o)],$$
$$W_2 = 0.001(1-e^{-K})VC \quad (5\text{-}3)$$

式中：$W_1$，$W_2$ 分别称为稀释容量、自净容量。在计算河流水环境容量时，水质目标值、水文参数、水质降解系数等均设定在设计条件下，因此设定设计条件非常重要，设计条件主要包括设计时期、设计时段、设计保证率。

根据对牧羊河和冷水河的水质分析，纳入模型的因子包括 $NH_3$-N 和 COD，由于水源区对水质要求的特殊性，在此取水文保证率 $P=95\%$（表 2-5-25）。

表 2-5-25  冷水河和牧羊河的水环境容量

| 河 流 | COD/$t \cdot a^{-1}$ | $NH_3$-N/$t \cdot a^{-1}$ | TN/$t \cdot a^{-1}$ |
|---|---|---|---|
| 冷水河 | 541.3 | 16.5 | 18.47 |
| 牧羊河 | 910.2 | 30.4 | 39.6 |
| 合 计 | 1451.5 | 46.9 | 58.07 |

注：① 冷水河 COD 环境容量核算中各参数的取值：$Q_u = 0.11\ m^3/s$，$Q_d = 0.98\ m^3/s$，$C_u = 0.98\ mg \cdot L^{-1}$，$C = 15\ mg \cdot L^{-1}$，$C_o = 5.98\ mg \cdot L^{-1}$，$V = 226800\ m^3$，$K = 0.22\ d^{-1}$；冷水河 $NH_3$-N 环境容量核算中各参数的取值：$C_u = 0.05\ mg \cdot L^{-1}$，$C = 0.5\ mg \cdot L^{-1}$，$C_o = 0.1705\ mg \cdot L^{-1}$，其余同 COD；② 牧羊河 COD 环境容量核算中各参数的取值：$Q_u = 0.18\ m^3/s$，$Q_d = 1.17\ m^3/s$，$C_u = 15\ mg \cdot L^{-1}$，$C = 15\ mg \cdot L^{-1}$，$C_o = 18.4\ mg \cdot L^{-1}$，$V = 940000\ m^3$，$K = 0.22\ d^{-1}$；牧羊河 $NH_3$-N 环境容量核算中各参数的取值：$C_u = 0.15\ mg \cdot L^{-1}$，$C = 0.5\ mg \cdot L^{-1}$，$C_o = 0.357\ mg \cdot L^{-1}$，其余同 COD；③ TN 环境容量计算的基本假定为河流中在达到平衡后仅考虑 $NH_3$-N 的自净作用，也即 $W_2$ 的取值，$W_1$ 的计算方法同 COD。

### 5.4.2 总量控制

根据对冷水河和牧羊河的环境容量计算和水质分析与评价，主要取 COD 和 TN 为对象来制定总量控制方案（表 2-5-26～2-5-28）。

但由于水源保护区内冷水河和牧羊河的特殊性，即使核算的环境容量小于入河量时，也绝不允许建新的排污口和新增污染负荷。

从表 2-5-25～2-5-27 可知，TN 的削减是改善冷水河和牧羊河水质的最关键制约因素。为全面达到冷水河和牧羊河的水质控制目标，冷水河和牧羊河的削减目标分别为：

• 冷水河需要在现状基础上于 2010、2015 和 2020 年分别削减 TN 80.63 t/a、72.86 t/a 和 66.06 t/a；

• 牧羊河需要在现状基础上于 2010、2015 和 2020 年分别削减 TN 54.97 t/a、55.49 t/a 和 54.04 t/a。

TN 削减的重点在于：农村和小集镇人居、农业以及水土流失，因此对松华坝水源保护区（嵩明县）的水污染防治也将以此为重点，通过对这三方面的污染削减来达到保障冷水河和牧羊河水质的稳定和达标。

表 2-5-26  2010 年冷水河和牧羊河的总量控制

| 河流 | 控制指标 | COD/t·a$^{-1}$ | TN/t·a$^{-1}$ |
|---|---|---|---|
| 冷水河 | 环境容量/t·a$^{-1}$ | 541.3 | 18.47 |
| | 入河总量/t·a$^{-1}$ | 458.68 | 99.10 |
| | 削减量/t·a$^{-1}$ | — | 80.63 |
| | 削减率/% | — | 81.36 |
| 牧羊河 | 环境容量/t·a$^{-1}$ | 910.2 | 39.60 |
| | 入河总量/t·a$^{-1}$ | 690.69 | 94.57 |
| | 削减量/t·a$^{-1}$ | — | 54.97 |
| | 削减率/% | — | 58.13 |

注:"—"表示无需削减,但由于水源区的特殊性,也禁止新增排污口和新增污染负荷(下同)。

表 2-5-27  2015 年冷水河和牧羊河的总量控制

| 河流 | 控制指标 | COD/t·a$^{-1}$ | TN/t·a$^{-1}$ |
|---|---|---|---|
| 冷水河 | 环境容量/t·a$^{-1}$ | 541.3 | 18.47 |
| | 入河总量/t·a$^{-1}$ | 382.35 | 91.33 |
| | 削减量/t·a$^{-1}$ | — | 72.86 |
| | 削减率/% | — | 79.78 |
| 牧羊河 | 环境容量/t·a$^{-1}$ | 910.2 | 39.6 |
| | 入河总量/t·a$^{-1}$ | 574.67 | 95.09 |
| | 削减量/t·a$^{-1}$ | — | 55.49 |
| | 削减率/% | — | 58.36 |

表 2-5-28  2020 年冷水河和牧羊河的总量控制

| 河流 | 控制指标 | COD/t·a$^{-1}$ | TN/t·a$^{-1}$ |
|---|---|---|---|
| 冷水河 | 环境容量/t·a$^{-1}$ | 541.3 | 18.47 |
| | 入河总量/t·a$^{-1}$ | 321.81 | 84.53 |
| | 削减量/t·a$^{-1}$ | — | 66.06 |
| | 削减率/% | — | 78.15 |
| 牧羊河 | 环境容量/t·a$^{-1}$ | 910.2 | 39.6 |
| | 入河总量/t·a$^{-1}$ | 481.05 | 93.64 |
| | 削减量/t·a$^{-1}$ | — | 54.04 |
| | 削减率/% | — | 57.71 |

## 5.5 水源区环境问题诊断

### 5.5.1 环境问题诊断方法

为了保护和改善水源区生态环境,防治水体污染,保证水源区资源的有效利用和社会经济的持续发展,结合水源区生态环境及环境污染问题,本规划将对其社会、经济、环境、资源现状进行系统分析与评估,对各类问题的表现形式、产生原因、相互作用进行科学合理的诊断,提出相关积极应对措施,以促进水源区的可持续发展。

依据环境问题诊断(Source Stressor Effect Countermeasures,简称 SSEC)的方法,对水源区内的主要环境影响源因素进行识别,对其影响因子进行分析,对已经或可能产生的影响进行评价,提出诊断建议,为规划方案的设计和实施提供依据(图 2-5-7)。

冷水河和牧羊河的水质评价和污染负荷分析以及水源区陆地生态系统现状分析是环境问题诊断的主要方面,此外,还需对水源区内目前采取的污染防治措施进行评估。

水质评价和污染负荷分析详见 5.1 和 5.2 部分,下面对水源区陆地生态系统的现状和水源区内目前采取的污染防治措施进行评估与简单分析。

### 5.5.2 水源区陆地生态系统现状分析

松华坝水源区(嵩明县)的地形主要以山区、半山区为主,二者共占总国土面积的 95% 以上。尽管目前的森林覆盖率已经达到 63.33%,但仍然存在不少的问题。主要表现在:由于受火灾、干旱、病虫害等多种因素的影响,目前水源区内仍有约 1300 $hm^2$ 左右荒山需要造林绿化,且造林地边远、偏僻,立地条件差,造林难度很大;现有林分针叶林、纯林面积大,云南松次生林、低质(低效)林面积大,树种结构很不合理,林分总体质量不高,生态功能脆弱,需要加大改造速度,补植阔叶树种,优化林分结构,提高总体功能;25°以上陡坡耕地需要有计划地实施退耕还林,提高森林覆盖率,改善生态环境,促进水源区可持续发展;结合退耕还林调整林业结构,加快发展竹林、核桃、花椒等,增加农村经济收入。

### 5.5.3 水源区水污染防治简要评估

为了全面反映水源保护区内目前所实施的工程和管理措施(彩图 7)的成效,并在总结、分析和评价的基础上为进一步制定系统、综合的管理和工程方案提供依据,本部分对水源区内水污染防治进行简要评估(表 2-5-29)。

# 第五章 水源保护区水环境系统分析与环境问题诊断

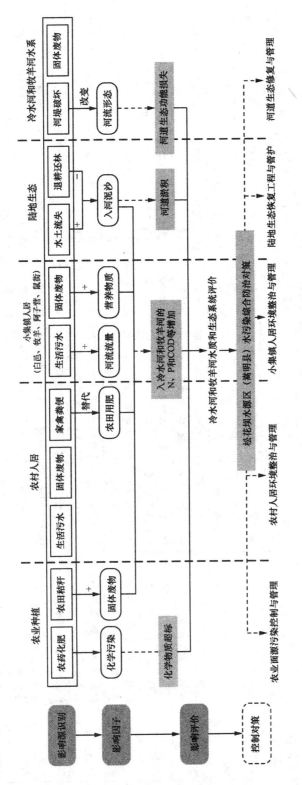

图 2-5-7 松华坝水源区（嵩明县）水污染综合防治中的问题诊断方法

注：
a. 本图体现了SSEC方法的4个主要步骤，是规划中制定适应性控制对策，并细化4个步骤的具体内容的核心；
b. 具体的问题诊断将结合以SSEC为基础，并细化4个步骤的具体内容和影响关系；
c. 冷水河和牧羊河是本规划环境问题诊断的核心；
d. 农业种植、农村人居、小集镇人居、陆地生态、冷水河和牧羊河水系为分析对象。

表 2-5-29 松华坝水源区(嵩明县)近年来已实施的部分水污染防治和生态修复工程及其简单评估

| 类型 | 时间 | 实施工程 | 规模与内容 | 简单评估 |
|---|---|---|---|---|
| 河道整治与管理 | 2005.1~4 | 牧羊河综合整治工程 | 设置示牌,召开河道沿村的群众会;打捞河道内杂物、清除河床杂草 | 打捞河内杂物18t,河岸杂草铲除清运8680 m²,垃圾处理清理3800 m³,河道清淤8750 m³ |
| | 2005.1~4 | 冷水河综合整治工程 | 清理河道内杂物的淤泥、沙石 | 打捞河内杂物1.1t,河岸杂草铲除清运45680 m²,垃圾处理清运1800 m³,河道清淤13750 m³ |
| | 2005.8 | 河道保洁员 | 40名 | 缺少足够的经费,河流生态廊道亟需修复和加强管理 |
| 环境宣教 | 2005.7 | 水源保护书写进《村规民约》 | 在(原)白邑乡实施 | 加入水源保护的规定和违约责任有利于水源保护 |
| | 2003.5~ | 警示牌和标语 | 设立警示牌504块,制作标语8条 | 宣教仍需进一步加强,并进行必要的能力建设投资 |
| 人居和农业面源污染防治 | 2001~ | 卫生旱厕建设 | (原)白邑乡建成3334个,2005年计划在水源区内建6350个 | 卫生旱厕的具体使用中存在一些闲置的现象,水源区农民使用卫生旱厕的习惯培养仍需要一个过程 |
| | 2003~ | 禁P、Pb、农药等;垃圾收集与清运 | 禁P、Pb、农药;不可自然降解塑料袋等的销售;公厕和简易垃圾堆放场建设 | 垃圾处理设施基础建设滞后,缺少垃圾收集、清运设施和垃圾处置的专门人员 |
| | 2005.1~8 | 新鲜多计秸秆还田成肥技术示范;(原)白邑乡 | 发放菌剂2060亩,推广人地1050亩,涉及农户352户,培训人员400余人次 | 填埋废弃秸秆、蔬菜、花卉和杂草等非木本植物,填埋量3~3.5 t/亩;降低化肥施用量10%~15%,共30 t |
| | 2005.1~ | 环境友好型控释肥料代替普通化肥减肥技术 | 在水源保护区代表作物水稻、玉米、烟草上进行技术试验 | 在原种植基础肥水平基础上减少化肥用量30%,流失50%为。目前正处于实施阶段,但新型肥料成本较高 |
| | 2005.1~ | 粪便、秸秆设施堆沤资源化控污技术 | 计划设20座4 m³堆沤池,堆沤厩肥和机生活垃圾等;培育2户蚯蚓养殖示范户 | 农业和农村面源污染问题仍未得到有效解决,相关的投资十分缺乏 |
| | 2005.1~ | 低肥耗作物引种试验 | 高经济价值丹波黑大豆的引种试验 | 无需施N肥,效益优于玉米、烟草等常规作物 |
| 林业建设 | 2001~ | 林业生态建设与退耕还林及其管理 | 造林926 hm²,封山育林1155 hm²,中幼林抚育900 hm²;退耕还林510.3 hm²;森林管护3.35万 hm²等 | 仍有部分坡耕地需要退耕;1300 hm²荒山需绿化;目前的树种结构不够合理,亟需改造,退耕后水源区农民的发展需要得到补偿;森林面积大,管护的任务很重 |

### 5.5.4 水源区环境问题诊断

根据上述分析,结合水源区的实地调研,诊断出水源区内的主要水环境问题可归纳为如下几方面。

(1) 河流水质恶化,已无法满足饮用水源地的水质要求

根据对 2003 年和 2004 年的水质监测分析,冷水河的综合污染指数为 0.738,属清洁级;而牧羊河的则为 1.286,可归为轻污染级。TN 和 $NH_3-N$ 超标已经成为影响两条河流水质的限制性因素。此外,2004 年冷水河和牧羊河的水质均比 2003 年有较明显的恶化,说明对其进行水污染综合防治已迫在眉睫。

而与此同时,水源地的水质情况也不容乐观:黑龙潭和青龙潭 2004 年的监测表明,两者污染情况相似,其 DO、TN、TP 均超过 I 类标准;TN、TP 污染都较严重,TN 均为 III 类标准,而 TP 均已达到 IV 类标准。

(2) 河道沿线污染尚未得到有效控制,有效的河道管理体系亟需建立

河流水系是水源区水污染防治的核心,但根据对水源区内河流水系的实地调研,发现河流源头的旅游开发仍没有完全被禁止,冷水河和牧羊河沿线河岸带被农田侵占、垃圾和粪便堆积等现象还比较严重,小集镇和农村生活污水直排仍然存在。尽管目前在两河均已安排了河道管护,但是由于资金等方面的原因,对河道尚未形成有效的管理机制。特别是牧羊河,河岸线长、沿线农村密集,且地势比河道高,农村和农业面源污染严重。从牧羊河和冷水河的沿程水质来看,阿子营以下段和白邑以下段的水质比源头明显恶化,主要是农业面源以及农村和小集镇的人居污染所造成的。

(3) 农业生产、人居生活以及水土流失是入河污染物的最主要来源

根据调研,目前在水源区内的主要污染源有:农业面源、农村和小集镇生活污染、水土流失等,多种污染源形式并存;农田化肥和农药使用、农村和小集镇人居垃圾、农田秸秆等尚未得到有效的处理。2004 年,冷水河和牧羊河共入松华坝水库 TN 87.68 t/a,$NH_3-N$ 31.35 t/a,TP 3.80 t/a,COD 1143.7 t/a。其中,农业和农村面源以及人居生活污染、水土流失已经成为影响冷水河和牧羊河水质的主要因素,也是水污染综合防治的核心部分。

(4) 陆地生态恢复与森林管护的压力很大

水源区内山地的面积大,由于受火灾、干旱、病虫害等多种因素的影响,目前宜林荒山和坡耕地的面积仍比较大;现有林分针叶林、纯林面积大,云南松次生林、低质(低效)林面积大,树种结构很不合理、林分总体质量不高,生态功能脆弱;森林面积大,但目前从事管护的资金投入和人员均显不足,森林的管护工作压力很大;在退耕还林的同时调整林业结构,增加农村经济收入,也是目前的一项急迫任务。此外,在冷水河和牧羊河的源头,水土流失的现象仍部分存在。

(5) 资金投入不足严重影响了水源区的水污染防治

从昆明市的整体出发,水源区的保护不仅仅是滇源镇、阿子营乡以及嵩明县的责任,应该从昆明市的全局出发来筹集水源区保护和发展所需的资金。尽管目前昆明市在水源区补偿上已经有所努力,但比起水源区整体保护的资金投入而言,资金不足的局面仍然十分严重,主要表现在两个方面:① 资金来源途径单一,目前主要依靠松华坝的原水费返还(2~5 分/$m^3$ 水);② 投入的资金主要用在基础设施建设上。由此,依靠水资源费的多少来决定水源保护区水污

染防治工作的进度和力度,从而很难实现水污染综合防治的目标。同样,在水源区保护的机构设置和管理上,也同样受制于资金不足的影响而进展缓慢,主要表现在目前在人员编制少、人员专业和职能配置仍需完善等方面。此外,在资金比较短缺的现状下,需要对目前已经实施和处于示范状态的工程和规划进行评估,以在有限的资金安排下实现最大的污染防治成效,淘汰某些资金投入过大的污染控制技术。

(6) 水污染防治与水源区发展的关系需要得到协调和保障

水源区的保护和水污染防治工作非常重要,但要保障其长久的可持续性,应该在水污染防治的同时兼顾水源区的社会经济发展。由于水源保护的特殊性,加之山地多、耕地少,不能发展工业,水源区内的经济产业结构比较单一,大农业的产值较低。而在农业、林业、牧业和渔业中,农业和牧业所占的比例最大,这主要取决于水源区内山地多和人口多集中在冷水河和牧羊河沿线等特点造成的。由于产业结构的单一,使得水源区内的农民收入与嵩明县的平均水平相比存在很大的差距。2004 年,(原)白邑、阿子营、(原)大哨 3 个乡的平均人均纯收入 1739 元,与县人均纯收入 2754 元相比,低 36.9%。

与 2003 年相比,水源区与嵩明县的人均纯收入差距在逐步拉大,贫穷与社会的非均衡发展已经成为制约水源区内水污染防治与水源地保护的最大障碍。以(原)白邑乡三转弯村民委员会为例,全村 2004 年年底共有 1073 人,耕地面积 271 $hm^2$,其中 75% 为大于 $25°$ 的坡耕地。此外,又由于海拔高,农业生产又受到水源区的限制,村民年均纯收入只有 600 多元。农村经济条件差使得三转弯村普遍的教育水平较低,近几年仅有 1 名小孩读到高一,也影响了年轻人的对外劳务输出,从而加剧了贫困和污染。

(7) 水源保护区水污染防治在管理、立法和认识等层面亟需加强

目前,在水源保护区内,主要由嵩明县滇池管理局以及水利、林业、土地、农业、科技等部门,在嵩明县滇池保护委员会的统一协调和领导下共同行使管理职权,管理和机构协调仍需加强,嵩明县滇池保护委员会需要设立常设的协调机构并由专职人员负责,以改变目前委员会组成人员和办公室人员全部为兼职的现状。在认识方面,要充分认识到松华坝水源保护区的特殊意义和重要性,要在水污染防治和保护中体现"以人文本、构建和谐社会"的理念,对水源保护区居民为水源保护所付出的努力给予充分的考虑和补偿。在立法方面,1989 年制定的《昆明市松华坝水源保护区管理规定》已无法反映和适应目前水污染防治和水源保护的新发展,需要进一步修改,并上升为地方性法规。此外,在规划实施、监督、宣教等方面仍需进一步的完善和加强。

## 5.6 防治对策

综合上述分析,要达到水源区的水污染防治目标,需要规划设计在总体上达到"服务一个目标,体现两个结合,突出四个重点,实施五大工程":

(1) 服务一个目标:规划的整体设计要服务于水源区水质和水环境改善的总体目标;

(2) 体现两个结合:水污染防治与社会经济科学发展相结合,工程措施与管理措施相结合;

(3) 突出四个重点:污染治理、陆地和河道生态恢复、水源地管理与监督以及水源区产业

结构调整与利益补偿机制的建立；

（4）实施五大工程：农村和小集镇人居环境整治、农业面源治理与生态农业建设、河道生态修复与管理、陆地生态恢复与管护、水源区水环境管理。

# 第六章 水源保护区水污染综合防治规划总体方案

## 6.1 规划方案总体框架

松华坝水源保护区(嵩明县)水污染综合防治规划总体方案是在水源保护区景观格局分析和水环境功能区划的基础之上,以保护和恢复水源区水环境和水生态为核心,以满足地表水水环境功能区划为目标,根据流域分析方法的原理,通过全面的和系统的工程与管理措施设计,体现控源和生态修复并重、污染防治和水源区社会发展相结合的原则,最终达到规划的预期目标。

根据水污染综合防治的特点和污染物迁移途径分析,规划总体方案的设计是:以流域分析方法(Watershed Approach)为指导,划分源头区、冷水河以及牧羊河子流域,并建立系统的、立体的、多层次的"源头→途径→末端"相结合的污染物削减体系,辅以生态修复技术,最终实现不同规划期的目标。

总体方案布局:以3个分区为基础,通过在不同分区内采用内容和重点各异的技术方案,达到在源头控制污染源的目的;并以牧羊、白邑、鼠街、阿子营4个小集镇为中心,对以其为中心的4个污染控制片(牧羊坝子、白邑坝子、鼠街坝子、阿子营坝子)实施重点控制;对5个重要的水源地划分为污染控制敏感点,加以特殊的保护;对冷水河和牧羊河的水系进行整治,以达到在途径削减污染物的目的;通过主河道的生态修复与管理,达到末端控制的目的。

具体规划方案初步设计:根据水源区的自然和生态环境现状,以入松华坝水库的河流为重要的景观廊道,划分水污染防治子流域;以河道为纽带,通过对子流域点源、面源的控制,减少入河污染物量;同时,通过对河道的污染治理和恢复,增强其对污染物的削减和生态作用,完成"源头-途径-终端"的全过程污染控制体系。主要包括:陆地生态恢复、农业面源治理、河道生态修复、农村和小集镇人居环境整治以及水源区水环境管理等方面入手,制定出科学合理、经济可行、符合实际情况并具备技术先进性的综合规划方案,确保松华坝水源保护区水环境和生态改善,为昆明市及嵩明县进行水源区水污染治理提供技术支持,为实施综合整治提供工程和管理基础。

流域分析方法的特点在于遵循了流域的自然本质和污染物输移的基本途径,通过对每一子流域污染负荷的计算,识别出其主要的环境问题和对冷水河和牧羊河总污染负荷的贡献率,从而确定重点污染控制区域和敏感地带;在此基础上,根据污染物在子流域中的传输规律和路径,设计不同的、有针对性的污染防治工程和管理方案体系,并计算不同工程方案组合对子流域内污染负荷的削减率,以及对入河污染负荷的贡献率,并在此基础对各子流域内的工程方案进行优先性分析;按照工程类别汇总不同子流域内的规划方案,得到水源区水污染综合防治规划方案集,识别出其中需优选实施规划方案,并计算分析对污染负荷削减的效果。

同时,为了增强规划方案设计的可行性、科学性和经济性,规划方案的设计遵循如下流程:环境问题分析、规划方案长清单设计、规划方案筛选和优选、可行规划方案详细设计、投资计划和实施保障等几部分。通过对问题的分析、备选方案的阐释、优选方案的筛选和排序,逐步得到最优的工程和管理方案设计,并提出优选控制区域和对应的控制措施,具体流程见图 2-6-1-1。

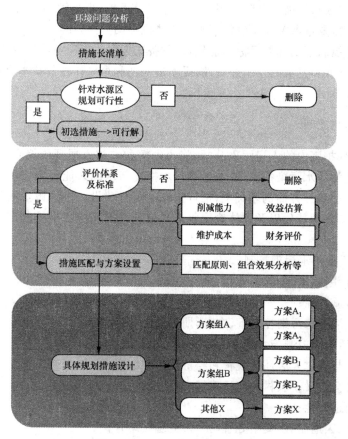

图 2-6-1-1 规划方案设计流程

注:① 方案组和方案的个数根据不同规划方案的具体情况而定;
② 评价体系和优先排序:需考虑的因素除了上述 4 个外,可根据实际方案的情况而定;
③ 措施匹配与方案设置:需充分考虑匹配原则、组合效果等情况。

## 6.2 小集镇和农村人居环境综合整治规划

### 6.2.1 规划背景

根据污染负荷分析,小集镇和农村人居污染是松华坝水源保护区(嵩明县)的重要来源,也是本规划中的核心之一。同时,人居环境的整治也是完善水源保护区内的生活环境、减少污染排放、建设社会主义新农村、提高人民生活水平的重要内容。根据对水源保护区的实地调查,结合社会经济现状和污染来源判断,确定白邑、牧羊、阿子营和鼠街为本规划中的 4 个重点小集镇,并以此 4 个小集镇的污染防治来带动其所在的 4 个坝区的水污染防治。

根据嵩明县滇池管理局的统计,2004 年,水源保护区内产生生活污水 $23.44 \times 10^4$ t/a,生活垃圾 $1.88 \times 10^4$ t/a,畜禽粪便 9862 t/a。但区内的小集镇和农村生活污水基本上没有得到有效的处理,农村垃圾收集和运输、填埋系统尚未建立,卫生旱厕推广活动仍在进一步的实施之中。

根据水源保护区水污染综合防治规划的总体指导思想,小集镇和农村人居环境整治作为污染防治的"源",需要重点关注于生活污水和固体废物两方面,在对其污染负荷的分析的基础上,以水质和总量控制达到规划目标为前提,通过备选方案的提出与筛选、技术优化等步骤,并结合当地的实际条件和方案的技术经济性,提出适应性和可操作性的技术方案,并细化和提出配套的管理对策。

### 6.2.2 规划目的与原则

通过对水源保护区内的人居污染分析,将小集镇和农村人居环境综合整治规划细分为3个方面:小集镇生活污水污染控制、农村生活污水控制与水源区能源建设工程、固体废物收集与处置。此外,在上述三方面的基础上,推行生态示范村建设。小集镇生活污水污染控制、农村生活污水控制与能源替代以及固体废物收集与处置有不同的污染控制重点,并遵循不同的原则:

(1) 小集镇生活污水污染控制
- 突出重点、因地制宜,集中处置;
- 经济性与适宜性;
- 小集镇生活污水污染控制近、中、远期有效结合。

(2) 农村生活污染控制与水源区能源建设工程
- 污染控制与农村人居环境改善和经济发展相结合;
- 以建设社会主义新农村为契机搞好农村生活污水处理设施建设;
- 经济性与适宜性;
- 突出重点、因地制宜,集中处置与分散处理相结合;
- 农村再生能源优先原则。

(3) 固体废物收集与处置
- 分散收集与集中处置相结合的原则,针对居民生活习惯,因地制宜地设计效果好且经济可行的收集和处置方式;
- 固体废物减量化、资源化原则,走多元化综合利用和循环经济的道路;
- 以建设社会主义新农村为契机搞好农村垃圾处置设施建设;
- 由于水源区的特殊性,固体废物的最终处置在水源区外选址为宜。

### 6.2.3 技术路线与备选方案

小集镇和农村人居环境综合整治规划的基本思路是:针对小集镇和农村生活污水以及固体废物污染的不同特点,在对国内外相关规划和研究进行综合分析的基础上,初步得到人居环境综合整治工程和管理措施清单;根据各项措施的技术经济性进行筛选和优选,最终得到技术上有保障、经济上可行的措施,以促进水源保护区内人居污染的有效治理和长期预防。

根据对水源区内相关污染防治措施的总结,结合《滇池流域水污染防治"十一五"规划》,在对国内外同类地区实际规划和污染防治项目中的实践和研究进行分析和综述的基础上,结合水源区的实际情况和未来的发展趋势,确定小集镇和农村人居环境综合整治规划的主要措施

(表 2-6-2-1)。

**表 2-6-2-1  松华坝水源区(嵩明县)小集镇和农村人居环境综合整治备选措施长清单**

| 序号 | 措施 | 类型 | 实际应用情况 |
|---|---|---|---|
| **小集镇和农村生活污水污染控制与能源替代** | | | |
| 1 | 管网与污水处理厂(二级)建设 | 工程 | 滇池流域"十五"和"十一五"规划、滇南四湖规划(2000)[a] 等 |
| 2 | 人工湿地 | 工程 | 滇南四湖规划(2000)、抚仙湖流域 |
| 3 | 人工复合生态床、生态塘、高级稳定塘与其他生态处理工程 | 工程 | 邛海环境规划[b]、滇池水污染防治规划等 |
| 4 | 卫生旱厕和公共生态厕所 | 工程 | 滇池流域"十五"和"十一五"规划 |
| 5 | 畜禽养殖业废物综合利用和资源化 | 工程/管理 | 滇池流域,上海、福建、浙江建德市等 |
| 6 | 沼气池 | 工程 | 滇池流域 |
| 7 | 能源替代与补贴:节能灶、液化气、太阳能、秸秆气化等 | 工程/管理 | 滇池流域<br>杞麓湖流域 |
| 8 | 秸秆饲料利用:秸秆直接粉碎饲喂技术、秸秆青贮技术、秸秆微生物发酵技术、秸秆氨化技术 | 工程/管理 | 广泛应用于云南、四川、山东等地农村 |
| **固体废物收集与处置** | | | |
| 9 | 简单收集与堆放 | 管理 | 我国的多数小城镇和农村 |
| 10 | 收集与有机垃圾的堆肥处置:单户堆肥和集中式堆肥 | 工程 | 我国的中等城市 |
| 11 | 蚯蚓人工养殖 | 工程 | 云南、山东等地 |
| 12 | 农村小型垃圾填埋场 | 工程 | 苏南地区广泛应用 |
| 13 | 农村常见废旧塑料的再利用 | 工程 | 适合于大棚种植密集区 |
| 14 | 收集与焚烧处置 | 工程 | 北京、深圳、上海等 |
| 15 | 收集与卫生填埋 | 工程 | 国内大中型城市 |

a 指荷兰政府技术援助项目《滇南四湖环境规划研究》;b 指 2004 年完成的《邛海流域环境规划》。

### 6.2.4  备选方案筛选

上述的规划措施长清单虽然在其他区域的水污染防治中得到应用,但是考虑到水源保护区的水污染特点和污染物产生量、社会经济发展水平、污染治理资金的支付和筹集能力以及拟设计的工程和管理措施的效果。根据上述标准对这些措施的效果和适应性方面的初步筛选,去掉一些明显不适宜的措施。然后再通过对措施的污染物削减能力、产生的效益估算、所需的总投资和维护成本等方面的定量分析,最终得到优选的措施集合。

#### 6.2.4.1  预选

根据水源保护区的实际情况,从定性或定量的角度对表 2-6-2-1 中的措施进行逐一评价,主要的评价标准包括:工程意义、实际应用程度、优缺点、处理的经济性以及与其他措施的匹配性等。根据分析结果,初步预选出可行和不可行的规划措施,详见表 2-6-2-2。

表 2-6-2-2 松华坝水源区(嵩明县)小集镇和农村人居环境综合整治措施预选

| 序号 | 措施 | 预选 | 原因 |
|---|---|---|---|
| **小集镇生活污水污染控制** | | | |
| 1 | 管网与污水处理厂(二级)建设 | × | 成本太高,且对削减水源区最主要的污染物 TN 的效果不佳 |
| 2 | 人工湿地 | √ | 成本低,对 N、P 削减效果好 |
| 3 | 人工复合生态床、生态塘、高级稳定塘与其他生态处理工程 | √ | 水量和污染负荷较大 |
| 4 | 卫生旱厕和公共生态厕所 | √ | 目前滇池流域已在推广实施之中 |
| **农村生活污染控制与水源区能源建设** | | | |
| 1 | 管网与污水处理厂(二级)建设 | × | 成本太高,且对削减水源区最主要的污染物 TN 的效果不佳 |
| 2 | 人工湿地(表流、潜流、复合型) | √ | 对处理分散的生活污水 |
| 3 | 人工复合生态床、生态塘、高级稳定塘与其他生态处理工程 | √ | 投资小,可以处理农村分散的生活污水,且可以产生经济效益 |
| 4 | 卫生旱厕 | √ | 目前滇池流域已在推广实施之中 |
| 5 | 畜禽养殖业废物综合利用和资源化 | √ | 从源头减少畜禽养殖业废物,且纳入滇池"十一五"水污染防治之中 |
| 6 | 沼气池 | √ | 可与畜禽养殖业废物利用相结合 |
| 7 | 能源替代与补贴 | √ | 减少水源涵养区的林木砍伐 |
| 8 | 秸秆饲料利用 | √ | 高效利用秸秆,减少农村固废量 |
| **固体废物收集与处置** | | | |
| 9 | 简单收集与堆放 | × | 虽收集但无法根本上解决污染问题 |
| 10 | 收集与有机垃圾的堆肥处置 | √ | 在污染削减和经济成本上均较合适 |
| 11 | 蚯蚓人工养殖 | √ | 有经济和污染削减双重效果,水源区气候较为适宜 |
| 12 | 农村小型垃圾填埋场 | × | 水源区内,防止对地下水的污染 |
| 13 | 农村常见废旧塑料的再利用 | × | 技术较为复杂,且会产生新的污染 |
| 14 | 收集与焚烧处置 | × | 成本太高 |
| 15 | 收集与卫生填埋 | √ | 在污染削减和经济成本上均较合适 |

√指通过预选;×指被淘汰的技术。

#### 6.2.4.2 措施优选与方案设置

此外,由于水污染防治需达到污染削减的目标,并兼顾经济和环境效益的最优化以及工程和管理措施的可操作性和可持续性,在技术优选时选择 4 项指标来对技术进行评价:削减能力、环境效益、单位投资和单位维护成本。

$$V_j = \sum_{i=1}^{4} W_i \cdot T_{j,i} \tag{6-2-1}$$

其中,$V_j$ 表示技术 $j$ 的总得分;$W_i$ 是技术评价指标的权重;$T_{j,i}$ 为不同技术取值的归一化结果。根据计算分析,得到优选的技术清单(表 2-6-2-3)。

表 2-6-2-3　松华坝水源区(嵩明县)小集镇和农村人居环境综合整治措施优选

| 子规划 | 优选技术与措施 |
|---|---|
| 小集镇生活污水污染控制 | 自由表面流人工湿地 |
| 农村生活污染控制与水源区能源建设工程 | 生态塘与其他生态处理工程、卫生旱厕、畜禽养殖业废物综合利用和资源化(沼气池)、太阳能利用、节能灶、秸秆饲料利用、能源替代与建设 |
| 固体废物收集与处置 | 垃圾收集、有机堆肥、卫生填埋 |

## 6.2.5　规划方案设计

6.2.5.1　小集镇生活污水污染控制工程

(1) 规划范围与对象

范围：白邑、阿子营、鼠街和牧羊 4 个集镇；

对象：4 个集镇所在地(白邑、阿子营、鼠街和牧羊)的生活污水产生量分别为 400 $m^3/d$、300 $m^3/d$、330 $m^3/d$、380 $m^3/d$。

(2) 人工湿地选址

水源保护区内小集镇人工湿地建设需要依据生活污水的排放、地形、小集镇与河道的关系等进行具体分析，并遵循如下的选址原则：

- 尽可能利用高程使污水自流进入湿地，节约能耗；
- 湿地建设的场地要有一定的坡度和高差，进水口高于出水口，减少运行费用；
- 充分利用现有条件，减少基建投资；
- 湿地的建设要尽可能利用非耕地和非基本农田保护区；
- 湿地的出水要尽可能避开目前现存的主要农田灌溉退水口，避免加重对相应河段的污染；
- 湿地出水可就近对农田进行灌溉。

根据实地调查，白邑人工湿地的建设宜选址于白邑集镇南部、冷水河西岸的区域；牧羊人工湿地的建设宜选址于牧羊小集镇南部、牧羊河西岸的区域；阿子营人工湿地的建设宜选址于阿子营集镇南部、牧羊河西岸的区域；鼠街湿地的建设宜选址于鼠街小集镇东部入鼠街河处。

(3) 人工湿地的设计

根据污染负荷分析，对 4 个小集镇的人工湿地采用自由表面流湿地系统，由"沉淀池-人工湿地-稳定塘"所组成(图 2-6-2-1)。

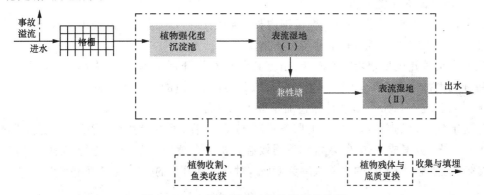

**图 2-6-2-1　小集镇人工湿地的工艺流程**

① 湿地基质选择:选用土壤、砂和砾等混合结构;
② 沉淀池的设计

鉴于冷水河和牧羊河主要为 TN 超标,为有效去除 N、P 的入河量,采用植物强化型沉淀池,使沉淀池兼有植物净化的效果。设计沉淀池的停留时间为 24 h,池内种植水芹和菱角等漂浮植物,植被覆盖率为 40%,设计平均水深为 1.5 m,溢流出水。漂浮植物设计为 0.5 m×0.5 m/丛,2~3 株/丛。由此,沉淀池的面积($m^2$)为

$$A = Q \cdot T/24H \tag{6-2-2}$$

其中,$A$ 为沉淀池面积($m^2$);$Q$ 为设计流量($m^3/d$);$T$ 为停留时间(h);$H$ 为沉淀池深度(m),取平均深度 1.5 m。

③ 表流湿地和兼性塘的设计

为增强对 N、P 的吸收能力,表流湿地采用 2 个串连的形式。表流湿地(Ⅰ)的平均水深为 0.5 m,表流湿地(Ⅱ)的平均水深为 1.0 m,植物配置选用芦苇、茭白、香蒲等物种,兼顾污染削减效果和经济效益。表流湿地设计停留时间各为 24 h,植物设计为 0.5 m×0.5 m/丛,2~3 株/丛。兼性塘设计停留时间为 24 h,设计平均水深为 2.0 m,分为 2 格串连,塘内种植漂浮植物,如:水芹和菱角,植被覆盖率为 50%;此外,还可以养殖鱼类,但严禁投料(表 2-6-2-4)。

表 2-6-2-4　4 个小集镇人工湿地的规模

|  | 白邑湿地 | 阿子营湿地 | 牧羊湿地 | 鼠街湿地 |
| --- | --- | --- | --- | --- |
| 沉淀池面积/$m^2$ | 270 | 200 | 220 | 250 |
| 沉淀池中植物面积/$m^2$ | 108 | 80 | 88 | 100 |
| 沉淀池中植物数量/丛 | 432 | 320 | 352 | 400 |
| 表流湿地(Ⅰ)面积/$m^2$ | 800 | 600 | 660 | 760 |
| 表流湿地(Ⅰ)植物数量/丛 | 3200 | 2400 | 2640 | 3040 |
| 表流湿地(Ⅱ)面积/$m^2$ | 400 | 300 | 330 | 380 |
| 表流湿地(Ⅱ)植物数量/丛 | 1600 | 1200 | 1320 | 1520 |
| 兼性塘面积/$m^2$ | 400 | 300 | 330 | 380 |
| 兼性塘中植物数量/丛 | 800 | 600 | 660 | 760 |
| 湿地净面积/$m^2$ | 1978 | 1480 | 1628 | 1870 |
| 湿地外围陆地植物数量/棵 | 50 | 24 | 30 | 50 |
| 湿地总面积(含其他构筑物)/$m^2$ | 2500 | 2000 | 2200 | 2500 |

④ 湿地外围的陆生植物

为保护人工湿地,在湿地外围 5 范围内种植陆生植物,如:柳树等,种植单排树木,株距为 5 m,在 5 m 范围内种植灌木和草地与树木搭配。

根据小集镇建设规划,到 2020 年,白邑和阿子营将分别达到 7000 人和 5000 人。污水产生量将分别增加到 700 $m^3/d$ 和 500 $m^3/d$,鼠街和牧业集镇的人口也将同样增加,需要建设人工湿地二期工程 1100 $m^3/d$,预计需追加投资为 320 万元。

针对上述确定的方案,从方案的服务范围、工程内容、基本参数、可能引致的正负影响、方案间匹配情况、方案成本、方案效益和费用效益分析等角度对规划方案进行详细描述,具体见表 2-6-2-5。湿地对 COD 的去除效率为 60%,对 TN 和 TP 的去除效率为 65%。

## 表 2-6-2-5　4 个小集镇人工湿地工程规划方案详细描述

| 服务范围/对象 | | 4 个小集镇(白邑、阿子营、牧羊、鼠街)的生活污水 | |
|---|---|---|---|
| 工程项目 | | 4 块人工湿地(白邑、阿子营、牧羊、鼠街)建设,规模分别为:2500 m², 2000 m²、2200 m²、2500 m² | |
| 主要目标 | 近期 | 立项、项目建议书编制、可研编制、详规、湿地建设 | |
| | 中远期 | 维护与管理,人工湿地二期建设(安排在远期) | |
| 可能影响 | | 正面影响 | 负面影响 |
| | | 减少入河污染物、经济效益 | 侵占小部分农田 |
| 方案间匹配情况 | | 与农村人居整治和农业面源污染防治规划相结合 | |
| 方案成本(含维护投资) | | 近期:4 个湿地的总投资为 400 万元(含前期设计费用),征地费 55 万元,维护成本采用湿地承包的形式解决;远期人工湿地二期建设投资为 220 万元。 | |
| 方案效益 | | 可削减进入冷水河的 TN 5.2 t/a,TP 6.0 t/a,COD 46.7 t/a;<br>可削减进入牧羊河的 TN 14.6 t/a,TP 16.8 t/a,COD 131.2 t/a | |

#### 6.2.5.2　农村生活污染控制与水源区能源建设工程

(1) 规划范围与对象

范围与对象:滇源镇和阿子营乡的 28 个村,根据对冷水河和牧羊河的污染负荷输出情况,对 28 个村分近期、中期和远期分别实施(表 2-6-2-6)。

## 表 2-6-2-6　农村生活污水污染控制分期实施情况

| | 滇源镇 | | 阿子营乡 | |
|---|---|---|---|---|
| | 村委会 | 污水产生总量 /m³·d⁻¹ | 村委会 | 污水产生总量 /m³·d⁻¹ |
| 规划近期实施: | 苏海、南营、甸尾、大哨 | 600 | 者纳、铁冲、阿达龙、甸头、马军、羊街 | 870 |
| 规划中期实施: | 小营、前所、中所、团结、周达、迤者、金中 | 780 | 朵格、侯家营、岩峰哨 | 300 |
| 规划远期实施: | 老坝、三转弯、麦地冲、菜子地、竹园、竹箐口 | 460 | 果东、大竹园 | 240 |

注:为简便起见,表中的污水产生量为几个村的总和,但各村的污水处理设施设施是独立的。

(2) 技术选择

生态塘与其他生态处理工程为本规划推荐的处理农村分散生活污水的工程技术,但考虑到水源保护区的实际情况,在具体的工艺设计时需根据实际情况有所区别。

根据实地调研,结合与冷水河和牧羊河的关系以及村庄的地形和植被情况,选定三转弯、麦地冲、菜子地、竹园、竹箐口采用地表漫流生态处理系统(Overland Flow Eco-Treatment System,简称 OF-ETS),其余村庄采用生态塘技术(Eco-Pond),但在生态塘的生物选择上可适当选取具有高污染提取效果和经济价值的植物,并尽可能利用已有的鱼塘或者是低洼处,生态塘出水与农田灌溉渠连接。

畜禽养殖粪便的资源化同卫生旱厕、沼气池共同设计和建设,以充分实现人居废物的综合利用,并从源头上减少污染,实现水源保护区内农村的能源替代。

(3) 工程设计

① 生态塘的设计

根据水源保护区的特点,生态塘在传统的"厌氧塘-兼性塘-好氧塘"的基础上进行了适当的改进,改变成"厌氧塘-曝气养鱼塘-茭瓜塘"的工艺流程(图2-6-2-2),设计停留时间分别为3 d、3 d和4 d,设计平均水深为3.0 m、1.0 m和0.8 m,曝气养鱼塘内禁止投料。

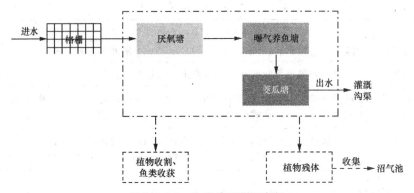

图 2-6-2-2　生态塘工艺示意图

厌氧塘、曝气养鱼塘、茭瓜塘各有并联的两组塘组成,厌氧塘和曝气养鱼塘内种植浮萍等浮游植物,茭瓜塘内种植的芦苇和茭瓜可充分利用其经济价值(表2-6-2-7)。生态塘建设总投资为820万元(含征地费和污水沟渠费),生态塘对COD的去除效率为50%,对TN和TP的去除效率为40%。

表 2-6-2-7　水源保护区内各村拟建生态塘中不同塘体的面积

| | 苏海 | 南营 | 甸尾 | 大哨 | 小营 | 前所 | 中所 | 团结 |
|---|---|---|---|---|---|---|---|---|
| 厌氧塘面积/m² | 200 | 200 | 100 | 100 | 180 | 180 | 160 | 160 |
| 曝气养鱼塘面积/m² | 600 | 600 | 300 | 300 | 600 | 540 | 540 | 480 |
| 茭瓜塘面积/m² | 1000 | 1000 | 500 | 500 | 500 | 900 | 900 | 800 |
| 合计 | 1800 | 1800 | 900 | 900 | 1280 | 1620 | 1600 | 1440 |
| 投资/万元 | 20 | 20 | 10 | 10 | 14 | 18 | 18 | 16 |
| | 周达 | 迤者 | 金中 | 老坝 | 者纳 | 铁冲 | 甸头 | 阿达龙 |
| 厌氧塘面积/m² | 140 | 180 | 100 | 140 | 140 | 180 | 140 | 130 |
| 曝气养鱼塘面积/m² | 420 | 540 | 300 | 420 | 420 | 540 | 420 | 400 |
| 茭瓜塘面积/m² | 700 | 900 | 500 | 700 | 700 | 900 | 700 | 650 |
| 合计 | 1260 | 1620 | 900 | 1260 | 1260 | 1620 | 1260 | 1180 |
| 投资/万元 | 14 | 18 | 10 | 14 | 14 | 18 | 14 | 13 |
| | 马军 | 羊街 | 朵格 | 果东 | 侯家营 | 岩峰哨 | 大竹园 | |
| 厌氧塘面积/m² | 180 | 180 | 80 | 100 | 160 | 100 | 180 | |
| 曝气养鱼塘面积/m² | 540 | 540 | 250 | 300 | 540 | 300 | 540 | |
| 茭瓜塘面积/m² | 900 | 900 | 400 | 500 | 900 | 500 | 900 | |
| 合计 | 1620 | 1620 | 730 | 900 | 1600 | 900 | 1620 | |
| 投资/万元 | 18 | 18 | 8 | 10 | 18 | 10 | 18 | |

② 地表漫流生态处理系统的设计

考虑到三转弯、麦地冲、菜子地、竹园、竹箐口等村位于水源涵养区,辖区内无直接的河流水系,且山地面积大,植被覆盖率高,因此综合考虑采用投资成本更低、但需土地面积大的地表漫流生态处理系统作为对农村分散生活污水的处理设施,其主要工艺为:以表面布水或低压、高压喷洒形式将污水有控制地投配到坡度和缓的多年生林木和草地上。

水源保护区内5个村的地表漫流生态处理系统的设计依据为:(a)地面最佳坡度为2%～8%;(b)粘土、亚粘土为最适宜的土壤类型;(c)植物类型选择是保持系统有效运行的最基本条件,应该选择根系发达、对污染物耐性强且具有一定吸收固定能力的植物,根据实地调研,应选用灌木和草地混合种植。

设计水力负荷 2～4 cm/d,污水投配速率常采用 $0.03 \text{ m}^3/(\text{m}^2 \cdot \text{h})$;每个村的设计面积均为 3000 m²,总投资为60万元,但需同村委会协商用地事宜,尽量选在距离村庄近、有高程差的、尚未利用的荒山和荒草坡上。安排在规划中、远期实施。

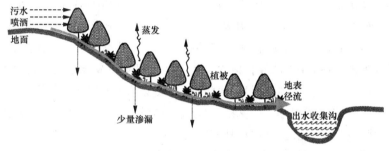

图 2-6-2-3 地表漫流生态处理系统示意图

③ 卫生旱厕的设计

在目前卫生旱厕普及的基础上,水源区内将在规划近期建设9000户卫生旱厕,设计参数参考目前正在推广的规范和参数。总投资为740万元。

此外,在白邑、牧羊、鼠街和阿子营4个小集镇建设公共生态厕所。该种生态厕所维护简单,只需定期将化粪池中的污泥清出作为肥料,收割景观草地和补充部分土地渗滤过程中消耗掉的水。生态厕所示意图如图 2-6-2-4 所示,安排在规划近期实施,总投资为15万元。

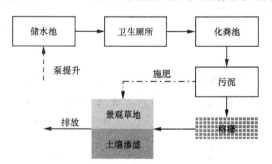

图 2-6-2-4 公共生态厕所工艺示意图

④ 沼气池建设、秸秆饲料利用和农村能源替代工程

根据水源保护区内的畜禽养殖和能源使用情况,在区内实施可再生能源普及计划,推广"畜禽、人粪便-沼-菜"模式,由进粪管、进粪(料)口、沼气池(由发酵池与贮气间组成)和水压间

(出料池)、储粪池等几部分组成,有效容积设计为 1.5~2.0 m³/人,设计容积为 6~10 m³,根据家庭成员数量的不同而不同,单位沼气池的平均投资为1500元。沼气池建设的进度安排详见表 2-6-2-8,沼气池的设计可与有机垃圾堆肥技术一同实施。

**表 2-6-2-8　水源保护区内沼气池、秸秆饲料利用和能源替代建设的进度安排**

| 规划实施 | 滇源镇 | 阿子营乡 |
| --- | --- | --- |
| 近期 | 老坝、三转弯、麦地冲、菜子地、竹园、竹箐口 | 者纳、铁冲、阿达龙、甸头、马军、羊街 |
| 中期 | 小营、前所、中所、团结、周达、迤者、金中、大哨 | 朵格、侯家营、岩峰哨 |
| 远期 | 苏海、南营、甸尾 | 果东、大竹园、鼠街、牧羊 |

由于受一年内不同季节气候变化的影响,在冬季,沼气池将无法完全满足农村居民的生活必需能源,因此在冬季需要额外的能源补充。结合水源保护区的特点,需增加农村能源补贴。

补贴分两种情况发放:第一,已经建成沼气池或者其他能源替代工程的农户,补贴幅度为 8 元/人·月,平均 30 元/户·月,每年补贴 12 个月;第二,对于尚未建成沼气池或者其他能源替代工程的农户,在沼气池建成前,按照每年补贴 12 个月,补贴幅度为 8 元/人·月。

在推广沼气池的同时,在水源保护区内大力发展太阳能和节能灶以及液化气等,多种能源替代形式并存,共同从源头上控制农村人居污染,并减少对林木的砍伐数量。

在逐步推广沼气综合利用方式的基础上,建立以沼气为纽带的农牧、农鱼、农林复合生态农业模式,按户建立秸秆氨化池,推广秸秆青贮技术(圆捆裹包青贮和袋式灌装青贮),使用尿素氨化法。初步规划,在规划近期,推行沼气池 1000 口,节能灶 4000 眼,推广太阳能热水器 3500 m²,石油液化气 1300 台。能源替代的形式要在对农户意愿调查的基础上,根据农户的选择而提供不同的能源替代技术。

在白邑、鼠街、阿子营和牧羊 4 个小集镇中心区建立秸秆气化技术及集中供气系统,利用周围农村的秸秆,为小集镇提供清洁、廉价的能源,并改善小集镇人居环境。分近期实施,总投资为 415 万元,含:气化站房建筑、气柜、气化站配套附件费、管网材料附件费以及户内应用系统投资。

水源保护区内农村沼气池建设和能源替代工程共需投资 2250 万元,小集镇秸秆气化技术及集中供气系统共需投资 415 万元,补贴共需投资 2125 万元,上述投资应由县及其以上政府全额补助。

针对上述确定的方案,从方案的服务范围、工程内容、基本参数、可能引致的正负影响、方案间匹配情况、方案成本、方案效益和费用效益分析等角度对规划方案进行详细描述,具体见表 2-6-2-9。

**表 2-6-2-9　农村生活污染控制和能源替代工程规划方案详细描述**

| 服务范围/对象 | 水源保护区内 28 个村 | |
|---|---|---|
| 工程项目 | 生态塘、沼气池、能源替代、地表漫流生态处理系统、卫生旱厕、秸秆饲料利用 | |
| 主要目标 | 近期 | • 生态塘：苏海、南营、甸尾、大哨、者纳、铁冲、阿达龙、甸头、马军、羊街；<br>• 沼气池、秸秆饲料利用和能源替代：老坝、三转弯、麦地冲、菜子地、竹园、竹箐口、者纳、铁冲、阿达龙、甸头、马军、羊街；<br>• 卫生旱厕：推广 9000 户，到 2010 年达到 100%。 |
| | 中期 | • 生态塘：小营、前所、中所、团结、周达、迤者、金中、朵格、侯家营、岩峰哨；<br>• 沼气池、秸秆饲料利用和能源替代：小营、前所、中所、团结、周达、迤者、金中、大哨、朵格、侯家营、岩峰哨。 |
| | 远期 | • 生态塘：老坝、果东、大竹园；<br>• 沼气池、秸秆饲料利用和能源替代：苏海、南营、甸尾、果东、大竹园、鼠街、牧羊；<br>• 地表漫流生态处理系统：三转弯、麦地冲、菜子地、竹园、竹箐口。 |
| 可能影响 | 正面影响 | 负面影响 |
| | 减少人居污染，减轻对林木的能源依赖程度 | 部分改变农村居民的生活习惯，投资加大 |
| 方案间匹配情况 | 与农业面源污染防治相结合 | |
| 方案成本<br>（含维护投资） | • 近期直接投资：生态塘 500 万元，秸秆饲料利用、沼气池和能源替代 900 万元，秸秆气化技术及集中供气系统 415 万元，能源补贴 3120 万元，卫生旱厕 740 万元；<br>• 中期直接投资：生态塘 220 万元，秸秆饲料利用、沼气池和能源替代 820 万元，能源补贴 3300 万元；<br>• 远期直接投资：生态塘 100 万元，秸秆饲料利用、沼气池和能源替代 530 万元，能源补贴 3500 万元，地表漫流生态处理系统 60 万元。<br>• 维护成本：生态塘和地表漫流生态处理系统采用承包的形式解决维护成本问题，维护成本不列入本规划；沼气池和卫生旱厕以农户维护为主，维护成本不列入本规划，技术培训所需资金纳入水环境管理规划中；秸秆气化技术及集中供气系统采用市场好运作，维护成本不列入本规划，秸秆饲料利用需配备技术推广费用，年度技术培训费用为 20 万元。 | |
| 方案效益 | • 近期：可削减进入冷水河的 TN 74.5 t/a，TP 12.5 t/a，COD 241.7 t/a；可削减进入牧羊河的 TN 217.3 t/a，TP 36.1 t/a，COD 607.3 t/a；<br>• 中期：可削减进入冷水河的 TN 191.5 t/a，TP 35.8 t/a，COD 536.5 t/a；可削减进入牧羊河的 TN 329.8 t/a，TP 62.7 t/a，COD 967.1 t/a；<br>• 远期：可削减进入冷水河的 TN 200.8 t/a，TP 32.4 t/a，COD 562.6 t/a；可削减进入牧羊河的 TN 344.6 t/a，TP 45.5 t/a，COD 967.5 t/a。 | |

注：由于源头区的污染不会直接入河，因此只计算进入冷水河和牧羊河的污染负荷削减量，以下各方案同此。

#### 6.2.5.3　固体废物收集与处置工程

固体废物是入河的重要污染源之一，根据嵩明县滇池管理局的调查，水源保护区内垃圾产生量为 $1.88 \times 10^4$ t/a。为此，需要建立固体废物收集和无害化处理系统：① 进一步完善农村和小集镇所在地的固体废物收集系统；② 严禁河流沿线农村的垃圾沿河堆放；③ 合理管理和充分利用人畜粪便，与农村沼气开发结合实施；④ 垃圾分类收集，对有机垃圾在农村实施单户堆肥，并有计划推行蚯蚓人工养殖等具有经济和污染削减双重效果的技术；⑤ 建设垃圾收集与中转、填埋系统。具体规划如下：

(1) 农村和小集镇垃圾收集池建设

根据农村人口分布和垃圾产生量的调查,在滇源镇内设计 360 个垃圾收集池,分布密度为 3~8 个/自然村,视人口的多少而定;在阿子营乡内设 300 个垃圾收集池,分布密度为 3~8 个/自然村,视人口的多少而定。单位垃圾池投资为 2000 元,规划总投资为 130 万元。

安排进度如下:

① 近期安排:白邑、牧羊、鼠街、阿子营、苏海、南营、甸尾、大哨、者纳、铁冲、阿达龙、甸头、马军、羊街、小营、前所、中所、团结、周达、迤者、金中、朵格、侯家营、岩峰哨,投资预算为 110 万元;

② 老坝、果东、大竹园、三转弯、麦地冲、菜子地、竹园、竹箐口,投资预算为 20 万元。

(2) 有机垃圾分类收集与堆肥技术

对小集镇的农村的垃圾分类收集,将有机垃圾在农村实施单户堆肥。具体技术设计指标为:每个农户可建设一座堆肥发酵槽,尺寸为 $3 m \times 2 m \times 1.5 m$,砖与水泥结构,底部铺设 8~10 cm 的秸秆,将生活垃圾中的可堆腐的有机垃圾配合一定量的人畜粪便,混合均匀后均匀地置于发酵槽中。堆肥材料包括秸秆、马粪、人粪尿和有机垃圾,推荐的配比为 3:1:1:5。调好湿度,一般水分含量达到 50%~60%,然后进行堆积。堆体大小可根据堆料的量确定,堆体过小不利温度上升,一般应 $\geqslant 8 m^3 (2 m \times 2 m \times 2 m)$。堆后要经常检查和调节温度湿度。一般 20~30 天后肥堆明显塌陷,其间每隔 3 天左右可翻堆一次,并不补充水分,使水分含量达到 50%~60%,促使堆内外腐熟一致。单户堆肥可与沼气池同时建设,单户堆肥技术的投资纳入沼气池的建设中。

此外,根据水源区内的气候条件,较为适宜在区内实施蚯蚓人工养殖示范以及其他一些具有经济和污染分解、削减双重效果的技术。

蚯蚓人工养殖技术的主要技术指标:养殖箱体以废弃的包装箱、柳条筐和竹筐等为宜,面积 $\leqslant 1 m^2$,箱底和侧面均应有排水、通气孔。箱底和箱侧面的排水、通气孔孔径为 0.6~1.5 cm;箱孔所占的面积一般以占箱壁面积的 20%~35% 为好。箱孔除可通气排水外,它还可控制箱内温度,不至于因箱内饲料发酵而升温过高。箱养殖蚯蚓的密度,一般控制在单层每平方米 4000~9000 条。可采用采用立体箱式养殖方法,提高污染物分解和经济效益。

由于蚯蚓人工养殖技术可产生经济效益,在规划近期在滇源镇和阿子营乡(苏海、南营、甸尾、者纳、铁冲、阿达龙和羊街 7 个村)各村选择 20 户作为示范,并可示范其他具有经济和污染分解、削减双重效果的同类技术。每个示范户养殖面积 $100 m^2$,提供投资 1.0 万元,总投资为 140 万元,技术培训费为 20 万元/a。

(3) 垃圾清运和填埋

根据垃圾产生量及其分布,近期购置垃圾清运车 4 台,中期购置 2 台,远期购置 1 台,总投资为 150 万元,近期年度维护和垃圾清运费用为 20 万元/a,中期为 30 万元/a,远期为 35 万元/a。在白邑、牧羊、鼠街、阿子营各设置 4 名集镇垃圾保洁员,其他村各设置 2 名农村垃圾保洁员,共 72 名,年度开支为 36 万元。在水源保护区外建设集中填埋场,可以与嵩明县垃圾填埋场的建设统筹安排,规划总投资为 510 万元(含征地费),分 2 期建设,近期投资 350 万元(含征地费),中期投资 160 万元。

针对上述确定的方案,从方案的服务范围、工程内容、基本参数、可能引致的正负影响、方案间匹配情况、方案成本、方案效益和费用效益分析等角度对规划方案进行详细描述,具体见

表 2-6-2-10。

**表 2-6-2-10　农村生活污染控制和水源区能源建设工程规划方案详细描述**

| 服务范围/对象 | | 水源保护区内 28 个村和 4 个小集镇 | |
|---|---|---|---|
| 工程项目 | | 垃圾收集池、垃圾清运、保洁、垃圾填埋场 | |
| 主要目标 | 近期 | • 垃圾收集池:白邑、牧羊、鼠街、阿子营、苏海、南营、甸尾、大哨、者纳、铁冲、阿达龙、甸头、马军、羊街、小营、前所、中所、团结、周达、迤者、金中、朵格、侯家营、岩峰哨;<br>• 垃圾清运车:购置 4 台;<br>• 有机堆肥和蚯蚓人工养殖示范:100 户蚯蚓人工养殖示范;<br>• 垃圾保洁员:72 名;<br>• 垃圾填埋场:1 期工程。 | |
| | 中期 | • 垃圾收集池:老坝、果东、大竹园、三转弯、麦地冲、菜子地、竹园、竹箐口;<br>• 垃圾清运车:购置 2 台;<br>• 垃圾保洁员:72 名;<br>• 垃圾填埋场:2 期工程。 | |
| | 远期 | • 垃圾清运车:购置 1 台;<br>• 垃圾保洁员:72 名。 | |
| 可能影响 | | 正面影响 | 负面影响 |
| | | 减少人居污染 | 投资较大 |
| 方案间的匹配 | | 与农业面源污染防治相结合 | |
| 方案成本<br>(含维护投资) | | • 近期直接投资:垃圾收集池 110 万元,垃圾清运车购置费 90 万元,蚯蚓人工养殖示范投资 100 万元,垃圾保洁员 180 万元,垃圾填埋场 350 万元;<br>• 中期直接投资:垃圾收集池 20 万元,垃圾清运车购置费 40 万元,垃圾保洁员 180 万元,垃圾填埋场 160 万元;<br>• 远期直接投资:垃圾清运车购置费 20 万元,垃圾保洁员 180 万元。<br>• 维护成本:垃圾清运车的近、中、远期维护费分别为 100 万元、150 万元和 175 万元;垃圾清运近期、中期和远期的维护费用分别为 200 万元、300 万元和 350 万元;垃圾填埋场的维护费用为近期 100 万元,中期 200 万元,远期 200 万元;蚯蚓人工养殖近期技术培训需投资 100 万元。 | |
| 方案效益 | | • 近期:可削减进入冷水河的 TN 18.6 t/a,TP 3.1 t/a,COD 60.4 t/a;可削减进入牧羊河的 TN 54.3 t/a,TP 9.0 t/a,COD 151.8 t/a;<br>• 中期:可削减进入冷水河的 TN 47.9 t/a,TP 8.9 t/a,COD 134.1 t/a;可削减进入牧羊河的 TN 82.46 t/a,TP 15.7 t/a,COD 240.3 t/a;<br>• 远期:可削减进入冷水河的 TN 50.2 t/a,TP 8.1 t/a,COD 140.7 t/a;可削减进入牧羊河的 TN 86.1 t/a,TP 15.2 t/a,COD 241.9 t/a。 | |

#### 6.2.5.4　农业生态示范村建设

在农村人居环境整治的基础上,结合生态农业规划,以建设社会主义新农村为契机,推行生态示范村的建设,生态示范村的基本框架见图 2-6-2-5。

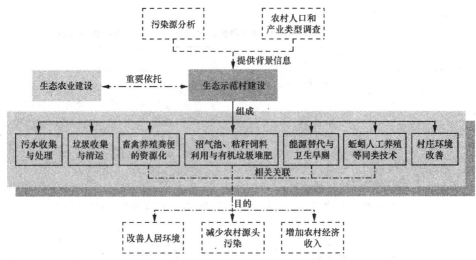

图 2-6-2-5　水源保护区内生态示范村建设的基本框架

根据污染负荷分析、人口和农业产业结构分析，本规划拟在近期选择冷水河和牧羊河两侧 100 m 范围内所涉及的 14 个村为示范，生态示范村建设直接落实到自然村实施，由嵩明县滇池委员会提供指导，并提供技术培训和业务指导。各村成立生态示范村建设领导小组，负责生态示范村建设的具体事宜，并由县以上部门提供 70 万元/村的生态村建设补贴，其余所差经费由各村通过自筹和劳动力"以工代赈"的形式解决。在近期示范的基础上，中远期在水源保护区内全面推广生态村建设，总建设预算为 2240 万元。

鉴于水源保护区的重要性和特殊性，建议由昆明市政府组织昆明市各相关局和直属单位以"一帮一"的形式来辅助水源保护区内的生态建设，从而也加强各相关单位对松华坝水源保护区保护工作的认识以及水源区居民保护水源地的积极性。

### 6.2.6　投资计划

小集镇和农村人居生态环境综合整治工程规划方案的近中远期总投资为 20140 万元，具体投资情况详见表 2-6-2-11 和图 2-6-2-6。

表 2-6-2-11　人居生态环境综合整治工程规划方案总投资详细描述　　　（单位：万元）

| 序号 | 项目名称 | 性质 | 规模 | 投资估算 | 近期投资 | 中期投资 | 远期投资 | 维护费用 |
|---|---|---|---|---|---|---|---|---|
| 1 | 小集镇人工湿地建设 | 工程 | 9200 m² | 775 | 455 | 0 | 320 | 0 |
| 2 | 生态塘 | 工程 | 30690 m² | 820 | 500 | 220 | 100 | 0 |
| 3 | 沼气池、秸秆饲料利用和能源替代 | 工程 | 15000 户 | 2250 | 900 | 820 | 530 | 0 |
| 4 | 秸秆气化技术及集中供气系统 | 工程 | 4 座,满足 4000 户的要求 | 415 | 415 | 0 | 0 | 0 |
| 5 | 能源补贴 | 管理 | 15000 户 | 9920 | 3120 | 3300 | 3500 | 0 |
| 6 | 卫生旱厕 | 工程 | 9000 户 | 740 | 740 | 0 | 0 | 0 |

(续表)

| 序号 | 项目名称 | 性质 | 规模 | 投资估算 | 近期投资 | 中期投资 | 远期投资 | 维护费用 |
|---|---|---|---|---|---|---|---|---|
| 7 | 地表漫流生态处理系统 | 工程 | 15000 m² | 60 | 0 | 0 | 60 | 0 |
| 8 | 垃圾收集池 | 工程 | 660 个 | 130 | 110 | 20 | 0 | 0 |
| 9 | 垃圾清运车 | 工程 | 7 台 | 1000 | 90 | 40 | 20 | 850 |
| 10 | 蚯蚓人工养殖示范 | 管理 | 140 户 | 240 | 140 | 0 | 0 | 100 |
| 11 | 垃圾保洁员 | 管理 | 72 名 | 540 | 180 | 180 | 180 | 0 |
| 12 | 垃圾填埋场 | 工程 | 30 亩 | 1010 | 350 | 160 | 0 | 500 |
| 13 | 农业生态示范村建设 | 管理 | 32 个村 | 2240 | 980 | 840 | 420 | 0 |
| | 合计 | | | 20140 | 7980 | 5580 | 5130 | 1450 |

## 6.3 农业面源污染防治和生态农业建设规划

水源区内的耕地面积尽管仅占总规划面积的 12.16%，但主要分布在冷水河和牧羊河的两侧，农业面源污染成为影响两条河流水质的首要因素，因此迫切需要对其进行规划和控制。

### 6.3.1 目的

通过合理调整农业结构，积极推广生态农业，大力进行农业废物资源化和平衡施肥，以及推行秸秆还田等技术手段，减少农田化肥农药的使用量，从源头上控制农业面源污染的产生，从途径上切断污染物入河的通道，从而实现农业面源的综合防治。面源污染控制的目的，不但要大幅度减少松华坝水库的面源污染输入，还应在农业产业结构调整的过程中，保证粮食产量，同时增加农民收入。

该规划方案主要是尽量减少农村农田面源污染，从源头和途径上控制污染。农业面源主要为农药化肥、农业残余物、畜禽养殖业废物等。本规划拟采用农业结构调整、平衡施肥、合理施药、等高耕作和梯田、堆肥技术等措施对农业面源污染进行治理，实现生态农业，并通过制度创新为有机肥、生态肥的生产以及农作物秸秆还田和平衡施肥（特别是 N）等技术的推广和使用创造条件。

依托目前水源区内的产业类型，如阿子营的百合等，逐步推广无公害蔬菜、莲果产业、花卉、园林绿化苗以及水果等产业类型，并实施农田基础设施建设、产业链培育和科技培训，并加强对蔬菜和水果的环境监测和监督，在水污染防治的同时完善食品卫生安全的监管，进一步增强水源区内蔬菜和花卉、水果产业的竞争实力。

### 6.3.2 农业面源污染基础调查

收集水源区农业用地资料、农业产值效益资料、农业污染和农田垃圾及农药化肥等施用量，并简要评估目前实施的农业面源污染控制工程的成效。

有机和无机两类肥料的主要成分都是氮（N）、磷（P）和钾（K），还包括其他植物营养元素。无论是无机肥还是有机肥，潜在的头号水污染物是氮素。虽然松华坝水源保护区内有关这个问题的资料较少，但仍然可以得到以下初步结论：

(1) 松华坝水源保护区内的氮、磷使用比率不科学,在很多农业发达国家发现氮磷最佳比率是1:0.4,但松华坝的氮磷比为1:0.9,同农业发达地区相比差距很大。氮磷比的不科学,很可能是导致农作物不能最高效地利用营养元素的主要原因。

(2) 施用氮肥的利用率资料,根据统计,我国大多数作物氮肥利用率很低,约为28%~33%,这是由于施肥不平衡引起的。

(3) 氮在土壤中的移动性很强,氮素如果不被植物吸收将随同土壤中的水分移动。如果土壤中的水进入河流或水体,那么氮素将随之进入河流和水体,此时氮素通常以硝态氮的形式存在。

(4) 虽然松华坝水源区的磷施用量大大超过正常需求,但是根据水质监测结果,牧羊河和冷水河的TP却并未超标,这主要是因为磷在土壤中的移动性相对较弱。磷随同渗漏水淋洗出的量常常是痕量的,不能用常用计量单位表示。而且大多数作物对磷的利用率低(20%~30%),残余磷被土壤复合和保持。这点可以解释,为什么松华坝水源保护区内的土壤连续多年施用大量磷肥,土壤有效磷明显增加,而水体的TP仍然未超标。

(5) 松华坝水源保护区内两条河流的氮含量偏高,除了由于氮在土壤的流动性强以外,土壤管理不善(水土侵蚀),也是造成氮流失的一个重要原因。

### 6.3.3 现状分析和前期工作评估

松华坝水源区的农业面源污染主要来自农田径流和灌溉退水、农业的农药化肥农膜的使用、鱼塘养殖的营养物流失,以及人为管理失当等方面,具体分析如下:

(1) 农田径流和灌溉退水

除降水形成的地表径流外,水源区内的农田径流污染还主要来自水田灌溉退水,在冷水河和牧羊河两岸设有专门的灌溉闸门,农田灌溉退水会直接进入两条河流,是重要的污染来源之一。

2004年水源区内共有耕地6610 $hm^2$,农作物播种面积为10437 $hm^2$,平均复种指数为1.58,其中:粮播面积5979 $hm^2$,总产25256 t;烤烟种植1935 $hm^2$;蔬菜种植2189 $hm^2$;花卉种植334 $hm^2$。水源区内农业人口的人均耕地面积为1.25亩,高于嵩明县的平均水平1.04亩,但坡耕地比例高,水源区共有坡耕地2694 $hm^2$。阿子营乡有坡耕地1611 $hm^2$;滇源镇坡耕地有1083 $hm^2$,其中,(原)白邑乡有935 $hm^2$,(原)大哨乡148 $hm^2$。根据嵩明县水源保护的目标,未来15年内将把所有大于25°坡度以上坡耕地全部退耕还林,对坡度在15°~25°之间的坡耕地进行退耕还草,以适应未来发展畜牧业的需求。

(2) 农药化肥施用量分析

水源区内山地面积较多,耕地面积十分有限,仅占总面积的9.49%,但主要分布在冷水河和牧羊河的两侧。为保证农作物产量,施用大量化肥。化肥一部分被农作物吸收,一部分通过其他途径转化吸收,但仍然有相当大一部分农药化肥残留在土壤中,随暴雨径流和农田退水直接排入河流。水源区内的化肥农药使用状况参见表2-6-3-1。由于水源区内耕地在空间上以河流为核心的分布特点,使得农业面源污染的特点尤为突出。

表 2-6-3-1　2003 年水源区内的农药化肥施用量　　　　　　　（单位：t·a⁻¹）

| 乡镇 | 氮肥 | 磷肥 | 钾肥 | 复合肥 | 化肥总量 | 薄膜 | 地膜 | 地膜面积/hm² | 农药 |
|---|---|---|---|---|---|---|---|---|---|
| 白邑 | 956 | 936 | 213 | 673 | 2778 | 168 | 165 | 1446 | 29 |
| 大哨 | 485 | 401 | 132 | 780 | 1798 | 163 | 152 | 1585 | 31 |
| 阿子营 | 178 | 135 | 0 | 50 | 363 | 13 | 13 | 212 | 2 |
| 合计 | 1619 | 1472 | 345 | 1503 | 4939 | 344 | 330 | 3243 | 62 |

资料来源：嵩明县统计年鉴(2004)。

根据表 2-6-3-1 可知,水源区内的耕地亩均施用各种化肥 62.7 kg,农药 0.8 kg。与 2000 年相比,水源区内化肥的总使用量有小幅度上升,增加了 3.80%,其中氮肥和磷肥的总量在降低,分别降低了 1.28% 和 1.93%,而钾肥和复合肥的使用量在上升,分别增加了 4.23% 和 16.87%。按氮肥淋溶损失 7%,磷肥淋溶损失 2% 计算,保护区化肥流失量估计为 TN 113.33 t,TP 29.44 t。化肥、农药除了会改变土壤结构和肥力外,还会残留于土壤中随雨水渗透进入河流和松华坝水库,造成水库 TN、TP 含量逐年升高,一定程度上使水体水质存在安全隐患。此外,使用地膜的耕地面积占到总耕地面积的 67.1%,占总农作物耕作面积的 31.07%。

(3) 有机肥的氮素流失

畜禽粪便在带来严重环境污染的同时,也为农业生产提供了大量的有机肥源,采用禽粪便做有机肥料在松华坝水源保护区内有很大的发展潜力,由于经济成本的考虑,用得最多的禽粪便处理方法是堆肥法。堆肥以其简单的工艺、丰富的养分和优良的土壤改良作用在肥料化过程中占据了重要的地位。目前有机肥料的利用,难以克服的困难很多,肥力不高是首当其冲的。众多研究表明,生活垃圾堆肥化处理过程中 N 的损失量为 50%~60%,污泥约为 68%,粪便最高,达 77%。氮素以氨的形式大量损失,不仅造成环境污染,影响人类健康,同时也造成大量资源浪费,产品含氮量低,阻碍了有机肥生产产业化的发展。

### 6.3.4　面源污染防治措施

控制农业和农村面源污染的措施种类繁多,主要可以划分为 3 种类型:政策性措施、法律法规性措施、技术性措施。政策性措施和法律法规性措施将在 "6.6　水环境管理" 部分进行讨论。在本节主要对防治面源污染的技术性措施展开详细的分析和讨论,并研究这些措施在松华坝水库源头的可行性。

防治农业面源污染的技术性措施有以下 4 组:

(1) 结合监测和普查,完善农业环境安全的评估体系。主要措施包括:① 在面源污染高风险区建立监测站,监测土壤、河流、湖泊以及地下水含水层中的化肥、有机肥和农药的含量,评估其对环境和人类健康的影响;② 开展污染高风险区的面源污染现状调查,提供全面的可靠信息。③ 在政府发展规划中引入农业环境评价指标体系。

(2) 推广成熟的施肥和施药技术,提高化肥和农药的效率,减少对环境的影响。包括:① 确定不同区域主要作物的施肥区划,采用平衡施肥、深施和水肥综合管理措施,重点避免在作物生长早期大量施用氮肥;② 恰当应用长效缓释肥,鼓励使用有机肥,并采用改良的施肥方法;③ 采用免耕和其他农田保护技术(缓冲带和生态沟渠),减少由于土壤侵蚀导致的磷酸盐和农药损失。

(3) 需要采取紧急行动加强推广体系建设,改进对农民的技术服务支持,提高化肥和有机肥的利用率。包括:① 将农业技术推广与商业活动(如经销化肥和农药)分离;② 引进对政府和私营农业技术推广人员的资格认证,提高推广人员的技能;③ 通过农民专业技术组织促进农业生产技术推广;④ 拓宽农民的培训方式;⑤ 增强农技推广人员和农民的环境意识。

(4) 在污染区域实施流域综合管理计划,统一规划面源污染控制政策,设立执行部门进行小流域面源污染的综合治理。采用生态沟渠、生态湿地、生态隔离带等技术,同时开展面源污染控制最佳措施体系(Best Management Practices,简称 BMPs)的研究和示范,尤其是开发适合农村及农田污染物控制的生态技术,吸取国家环保局和农业部发展绿色农业的经验,利用部分地区作为面源污染控制试点区。在流域的综合管理中,由当地政府设立专门机构,管理农村居住区的环境,控制与处理农村生活污水、生活垃圾和地表径流。

### 6.3.5 典型技术概述

#### 6.3.5.1 有机物堆肥技术

堆肥化过程氮素转化主要是环境和微生物共同作用的结果,堆肥化过程硝化作用、反硝化作用相互转化、互相依存,是一个复杂的微生物活动过程。其中,氮素转化主要包括氮素固定和氮素释放。根据相关研究,不同的堆肥化工艺,不同堆料损失率略有不同,以鸡粪为原料的堆肥氮素损失达 25%,而以牛粪为原料的堆肥氮素损失仅 9.0%。

#### 6.3.5.2 坡耕地改造

为了保障松华坝水源保护区内人民生活的粮食需求,必须增加对良种繁育和技术推广、病虫害防治以及灌区改造、旱作节水、坡改梯、淤地坝等项目的投入,加快中低产田改造。保护水源的同时,也要保护基本农田,保持必要的粮食生产能力,充实粮食储备。

松华坝水源保护区内的阿子营乡,坡耕地面积较多。对于坡耕地的改造,必须根据它的坡度情况不同而采取不同的措施。坡度大于 25°以上的耕地和宜林荒山实行退耕还林、还草,封山育林,植树造林;对坡度小于 15°以下可耕地进行基本农田整治,提高耕地生产能力。对坡度在 15°至 25°之间的坡耕地进行退耕还草,既能防止水土流失,又可以与松华坝水源区大力发展畜牧业的战略举措相一致。与坡改梯相配套的农业技术措施还有:土壤肥力改造、修筑田埂、改造机耕路、建蓄水池、添置灌溉设备设施等。

中低产田土改造的重点就是坡改梯。坡耕地建设总的目标要求是 10 个字,即:平、厚、壤、固、肥、沟、池、凼[①]、林、路配套。前 5 者是建设梯土本身的要求,后 5 者是建设梯土环境的要求。前后 5 者相辅相成,必须全面贯彻。其重点是抓住以下 5 个主要环节:

(1) 降缓坡度 按等高线设计台位,降缓坡度是坡改梯的核心。水源区的滇源镇和阿子营乡目前尚有部分 5°~25°的坡耕地尚需改造,大面积的坡耕地长期遭受雨水侵蚀冲刷,水土流失十分严重。据测定,坡度为 5°、10°、25°的坡地,其土壤流失与水平梯地相比高 2~5 倍,有的高出 3~10 倍,个别雨量集中、持续时间长,其土壤流失量可高出 20~30 倍。根据研究,把 25°的陡坡地改为 5°左右的缓坡梯地后,年亩径流量由 120t 减少到 72t,年土壤流失量由 6.4t 减少到 1.1t,其有机质全氮、全磷($P_2O_5$)、全钾($K_2O$)的流失量(kg/亩)分别由 51.8、3.8、6.8、109 降为 26.7、1.76、3.2、51.1。变"三跑土"(跑土、跑水、跑肥)为"三保土"(保土、保水、保

---

[①] 注:"凼",指我国南方地区把垃圾、树叶、杂草、粪尿等放在坑里沤制成的肥料。

肥),增强土壤保蓄水分、养分的能力,从而达到农作物高产的目的。

(2) 增厚土层　土壤是巨大的天然水库。中低产土改造,薄改厚增厚土层是关键。增厚土层不仅有利于作物根系的下扎,吸收养分,同时能使土壤保蓄更多的水分,增强作物抗旱能力(特别是伏旱区,增厚土层尤为重要)。据测定,土层不足30 cm时土层蓄水量仅为70 cm土层的32.75%,每亩少蓄水66 t以上,抗旱能力要降低7d以上。据实验,每增厚10 cm耕层的土壤,其一亩地可增加16.75~23.45 t有效水。深厚的土壤(>100 cm),其土壤水分变异系数一般为14%~17%;浅薄的土壤(<40 cm),水分变异系数增大到22%~25%,浅薄土壤每增厚10 cm土层,可增产玉米9.3~28 kg/亩。30 cm土层改为70 cm土层,旱坡地农作物产量可提高1倍。

(3) 改良质地　土壤是水的载体,直接影响持水的多寡和作物产量的好孬。"不怕天干,只怕地润"。提高土壤对水分的下渗、保蓄和抗蚀能力也是旱作农业在改土中的措施之一。阿子营乡山丘地区的台土多数土层浅薄,质地粗,多砾石,保蓄水分能力差,应采取开源(传土、聚土,使土层加厚,对留出的母岩采用深啄、爆破的方法暴露风化,增厚土源),节流(把沉积在土沟、沙函的沉沙,担回预留空行内),外掺(将屋基肥田泥、阴沟泥、塘泥进地,使沙地掺泥改变土质,增加肥力),保护表土(表土是耕作土壤的精华,肥力较高,结构良好,通透性和蓄水保肥能力比较强。修筑梯地时,要千方百计保护好表土。保护表土的处理方法有三:一是等高横向中带堆土法;二是横向纵厢堆土法;三是逐台下翻法等措施,再加上种植绿肥,增施有机肥,秸秆还田覆盖,使土层(质)越种越厚(肥)。

(4) 修筑地埂　坡改梯地面平整,台位清晰,必须要有牢固的地埂作保证。地埂一般不宜过高,应大力推广"矮坎窄梯",讲究施工操作程序和质量要求,坎高100 cm应留二马蹬。地埂材料一定要因地制宜,就地取材,不得强求,可用条石、块石、片石、卵石、三角架预制件,既可半土半石,也可是石骨埂、土埂。埂坎的保护和利用,可因地制宜种植:速生树木、果木;灌木、条类;草类;药材、特作;豆、瓜菜等类。既绿化地埂,避免雨水直接打击,防止径流冲刷,减缓风化,加固地埂防止垮塌,又可充分利用土地,发展经济林木,开辟肥源,增加饲料,增加收益。

(5) 建设坡面水系　建设三沟(排水沟、背沟、拦洪沟),既是坡改梯环境要求,又是旱作农业的重点。特别是蓄水池,老百姓尤其欢迎。建三池(蓄水池、沉沙池、储粪池)。蓄水池亩平10 m³左右,年调水量可达到50 m³左右,可基本上解决农作物短期缺水的需要。沉沙池可使径流造成的耕地上的土壤就近沉积,然后还土。储粪池可就近沤积有机肥,减轻农忙长途运输水肥的矛盾,施入耕地,增加有机质。"三沟"、"三池"配套,形成蓄、截、排水网络,真正做到排洪有沟,蓄水有池,沉沙有函,土不下山,水不乱流。

#### 6.3.5.3　中低产田改造

改造中低产田土,要坚持改变耕地外部形态与改造耕地内在质量相结合,大力实施以秸秆还田和平衡施肥为主的沃土工程,增加土壤有机质,改善土壤结构,增强土壤肥力,构建良好的土壤生态系统,提高耕地综合生产能力。各县农业局和农技人员,要积极主动参加到改造、开发、利用全过程中,使改造区全面达到无公害农产品生产基地所需的环境质量标准。要帮助农民群众进行农业结构调整,发展当地优势产业,建设优质农产品基地,用"以改补占"来稳定基本农田面积。

在农田基本建设项目管理方面,要全面推行工程招投标制,逐步试行工程监理制度,规范工程管理；在改土方面要开展直接补助户办工程试点，即将工程款直接补助给农户，以户为单位改土，真正体现农民群众在农田基本建设中的主体地位。

大力推广保护性耕作，保护性耕作的基本做法是在两季不间断地免耕栽培，大小春秸秆全部就地直接还田。因而有效地解决了农作物秸秆的出路，避免了因秸秆焚烧所造成的环境污染。它同时具有培肥地力，节约用水，省工省钱，节本高效，促进农民增收等优势，对于发展无公害农产品和绿色食品，推进农业可持续发展，都具有十分重要的意义。

#### 6.3.5.4 生态农业和绿色产品

生态农业（Ecological Agriculture）是以物质循环和能量转化规律为依据，以科学技术为支撑，以经济、生态、社会效益有机统一为目标的良性循环的新型农业综合系统。抓好无公害农产品生产基地建设和发展循环农业则是搞好生态农业的主要举措。

加强管理，促进农产品标准化进程，发展生态农业，树立"生态就是动力、生态就是效益、生态就是后劲"的观念，严格执行农产品质量安全标准，加强科学使用农药、化肥的指导和管理，推广应用高效、低毒、低残留农药、生物农药和易降解的农用薄膜，合理使用化肥。严厉打击制售和使用假冒伪劣、禁用农牧业投入品的违法行为，加强农业行政执法。加大《基本农田保护条例》、《肥料登记管理办法》等有关法律、法规的宣传力度，及时向社会公布禁用、限用肥料品种和类型。

发展生态农业，还要大力扶持龙头企业。如白邑坝的丰泽源植物园、英之源农业科技开发有限公司、松翔绿色制品有限公司等龙头企业。重点扶持蔬菜销售企业和冷库储藏等单位。

生产无公害蔬菜，除选用优良品种、实行健身栽培、大力应用生物农药和合理使用化肥外，对种植的土壤条件、施肥方法也有很多讲究。

（1）生产无公害蔬菜，要求土壤无污染。作为生产无公害蔬菜的农田，要有良好的生态环境，应选择在没有污水、废气等工业污染的地区，对生产基地的土壤进行化验，查看土壤中的重金属含量及农药残留量是否超过规定标准，如不超过则可作为无公害蔬菜的生产基地。在蔬菜生产中要杜绝使用污水进行灌溉，避免污染。

（2）生产无公害大棚蔬菜，必须大量增施有机肥料，要把有机肥料作为生产无公害蔬菜的主要肥源。这是因为有机肥料不但养分全面，肥效长久，还具有培肥改土的作用，利于蔬菜健壮生长，对确保蔬菜产量高、品质优起着关键的作用。因此，要重视有机肥料的施用，大积大造农家肥。有机肥料施用前应充分腐熟，进行无害化处理，大力提倡高温堆肥，杀灭肥料中的病原菌、寄生虫卵及杂草种子。

（3）生产无公害（大棚）蔬菜，可以适当施用一定比例的化肥，但要严格控制，尽量减少使用数量和使用次数。化肥使用过多，会使土壤和地下水受到污染，继而污染蔬菜。在氮、磷、钾肥的结构上要加以改善，实行测土施肥、平衡施肥，以使蔬菜对养分平衡吸收，满足蔬菜生长期必需的营养元素，从而达到安全、优质、高产、高效的目的。

（4）生产无公害（大棚）蔬菜，不宜使用硝酸铵、硝酸钙和硝酸钾等硝态氮肥。这是因为在蔬菜上使用硝态氮肥后，会使蔬菜中硝酸盐含量成倍增加，硝酸盐含量高的蔬菜被人食用后，易导致人体血红蛋白变性，影响人体健康。因此，要禁止使用硝态氮肥。确实需要时，可以选用铵态氮肥，但要控制使用数量，并且深施盖土，以减少蔬菜对硝酸盐的积累。

发展绿色农业和有机食品，调整产业结构，进一步推进有机食品和绿色食品的无公害认证等工作。促进无公害农副产品基地认证,近期、中期和远期各3万亩,15年后实现本地区的农业基本上全部是无公害产品。建议水源区农业种植采用分区种植的模式,要求靠近沟渠、河道两岸的300 m范围内,不允许种植花卉、蔬菜等需要较多肥料的作物。近河区域只能种植无公害产品,远离河流区域可以种植花卉和蔬菜(图2-6-3-1)。

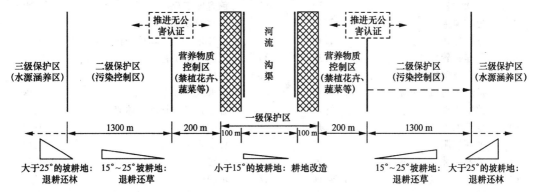

图2-6-3-1 松华坝水源保护区(嵩明县)农业种植分区示意图

#### 6.3.5.5 节水农业

节水农业系指充分利用自然降水和灌溉水的农业。节水农业研究要解决的中心问题是如何提高农业生产中水的利用率和利用效率,即:在灌溉农业中如何做到在节约大量灌溉用水的同时实现高产;在旱地农业中力求增加少量供水以达到显著增产。节水农业非单指节水灌溉,而应理解为在农业生产过程中的全面节水;充分利用自然降水和节约灌溉水同样重要,对雨水未做到有效利用也是一种浪费。目前我国节水农业包括以下三种类型:节水灌溉农业、有限灌溉农业和旱作农业。

节水灌溉应从以下几个方面入手:输水过程中节水、田间灌水过程中节水、用水管理过程中节水、推广应用农业蓄水保墒耕作措施。首先,在搞好源头节水、渠道节水的同时,对现有水浇地进行以田间节水为主的技术改造。田间节水是农业节水增效的关键环节,也是当前农业节水中最薄弱的环节,要普及节水灌溉,杜绝大水漫灌现象。同时要通过调整种植结构,发展优质高效作物,提高灌溉水的利用效益。其次,对水源内15°~25°的坡耕地要逐步退耕还草,为畜牧业发展打好基础,同时搞好荒山荒坡的绿化,增加植被覆盖,涵养水源,改善生态环境。

### 6.3.6 措施筛选

面源污染控制工程按照控制的来源可以划分为:源头控制、迁移过程控制和末端控制等三类。对于面源污染的源头控制措施主要有:保护性耕作、等高耕作、条状种植、植物覆盖、保护性作物轮作、营养物管理、有害物质综合管理、生态农业与生态施肥技术、植草水道和建立合理的轮牧制度等;迁移过程途径或末端控制有:污水处理厂、人工湿地、多水塘系统、缓冲带(河岸、草地和植被三类)、泥沙滞留工程、梯田和水渠改道等。这28项措施列于表2-6-3-2。

表 2-6-3-2 农业面源污染治理工程规划备选措施

| 序号 | 措施 | 类型 | 序号 | 措施 | 类型 |
|---|---|---|---|---|---|
| 1 | 保护性耕作 | 管理 | 15 | 建设或完善农村污水处理厂 | 工程 |
| 2 | 等高耕作 | 管理 | 16 | 人工/天然湿地处理系统 | 工程 |
| 3 | 条状种植 | 管理 | 17 | 前置库工程 | 工程 |
| 4 | 植被覆盖 | 管理 | 18 | 多水塘系统 | 工程 |
| 5 | 保护性作物轮作 | 管理 | 19 | 缓冲带(河岸、草地和植被) | 工程 |
| 6 | 营养物管理 | 管理 | 20 | 泥沙滞留工程 | 工程 |
| 7 | 综合有害物质管理 | 管理 | 21 | 梯田 | 工程 |
| 8 | 推广农村沼气设施 | 管理 | 22 | 水渠改道或改造 | 工程 |
| 9 | 植草水道 | 管理 | 23 | 合理处理与管理固体废物 | 工程 |
| 10 | 合理的轮牧制度 | 管理 | 24 | 卫生厕所 | 工程 |
| 11 | 平衡施肥 | 管理 | 25 | 林业水土保持 | 工程 |
| 12 | 退耕还林 | 管理 | 26 | 标准化农田 | 工程 |
| 13 | 水土保持耕作 | 管理 | 27 | 耙糖中耕 | 管理 |
| 14 | 垄沟种植 | 管理 | 28 | 培肥改土 | 管理 |

上述的规划措施长清单虽然在其他流域治理中得到应用,但是在松华坝水源保护区内的适用性仍然需要经过仔细分析才能确定,分析的标准主要是:污染源分布和排放情况、水源区内的经济发展水平、生产和生活方式等。因此需要首先根据上述标准对这些措施进行适应性方面的初步筛选,去掉一些明显不适宜的措施。然后再通过对措施的污染物削减能力、产生的效益估算、所需的总投资和维护成本等方面的定量分析,最终得到优选的措施集合,筛选过程略。

此外,由于本研究报告将农业面源防治与人居环境污染控制以及陆地生态、水土保持分别阐述,后二者分别属于本篇"6.2"和"6.5"部分,因此,本节讨论的面源污染防治措施不包括人居与陆地生态的部分。综上分析,初步预选出了 11 项可行的规划措施(表 2-6-3-3)。

表 2-6-3-3 预选中可行的备选措施清单

| 序号 | 措施 | 类型 | 可行的原因 |
|---|---|---|---|
| 1 | 保护性耕作 | 管理 | 源头控制农田污染 |
| 2 | 等高耕作 | 管理 | 减少面源污染,同时水土得到保持 |
| 6 | 营养物管理 | 管理 | 指导合理性施肥,减少化肥农药入湖量 |
| 7 | 综合有害物质管理 | 管理 | 指导合理性使用农药,开发新型杀害虫技术措施,减少农药的源头污染 |
| 11 | 平衡施肥 | 管理 | 减少无机化学肥料施用,采用有机肥,促进农田营养物质循环利用 |
| 13 | 水土保持耕作 | 管理 | 采用有利于水土保持的耕作方式和农作物种类,确保耕地的含水性能 |
| 14 | 垄沟种植 | 管理 | 在耕地每隔一定间距开挖垄沟,既可以涵养水分,又可以在垄沟内种植耐水植物,增加了耕地的利用效率 |
| 19 | 梯田 | 工程 | 减少土壤流失和营养物质流失 |
| 24 | 标准化农田 | 工程 | 提高灌溉效率,合理用水,减少面源污染 |
| 27 | 耙糖中耕 | 管理 | 中耕(1.5~2.0 cm)可以破除板结,增温保墒,消灭杂草 |
| 28 | 培肥改土 | 管理 | 为提高土地生产力,平衡土壤养分,推广有机肥。有机肥是含氮、磷、钾和微量元素的完全肥料,在培肥改土力方面有着化学肥料不可代替的作用 |

建设土壤水库,增加贮水量。通过水土保持耕作、垄沟种植、耙糖中耕、培肥改土、合理轮作等措施,提高土壤有机质。土壤有机质从1%以下提高到1.5%,雨水入渗增加1倍,蒸发量减少40%,改土培肥可使作物增产30%~65%。

### 6.3.7 具体措施

根据上文列出的可行措施,然后在综合专家意见和实地考察、分析的基础上,再进一步细化、具体化,得到松华坝水源保护区的面源污染控制措施,主要有以下几类,参见表2-6-3-4。

表2-6-3-4 松华坝农业面源污染控制措施——生态农业

| 工程类别 | 序号 | 具体名称 | 描述 |
|---|---|---|---|
| 生态农业产业结构调整 | 1 | 雪莲果产业 | 近期在滇源镇的白邑、苏海、团结、前所、小营、南营、中所、甸尾等7个村委会推广1万亩 |
| | 2 | 无公害蔬菜产业 | 发展西红柿、旱洋芋、大葱、莴苣、生菜、西葫芦、青花、白花菜、菠菜、西芹等 |
| | 3 | 花卉种植产业 | 发展鲜切花、干花、盆景、盆花、绿化苗木等。主要包括百合、玫瑰、康乃馨等鲜花,以及高档盆花、盆景和绿化苗木等。建设花卉喷灌设施 |
| | 4 | "名特优"水果产业 | 包括雪莲果等 |
| | 5 | 扶持龙头企业 | 发展龙头企业5个,并给予一定的补助和优惠政策 |
| | 6 | 建设冷藏保鲜库 | 建设冷藏保鲜库,并给予一定的补助 |
| | 7 | 建设雪莲果深加工厂一座 | 嵩明县城附近建设,年加工$5 \times 10^4$ t的规模 |
| | 8 | 促进无公害农副产品基地认证 | 以政府带动和企业自发申请认证相结合 |
| | 9 | 中药材产业 | 以"滇源酒业"带动,在滇源和阿子营种植中药材 |
| 农田营养物管理 | 10 | 平衡施肥 | 对大棚蔬菜和花卉种植要进行重点面源污染控制,近期推广平衡施肥5万亩,推广示范和化肥补助等250万元 |
| | 11 | 有机肥和生物农药推广 | 结合无公害大棚蔬菜产业的发展而推广有机肥和生物农药等 |
| | 12 | 建设有机肥生产厂一座 | 为配合大棚蔬菜的种植,在嵩明县城附近建设年产$5 \times 10^4$ t的规模的有机肥厂 |
| | 13 | 秸秆还田成肥技术推广 | 近期计划推广2.5万亩秸秆还田技术 |
| | 14 | 畜禽粪便资源化利用 | 结合畜禽养殖进行 |
| | 15 | 薄膜化试点 | 减少雨水冲刷造成的氮流失 |
| 保护性耕作 | 16 | 进行不间断的保护性耕作,大小秸秆直接还田 | 结合秸秆还田技术的推广而实行 |
| 坡耕地改造 | 17 | 大于25°的必须退耕 | 退耕还林在"6.5"节进行讨论,阿子营乡共有200 hm² 大于25°的坡耕地,滇源镇已基本退耕完毕 |
| | 18 | 15°~25°坡地退耕还草 | 对15°~25°的坡耕地进行退耕还草 |
| | 19 | 增厚土层 | 主要与加强管理,提高农民素质相结合 |
| | 20 | 改良质地、保护土表 | 主要与加强管理,提高农民素质相结合 |
| | 21 | 修筑地埂 | 主要与加强管理,建设示范工程,提高农民素质相结合 |
| | 22 | 建设坡面水系 | 修筑"三沟"、"三池"[a] |

(续表)

| 工程类别 | 序号 | 具体名称 | 描述 |
|---|---|---|---|
| 技术培训和服务 | 23 | 组织高中级农业技术人员的专业培训 | 每年1~2次,需要相应的教材、聘请上级专家、教授等 |
| | 24 | 农业技术骨干和种养大户外出参观学习 | 每年1~2次,与外地成效的地区"结对子"互相学习促进。保证至少"一家一个明白人" |
| | 25 | 邀请土肥、植保专家来本地授课 | 与人员培训相结合 |
| | 26 | 对农民进行技术培训 | 发放宣传材料,播放录像等 |
| | 27 | 组建农业科技服务队 | 结合技术人员的培训进行 |
| 农田基础设施建设 | 28 | 农田基本水利建设(节水灌溉) | 为推广低施肥量作物、降低化肥施用量,减少耕地水肥流失。 |
| | 29 | 农村道路建设 | 规划在滇源镇、阿子营乡等进行农田基础设施建设 |
| 完善化肥农药监测设施工程 | 30 | 土壤、化肥监测设施 | 县级1套,每乡1套 |
| | 31 | 农药监测设施 | 县级1套,每乡1套 |
| 鱼塘管理 | 32 | 水库和塘坝停止鱼类养殖需对应的补助 | 补助逐年发放 |
| | 33 | 水源区池塘发展无公害养殖 | 宣传无公害养殖的益处,并建立示范点 |
| 生态小集镇建设 | 34 | 阿子营乡 | 规划人口0.3万 |
| 查处禁用农药化肥农膜专项行动 | 35 | 清理整顿农资市场 | 严厉打击制售和使用假冒伪劣、禁用农牧业投入品的违法行为,常规检查要常抓不懈 |
| | 36 | 突击检查 | 每年要进行1~2次的突击检查 |

a 三沟:排水沟、背沟、拦洪沟,三池:蓄水池、沉沙池、储粪池。蓄水池每亩耕地需10 $m^3$。

表 2-6-3-5  无公害蔬菜(大棚)、水果发展规模与步骤

| 序号 | 蔬菜品种 | 地点 | 单价(元/亩) | 数量/亩·$a^{-1}$ 近期 | 中期 | 远期 | 经费/万元·$5a^{-1}$ 近期 | 中期 | 远期 | 合计/万元 |
|---|---|---|---|---|---|---|---|---|---|---|
| 1 | 茭瓜 | 滇源的中所、小营;阿子营的羊街、鼠街、牧羊、铁冲 | 200 | 2000 | 3000 | 5000 | 200 | 300 | 500 | 1000 |
| 2 | 魔芋 | 周达、白邑村 | 250 | 600 | 800 | 800 | 75 | 100 | 100 | 275 |
| 3 | 夏秋蚕豆萝卜 | 滇源的菜子地、三转弯、大哨、竹园、竹箐口;阿子营的朵格、阿达龙、岩峰哨、果东、大竹园 | 100 | 10000 | 10000 | 10000 | 500 | 500 | 500 | 1500 |
| 4 | 丹波黑豆 | 甸尾、小营、中所 | 200 | 1000 | 1500 | 1500 | 100 | 150 | 150 | 400 |
| 5 | 金玉米 | 白邑村 | 350 | 300 | 300 | 400 | 52.5 | 52.5 | 70 | 175 |
| 6 | 生菜 | 选取相应的示范企业 | 100 | 5000 | 5000 | 5000 | 250 | 250 | 250 | 750 |
| 7 | 彩色苷兰 | 选取相应的示范企业 | 200 | 5000 | 5000 | 5000 | 250 | 250 | 250 | 750 |
| | | 合计/万元 | | | | | 1428 | 1603 | 1820 | 4850 |

表 2-6-3-6 花卉产业发展规模与步骤/亩

| 序号 | 花卉品种 | 地点 | 单价(元/亩) | 数量/亩·a$^{-1}$ 近期 | 数量/亩·a$^{-1}$ 中期 | 数量/亩·a$^{-1}$ 远期 | 经费/万元·5a$^{-1}$ 近期 | 经费/万元·5a$^{-1}$ 中期 | 经费/万元·5a$^{-1}$ 远期 | 合计/万元 |
|---|---|---|---|---|---|---|---|---|---|---|
| 1 | 百合 | 阿子营乡、滇源镇 | 200 | 1200 | 1200 | 1200 | 120 | 120 | 120 | 360 |
| 2 | 玫瑰 | 中所村 | 200 | 10 | 10 | 10 | 1 | 1 | 1 | 3 |
| 3 | 康乃馨 | 中所村 | 200 | 10 | 10 | 10 | 1 | 1 | 1 | 3 |
| 4 | 绿化苗木 | 周达、白邑、马军、牧羊 | 4000 | 600 | 300 | 300 | 1200 | 600 | 600 | 2400 |
| | 合计/万元 | | | | | | 1322 | 722 | 722 | 2766 |

表 2-6-3-7 秸秆还田推广规模和分期步骤

| 项目 | | 分期规模/亩 | | | | | 中期(年) | 远期(年) | 合计 |
|---|---|---|---|---|---|---|---|---|---|
| 时限 | | 近期(年) | | | | | | | — |
| 时间 | | 2006 | 2007 | 2008 | 2009 | 2010 | 2011~2015 | 2016~2020 | — |
| 阿子营乡 | | 1000 | 2000 | 2000 | 2000 | 2000 | 10000 | 10000 | |
| 滇源镇 | 白邑 | 3000 | 2000 | 2000 | 2000 | 2000 | 10000 | 10000 | |
| | 大哨 | 1000 | 1000 | 1000 | 1000 | 1000 | 5000 | 5000 | |
| 投资/万元 | | 10 | 10 | 10 | 10 | 10 | 50 | 50 | |
| 合计/万元 | | 50 | | | | | 50 | 50 | 150 |

## 6.3.8 实施计划

根据《昆明市松华坝水源保护区生产生活补助办法(试行)》(2005年)的规定,结合松华坝水源保护区的物价水平和消费水平,再结合本规划各项工程的规模,得到农业面源污染综合防治工程的预算(表 2-6-3-8)。

表 2-6-3-8 农业面源污染综合防治工程预算清单

| 序号 | 工程 | 初始投资/万元 | 维护单价 | 数量(5年的总量) 近期 | 数量(5年的总量) 中期 | 数量(5年的总量) 远期 | 经费/万元 近期 | 经费/万元 中期 | 经费/万元 远期 | 合计/万元 |
|---|---|---|---|---|---|---|---|---|---|---|
| 1 | 雪莲果产业[a] | 0 | 250元/亩 | 0.5万亩 | 0.5万亩 | 0.5万亩 | 125 | 125 | 125 | 375 |
| 2 | 无公害蔬菜产业[b] | 0 | — | — | — | — | 1428 | 1603 | 1820 | 4851 |
| 3 | 花卉种植产业[c] | 0 | | | | | 1322 | 722 | 722 | 2766 |
| 4 | "名特优"水果[d] | 0 | 500元/亩 | 1万亩 | 1万亩 | 1万亩 | 500 | 500 | 500 | 1500 |
| 5 | 扶持龙头企业 | 0 | 30万/个 | 5个 | 5个 | 5个 | 150 | 150 | 150 | 450 |
| 6 | 建设冷藏保鲜库 | 0 | 10万/座 | 15座 | 10座 | 10座 | 150 | 100 | 100 | 350 |
| 7 | 建设雪莲果深加工厂一座[e] | 100 | 0 | 0 | 0 | 0 | 0 | 0 | 0 | 100 |
| 8 | 促进无公害农副产品基地认证 | 0 | 20元/亩 | 3万亩 | 3万亩 | 3万亩 | 60 | 60 | 60 | 180 |
| 9 | 中药材产业 | 0 | 100元/亩 | 3000亩 | 3000亩 | 3000亩 | 30 | 30 | 30 | 60 |
| 10 | 大棚蔬菜花卉产业的平衡施肥 | 0 | 50元/亩 | 5万亩 | 5万亩 | 5万亩 | 250 | 250 | 250 | 750 |
| 11 | 有机肥和生物农药推广[f] | 0 | 130元/亩 | 3万亩 | 3万亩 | 3万亩 | 390 | 390 | 390 | 1170 |
| 12 | 建设有机肥生产厂一座[g] | 500 | | | | | | | | 500 |
| 13 | 秸秆还田成肥技术推广 | 0 | 20元/亩 | 2.5万亩 | 2.5万亩 | 2.5万亩 | 50 | 50 | 50 | 150 |
| 14 | 畜禽粪便资源化利用[h] | 150 | | | | | 0 | 0 | 0 | 150 |
| 15 | 薄膜化试点 | 0 | 80元/亩 | 5000亩 | 5000亩 | 5000亩 | 40 | 40 | 40 | 120 |
| 16 | 保护性耕作 | 0 | 200元/亩 | 1万亩 | 1万亩 | 1万亩 | 200 | 200 | 200 | 600 |

（续表）

| 序号 | 工程 | 初始投资/万元 | 维护单价 | 数量（5年的总量） | | | 经费/万元 | | | 合计/万元 |
|---|---|---|---|---|---|---|---|---|---|---|
| | | | | 近期 | 中期 | 远期 | 近期 | 中期 | 远期 | |
| 17 | 大于25°的退耕[i] | 0 | — | — | — | — | — | — | — | — |
| 18 | 15°~25°坡地退耕还草 | 0 | 500元/亩 | 1万亩 | 1万亩 | 1万亩 | 500 | 500 | 500 | 1500 |
| 19 | 增厚土层 | 0 | 200元/亩 | 1万亩 | 1万亩 | 1万亩 | 200 | 200 | 200 | 600 |
| 20 | 改良质地、保护土表 | 0 | 150元/亩 | 1万亩 | 1万亩 | 1万亩 | 150 | 150 | 150 | 450 |
| 21 | 修筑地埂 | 0 | 300元/亩 | 1万亩 | 1万亩 | 1万亩 | 300 | 300 | 300 | 900 |
| 22 | 建设坡面水系 | 0 | 800元/亩 | 5000亩 | 5000亩 | 5000亩 | 400 | 400 | 400 | 1200 |
| 23 | 组织高中级农业技术人员的专业培训 | 0 | 200元/人 | 2000人 | 2000人 | 2000人 | 40 | 40 | 40 | 120 |
| 24 | 农业技术骨干和种养大户外出参观学习 | 0 | 10元/人 | 5万人次 | 5万人次 | 5万人次 | 50 | 50 | 50 | 150 |
| 25 | 邀请土肥、植保专家来本地授课 | 0 | 1000元/人 | 20人次 | 20人次 | 20人次 | 2 | 2 | 2 | 6 |
| 26 | 对农民进行技术培训 | 0 | 100元/人 | 1.8万人次 | 1.8万人次 | 1.8万人次 | 180 | 180 | 180 | 540 |
| 27 | 组建农业科技服务队[j] | 0 | 300元/人·月 | 100人 | 100人 | 100人 | 180 | 180 | 180 | 540 |
| 28 | 农田基本水利建设（节水灌溉） | 0 | 600元/亩 | 5万亩 | 5万亩 | 5万亩 | 3000 | 3000 | 3000 | 9000 |
| 29 | 农村道路建设 | 0 | 1万元/km | 20 km | 20 km | 20 km | 20 | 20 | 20 | 60 |
| 30 | 土肥监测设施[k] | 0 | 40套速测+1套常规 | — | — | — | 600 | 600 | 600 | 1800 |
| 31 | 农药监测设施[l] | 0 | 40套速测+1套常规 | — | — | — | 600 | 600 | 600 | 1800 |
| 32 | 水库和塘坝停止鱼类养殖需对应的补助[m] | 0 | — | — | — | — | 1085 | 0 | 0 | 1085 |
| 33 | 水源区池塘发展无公害养殖[n] | 0 | 400元/亩·a | 834.5/年 | 834.5/年 | 834.5/年 | 170 | 170 | 170 | 510 |
| 34 | 生态小集镇建设[o] | 0 | 15万/个 | 2个 | 0 | 0 | 30 | 0 | 0 | 30 |
| 35 | 清理整顿农资市场 | 20 | — | — | — | — | 0 | 0 | 0 | 20 |
| 36 | 农资突击检查 | 0 | 1万/次 | 20次 | 20次 | 20次 | 20 | 20 | 20 | 60 |
| | 合计 | 770 | — | — | — | — | 12222 | 10632 | 10819 | 34443 |

注：a 雪莲果发展主要集中在滇源镇的白邑、苏海、团结、前所、小营、南营、中所和甸尾村等7个村委会；b 参见上表2-6-3-8；c 参见上表2-6-3-9；d "名特优"水果是在滇源镇的周达、白邑、苏海、麦地冲，阿子营乡的马军、侯家营、羊街、牧羊进行优质水果示范8000亩；在滇源镇的中所，以名贵茶花品种"九蕊十八瓣"为重点，发展园林绿化苗2000亩；e 雪莲果加工厂，规模年产$5×10^4$ t，地址位于嵩明县城附近；f 生物有机肥和生物农药，每亩增施生物有机肥800 kg，优质农家肥1.5 t，经测算，施用生物农药和有机肥与施用化肥相比每亩差价130元，3万亩需补助390万元；g 优质有机肥厂，规模年产$5×10^4$ t，地址位于嵩明县城附近；h 建设20个容积2 m³的双室堆沤肥设施，建设农业面源污染直接还田技术10000亩（次）；施用控释尿素1000亩（次），需150万元；i 25度以上退耕还林的项目经费在"6.5 陆地生态与水土保持"部分阐述，此处不再重复；j 组建农业科技服务队，人数100人，每人每月补助300元；k 近期在县级建设土肥常规化验设备1套，在2个乡建设土肥速测设施40套，补助600万元；l 近期在县级建设农药常规化验设备1套，在2个乡建设农药速测设施40套，补助600万元；m 停止水源区的水产养殖，共有3座小（一）型水库，15座小（二）型水库，58个小塘坝，每年需补助管理人员工资及管理费217万元；n 每年对834.5亩池塘实行无公害养殖，采用青绿饲料+精料配合饲养，严禁使用影响水质的配合饲料，每亩每年补助400元；o 阿子营乡和滇源镇的大哨建设生态小集镇，吸纳水源保护区内就业人口，逐步合并发展居民点，规划人口：阿子营0.3万，大哨0.15万。

### 6.3.9 规划目标的效益分析

根据污染负荷削减目标，冷水河的TN需要削减到2004年的65%，牧羊河的TN需要削减到2004年的78%。根据松华坝水源保护区面源污染防治规划，未来15年内，松华坝水源保护区（嵩明县）将推广不施用农药化肥的雪莲果种植1.5万亩；推广无公害的生菜、萝卜、夏秋蚕豆、茭瓜等低化肥用量蔬菜7.5万亩，推广生物有机肥、生物农药施用9万亩；推广平衡施肥15万亩；推广园林绿化苗圃和"名特优"水果1万亩；进行农田基础建设15万亩；使化肥使用量由2004年的5552 t减少到1819 t，减少67.2%（年递减20%）。与此相应的COD、TN、

TP 等污染负荷的削减量描述见表 2-6-3-9。

表 2-6-3-9 污染负荷削减情况

| 名称 | 2004 年基准量/t | 允许排放量/t·a$^{-1}$ | | | 年均削减率/% |
| --- | --- | --- | --- | --- | --- |
| | | 2010 年 | 2015 年 | 2020 年 | |
| COD | 2391 | 936.48 | 859.96 | 693.47 | 4.73 |
| TN | 77.45 | 45.82 | 23.21 | 20.40 | 4.91 |
| TP | 9.14 | 6.32 | 4.84 | 4.23 | 3.58 |

## 6.4 河道生态修复工程规划

### 6.4.1 规划背景

松华坝水源保护区（嵩明县）内主要河流有冷水河和牧羊河。这两条河流都为常年性河流，是松华坝水库蓄水的主要来源。其中冷水河在嵩明县境内主河道全长 14.5 km，牧羊河在嵩明县境内主河道全长 48.15 km。作为水源保护区内重要的生态廊道，这两条河流既可以利用其生态、水力、环境功能来净化污染物，同时，若这些功能无法充分发挥，也会将河流两侧的点源、面源、水土流失等产生的污染物输送进入松华坝水库。可见，对水源保护区河道进行生态修复工程规划，以使其河流廊道功能得到更好的发挥，是水源区水污染防治的重中之重。

根据实地调研，冷水河和牧羊河的源头水质均为Ⅰ类，但由于沿途农村和农业面源等污染物的进入，使得 TN、TP 和 COD 等指标超过地表水环境功能区划的要求。为此，本规划针对水源区内地表水环境功能区划的要求，结合冷水河和牧羊河自身的生态和水质现状，从"源头预防-途径控制-末端治理"与加强管理出发，通过对两条河流源头和支流制定分段河道整治和管理规划来有效控制和削减入河污染负荷，促进河流生态系统的良性循环。

### 6.4.2 规划目的与原则

松华坝水源保护区（嵩明县）河道生态修复工程规划的目标是：在遵循自然规律的前提下，采用适宜的工程和管理手段，重建受损或退化的河流生态系统，使规划河道的水质得到明显改善，达到相应标准要求；并维持河流资源的可再生循环能力，促进河流生态系统的良性循环，恢复河清水澈的秀美风光。

在具体的规划设计中，应当遵循如下原则：

(1) 目标明确

河道生态环境恢复工程方案必须针对河流水环境存在的主要问题，明确工程目标，确保削减污染负荷，改善河流水质与生态系统。

(2) 因地制宜

针对河道生态特征，坚持因地制宜原则，选用适宜的生态修复技术，保证工程方案实用、经济并具有可操作性。

(3) 系统完整

河道整治必须把河流作为一个完整的生态系统考虑。在方案设计中，应以系统优化理论为指导进行设计，确保综合治理方案的系统性。

(4) 协调整体

河道整治的同时应充分考虑与小集镇和农村人居建设相关的农业、林业项目建设的有机结合,确保整治方案的综合性与协调性。

(5) 重点突出

由于水源保护区污染因素较多,为增加工程方案的有效性,方案设计应突出工程治理重点区域。

### 6.4.3 技术路线与备选方案

河道生态修复工程方案设计的技术路线为:

(1) 现场调查研究,研究水源保护区内各河道的生态现状及河流特征,进而分析其主要环境问题;

(2) 在对国内外河道整治相关研究综合分析的基础上,得到备选措施长清单;

(3) 根据各措施的技术经济性进行筛选和优选,最终得到技术上有保障、经济上可行的河道生态修复规划方案。

天然河道是一个复杂的生态系统,由不同的栖息生物群落组成。这个生态系统的物理结构广义上可分为:河道的河床(水生物区)、水交换区(两栖区)和受水影响的河岸区。三个区有不同的水文特征,它们直接或间接地制约着生物群落。

目前国内外对河道进行综合整治各种技术措施详见表 2-6-4-1。对河道的治理主要从两方面着手:① 控制污染物入河;② 河流生态系统修复。在表 2-6-4-1 中前置库、入河口人工湿地、合理处置与管理固体废物等技术措施,是从控制污染物入河的角度考虑的,而人工增氧、水生植被恢复、生态河堤等技术措施则是从河流生态系统修复的角度进行河道治理。

表 2-6-4-1  松华坝水源区(嵩明县)河道生态修复工程备选措施长清单

| 序号 | 措施 | 类型 | 实际应用情况 |
|---|---|---|---|
| **生态修复** | | | |
| 1 | 河道形态修复 | 工程 | 丹麦(斯凯恩河) |
| 2 | 修复河床断面 | 工程 | 日本 |
| 3 | 人工增氧 | 工程 | 上海黄浦江 |
| 4 | 引水增流 | 工程 | 常用 |
| 5 | 拆除废旧坝、堰 | 工程 | 美国 |
| 6 | 水生植被恢复 | 工程 | 滇池项目(2003)、邛海规划(2004) |
| 7 | 生态河堤 | 工程 | 常用 |
| 8 | 水生植物资源管理与利用 | 管理 | 洱海项目(2003)等 |
| 9 | 水生-陆生植物搭配与群落组建技术 | 工程 | 常用 |
| **控制污染物入河** | | | |
| 10 | 河道清淤除障 | 工程 | 常用 |
| 11 | 河道隔离网 | 工程 | 常用 |
| 12 | 污水截流 | 工程 | 常用 |
| 13 | 入河口人工湿地 | 工程 | 滇池、太湖等流域 |
| 14 | 河岸植被缓冲带 | 工程 | 常用 |
| 15 | 前置库 | 工程 | 滇池项目(2002)、邛海规划(2004) |
| 16 | 合理处置与管理固体废物 | 管理 | 滇池项目(2003)、邛海规划(2004)、洱海项目(2003)等 |
| 17 | 沿河厕所拆建和卫生厕所建造 | 工程 | 滇池流域农村生态卫生旱厕科技示范(2003) |

根据对水源保护区内相关污染防治措施的总结,结合《滇池流域水污染防治"十一五"规划》,在对国内外河道实际规划和污染防治项目中的实践和研究进行分析和综述的基础上,结合水源保护区的实际情况和未来的发展趋势,确定河道生态修复规划的主要措施(表2-6-4-1)。

### 6.4.4 备选方案筛选

上述的规划措施长清单虽然在其他区域的河道综合整治时得到应用,但是并不一定适合水源保护区的具体实践。因此需要对这些措施的效果和适应性方面的初步筛选,去掉一些明显不适宜的措施。然后再通过对措施的污染物削减能力、产生的效益估算、所需的总投资和维护成本等方面的定量分析,最终得到优选的措施集合。

#### 6.4.4.1 预选

根据水源保护区的实际情况,从定性或定量的角度对表2-6-4-1中的措施进行逐一评价,主要的评价标准包括:工程意义、实际应用程度、优缺点、处理的经济性以及与其他措施的匹配性等。根据分析结果,初步预选出可行和不可行的规划措施,详见表2-6-4-2。

**表2-6-4-2 松华坝水源区(嵩明县)河道生态修复措施预选**

| 序号 | 措施 | 预选 | 原因 |
|---|---|---|---|
| **生态修复** | | | |
| 1 | 河道形态修复 | × | 保护区内河道形态基本保持自然 |
| 2 | 修复河床断面 | × | 保护区内河床断面基本保持自然,无人工铺设的硬质河床 |
| 3 | 人工增氧 | × | 成本较高,且溶解氧浓度尚可 |
| 4 | 引水增流 | × | 成本较高,保护区河流水量较充足 |
| 5 | 拆除废旧坝、堰 | × | 保护区河道上坝堰较少 |
| 6 | 水生植被恢复 | √ | 改善河流生态系统,保护水质,削减面源污染物 |
| 7 | 生态河堤 | × | 成本较高,且部分河段已建设河堤 |
| 8 | 水生植物资源管理与利用 | √ | 防止二次污染,资源充分利用 |
| 9 | 水生-陆生植物搭配与群落组建技术 | √ | 成本低,两栖区及河岸现存不少植被 |
| **控制污染物入河** | | | |
| 10 | 河道清淤除障 | √ | 减少内源污染和改善河流水利性能 |
| 11 | 河道隔离网 | √ | 对河道进行封闭管理,可控制面源污染及固体废物进入河道 |
| 12 | 污水截流 | × | 基本无点源污染入河 |
| 13 | 入河口人工湿地 | × | 点源污染较少,不必采用人工湿地 |
| 14 | 河岸植被缓冲带 | √ | 有效截留两岸面源污染,在农田与河道之间起到一定的缓冲作用 |
| 15 | 前置库 | × | 缺少合适的水库 |
| 16 | 合理处置与管理固体废物 | √ | 改善人居环境和河岸两侧景观 |
| 17 | 沿河厕所拆建和卫生厕所建造 | √ | 减少污染排放,节约水资源 |

√指通过预选;×指被淘汰的技术。

#### 6.4.4.2 措施优选与方案设置

此外,由于水污染防治需达到污染削减的目标,并兼顾经济和环境效益的最优化以及工程和管理措施的可操作性和可持续性,在技术优选时选择 4 项指标来对技术进行评价:削减能力、环境效益、单位投资和单位维护成本。

$$V_j = \sum_{i=1}^{4} W_i \cdot T_{j,i} \tag{6-4-1}$$

其中,$V_j$ 表示技术 $j$ 的总得分;$W_i$ 是技术评价指标的权重;$T_{j,i}$ 为不同技术取值的归一化结果。根据计算分析,得到优选的技术清单(表 2-6-4-3)。

表 2-6-4-3 松华坝水源区(嵩明县)河道生态修复措施优选

| 子规划 | 优选技术与措施 |
| --- | --- |
| 源头水库管理及保护 | 源头水库管理及保护 |
| 河岸带生态修复与管理 | 三区河岸植被缓冲带系统;河道隔离网 |
| 河道内部整治与管理 | 河道清淤除障;河道保洁员;河道警示牌等 |

### 6.4.5 规划方案设计

针对上述确定的 3 项方案,从方案的服务范围、工程内容、基本参数、可能正负影响、方案间匹配情况、方案成本、方案效益等角度分别对各规划方案进行详细描述。

#### 6.4.5.1 河道区划

在进行具体的河道生态环境恢复工程设计中,需要根据规划河段的实际情况,因地制宜地设计规划方案,使提出的生态修复措施更具有针对性和可行性。因此,本研究对水源保护区内规划河道进行了区划。将冷水河和牧羊河按照生态现状及管理分区,分别各划分为三段:

(1) 冷水河:

- 河段 $I_1$——青龙潭至白邑:该段长约为 1.09 km,为冷水河水源地保护敏感区,青龙潭、黑龙潭水库都位于该段。两岸基本为农村小集镇和农田,同时建有两面光河堤。农村生活污水和农田径流对冷水河水质产生影响。
- 河段 $I_2$——白邑至下院:该段长 7.3 km,两岸基本为公路及农田,农田径流增加了冷水河的 N、P 负荷。
- 河段 $I_3$——下院至者纳坡:该段长 3.93 km,两岸其中一侧有较好的植被生态系统,宽度约为 15m,对入河污染物起到过滤作用。另一侧则为农田,地势较低,和河床基本处于同一水平线上。

(2) 牧羊河:

- 河段 $II_1$——黄龙潭至牧羊:该段长 9.6 km,为牧羊河水源地保护敏感区,黄龙潭水库位于该段。两岸多为农田,基本无河堤,农田径流对牧羊河水质产生影响。
- 河段 $II_2$——牧羊至阿子营:该段长 9.24 km,牧羊坝子和阿子营坝子产生的农村生活污染对牧羊河影响较大,同时还有部分农田径流增加了牧羊河的 N、P 负荷。
- 河段 $II_3$——阿子营至牧羊河出境段面:该段长 21.84 km,两岸基本为山谷,没有建设河堤,雨水冲刷、水土流失等带来的面源污染负荷对牧羊河造成较大污染。

#### 6.4.5.2 河岸带生态修复与管理规划

河岸带是指河水与陆地交界处的两边,直至河水影响消失的区域,是陆地生态系统和水生生态系统的生态过渡区。河岸带地区具有明显的边缘效应和异常丰富的生物多样性,其不同于它所连接的陆地生态系统和水生生态系统,具有其独特的性质和功能。

河岸植被缓冲带是在欧美等河岸带研究和管理水平较高的国家常用的一个概念,指河岸两边向岸坡爬升的由树木及其他植被组成的,防止或转移由坡地地表径流、废水排放、地下径流和深层地下水流所带来的养分、沉积物、有机质、杀虫剂及其他污染物进入河溪系统的缓冲区域。目前,在河岸带管理中,在河流两侧划定特定宽度的河岸植被缓冲带以限制河岸带土地利用活动和保护河流已经成为一个日益重视的重要管理手段。

河岸植被缓冲带的设计主要包括:缓冲带选址、规模设计、植被种类搭配、管理维护等。针对水源保护区内河道形态特征,缓冲带的具体设计内容如下:

(1) 缓冲带选址:合理布设位置是缓冲带有效拦截径流、发挥其作用的先决条件。水源保护区河道缓冲带一般设置在坡地的下坡位置,与径流流向垂直布置。同时,缓冲带的表面必须处在同一个等高线上可避免集中的暴雨径流。

(2) 规模设计:缓冲带的设置规模主要根据水土保持功效和农业生产效益综合考虑。设计水源保护区河岸植被缓冲带由3个具有不同目的和管理要求的分区组成。紧邻河道的A区是从河流正常水体线开始,沿垂直于河流方向,水平距离10 m宽的以本地河岸树种为优势种的沿河条带;与A区相邻的B区设计最小水平宽度为25 m,作为复合带,其植被组成是各类本地河岸树种及灌木丛;C区位于河岸带缓冲系统的最外侧,与B区相邻,其设计最小水平宽度为15 m。C区为草地过滤带。牧羊河和冷水河河道内缘上口外每侧100 m为一级保护区,基本上可以满足河岸植被缓冲带的规模要求。

(3) 植被种类搭配:合理的植被配置是缓冲区实现控制径流和污染功能的关键。根据水源保护区河道的实际情况,规划进行乔、灌、草的合理搭配。既要考虑采用以灌、草为主的植物在农田附近阻沙、滤污,又要安排根系发达的乔、灌以有效保护岸坡稳定和滞水消能。规划在河岸缓冲带的A区种植河柳、水杉、池杉等木本植物;B区种植河柳、水杉和本地灌木;C区可以考虑种植大雀稗、弯叶画眉草、香根草等生长能力较强、能够适应多种复杂的生境条件的本地土著草本植物。

(4) 管理维护:在缓冲带建设初期或使用一段时间后,部分未建好或损坏的位置会出现汇流造成"木桶效应",从而影响整体功能的发挥。因此,需要适当的维护如清理沉积物、修补损坏植被以保持缓冲区的功能。考虑到植物的资源再利用价值,须对植物资源进行合理的管理与利用。在水源保护区河道缓冲带植物的管理上考虑保护好原有的群落结构,分块分区收割,结合当地畜牧业和农业的发展,形成"植物-畜牧业-沼气-农田施肥"的循环利用生物链。

河岸带生态修复与管理规划方案的详细设计见表2-6-4-4。

表 2-6-4-4 河岸带生态修复与管理规划方案详细描述

| 服务范围/对象 | | 冷水河、牧羊河河道两侧 | |
|---|---|---|---|
| 工程项目 | | 3区河岸植被缓冲带系统;河道防护隔离带 | |
| 主要内容 | 近期 | (1) 河岸植被缓冲带建设<br>① 河段 $I_3$——下院至者纳坡:<br>该段河道一侧已有较好的植被生态系统,宽约为15 m,对入河污染物已起到较好缓冲过滤作用。规划在另一侧建设河岸植被缓冲带。A区宽度设为10 m,种植河柳、池杉、水杉等木本植物,利用其发达的根系加固堤防,保持水土;B区宽度设为25 m,种植河柳、水杉和本地灌木;C区宽度设为15 m,种植本地草种。<br>② 缓冲带维护与管理<br>• A区的植被不能受到任何干扰,仅在树木对河堤的稳固性产生危害的情况下可以去除。<br>• B区内植被可进行定期收割。可在B区种植经济树木及灌木,当其成材后适当进行收割砍伐。<br>• 缓冲带内只能发展土著物种,当外来物种生长时,必须坚决予以根除。<br>• 定期对缓冲带进行检查,以避免其受到人类、交通车辆、病虫害、畜禽、野生动物及火灾的影响。<br>• 禁止在缓冲带里放牧牲畜,同时用篱笆将家禽拦截在缓冲带外。<br>• 在缓冲带内施用化肥、杀虫剂等化学制品需要受到控制以避免其对缓冲带功能产生影响。<br>• 定期去除缓冲带拦截的悬浮物质。<br>(2) 河道隔离网<br>河段 $I_1$——青龙潭至白邑,河段 $II_1$——黄龙潭至牧羊;该两段河道为水源地保护敏感区,规划在河道两侧建设隔离网带,对河道进行全封闭管理,以控制农村生活污染及固体废物进入河道。隔离网的材料可采用PVC包塑铁丝。隔离网带的规模为10.69 km。 | |
| | 中期 | (1) 河段 $I_2$——白邑至下院<br>该段河道左侧临近公路,无法建设缓冲带。故规划中期在河道右侧建设缓冲带。其规模及植被配置同河段 $I_3$。<br>(2) 河段 $II_2$——牧羊至阿子营<br>该段河道两侧农田及农村生活污染对河流水质影响较大,规划在该河段两侧建设缓冲带,规模及植被配置同河段 $I_3$。<br>(3) 缓冲带维护与管理<br>同近期。 | |
| | 远期 | (1) 河段 $II_3$——阿子营至牧羊河出境段<br>该段两岸基本为山谷,没有建设河堤。规划远期在河道两侧建设河岸植被缓冲带,规模及植被配置同河 $I_3$。<br>(2) 缓冲带维护与管理<br>同近期。 | |
| 可能影响 | | 正面影响 | 负面影响 |
| | | 控制水土流失,防止河岸冲刷,减少侵蚀泥沙和农田的氮、磷等营养物质进入河道;美化河流生态景观。 | 会占用部分农田,需要退耕。投资较大。 |
| 方案间匹配情况 | | 与农业面源污染防治相结合 | |
| 方案成本(含维护投资) | | • 近期直接投资:河岸植被缓冲带250万元,河道隔离网1000万元;<br>• 中期直接投资:河岸植被缓冲带1500万元;<br>• 远期直接投资:河岸植被缓冲带2000万元。<br>• 维护成本:河岸植被缓冲带系统可利用其植物资源再利用价值解决维护成本问题,维护成本不列入本规划;河道隔离网年维修成本为10万元。 | |

#### 6.4.5.3 河道内部整治与管理规划

对河岸带进行生态修复和管理,可以控制污染物进入河道,减少水土流失和农田 N、P 等产生的非点源污染。为了进一步减少污染,恢复河流生态系统,则还需要从河道内部进行整治,同时对河道进行系统科学的管理。根据实地调查,冷水河和牧羊河部分河道目前为"两面光",河道内垃圾淤塞,同时农业垃圾和生活垃圾在两岸乱堆乱放严重。针对上述问题,采取相应的工程与管理措施进行河道内部整治与管理,具体方案见表 2-6-4-5。

表 2-6-4-5 河道内部整治与管理规划方案详细描述

| 服务范围/对象 | | 冷水河、牧羊河 | |
|---|---|---|---|
| 工程及管理项目 | | 河道清淤除障、河道保洁员、河道警示牌 | |
| 主要目标 | 近期 | (1) 河道清淤除障<br>对冷水河和牧羊河淤塞严重的河段进行清淤除障,清淤规模约为 $1 \times 10^5$ m³。在清淤的同时,检查河底的高程及宽度,以保证施工质量。<br>(2) 河道保洁员<br>聘请 120 名河道保洁员负责对冷水河和牧羊河河道进行日常维护,平均 1 人/km。工作职责为打捞河道内生活垃圾,管理维护河岸带生态系统。<br>(3) 河道警示牌<br>在冷水河和牧羊河两侧设置河道警示牌 120 个,平均 2 个/km。警示牌内容可以为"保护河道,人人有责"、"保护水源区河道就是保护我们自己的家园"等。 | |
| | 中期 | 同近期 | |
| | 远期 | 同近期 | |
| 可能影响 | | 正面影响 | 负面影响 |
| | | 减少入河污染物、改善河流生态系统 | 无 |
| 方案间匹配情况 | | 与小集镇和农村人居整治规划相结合 | |
| 方案成本<br>(含维护投资) | | • 近期直接投资:河道清淤除障 400 万元;河道保洁员 432 万元;河道警示牌 8.4 万元。<br>• 中期直接投资:河道清淤除障 400 万元;河道保洁员 432 万元。<br>• 远期直接投资:河道清淤除障 400 万元;河道保洁员 432 万元。 | |

### 6.4.6 投资计划

河道生态修复工程规划方案的近中远期总投资为 11904.4 万元,具体投资情况详见表 2-6-4-6。

表 2-6-4-6 河道生态修复工程规划方案总投资详细描述 （单位:万元）

| 序号 | 项目名称 | 性质 | 规模 | 投资估算 | 近期投资 | 中期投资 | 远期投资 | 维护费用 |
|---|---|---|---|---|---|---|---|---|
| 1 | 源头水库管理与保护 | 工程 | 5 个源头水库 | 4500 | 1500 | 1500 | 1500 | 0 |
| 2 | 河岸植被缓冲带 | 工程 | 50 m 宽 | 3750 | 250 | 1500 | 2000 | 0 |
| 3 | 河道隔离网 | 工程 | 10.69 km | 1150 | 1000 | 0 | 0 | 150 |
| 4 | 河道保洁员 | 管理 | 120 人 | 1296 | 432 | 432 | 432 | 0 |
| 5 | 河道两侧设置警示牌 | 管理 | 120 块 | 8.4 | 8.4 | 0 | 0 | 0 |
| 6 | 河道清淤除障 | 工程 | 冷水河和牧羊河河道 | 1200 | 400 | 400 | 400 | 0 |
| | 合计 | | | 11904.4 | 3590.4 | 3832 | 4332 | 150 |

## 6.5 陆地生态建设与水土保持工程规划方案

陆地生态系统包括森林生态系统、农业生态系统等,是人工生态系统与自然生态系统的复杂复合体。从分布广度看,森林生态系统是水源地内最主要的生态系统类型,其主要功能是水土保持和水源涵养,是水源地功能的最重要的承担者。而农业生态系统是水源地居民物质生活的基础。

### 6.5.1 规划原则与目标

本规划以自然生态学、恢复生态学等原理为指导,在恢复松华坝水源保护区的受损陆地生态景观和管护森林生态系统时,坚持以下原则:

(1) 以生态恢复为主,生态恢复与污染治理相结合的原则;
(2) 水源区保护与水源区开发相结合,协调区域内农、林用地冲突;
(3) 充分调动公众积极性,让各方力量共同加入到陆地生态建设中;
(4) 因地制宜,依据不同的目的和地貌类型,采用不同的恢复手段;
(5) 重建生态多样性。

松华坝水源地陆地生态系统修复的目的是以减少冷水河和牧羊河的污染物负荷,改善两河水质为目标,实现水源地内的森林资源保护、水土资源的保持与农业的可持续发展。水源地的森林覆盖率高,但结构相对单一,幼林为主,农业主要集中在两河河谷及两侧山体,主要种植蔬菜、花卉以及粮食作物,由于坡耕地分布广泛,造成水土流失严重,因此本报告中的生态修复主要是指管护与强化恢复森林生态多样性,和水土流失治理为核心的农业生态系统的水土保持,农业生态系统的产业结构及农药化肥施用和河道近岸陆相的生态修复参见相关规划。

### 6.5.2 森林管护规划

#### 6.5.2.1 总体布局

松华坝水源区的树种结构单一,林分结构简单,主要是华山松、云南松、圣诞树和桉树为主,但大哨乡及滇源镇内冷水河水源涵养区郁闭度高,多样性相对丰富,牧羊河流域植被分布较为稀疏,下游多为云南松林与高山草甸镶嵌。根据它们特征可将流域内的森林分为三个管护区。

(1) 水源涵养区

本区包括大哨乡全部和白邑乡北部麦地冲、三转弯、菜子地三个行政村。本区基本为山地,森林覆盖率极高,而人口稀少,由于受到水源区保护的许多措施限制,区内农业人口生活贫穷,其中(原)大哨乡森林覆盖率达80%以上,但人口稀少。因此本区重点管护郁闭度过高的林分,改造林业结构,恢复林区多样性,防灾,引入社区管理和森林产品适度开发,改善区内居民的生活水平。

(2) 牧羊河中游生态恢复区

牧羊河中游受人类干扰很大,阿子营、牧羊街和大竹园都是区内人口聚集和农业活动频繁的区域。本区重点配合水土流失治理,营造完善的水土保持林,同时治理过度开垦的山地,实行退耕还林,退耕地主要营造经济林、果林,力促区内经济稳定发展。

### (3) 冷水河和牧羊河中下游森林管护区

两河中下游地区包括马军、迤者、金钟三个行政村。本区与水源涵养区相似,基本为山地,人口稀少,植被主要是云南松、华山松林、高山草甸和疏林地。本区的重点在于育林和发展林业经济,改善区内贫苦居民的经济状况。

#### 6.5.2.2 备选措施与方案设置

(1) 备选方案

根据前述基本思路,松华坝水源保护区森林管护涉及到的技术主要包括两类:人工造林技术、人工林草经营与管理技术。

对于受人为破坏严重的山地,主要采用人工造林技术,种植适宜先锋树种,加快植被恢复。人工造林技术包括整地技术和栽植技术。而在成林之后,为合理经营和利用现有防护林资源,提高森林的生态效益、经济效益和社会效益需采用合理的经营技术和管理技术,其中本处经营技术指皆伐萌蘖、低效林改造等人工技术,而管理技术指社区管理、法律法规等措施。

根据国内外同类地区实际规划和管理项目中的实践和研究,提出本规划中对森林规划备选措施长清单,详见表2-6-5-1。

表2-6-5-1 森林管护规划备选措施长清单

| 序号 | 措施 | 类型 | 实际应用 |
| --- | --- | --- | --- |
| **人工造林技术** | | | |
| 1 | 造林地清理 | 管理 | 全国 |
| 2 | 全面整地 | 整地/工程 | 黑龙江、蒙古等 |
| 3 | 带状整地(水平沟、梯田等) | 整地/工程 | 西南山地丘陵区、草原区 |
| 4 | 块状整地(鱼鳞坑、靴状等) | 整地/工程 | 全国范围内广泛适用 |
| 5 | 直播(撒播、飞播等) | 造林/工程 | 西南山地 |
| 6 | 植苗造林 | 造林/工程 | 全国,航播以外区域 |
| 7 | 分殖造林(插条、插干、压条等) | 造林/工程 | 全国,航播以外区域 |
| **人工林草经营技术** | | | |
| 8 | 皆伐萌蘖 | 管理 | 全国碳薪林、速生用材林 |
| 9 | 平茬复壮 | 管理 | 全国碳薪林、速生用材林 |
| 10 | 抚育(疏伐、间伐等) | 管理 | 全国范围的过密林 |
| 11 | 低效林改造 | 管理 | 全国范围 |
| 12 | 树种更新 | 管理 | 迹地、荒山荒地 |
| 13 | 封育(全封、半封) | 管理 | 荒山荒地、保护区林地 |
| 14 | 防火 | 管理/工程 | 全国范围 |
| 15 | 防虫 | 管理/工程 | 全国范围 |
| 16 | 林相改造 | 工程 | 单一层林或简单层林,全国 |
| **林草管理** | | | |
| 17 | 林业监测 | 管理 | 东北林区、水源区等 |
| 18 | 林业立法执法 | 管理 | 全国范围 |
| 19 | 林业科技研究 | 管理 | 鼎湖山、海南省等 |
| 20 | 社区管理 | 管理 | 印度、日本等国 |
| 21 | 林业经济开发 | 管理 | 全国范围 |

由于森林管理是一门综合的科学,其覆盖面广,表2-6-5-1种措施的是森林管理中较为粗略的分类。由于森林管理的复杂性,特别是各种不同的树种生长所需要的条件千差万别,所以相应的造林技术和经营技术不尽相同,笼统优选出来的措施不一定适应所有树种,反而失去"优选"的意义,因此本节规划方案中不进行方案优选。

（2）方案设置

以前述地理区划为依据,松华坝水源区的森林管护呈现不同的特征。三个森林管护子区的具体的措施组合和方案设置如下：

① 水源涵养区:疏伐间伐,封育,林相改造,防灾,社区管理,林业监察与执法,林业经济开发。

② 牧羊河中游生态恢复区:带状整地,植苗造林,低效林改造,防灾,林业监测,林业监察与执法。

③ 冷水河和牧羊河中下游森林管护区:直播,封育,防灾,社区管理,林业监察与执法,林业经济开发。

6.5.2.3 规划详细方案

（1）水源涵养区详细规划

间伐区内密度过高的华山松中幼林,10～15年龄,胸径10 cm以下的幼林,伐后密度维持在7000～13000株/hm²；15～25年龄,胸径10～13 cm的杆材林伐后密度维持在2000～4000株/hm²；25～40年的中龄林伐后密度700～900株/hm²。

本区内的华山松、云南松林基本都为纯林,林相呈现单层结构,涵养水源和保持水土的功能较弱,中幼林密度大,因此林相改造主要对象为中林、成熟林。改造方式是在林下和林窗,改造目标为复层林相。华山松为较喜光性树种,郁闭度较低的林下补植木姜子、峨嵋蔷薇、忍冬、西南荀子、矮山栎等喜阴灌木,郁闭度高的林下撒播淫羊藿、蛇莓、沿阶草、素羊茅等草类种子。云南松亦为喜光树种,立地较为贫瘠,林下补植乌鸦果、南烛、爆杖花、水红木等灌木。林窗内补植滇青冈、高山栲等阔叶树种。

牧羊河源头黄龙潭水库和冷水河源头三个龙潭周边是生态敏感区,进行严格封育。严格封育对象还包括云南松和华山松幼纯林。中龄以上进行林相改造的纯林实行季节封育,每年在松花开放与松子成熟季节解禁。其他林分实行分区封育,解封期间允许区内居民适度采薪。

表2-6-5-2 水源涵养区详细规划列表

| 服务范围/对象 | | （原）大哨乡和（原）白邑乡内麦地冲、三转弯、菜子地3个行政村的森林 | |
|---|---|---|---|
| 工程项目及规模 | | 间伐过密林,间伐规模600 hm²/a；改造单层云南松和华山松林,200 hm²/a；封禁育林,每年封禁面积6000 hm²,其中严格封禁区1000 hm²/a | |
| 主要目标 | 近期 | 间伐3000 hm²,改造单层林1000 hm²,封禁面积300 hm² | |
| | 中远期 | 间伐6000 hm²/a,改造单层林2000 hm²,封禁面积600 km² | |
| 可能影响 | | 正面影响 | 负面影响 |
| | | 森林生产力提高,林相趋向合理,水源涵养与水土保持功能加强 | 过度砍伐造成森林退化 |
| 方案成本 | | （含维护费用）近期投资750万元；中远期投资1500万元 | |
| 方案效益 | | 木材 $1\times10^5$ m³ | |

(2) 牧羊河中游生态恢复区详细规划

本区也是水土保持区,在闸坝水库东西两侧面山上,25°以上坡度的坡耕地严格实行退耕,15°以上的轮歇地在本规划远期内完成退耕,总计退耕面积 387.5 hm²,其中 25°以上坡耕地退耕 200 hm²,除闸坝水库两侧面山还天然林,其余退耕地改造为经济林地。退耕地沿高程线作水平带状整地(隔坡梯田方式)以减少水土流失。本区宜林荒山荒地坡度较小,也采用带状整地。

牧羊街北侧、侯家营、羊街、鼠街南侧等山体,山腰以上退耕地改造为经济竹林,种植方法采用母枝扦插 1 年生以上枝条,种植密度 1200 株/hm²,种植面积 300 hm²。坡度大于 15°的山腰退耕地和光热条件较好的宜林荒山荒地可以开发作为经济果林,本地适宜栽种核桃、花椒等干果林,采用幼苗移植,种植密度核桃 750 株/hm²,花椒 1200 株/hm²。

对现有的云南松低效次生林改造,林木稀疏的疏林地补植滇青冈、高山栲等落叶阔叶树种,林下补植乌鸦果、南烛、爆杖花等本地灌木。低效灌木林地可皆伐萌蘖或适当清理、整地补植落叶阔叶树种。低效林改造区可作为义务植树劳动用地。

表 2-6-5-3　牧羊河中游生态恢复区规划列表

| 服务范围/对象 | | 阿子营乡 | |
|---|---|---|---|
| 工程项目及规模 | | 退耕 387.5 hm²;造竹林 500 hm²,核桃 500 hm²,花椒 500 hm²;低效林改造 150 hm²/a | |
| 主要目标 | 近期 | 退耕 387.5 hm²,造经济林 1000 hm²,低效林改造 750 hm² | |
| | 中远期 | 造经济林 500 hm²,低效林改造 1500 hm² | |
| 可能影响 | | 正面影响 | 负面影响 |
| | | 流域经济增长;水土流失减少 | 粮食产量减少 |
| 方案成本 | | 近期投资(退耕归入水保内,此处不含)1240 万元,中远期投资 1110 万元 | |
| 方案效益 | | 增加经济收入 | |

(3) 冷水河和牧羊河中下游森林管护区详细方案

本区多疏林地和高山草甸,为营造有效的水土保持林,可对灌木过密不利于造林的林地进行造林地清理和整地,大面积疏林地和造林地阳坡采用云南松直播(或飞播)造林。水土流失和植被稀少的地区应提前封山育草,恢复地表覆盖,提高成林率。播期选在 5 月中旬至 6 月上旬之间,播种前使用 ABT 生根粉,鸟、鼠驱避剂等进行浸种或拌种,播种量为 3～5 kg/hm²。播种后封禁 5 年,并进行抚育和补播促进成林。

表 2-6-5-4　两河中下游森林管护区详细方案

| 服务范围/对象 | | 阿子营乡 | |
|---|---|---|---|
| 工程项目及规模 | | 荒山造林 200 hm²/a | |
| 主要目标 | 近期 | 造林 1000 hm² | |
| | 中远期 | 造林 2000 hm² | |
| 可能影响 | | 正面影响 | 负面影响 |
| | | 植被覆盖度提高,水土流失 | 前期整地导致短期水土流失增加 |
| 方案成本 | | 近期投资 450 万元,中远期投资 900 万元 | |
| 方案效益 | | 减少水土流失 | |

(4) 全区森林管理详细方案

森林防灾主要是防火与防虫,其中火灾因为危害巨大,传播迅速是防止重点。森林防火需建设防火指挥中心统一组织森林防火工作,建立火情监测系统、火情通讯系统和扑火队伍。(原)大哨乡和两河中下游地区建设火灾阻隔系统,将森林分割为片区控制火情,并根据地形建立生物防火带。每个乡分别建立扑火物资储备,配备灭火交通工具。建立森林防火培训宣传机制,进行专业岗位培训和居民安全防火知识宣传。

森林防虫主要针对云南松和华山松两类针叶树种病虫害。文山松毛虫、德昌松毛虫、云南松毛虫、华山松球蚜、华山松木蠹象等病虫采用化学药剂避开天敌活动高峰期用于虫源地,辅以灯光诱杀成虫,天敌活动期可以引入各类病虫的天敌进行生物防治。建立完整的森林病虫害监测系统。

大哨乡及两河中下游地区的森林面积广阔,可引入社区管理机制,赋予居民部分权力,以合同形式将集体所有森林承包给居民,居民承担维护森林完整、健康,接受林业局林管站的指导,协助林业局管护森林的义务,享有采集松花、松子和解封期采集材薪的权利。由林业局或林管站直接指导各行政村委员会的森林管理、开发行为。增加森林管护专聘人员,以聘请水源区内的居民为主,完成上级部门下达管理任务及协助监督社区管理机制的运营情况。

联合水利部门重点监测牧羊河中游生态恢复区林业建设与水土流失状况,根据监测数据指导营造高效水土保持林。水源涵养区与两河中下游以生物物种、树木生长、病虫害预防为监测重点。建立信息化的林业监测系统,建立林业数据库,以利于林业科技研究。林业监察与执法部门除常规的处理林业违法行为,另需监督森林社区的开发行为,使林业开发保持在森林可持续的限度以内。

制定惠民扶贫政策,以每年每亩松林上交定量松子或同等价值的产品作为承包税收,剩余产品归承包者所有,可吸引松花粉、干果制造商等定期在三个乡镇定点收集松花粉、松子等产品。

建设一个苗圃基地,主要培育华山松、云南松、滇青冈等主要林业树种,建设面积 1500 $hm^2$,中远期根据实际情况扩充规模。

表 2-6-5-5　全区森林管理规划方案

| 服务范围/对象 | | 阿子营乡 |
|---|---|---|
| 工程项目及规模 | | 森林防灾、宣传、社区管理、林业监察执法 |
| 主要目标 | 近期 | 指挥中心 1 座,防火公路 20 km,通讯设备 250 个,指挥车 1 辆,瞭望台 1 座,扑火物质储备等其他消耗,防止病虫害 1200 $hm^2$;宣传费用 10 万元/a,建成社区管理的基本模式,完善林业检测执法机制,苗圃植苗 150 $hm^2$/a |
| | 中远期 | 防火公路 80 km,通讯设备 50 个,指挥车 2 辆,瞭望台 2 座,扑火物质储备等其他消耗,防止病虫害 2800 $hm^2$,宣传费用 10 万元/年,完善社区管理机制和林业监察执法 |
| 可能影响 | 正面影响 | 负面影响 |
| | 建立快速的防灾机制保障森林安全;社区经济发展;森林保护意识增加 | 森林动物的生存环境干扰;森林存在被社区过度开发可能 |
| 方案成本 | | 近期投资 2350 万元,其中防灾 1200 万元,宣传 50 万元,社区管理 50 万元,林业监察执法 250 万元,苗圃 800 万元;中远期投资 1750 万元 |

## 6.5.3 水土保持规划

### 6.5.3.1 总体布局

根据松华坝水源区水环境功能区分和实地调查可以将规划区划分为两种类型、4个片区和10个小流域强化治理区,即水土保持区和综合治理区。

(1) 水土保持区

本区又可以分为两个小区。牧羊营坝子水土保持区:由南至北包括阿子营乡者纳、铁冲、牧羊街、甸头、阿达龙、朵格等沿河村落及两岸山体。该区的主要特点是:① 地形狭长,呈条带状;② 河流两侧平地较少,坡耕地现象极其严重,部分低矮山体全部开发作为农业用地;③ 坡耕地坡度极大;④ 耕地私自侵占林地、河道现象严重。大竹园水土保持区:位于牧羊河支流的中上游,包括大竹园坝子及其上游直至官渡区飞地,本区是闸坝水库生态敏感区的上游。该区的主要特点是:① 地势狭长,但坝子区相对平坦;② 河道北侧山体坡度较缓,但多被开垦为坡耕地;③ 人口相对较少。

(2) 综合治理区

本区也可以分为两个区。白邑坝子综合治理区:包括冷水河源头白邑至嵩明县冷水河出口甸尾村等9个行政村,覆盖冷水河两岸面山。本区的特点为:① 坝子区地势平坦,为松华坝水源区内农业相对发达地区;② 从白邑至小营,坡耕地主要分布在冷水河西面面山,小营以下主要分布在东面面山;③ 本区灌溉沟渠较为发达;④ 白邑乡内人口主要集中于该区。羊街-鼠街-侯家营-阿子营综合治理区:是阿子营乡内人口聚集区,羊街、鼠街和侯家营地形略有缓坡起伏,农业开发较为彻底,而阿子营为经济中心,平缓土地较少,牧羊河两侧面山缓坡均已被开垦。

(3) 小流域强化治理区

对周达、金钟、者海、麦地冲、岩峰哨、铁冲、牧羊、竹箐口、喳拉箐、老坝10条小流域水土流失进行治理和小型水利水保工程,总面积约为102.04 km²。以上小流域主要的特点都是水保植被稀少,沟蚀相对严重,但沟渠基本未被硬化,可采用生态修复措施。

### 6.5.3.2 技术优选与方案设置

水土保持技术包括坡面治理工程、沟道治理工程和农田水保耕作技术等,本规划中备选水土保持技术见表2-6-5-6。

根据水源保护区内的实际情况,从定性到定量的角度对表2-6-5-6中的措施或技术进行逐一评价,主要评价标准包括:工程意义、实际应用程度、优缺点、处理的经济性以及与其他措施的匹配性等。预选得出淘汰的措施详见表2-6-5-7。相应得到预选中可行的备选措施,详见表2-6-5-8。

表 2-6-5-6　备选水土保持技术清单

| 序 号 | 项目名称 | 类 别 | 应 用 |
|---|---|---|---|
| 耕作技术 | | | |
| 1 | 等高耕作 | 管理 | 甘肃中部及陇东地区 |
| 2 | 少耕覆盖 | 管理 | 渭北旱原,澳大利亚 |
| 3 | 条状种植 | 管理 | 广东、福建 |
| 4 | 植被覆盖与地膜覆盖 | 管理 | 甘肃、陕西,用于旱作 |
| 5 | 坡面栽培 | 管理/工程 | 台湾等地 |
| 坡面治理 | | | |
| 6 | 水平沟、鱼鳞坑 | 工程 | 黄河流域 |
| 7 | 坡改梯 | 工程 | 全国范围 |
| 8 | 围山转 | 工程 | 河北,北京等 |
| 9 | 山边沟 | 工程 | 台湾省 |
| 沟道治理 | | | |
| 10 | 谷坊 | 工程 | 小流域上游,毛沟,支沟 |
| 11 | 拦沙坝与淤地坝 | 工程 | 小流域治理 |
| 12 | 顺水坝 | 工程 | 用于小河道弯道 |
| 13 | 护岸缓冲林 | 工程 | 洪泽湖,太湖等 |

表 2-6-5-7　预选中淘汰的备选措施清单

| 序 号 | 项目名称 | 类 别 | 淘汰的原因 |
|---|---|---|---|
| 耕作技术 | | | |
| 2 | 少耕覆盖 | 管理 | 耕地资源少,多季种植 |
| 坡面治理 | | | |
| 6 | 水平沟、鱼鳞坑 | 工程 | 缓坡种植粮食作物为主 |
| 9 | 山边沟 | 工程 | 水土流失以坡耕地为主,山体植被较好,水土流失较轻 |
| 沟道治理 | | | |
| 12 | 顺水坝 | 工程 | 河道多硬化,水流较小、缓 |

表 2-6-5-8　预选中保留的备选措施清单

| 序 号 | 项目名称 | 类 别 | 可行的原因 |
|---|---|---|---|
| 耕作技术 | | | |
| 1 | 等高耕作 | 管理 | 成本低,易于管理 |
| 3 | 条状种植 | 管理 | 成本低,易于管理 |
| 4 | 植被覆盖于地膜覆盖 | 管理 | 成本低,可提高土地利用率 |
| 5 | 坡面栽培 | 管理/工程 | 提高土地利用率 |
| 坡面治理 | | | |
| 7 | 坡改梯 | 工程 | 效果明显,彻底的水保措施 |
| 8 | 围山转 | 工程 | 适用于本地低缓山坡经济林改造 |
| 沟道治理 | | | |
| 10 | 谷坊 | 工程 | 投资低,截沙效果明显 |
| 11 | 拦沙坝与淤地坝 | 工程 | 投资低,截沙效果明显 |
| 13 | 护岸缓冲林 | 工程 | 护堤、截流等多种功能 |

针对不同的水土保持措施与技术,分别进行优、次、缓、急优选,并得到措施进行组合分析,最终得到合适的规划方案。

(1) 优先排序

从工程项目的财务评价等角度,采用多目标分析法。选用的评价指标包括水土保持能力、效益估算、总投资、维护成本。具体分析见表 2-6-5-9。此优先排序采用双向比较方法确定权重，并采用特尔菲法确定各指标值，然后加和得到总分，以分高为优。确定指标值为五个参考值：-2，-1，0，1，2，其中-2代表极不好或投资成本很高，-1代表不好或投资成本高，0代表一般或投资成本一般，1代表好或投资成本低，2代表很好或投资成本很低。

表 2-6-5-9 可行措施优先排序分析

| 措施 | 水保能力 | 效益估算 | 总投资 | 维护成本 | 总 分 |
|---|---|---|---|---|---|
| 权 重 | 0.3 | 0.25 | 0.25 | 0.2 | |
| **耕作技术** | | | | | |
| 等高耕作 | 2 | 1 | 2 | 1 | 1.55 |
| 条状种植 | 1 | 1 | 2 | 1 | 1.25 |
| 植被覆盖与地膜覆盖 | 2 | 2 | 1 | 1 | 1.55 |
| 坡面栽培 | 1 | 1 | 2 | 2 | 1.45 |
| **坡面治理** | | | | | |
| 坡改梯 | 2 | 2 | -1 | 2 | 1.25 |
| 围山转 | 2 | 1 | 0 | 1 | 1.05 |
| **沟道治理** | | | | | |
| 谷坊 | 1 | 1 | 1 | 1 | 1.00 |
| 拦沙坝与淤地坝 | 2 | 1 | 0 | 1 | 1.10 |
| 护岸缓冲林 | 1 | 1 | -1 | 2 | 0.90 |

根据上述优先排序分析，可以得到各可行措施的优先级别，同时考虑到水源保护区当地政府实施进程，把 9 个可行措施分为"最优、次优、备选"三类，同时也考虑到各类的优先次序的问题（即纵向排列顺序）。具体见表 2-6-5-10。

表 2-6-5-10 可行性措施优先排序结果

| 最优措施 | 次优措施 | 备选措施 |
|---|---|---|
| (1) 等高耕作 | (1) 条状种植 | (1) 坡面栽培 |
| (2) 植被覆盖于地膜覆盖 | (2) 围山转 | |
| (3) 坡改梯 | (3) 护岸缓冲林 | |
| (4) 谷坊 | | |
| (5) 拦沙坝 | | |

(2) 方案设置

通过上述的措施优选，得到不同优先级别的措施。但措施之间有其相关性，须对措施进行有机组合，得到科学合理的水土保持工程规划方案。根据各区不同的水土流失特征，设计相应的措施组合和方案设置如下：

① 水土保持区：水土保持耕作改造、退耕还林，坡面治理和环境教育工程。
② 综合治理区：水土保持耕作、坡面治理和退耕还林。
③ 小流域强化治理区：结合水保林建设实行沟道治理。

6.5.3.3 规划方案详细设计

(1) 水土保持区详细规划方案

本区内坡度大于 25°的坡耕地全部严格实行退耕，退耕地改造为经济林和试点改造为优质牧草地。经济林主要种植适应本区的气候与便于储存运输的竹林、核桃林和花椒林。牧草以种植优质豆科类牧草为主，如红三叶、白三叶等，牧草主要输出水源地，精耕牧草地可一年收获 4 茬。

10°～25°的坡耕地优先改造为梯田，采用隔坡梯田改造方式，其中水平地主要种植粮食作物，坡地种植具有保水固沙的牧草及灌木类经济林为主。

10°以下的坡耕地主要采用水土保持耕作以达到保持水土的功能。种植方式以等高耕作为主，种植行偏离等高线的比降不超过 3%，在缓坡地上可自下而上犁耕，在陡坡地上可自上而下犁耕，以免留土埋压犁沟，等高犁沟应有一定比降，以 0.5%～1.0% 为宜，并结合草皮水道或灌木水道排除多余的径流。

完整缓坡丘陵退耕地可采用围山转方式改造为果园经济林，梯宽 1.5～2 m，梯距视坡度变化，外侧稍高，采用内侧排水方式，果园地林隙间采用植被覆盖，种植喜阴豆科类牧草为主。

由水利局、农业局、林业局、环保局和滇管局等单位联合组织水源区水土保持宣传活动，主要宣传培训水土保持耕作方法和相关法律法规，严禁刀耕火种的开垦方式。并由 5 个单位联合建立水土保持监管办公室，主要监管和处理滥开新坡耕地、矿山，处理泥石流等问题，完成水土流失的统计，以利于进一步研究对策。

(2) 综合治理区详细规划

本区内的水土保持措施基本与水土保持区相同，但本区需与农业面源治理相结合发展生态农业。本区推除坡耕地，主要发展种植业，种植雪莲果、荚果、百合及无公害蔬菜为主的特色农产品，种植方式采用等高耕作和保护性耕作。具体参看"6.3 农业面源污染防治和生态农业建设规划"。

表 2-6-5-11　水土保持区与综合治理区详细规划

| 服务范围/对象 | | 阿子营乡和白邑乡 | |
|---|---|---|---|
| 工程项目及规模 | | 水土保持耕作改造，退耕还林，坡面治理和环境教育工程 | |
| 主要目标 | 近期 | 退耕 200 hm²/a，总计退耕 1000 hm²，坡改梯 200 hm²/a，近期坡改梯 1000 hm²，水土保持耕作培训 32 个村委会，完成基础的水保监管能力建设 | |
| | 中远期 | 坡改梯 1000 hm²，围山转 1200 hm²，完善水土保持监管能力，完成滥开坡耕地的改造 | |
| 可能影响 | | 正面影响 | 负面影响 |
| | | 水土流失的得到控制；滥开田地情况减少 | 粮食产量降低；投资大，对财政造成压力 |
| 方案成本 | | 近期投资 4070 万元，其中退耕 3360 万元（含 8 年补助），宣传 160 万元，坡改梯 450 万元，水保监管能力建设 100 万元，中远期投资 1100 万元 | |
| 方案效益 | | 每年减少大量泥沙流失，每亩耕地增产 150 kg | |

(3) 小流域强化治理详细规划

水源保护区内的重要小流域强化治理重点在于植树造林和沟道工程，从源头和过程控制水头流失，分段治理。小流域源头河道两侧 50 m 内作为源头保护区严禁开垦，根据植被状况适当补植华山松、滇青冈、忍冬、木姜子等乔灌树种，恢复植被覆盖度。中上游沟道内设置梯级谷坊，视流量设置 3～5 个，每个谷坊之间间隔 100 m，材质采用植物谷坊、石谷坊和土谷坊为主，沟道下游设置梯级拦沙坝，坝高 5 m，可连续设置 2～3 个，每个间隔 100～200 m，坝型选用重力坝，采用浆切石支砌。小流域下游低缓处若未硬化，可建设一座石砌淤地坝。流失区域的坡面上，结合开挖水平沟、水平台种植水保林，已开垦的坡地 25°以上严格退耕，5°～25°坡耕地改造为水平梯田，以种植核桃、花椒等经济干果林和水果林为主，经济林地内种植优质牧草，适度发展畜牧业。沟道两侧的缓冲林建设具体请参见"6.4 河道"部分。

表 2-6-5-12 小流域强化治理详细规划

| 服务范围/对象 | | 全水源保护区 | |
|---|---|---|---|
| 工程项目及规模 | | 造林及沟道治理 | |
| 主要目标 | 近期 | 对老坝、周达、金钟、迤者、麦地冲、岩峰哨、铁冲、牧羊、竹箐口、喳拉箐 10 条小流域水土流失进行治理和小型水利水保工程,总面积约为 102.04 km²。每年治理 2~3 条 | |
| | 中远期 | 小流域水土保持治理 10 条,前期治理的小流域维护 | |
| 可能影响 | | 正面影响 | 负面影响 |
| | | 主要河流泥沙含量减少<br>水土流失减少 | 沟道排洪受到影响,水利工程周边可能存在洪水隐患 |
| 方案成本 | | 近期 5000 万元,远期投资 6000 万元 | |
| 方案效益 | | 每年截流泥沙 $3 \times 10^5$ m³ | |

### 6.5.4 规划实施计划

表 2-6-5-13 森林管护与水土保持规划实施计划

| 序号 | 项目 | 初投资/万元 | 维护/万元 | 数量 | | 投资/万元 | | 总计/万元 |
|---|---|---|---|---|---|---|---|---|
| | | | | 近期 | 中远期 | 近期 | 中远期 | |
| 1 | 中幼林抚育间伐 | 0 | 0 | 3000 hm² | 6000 hm² | 250 | 500 | 750 |
| 2 | 林相改造 | 0 | 0 | 1000 hm² | 2000 hm² | 300 | 600 | 900 |
| 3 | 森林管护 | 0 | 0 | 700 人 | 1200 | 840 | 2880 | 3720 |
| 4 | 荒山造林 | 0 | 0 | 1000 hm² | 2000 hm² | 450 | 900 | 1350 |
| 5 | 退耕还林(经济林) | 0 | 0 | 1000 hm² | 500 hm² | 4050 | 2025 | 6075 |
| 6 | 低效林改造 | 0 | 0 | 750 hm² | 1500 hm² | 340 | 660 | 1000 |
| 7 | 苗圃 | 0 | 0 | 750 hm² | 1500 hm² | 800 | 1600 | 2400 |
| 8 | 防灾指挥中心 | 110 | 0 | 1 座 | 0 | 150 | | 150 |
| 9 | 防火公路 | 0 | 0 | 20 km | 80 km | 100 | 500 | 600 |
| 10 | 防火指挥车 | 78 | 0 | 1 辆 | 2 辆 | 26 | 52 | 78 |
| 11 | 瞭望台 | 54 | 0 | 1 座 | 2 座 | 18 | 36 | 54 |
| 12 | 防火物资 | 0 | 0 | — | — | 20 | 80 | 100 |
| 13 | 防虫害 | 0 | 0 | 1200 hm² | 2800 hm² | 60 | 140 | 200 |
| 14 | 林业宣传 | 0 | 0 | | | 50 | 100 | 150 |
| 15 | 社区管理 | 0 | 0 | | | 50 | 100 | 150 |
| 16 | 林业监察执法 | | | | | 250 | 500 | 750 |
| 18 | 坡改梯 | 0 | 0 | 1000 hm² | 1000 hm² | 450 | 450 | 900 |
| 19 | 小流域治理 | 0 | 0 | 10 条 | 10 条 | 5000 | 6000 | 11000 |
| 20 | 水保耕作培训 | 0 | 0 | 32 个村 | — | 160 | — | 160 |
| 21 | 水保能力建设 | 0 | 0 | 3 个乡 | | 100 | | 100 |
| 22 | 围山转 | 0 | 0 | — | 1200 hm² | — | 550 | 550 |
| | 合计 | | | | | 16824 | 17673 | 34497 |

## 6.6 水源保护区水环境管理规划

由于水源保护区在功能定位上的特殊性,使得水环境管理成为影响水源保护区内水污染综合防治成效的关键要素之一,是规划得以顺利实施的重要保障。水源保护区的水环境管理规划无论在内容安排还是在分阶段实施进度计划上,均需结合实际情况进行创新设计,并结合水源区内的社会发展状况,以保障昆明市的饮用水安全。

### 6.6.1 现状环境管理简要评估

自1981年8月,云南省人民政府正式批准建立"松华坝水库水系水源保护区"始,作为昆明城市饮用水源保护区,松华坝水源区被加以特殊保护,并在法规建设、规划制定、机构设置等方面做出了一系列卓有成效的努力,但仍缺乏一套专门的管理规章和操作细则,以及综合的水源区保护和污染防治及水环境管理监管机构(表2-6-6-1)。

表2-6-6-1 1981~2005年松华坝水源保护区(嵩明县)的水环境管理情况

| 类型 | 名 称 | 时 间 | 内容与备注 |
|---|---|---|---|
| 法规文件 | 关于建立松华坝水库、水系、水源保护区的报告 | 1981 | 昆明市环境保护局向昆明市政府呈交 |
| | 建立"松华坝水库水系水源保护区" | 1981.8 | 云南省人民政府批准(【1981云发206号】) |
| | 滇池保护条例 | 1988.2 | 昆明市第八届人民代表大会常委会第十六次会议通过 |
| | 滇池保护条例 | 1988.3 | 云南省第六届人民代表大会常务委员会第三十二次会议批准 |
| | 昆明市松华坝水源保护区管理规定 | 1989.12.29 | 昆明市政府(【昆政发1989 274号】),由昆明市滇保办牵头组织 |
| | 松华坝水源保护区管理规定实施细则 | 1992.11 | 经咨询论证,广泛听取意见,正式完成修改 |
| | 关于在滇池流域内禁止经销和限制使用含磷洗涤用品的通告 | 1998 | 昆明市人民政府发布 |
| | 滇池保护条例 | 2002.2 | 昆明市人大常委会修正并公布 |
| | 关于加强松华坝水源保护区保护的决定 | 2002.5.29 | 昆明市第十一届人大常委会第七次会议通过 |
| | 关于加强松华坝水源保护的通告 | 2005.4 | 昆明市人民政府发布 |
| | 关于进一步加强松华坝水源保护区管理和保护工作的意见 | 2005.5.30 | 昆明市人民政府发布 |
| | 昆明市重点水源区保护条例 | 2005 | 目前处于制定阶段 |

(续表)

| 类 型 | 名　称 | 时　间 | 内容与备注 |
|---|---|---|---|
| 机构设置 | 原隶属曲靖地区的嵩明县划归昆明市 | 1983.10.1 | 松华坝水源保护区不再跨行政区域,为系统保护水源奠定了基础。 |
| | 松华坝水源保护区管理委员会办公室 | 1985.7 | 由昆明市环保局移交昆明市水利局代管 |
| | 昆明市滇池保护委员会成立 | 1989.5.25 | 昆明市人民政府决定 |
| | 昆明市滇池管理局成立 | 2002.4 | 滇池保护委员会办公室基础上组建 |
| | 嵩明县滇池管理局成立 | 2003.5.23 | 4人的编制 |
| | 嵩明县滇池保护委员会成立 | 2005.4 | 县长任主任,由滇管局、环保局等以及水源区三乡政府组成 |
| 规划计划 | 昆明市松华坝水源保护区综合整治纲要 | 1989.12.29 | 昆明市政府发布(【昆政发1989 274号】),由昆明市滇保办牵头 |
| | 松华坝水库富营养化调查及防治对策研究 | 1994.11 | 昆明市环境科学研究所、昆明市松华坝水库管理处承担 |
| | 滇池流域水污染防治"九五"计划及2010年规划、"十五"计划 | 1998和2003 | 国务院批复 |

根据上述分析,水源区内目前的水环境管理已取得了一定的进展,但仍存在一定的差距,主要表现在:

(1) 1989年制定的《昆明市松华坝水源保护区管理规定》已无法反映和适应目前水污染防治和水源保护的新发展,需要进一步修改,上升为地方性法规,仍缺乏一套专门的水源区管理规章和操作细则;

(2) 缺少针对性的、分不同污染类型的管理方法和规定;

(3) 缺乏综合的监管和执法机构,水环境管理能力建设亟需加强;

(4) 机构协调需要加强,嵩明县滇池保护委员会需建立常设机构和人员;

(5) 对水源保护区水污染防治的重要性需要得到进一步的提升,并加强规划实施的监督和评估,充分利用各种渠道加强宣教工作。

## 6.6.2　河道生态环境管理对策

河道是本规划要保护的核心所在,河道生态廊道的建设和水质的恢复,必须建立在合理的工程措施和严格的管理对策并重的基础之上。可通过如下措施来强化对河道的管理:

(1) 取缔流水鱼塘以及其他形式的污染入河,水源区内目前共有834.5亩鱼塘,改造费用为400元/亩,补贴期限为5年;

(2) 加强对冷水河和牧羊河的水质监测,到2010年建成冷水河和牧羊河出嵩明县境的在线监测系统;

(3) 加强对沿河垃圾和牲畜粪便堆积的管理;

(4) 一级核心区、河道及其保护范围打桩定界,确定保护范围,严禁侵占河道的现象发生,尤其是牧羊河中游的河道;一级核心区内要严格做到:

① 禁止新建、扩建与供水设施和保护水源无关的建设项目;

② 禁止向水域排放污水,已设置的排污口必须拆除;

③ 不得设置与供水需要无关的码头,禁止停靠船舶、设置油库;
④ 禁止堆置和存放工业废渣、城市垃圾、粪便和其他废弃物;
⑤ 禁止和严格控制网箱养殖活动、放养禽畜、种植;
⑥ 禁止可能污染水源的旅游活动和其他活动。

(5) 严格规划今后的河堤建设,禁止再建设单纯型的水泥混凝土式堤岸;

(6) 禁止新建、扩建与供水设施和保护水源无关的建设项目,禁止从事其他可能污染水体的活动。

### 6.6.3 污染源控制与管理

(1) 推广化肥减氮(N)技术及标准化平衡施肥技术;

(2) 有规划地逐步减少农药和化肥的使用,并寻求合适的替代产品;

(3) 在水源涵养区(三级水源保护区)和坝区(二级水源保护区)推行一些类似保护性耕作、等高耕作、保护性作物轮作、营养物管理和综合有害物质管理等农业非点源污染管理对策,逐步引导农民在日常耕作中尽可能利用一些简单易行的源头控制措施来减轻农业非点源污染;

(4) 根据昆明市和嵩明县的相关规定,在小集镇人工湿地建成后,在合适的时候开始征收生活污水处理费。

### 6.6.4 配套法规和政策的制订

(1) 明确水源区水污染防治的相关部门职能设置和工作内容

在嵩明县滇池保护委员会的统一协调下,增强各职能部门间的协调,完善目前的保护协调机制,并增强常设协调机构(办公室)的能力建设。

(2) 加强对资源开发的管理

对水源保护区内的森林资源、土地资源、水资源等的开发和利用,要有明确的管理措施和收费办法,确保水资源的合理和合法使用。

(3) 强化法制、依法行政

① 嵩明县内相关行政执法部门要加大执法力度,根据已有的法律法规,对土地、水源、森林等进行重点保护与治理。同时,要及时清理和完善地方管理办法,依法加强水源保护区生态环境保护与建设。

② 按照"谁开发谁保护、谁破坏谁恢复、谁利用谁补偿"和"开发利用与保护增值并重"的方针,认真保护和合理利用自然资源,加强资源管理和生态治理,使水源区的生态环境建设全面走上法制化轨道。

③ 在《饮用水水源保护区污染防治管理规定》、《云南省环境保护条例》、《滇池保护条例》、《昆明市松华坝水源保护区管理规定》、《昆明市人大常委会关于加强松华坝水源保护区保护的决定》等法律法规的指导下,依据嵩明县的实际,在《行政许可法》的前提下,结合盘龙区的水源区保护,制订《昆明市松华坝水源区保护条例》,并报上级部门批准实施,使其成为水源区保护的地方性法规。该条例主要由如下的内容组成:总则、监督与管理、综合保护、奖励与处罚以及附则等,并制定实施细则和实施意见。鉴于松华坝水源区保护的重要性,需在规划近期完成立法调研,在规划中期完成立法和批准程序。

④ 严格相关法规的执行力度;

⑤ 继续对水源区实现长期旅游和交通管制,长松园堵卡点每年需经费36万元;

⑥ 加快农村可再生能源技术服务体系和产业化建设力度,以农村可再生能源的替代来促进对水源保护区内陆地生态的恢复和污染源的控制。

### 6.6.5 环境宣教与中长期科学研究

增加对相关方针、政策、法规的宣传力度,提高各级政府对水源区环境与发展问题的综合决策能力,使公众更加深刻了解水源区水质和生态保护的法规,能自觉运用有关法律、法规政策来保护水源区的生态环境质量。

对开展环境宣教工作所必需的能力建设项目进行规划设计,在冷水河和牧羊河的源头及其沿线设置12块大型宣传板和广告牌以及小型宣传画500幅,发放水源保护宣传册《松华坝水源保护区环境保护手册》15000份,宣传水源保护的重要性和意义,提高水源区居民的保护意识。

以共青团嵩明县委为主体,联合嵩明县滇池管理局、环保局和教育局以及滇源镇和阿子营乡人民政府,在水源保护区内继续开展"保护母亲河生态监护活动"等相关青少年参与的环境宣教活动,动员和组织广大青少年积极参与水源保护区的生态环境保护和建设。

针对松华坝水源区保护的特殊性和重要性、迫切性,需要加强基础信息数据的监测、收集与整理以及共享工作,如:水质的动态和连续监测,污染源解析,基础地形、地貌、水文、土地利用等数据的收集,并采用目前先进的3S技术进行测量和数据的信息化。此外,还应在如下方面开展研究:产业结构调整研究、生态补偿机制研究等。在近期迫切需要开展对水源区非点源污染负荷的科学计算和模拟工作以及利益补偿问题的深入研究,并开展水源保护区的环境承载力研究,为水源区社会和经济发展战略提供系统和科学的参考。

此外,还需对规划中的技术进行示范研究,对相关的技术进行培训,如:平衡施肥、沼气和能源替代、森林管护等。

### 6.6.6 水源区水环境保护能力建设与投资计划

本部分设计的投资款项包括了前述三部分所涉及内容的投资。

(1) 完善水环境管理体系和政策,根据建议起草的《昆明市松华坝水源区保护条例》,在已确定的一级核心区、冷水河和牧羊河保护范围打桩定界,严格保护河岸带不受侵占,预计总投资为80万元;长松园堵卡点每年需经费36万元,预计总投资为540万元。

(2) 加强对嵩明县滇池管理局以及水源区乡镇政府的能力建设,加挂嵩明县滇池管理综合行政执法局牌子,使其成为水源区综合保护和执法的专职机构,并协调和领导滇源镇和阿子营乡的村建环保所。为此,需要增加嵩明县滇池管理局的编制,扩充为15人编制,滇源镇和阿子营乡的村建环保所改名为滇源镇松华坝水源保护区保护办公室和阿子营乡松华坝水源保护区保护办公室,编制为5人,为嵩明县滇池保护委员会垂直领导,预计该项能力建设总投资为400万元。为滇源镇和阿子营乡政府每年补充工作经费分别30万元和20万元,规划期总支出为750万元。

(3) 加强对水源区内基础信息的监测、收集与整理以及信息化,开展产业结构调整和生态补偿机制等相关方面的研究,预计总投资为900万元。

(4) 环境宣教和科技培训,初期投资为 200 万元,年度宣教和科技培训经费为 30 万元,"保护母亲河生态监护活动"等青少年环境宣教和参与活动的年度经费为 20 万元。

根据上述分析,确立水源保护区水环境管理规划的总投资为 3790 万元,具体投资情况详见表 2-6-6-1。

表 2-6-6-1  水源保护区水环境管理规划方案总投资详细描述　　　　（单位:万元）

| 序号 | 项目名称 | 性质 | 投资估算 | 近期投资 | 中期投资 | 远期投资 | 维护费用 |
|---|---|---|---|---|---|---|---|
| 1 | 完善水环境管理体系和政策 | 管理 | 790 | 430 | 180 | 180 | 0 |
| 2 | 加强能力建设 | 管理 | 1150 | 650 | 250 | 250 | 0 |
| 3 | 基础信息的测量、收集与整理以及信息化 | 管理工程 | 900 | 500 | 200 | 200 | 0 |
| 4 | 环境宣教 | 管理 | 950 | 200 | 0 | 0 | 750 |
| | 合计 | | 3790 | 1780 | 630 | 630 | 750 |

# 第七章 水源保护区水污染防治与利益补偿

## 7.1 水源区水污染防治与利益补偿的关系

松华坝水源保护区从执行退耕还林和执行《昆明市松华坝水源保护区管理规定》等水污染控制措施以后，换来了一座座青山，一条条清泉，昆明市自20世纪80年代以后已出现的供水不足的矛盾从根本上得到了缓解，昆明市生活用水质量得到提高，松华坝库区下游的农业灌溉用水也有了保障。但与此同时，水源区的社会经济发展面临一系列的问题。《昆明市松华坝水源保护区管理规定》"不得在保护区内新建基础化工、农药、电镀、造纸制浆、制革、印染、石棉制品、硫磺、磷肥等有污染的企业和项目"，显示了水源区林农发展工业经济和增收致富的路子；"不得在幼林地、封山育林区和松华坝水库正常蓄水线以上200 m范围内放牧"，限制了水源区林农的养殖业；"禁止在林地、陡坡和水利安全区范围内挖沙、取土、炸石"，限制了水源区林农充分利用资源优势发展地方经济。

总之，由于这些规定对松华坝水源保护区内人类活动的方式、强度和频率进行了严格限制，对当地群众生产生活影响极大，人们不能随意地"靠山吃山，靠水吃水"，不能发展污染严重的工业，制约了地方经济的发展，水源保护区内人们生活普遍贫穷。如表2-7-1所示，水源保护区内的农民年均纯收入水平始终低于全市平均水平约30%，造成明显的政策性的收入差距。

表 2-7-1 水源区的农民人均纯收入与昆明市的比较　　　　　　　　　　　（单位：元）

| 年 份 | （原）白邑乡 | 阿子营乡 | 水源区平均[a] | 昆明市平均 | 低于昆明市/% |
|---|---|---|---|---|---|
| 1998 | 1829 | 1391 | 1610 | 2322 | 30.66 |
| 2000 | 1958 | 1199 | 1578.5 | 2220 | 28.90 |
| 2001 | 2052 | 1269 | 1660.5 | 2318 | 28.36 |
| 2004 | 2282 | 1505 | 1893.5 | 2909 | 34.91 |
| 年增长率/% | 4.13 | 1.37 | 2.93 | 4.21 | 2.31 |

a 考虑到（原）白邑乡和（原）大哨乡的实际情况，本表中数据仍为合并前的；由于（原）大哨乡的人均值很低，与昆明市的平均水平相差太大，因此本表中的水源区平均仅为（原）白邑乡和阿子营乡的均值；1998~2001年的资料来源于嵩明县滇池管理局(2004)。

近年来，松华坝水源保护区内的管理难度越来越大。污染严重的养殖、餐饮、休闲娱乐业都在悄然兴起，其根本原因，是在水源地居民做出经济发展方面的牺牲的情况下，并未得到相应的经济补偿。城区社会经济的迅猛发展与当地的落后形成了强烈的对比。

而城区的发展，与水源地居民做出的牺牲是有因果关系的，水源区为昆明市经济发展所需水资源条件的持续供给提供了有力的保障，产生了显著的效益。因此，下游受益的城镇和社会，就应该出让部分的受益（受惠），补偿给受严格限制的水源保护区的群众，补偿水源区居住者保护水源行动而失去许多发展机遇（机会成本），要让松华坝的农民感到保护好水源就是他们最好的致富之路，以保障水源区水污染防治工作和水源保护工作的顺利进行，实现水资源的可持续利用。只有如此,才能正确处理局部牺牲和全局受益的矛盾关系,才能体现社会公平,促进共同的协调发展,推动社会主义新农村和和谐社会的建设,体现"以人为本"的思想。

## 7.2 水源区利益补偿机制

水源区利益补偿,是以恢复水资源、使水资源可持续利用为目的,以使用水资源者、从事对水资源产生或可能产生不良影响的生产者和开发者,以及水资源保护受益者为对象,以水资源保护、治理、恢复为主要内容,以法律为保障,以经济调节为手段的一种水资源管理方式,是对水资源价值及其投入的人力、物力、财力以及水资源开发利用引起的外部成本的合理补偿。

实施水资源补偿一方面可以抑制由于水资源利用不当造成的水资源价值流失、经济损失和生态环境破坏;另一方面可以筹集资金进行水源涵养、污染治理等水资源保护行为,促进受损水资源自身水量补给与水体功能的恢复。对松华坝水源区实施利益补偿,也是为了实现水源区水资源的长期持续保护,主要是使用者和受益者对水源区的代内补偿。

### 7.2.1 利益补偿的理论依据

#### 7.2.1.1 水资源价值理论

(1) 水资源的经济属性

水资源具有的价值与使用价值充分体现了水资源作为商品的属性,水是商品,商品不仅具有价值而且具有价格。因此,松华坝水库提供的水资源,是有使用价值与价值的,也应该是有价格的。

(2) 水资源价值的内涵

水资源价值的内涵主要体现在3个方面:水资源的稀缺性价值,水资源的产权价值和水资源的劳动价值。

① 水资源的稀缺性价值。稀缺的资源才会有经济学上的意义,水资源稀缺价值的大小与地区、人口、经济发展状况、节水意识、不同需水时段等密切相关。松华坝水库提供的水资源,是有限的。

② 水资源的产权价值。自然存在的水资源,不论被开发利用与否,由于水资源产权的垄断性,它便成为一种财产,归国家和集体所有,实行所有权和使用权的分离。松华坝水源区向昆明市取水户提供水资源,是水资源所有权和使用权的让渡,就成为一种有价值的水资源权属关系转移的经济行为。

③ 水资源的劳动价值。水资源开发、利用和保护的过程已经凝结了人类劳动,已经具有了劳动价值。松华坝水源区的水利规划、水资源保护、水环境监测、水文、气象观测等各种投入,都是反映了水资源的劳动价值。

(3) 水资源价值补偿理论

水资源价值不仅因为水资源可以提供给人类可利用的水资源的效用,而且还取决于人类通过保护和改善环境,为补偿水资源数量和质量上的损耗所支付的费用,即水资源保护费用。水资源价值补偿既是补偿水资源价值的损耗与所支付的保护费用,是协调人类与水资源关系的要求,也是实现水资源可持续利用的前提。而对松华坝水源区的利益补偿,主要补偿的是为保护水资源所支付的费用。

#### 7.2.1.2 水资源利用的外部性

水源保护外部性指的是水源区在上游建设涵养林或约束经济发展,投入大量资金、人力、物力及承受经济损失,为下游用水受益区提供安全的水源,增大了社会边际效益,这个边际效益远远大于上游水源区在保护水源时获得的"私人边际效益",即水源保护产生了正外部性。

为保证水资源的可持续利用,必须将外部成本(收益)内部化,向用水户征收水费,对水源区进行利益补偿,正是外部收益内部化的表现。

#### 7.2.1.3 水资源的准公共物品性

水资源是公共资源,是一种准公共物品,是具有竞争性但不具有排他性的准公共物品。一方面,水资源使用不具有排他性是因为水资源的使用权目前还无法有效确定,无法向所有水资源的使用者(或破坏者)收费,从而也就无法排除任何人对水资源的使用。另一方面,水资源使用具有竞争性是由于水资源的稀缺性,一个人对水资源的使用会影响到他人对水资源的使用,如当昆明市增大从松华坝水库的取水量时,水库下游的农业灌溉用水就要相应减少。

水资源的准公共物品性,在使用过程中不免有人"搭便车"而不愿承担付费的责任,仅仅利用市场机制来配置水资源的使用目前还存在很大困难。因此,必须依靠政府行政职能,制定合理水价、对水资源保护区进行利益补偿。

### 7.2.2 利益补偿目标及原则

#### 7.2.2.1 补偿目标

实施水资源利益补偿的目标,是为了水资源的可持续利用与发展,以保证水量的供需平衡机制、水质达到需水标准、水环境与生态达到要求。

#### 7.2.2.2 补偿原则

(1) 可持续利用原则。可持续发展不仅要求水资源数量的消长平衡和环境不受破坏,更是要使水资源在价值形态上始终保持增值的态势,以保障社会经济的持续发展。实施水资源利益补偿,对水源区水资源保护投入进行补偿,能有效保证水资源的持续开发利用。

(2) 公平合理原则。水源保护区为保障水资源的有效供给,保护好水资源,通常采取限制某些产业发展的方式,经济发展普遍落后,人民生活水平相对较低。因此,下游相对富裕的受益区有责任对上游经济落后地区对水源保护进行经济补偿。

(3) 效益补偿原则。水源区的水资源保护能给下游用水地区带来直接或间接受益。因此,受益地区用水企业与个人均应对上游保护行为及投入(或所遭受的损失)给予合理补偿。同时产生的社会效益,国家也应承担补偿,以保障水资源保护工作的顺利进行,促进水资源的有效恢复。

### 7.2.3 利益补偿主体与对象

水资源利益补偿的主体为:一切利用水资源的个人、企业或单位等从利用水资源中受益的群体,包括:工业生产用水、农牧业生产用水、城镇居民生活用水、水力发电用水、利用水资源开发的旅游项目、水产养殖等。

水资源利益补偿的对象包括水资源所有者——国家、水资源保护区,以及因水资源污染而遭受损失的个人或单位。

松华坝水源区利益补偿的主体,主要是昆明市取水户,补偿的对象为松华坝水源区内的居民和其他利益群体。目前水源区享有的补偿为依据《中华人民共和国水法》和《云南省实施〈中华人民共和国水法〉办法》而收取的水资源费,但补偿费用很低。2006年1月1日以前,昆明自来水厂向市民收取的水费(一类用水——居民生活用水)1.8元/m³,昆明自来水厂付给松华坝管理处0.14元/m³,但最终返还到水源保护区的仅为0.02元/m³。由此可见,自来水厂、松华坝水库管理处与水源保护区每吨水收取和得到的补偿差距非常大。特别是自2006年1月1日起,昆明市上调了主城区的供水价格,其中居民生活用水上调至2.8元/m³(云发改价格[2005]1222号),在上调的价格中,考虑到了"松华坝、掌鸠河水源区在实施生态环境治理和保护措施中结合产业结构调整需增加必要的投入",但对松华坝水源保护区的补偿尚未得到应有的和全面的体现。因此,还需确定合理的补偿标准,使保护区得到合理的利益补偿。

### 7.2.4 利益补偿措施与监督

总体来讲,水资源利益补偿需要建立1个补偿机制,即"谁耗用水量谁补偿";利用补偿也建立3个恢复机制,即"恢复水量的供需平衡;恢复水质需求标准;恢复水环境与生态用水要求"。

#### 7.2.4.1 补偿措施

(1) 政府财政补贴。水资源开发利用与保护中社会受益效益部分,由中央或者地方政府给予有效补贴。例如水源区水源保护林所发挥的防洪减灾、保土固沙等重大的社会公益性效益等。政府财政补贴可通过建立相应的制度,按照税收的方式对社会受益群体征收税收,其中一部分返还给水源区用于水源涵养林的持续建设与维护。

(2) 费用补偿。通过向直接或间接获益的单位、企业和个人征收水资源费,向排污者征收水污染费,对水源涵养林涵养水源、净化水质等效益和水源区由于保护水资源造成的经济限制损失以及污染排放引起损失进行补偿。在松华坝水源区的利益补偿中,由于没有外界污染者,不考虑向排污者水污染费和污染排放引起损失进行补偿。

#### 7.2.4.2 监督机制

补偿的监督机制包括补偿费用征收监督和使用监督:

(1) 补偿费用征收监督机制。各级水行政主管部门、环境保护部门等组织有效并能代国家行使监督权的监督管理体系,监督在水资源开发利用中取用国家所有的水资源获得受益的行为、用水造成其他单位、个人,甚至环境遭受破环与损失的行为等进行正当合理的效益补偿或损失补偿,采取强有力的行政措施来加强水资源的公平合理利用。

(2) 补偿费用使用监督机制。对于征收的补偿费用建立专户储存,专款专用,水行政主管部门与环境保护部门根据水资源保护、水污染防治以及用水经济损失评价结果,对补偿费用做出使用计划,财政、审计等部门按照程序监督,以保证补偿费用能及时有效用于水资源保护与水污染防治,弥补因水资源保护与利用所形成的社会经济损失,保证各地区社会、经济公平持续发展。

## 7.3 松华坝水源区保护的利益补偿

### 7.3.1 水源区利益补偿分析

综上所述,为保障水源保护工作的顺利进行,促进昆明市水资源的可持续利用与发展,必须对松华坝水源区的水资源保护投入和行动进行必要的利益补偿。考虑松华坝水源区的具体情况,考虑从以下两个方面进行水资源合理调控的利益补偿:

(1) 水源保护效益补偿。根据水资源价值的确定,对松华坝水源区保护水源产生的外部效益不成为水资源价值的构成部分,按照"受益补偿"的原则,受益区应当对这部分效益进行适当补偿。这里主要对水源区水源保护林投入及效益进行补偿,以保证昆明市可持续发展所需的水资源条件。

(2) 上游保护水源经济损失补偿。松华坝水源区为保证水资源供给,而采取的水污染控制措施及限制地方经济发展行为,受益区应当进行补偿,即补偿松华坝水源区为保护水源而造成的经济损失。

#### 7.3.1.1 水源保护林效益评价

根据 2004 年末的统计数据,松华坝水源区有林地、疏林地和灌木林地的面积共计 $3.3 \times 10^4$ $hm^2$,其中阿子营乡境内 $1.5 \times 10^4$ $hm^2$,滇源镇境内 $1.8 \times 10^4$ $hm^2$。水源区森林产生了极大的效益,具体可分为涵养水源、保持土壤、防洪蓄洪、吸收 $CO_2$、释放 $O_2$ 等效益。

(1) 涵养水源效益

水源保护林具有拦截滞蓄天然降水,涵养水源,有效蓄积水量的功能。蓄积的水量给下游用水地区带来巨大的社会经济效益,水源保护林年蓄水效益计算方法如下:

$$SB = FA \cdot SC \cdot SV \tag{7-1}$$

式中,SB 为水源保护林年蓄水效益(万元);FA 为水源保护林面积($hm^2$);SC 为每公顷水源保护林增加的蓄水能力($m^3/hm^2$);SV 为每立方米水的替代价值(万元/$m^3$)。

据有关部门测算,1 $hm^2$ 林地比裸地至少可多储水 500 $m^3$,松华坝共有水源保护林 $3.3 \times 10^4$ $hm^2$,使松华坝水源区的蓄水能力增加了 $1650 \times 10^4$ $m^3$。按照 1 $m^3$ 水的替代价值 0.2 元计算,则水源保护林年蓄水效益可达 330 万元。

(2) 保持土壤效益

水源保护林能够阻止土壤的雨水冲刷,避免沙土入库造成不必要的损失,具有保持土壤效益的显著功能。其保持土壤效益的价值可通过减少淤塞所带来的价值进行计量,具体可采用替代成本法计算,即以建设拦截保土工程所需要的经费额来计量,计算方法如下:

$$CB = EI \cdot CI \cdot FA/SD \tag{7-2}$$

式中,CB 为水源保护林的保持土壤效益(万元);EI 为水源保护林防止土壤侵蚀量平均指标(t/$hm^2$);CI 为每拦截 1 $m^3$ 土壤的工程投资(万元/$m^3$);SD 为土壤密度平均值(t/$m^3$)。

按试验研究分析计算标准,水源保护林防止土壤侵蚀量平均指标为 335.75 t/($km^2 \cdot a$),林地防止土壤年侵蚀量与年降水量无关。若没有水源保护林,就要修建各种拦截保土工程以防止水土流入水库,保持土壤效益可用替代成本法计算。按基建建设标准,每拦截 1 $m^3$ 土壤的工程投资为 3.8769 元(按 1990 年不变价格),取土壤密度平均值为 2.5 t/$m^3$。这样,松华坝水源区水源涵养林保持水土的效益为：$3.8769(元/m^3) \times 335.75(t/km^2) \times 3.3 \times 10^2(km^2) \div 2.5(t/m^3) \times 10^{-4} = 17$（万元）。因此，松华坝水源保护林的保持土壤效益为17万元。

(3) 防洪蓄洪效益

国外研究资料表明，森林对洪峰的最大削减量可达50%。国内研究也提供了类似的证据：林冠、枯枝落叶层和林地可在依次连续降雨中蓄积70～270 mm的降水。根据等效益计量原则，可以把保护林的蓄水能力换算成水库的储量，以建筑水库的工程造价来定量评价保护林的水源涵养效益：

$$PB = FA \cdot SC \cdot WC \tag{7-3}$$

式中，PB为水源保护林的防洪蓄洪效益（万元）；WC为水库每立方米库容综合造价（万元/$m^3$）。

由水源保护林涵养水源效益部分的计算可知，水源保护林使松华坝水源区的蓄水能力增加了$1650 \times 10^4 m^3$，相当于$1650 \times 10^4 m^3$的防洪蓄洪库容。根据水利部门估算，大型水库每立方米库容综合造价约为0.8～1.0元。现按$0.9 元/m^3$计算，则松华坝水源保护林的防洪蓄洪效益约为1485万元。

(4) 固碳放氧效益

森林在吸收大气$CO_2$的同时，释放$O_2$，具有生态效益。森林的生态效益是一种间接的或无形的产品，其价值虽不能在市场上得到直接的实现，但它可以通过等效益物替换和货币置换法对这种"产品"进行转换和计量，具体计算如下：

$$AB = LA \cdot FA \cdot (CC + OC) \tag{7-4}$$

式中，AB为水源保护林每年的固碳放氧的效益（万元）；LA为每公顷水源林的生物净积累$(t/hm^2)$；CC为森林固定$CO_2$的成本（万元/t）；OC为释放$O_2$的成本（万元/t）。

根据光合作用公式，森林生产1 t干物质可吸收$CO_2$ 1.6 t，释放$O_2$ 1.9 t。综合治理和回收1 t工业排放$CO_2$需要的费用，根据不同的方法和回收程度所需的费用有较大的差异，大致为20～90美元/t，若按50%回收率，治理1 t $CO_2$需要约20美元，若回收80%以上，则需要60～80美元。据研究，我国森林固定$CO_2$的成本为273.3元/t，提供$O_2$的成本为369.7元/t。按照生物净积累7.73 t/$(hm^2 \cdot a)$，松华坝水源保护林每年固碳放氧的效益为

$$7.73 t/(hm^2 \cdot a) \times 3.3 hm^2 \times (273.3 + 369.7) \times 10^{-4} 万元/t = 29073 万元。$$

#### 7.3.1.2 水源区经济发展受损分析

松华坝水源区向昆明市提供优质水源，为昆明市经济发展做出了极大的贡献，也付出了巨大的代价。《昆明市松华坝水源保护区管理规定》等条例的执行，使水源区的经济发展受到制约，发展速度远远落后于周边地区。本着"水源保护、受益补偿"的原则，受益地区理应对此给予经济补偿。下面对松华坝水源区由于保护水源限制地方经济发展造成的经济损失应得到的补偿进行分析，计算方法如下：

$$EL = WAP \cdot (RAP - WAP) \cdot WFE/WTAP \tag{7-5}$$

式中，EL为水源经济损失（万元）；WAP为水源区农业人口（万人）；RAP为地区人均农业产值（元/人）；WAP为水源区人均农业产值（元/人）；WFE为水源区年地方财政收入（万元）；WTAP为水源区年农业总产值（万元）。

根据松华坝水源区2004年末的统计数据，2004年水源区地方财政收入为1452万元，农业生产总值为23672万元，农业人口62197人，地方财政收入占农业总产值的比率为6.13%，

人均农业总产值 0.38 万元。2004 年嵩明县人均总产值为 0.5 万元,比水源区高 0.12 万元。由此计算得到水源保护影响水源区经济损失水平为

$$62197 \times 0.12 \times 6.13\% = 5705(万元)。$$

### 7.3.2 水源区利益补偿标准

结合前一部分的分析,松华坝水源保护林年蓄水效益 330 万元,保持土壤效益 17 万元,防洪蓄洪效益 1485 万元,固碳放氧效益 29073 万元;水源保护影响水源区经济损失 5705 万元。详见表 2-7-2。

表 2-7-2　2004 年松华坝水源保护区(嵩明县)利益补偿标准

| 效益和损失类型 | 应得补偿/万元 | 补偿主体 | 补偿资金来源 | 每公顷水源林应得补偿/元·hm$^{-2}$ | 用水户应付补偿/元·m$^{-3}$ |
|---|---|---|---|---|---|
| 固碳放氧效益 | 29073 | 全社会 | 目前无法进行有效补偿 | 8810 | 不由用水户直接支付 |
| 社会公益性效益 | 1502 | 省、市政府 | 财政补贴 | 455.15 | 不由用水户直接支付 |
| 蓄水效益 | 330 | 用水户 | 水资源补偿费 | 5.47 | 0.022 |
| 水源区经济损失 | 5705 | 用水户 | 水资源补偿费 | 549.68 | 0.388 |
| 合计 | 36610 | — | — | 9820.3 | 0.41 |

根据"谁受益,谁补偿"的原则,确定受补偿主体和补偿资金来源,其中:

(1) 水源保护林固碳放氧效益受益者为全社会,目前还无法进行有效补偿,不予细论;

(2) 水源保护林保持土壤效益、防洪蓄洪效益等社会公益性效益由云南省和昆明市政府来补偿,共计 1502 万元,补偿方式可以采取对水源区进行财政补贴;

(3) 水源保护林年蓄水效益 330 万元和水源区经济损失 5705 万元应由下游的用水户来补偿,共计 6035 万元,这部分费用应成为供水成本费用的一部分。

2004 年松华坝水源保护林面积为 $3.3 \times 10^4$ hm$^2$,共产生效益 1832 万元,即每公顷水源保护林应得补偿 555.15 元,其中政府补贴 455.15 元,昆明市用水户提供 100 元。

根据统计,松华坝水库多年平均供水为 $1.4 \times 10^8$ m$^3$,2004 年水源区由于保护水源造成经济损失 5705 万元,所以昆明市用水户应对每立方米的用水提供 0.41 元的经济损失补偿(表 2-7-2)。

### 7.3.3　水源区利益补偿监督保障机制

监督保障机制是水源区利益补偿政策顺利实施的有力保障。嵩明县松华坝水源区利益补偿政策实施流程如图 2-7-1 所示。

在实施过程中,具体的监督保障机制如下:

#### 7.3.3.1　补偿费用建立专户储存

根据县林业局和县滇管局统计的水源林面积和年供水量,分别确定当年松华坝水源区应获得的政府补贴和水资源补偿费,其中政府补贴由昆明市拨付,水资源补偿费由昆明市自来水厂从所收取的水费中拨付。拨付的利益补偿费用应建立专户储存,专款专用。建议分别建立水源林保护补偿基金账户和水源区发展基金账户(表 2-7-3)。

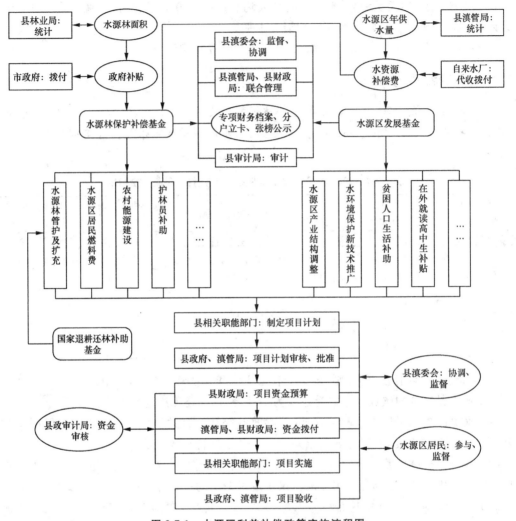

图 2-7-1 水源区利益补偿政策实施流程图

表 2-7-3 松华坝水源区利益补偿基金账户说明

| 账户名称 | 基金来源 | 基金用途 | 相关委办局 |
| --- | --- | --- | --- |
| 水源林保护补偿基金账户 | 政府补贴 水资源补偿费 | 护林员补助、水源区居民燃料费、农村能源建设、水源林维护及更新等 | 昆明自来水厂、嵩明县滇池管理局、滇委会、林业局、农村能源农业环境保护监测站、民政局、财政局、水务局、审计局、各级人民政府等 |
| 水源区发展基金账户 | 水资源补偿费 | 水源区产业结构调整、经济发展新项目开发、水环境保护新技术推广、贫困人口生活补助、外出务工奖励、在外就读高中生补贴等 | 昆明自来水厂、嵩明县滇池管理局、滇委会、民政局、教育局、环保局、农业局、发展改革和商务局、科技局、农经站、社保局、财政局、水务局、审计局、各级人民政府等 |

(1) 水源林保护补偿基金账户用来储存水源保护林得到的补偿,款项用于护林员补助、水源区居民燃料费、农村能源建设、水源林维护及更新等费用。

2005年12月,昆明市人民政府下发了《昆明市松华坝水源保护区生产生活补助办法(试行)的通知》(昆政通〔2005〕39号),其中如下的内容与本规划所设计的水源林保护补偿基金账户相关:

① 水源保护区300名长年护林员补贴由原来的每人每月150元增加到200元(由保委会办公室负责制定);

② 冷水河、牧羊河、水库周边160名保洁员,每人每月发给补贴300元(由保委会办公室负责制定);

③ 水保林、经济林每年每亩以粮食折现金补助300元,补助管理费20元。水保林补助期限12年,经济林补助期限8年,管理费补助期限5年;种植第一年水保林每亩补助苗木费100元,经济林每亩补助苗木费200元(由市林业局和嵩明县、盘龙区政府负责制定实施办法);

④ 对水源保护区农户每人每月补助燃料费8元,采取实物补助方式,不兑付现金(由嵩明县、盘龙区政府负责制定实施办法)。

(2) 水源区发展基金账户用来储存水源区由于保护水源造成经济损失得到的补偿,款项用于水源区产业结构调整、经济发展新项目开发、水环境保护新技术推广、贫困人口生活补助、外出务工奖励、在外就读高中生补贴等。同样,在《昆明市松华坝水源保护区生产生活补助办法(试行)的通知》中,也有如下的内容与本规划所设计的水源区发展基金账户相关,但未能完全体现利益补偿的思想,仍需在日后的工作中加以深入研究。

① 对水源保护区农民种植优质水稻和杂交玉米的,每年每亩给予20元补助(由市农业局和嵩明县、盘龙区政府负责制定实施办法);

② 对水源保护区推广平衡施肥给予补助。对推广平衡施肥的,每年每亩补助50元(由市农业局和嵩明县、盘龙区政府负责制定实施办法);

③ 对水源保护区的农业人口实行新型农村合作医疗补助。对水源保护区农村居民自愿参加新型农村合作医疗个人应交纳部分给予补助,每年每人补助8元,个人承担2元(由嵩明县、盘龙区政府负责制定实施办法);

④ 对水源保护区高中(含中专、技校)学生实行补助。对水源保护区学生到区外就读高中(含中专、技校)的在校学生每年每人补助300元(由嵩明县、盘龙区政府负责制定实施办法);

⑤ 对到水源保护区外出务工的农民给予补助。到水源保护区外务工的人员每人每年补助300元(由嵩明县、盘龙区政府负责制定实施办法)。

⑥ 安排水源保护区乡镇工作经费22万元,其中:白邑乡工作经费8万元;松华乡、阿子营乡工作经费各6万元(由保委会办公室负责制定)。

#### 7.3.3.2 补偿费用使用监督

利益补偿费用实行收支两条线管理,费用基金由嵩明县滇管局和县财政局联合管理,县滇委会监督协调,县审计局审计,水源区居民通过张榜公示等途径监督。在基金的具体使用中,首先由相关部门提出计划,县政府和滇管局对计划进行审核、批准,批准通过的项目由县财政局做出资金预算;县滇管局和财政局根据预算从利益补偿基金中拨付款项;相关职能部门拿到款项后,再组织项目的实施;项目最后由县政府和滇管局验收。县审计局按程序对整个项目实施过程中的资金使用进行审计,水源区居民通过张榜公示等途径对整个项目实施过程进行监督,以保证补偿费用的及时落实和合理使用。

#### 7.3.3.3 补偿效果监测管理

县滇管局和林业局之间加强协作,监督水源林保护行政执法和建设行为,采取强有力的措施来加强水源林的保护。县滇委会加强各部门间的协调,并积极发挥监督作用,确保利益补偿政策的顺利实施。县滇管局加大对补偿效果的监测管理,评估保护效益与损失变化。

#### 7.3.3.4 水源区与受益区间的协调机制

水源保护林建设和调整经济结构保护水源都属于社会公益事业。因此,松华坝水源区与昆明市的各级政府要充分发挥协调能力作用,运用行政、经济、法律等手段,保障水源保护目标的实现和水源区的持续发展。

### 7.3.4 水源区利益补偿政策实施中可能存在的问题及对策

(1) 给昆明市政府带来财政压力

根据前面的计算结果,昆明市政府应对水源区每公顷水源林提供 455.15 元的财政补贴。以 2004 年为例,该年份松华坝水源区水源保护林面积为 $3.3 \times 10^4$ $hm^2$,则昆明市政府应给水源区提供的专项财政补贴为 1502 万元。这是一笔不小的开支,尽管近些年来昆明市经济发展迅速,政府财政收入有大幅度提高,但每年一千多万元的财政补贴也将给昆明市政府带来一定压力。

(2) 资金管理、使用体制不顺

本规划中,水源区获得利益补偿资金由县滇管局和县财政局统一管理,相关行政部门申报使用,县审计局审计,县滇委会协调,水源区居民监督,县政府和滇管局监测验收。但由于利益补偿资金额度大,涉及的部门多,资金在管理、使用过程中,可能不能及时发放到水源区居民手中或者利益补偿项目不能及时开展。

因此,县滇委会应加强协调作用,协调利益补偿项目实施过程中涉及的各部门间的关系,确保项目的实施。县滇管局根据监测验收结果,及时的对利益补偿资金的管理和使用做出调整。

(3) 缺乏项目技术和经验,利益补偿基金得不到合理使用

水源区发展基金账户主要用于水源区产业结构调整、经济发展新项目开发、水环境保护新技术推广等。但松华坝水源区千百年来形成"刀耕火种"、"广种薄收"的落后生产方式,对有利于经济发展和水环境保护的项目缺乏经验和技术,即便有了先进的农业科学技术,农民也不会应用;即便有了及时的市场信息,农民也难于把握,以至于直接影响项目的实施效果,使利益补偿基金不能合理使用。

基于此,为使利益补偿基金得到有效使用,推动水源区经济发展,实现水源区水环境保护,水源区政府和滇管局应积极发挥统筹、引导作用。一方面,应引导水源保护区产业结构调整,通过制定合理的产业结构调整计划,推行农业清洁种植方式,通过生态补偿政策来调减蔬菜、花卉及烤烟这些收入高、化肥施用量也大的种植面积,对保留的优势花卉和无公害蔬菜种植类型,要在控制发展面积的前提下,通过加强认证、监督等方式来帮助完善市场体系。此外,还应引进合适的经济发展新项目,以增加农民收入。另一方面,应加强对水源保护区农民职业教育的投入力度,通过选派经济、社会、林业、农业等方面的技术人员进入水源区,对农民提供各方面无偿的技术培训,如蔬菜花卉种植技术、高产优质高效技术、农产品深加工技术、综合利用技

术、节本增效技术和生物措施为中心的生态环境建设技术等的培训。并通过职业能力培训等形式,加大水源保护区的劳动力输出力度和社会经济效益。

(4) 水源区居民对利益补偿理解不当

一方面,可能有部分水源区居民认为利益补偿只是政府的事情,与自己没有关系,缺乏参与和监督意识,从而使利益补偿资金使用过程流失了部分有力的监督者。另一方面,某些水源区居民可能会对利益补偿资金产生依赖,不再积极脱贫致富。

故而,应加强对水源区农民教育的投入力度。政府通过周期性、规范性地开展有关环境方面的宣传活动,发放宣传手册,制作宣传展板,加强人们对水源区保护和利益补偿政策的了解及关注程度,使其深刻认识到利益补偿政策的重要地位和作用,并以生动的事例和形象的实验让农民感受到利益补偿政策是如何与他们密切相关,他们应该在政策实施过程中发挥什么样的作用,他们的监督和参与又将如何影响政策的顺利实施,等等。

# 第八章 规划总体方案优选与可行性分析

## 8.1 规划总体方案优选

### 8.1.1 规划总体方案设计

松华坝水源保护区水污染综合防治规划方案就是在前述各项方案的基础上,对子项目规模、投资等方面进行总结分析,共设计子项目76项,合计总投资104774万元,其中:近期投资43966万元,中期投资32074万元,远期投资28734万元(表2-8-1~2-8-4和彩图8)。

表 2-8-1  松华坝水源保护区(嵩明县)水污染综合防治"十一五"规划总投资  （单位:万元）

| 序号 | 项目名称 | 性质 | 规模 | 近期投资 | 维护费用 |
|---|---|---|---|---|---|
| （一）小集镇和农村人居环境综合整治 | | | | | |
| 1 | 小集镇人工湿地建设 | 工程 | 9200 m² | 455 | 0 |
| 2 | 生态塘 | 工程 | 30690 m² | 500 | 0 |
| 3 | 沼气池、秸秆饲料利用和能源替代 | 工程 | 15000 户 | 900 | 0 |
| 4 | 秸秆气化技术及集中供气系统 | 工程 | 4 座,满足 4000 户的要求 | 415 | 0 |
| 5 | 能源补贴 | 管理 | 15000 户 | 3120 | 0 |
| 6 | 卫生旱厕 | 工程 | 9000 户 | 740 | 0 |
| 8 | 垃圾收集池 | 工程 | 660 个 | 110 | 0 |
| 9 | 垃圾清运车 | 工程 | 7 台 | 90 | 150 |
| 10 | 蚯蚓人工养殖示范 | 管理 | 140 户 | 140 | 100 |
| 11 | 垃圾保洁员 | 管理 | 72 名 | 180 | 0 |
| 12 | 垃圾填埋场 | 工程 | 30 亩 | 350 | 100 |
| 13 | 农业生态示范村建设 | 管理 | 14 个村 | 980 | 0 |
| （二）农业面源和生态农业建设规划 | | | | | |
| 14 | 雪莲果产业 | 管理 | 0.5 万亩 | 125 | 0 |
| 15 | 无公害蔬菜产业 | 管理 | — | 1428 | 0 |
| 16 | 花卉种植产业 | 管理 | — | 1322 | 0 |
| 17 | "名特优"水果 | 管理 | 1 万亩 | 500 | 0 |
| 18 | 扶持龙头企业 | 管理 | 5 个 | 150 | 0 |
| 19 | 建设冷藏保鲜库 | 工程 | 15 座 | 150 | 0 |
| 20 | 建设雪莲果深加工厂一座 | 工程 | 0 | 100 | 0 |
| 21 | 促进无公害农副产品基地认证 | 管理 | 3 万亩 | 60 | 0 |
| 22 | 中药材产业 | 管理 | 3000 亩 | 30 | 0 |
| 23 | 大棚蔬菜花卉产业的平衡施肥 | 工程 | 5 万亩 | 250 | 0 |
| 24 | 有机肥和生物农药推广 | 管理 工程 | 3 万亩 | 390 | 0 |
| 25 | 建设有机肥生产厂一座 | 工程 | 0 | 500 | 0 |

(续表)

| 序号 | 项目名称 | 性质 | 规模 | 近期投资 | 维护费用 |
|---|---|---|---|---|---|
| 26 | 秸秆还田成肥技术推广 | 工程 | 2.5万亩 | 50 | 0 |
| 27 | 畜禽粪便资源化利用 | 管理 | — | 150 | 0 |
| 28 | 薄膜化试点 | 管理 | 5000亩 | 40 | 0 |
| 29 | 保护性耕作 | 工程 | 1万亩 | 200 | 0 |
| 30 | 坡度大于25°的退耕 | 工程 | — | 0 | 0 |
| 31 | 15°~25°坡地退耕还草 | 工程 | 1万亩 | 500 | 0 |
| 32 | 增厚土层 | 工程 | 1万亩 | 200 | 0 |
| 33 | 改良质地、保护土表 | 工程 | 1万亩 | 150 | 0 |
| 34 | 修筑地埂 | 工程 | 1万亩 | 300 | 0 |
| 35 | 建设坡面水系 | 工程 | 5000亩 | 400 | 0 |
| 36 | 组织高中级农业技术人员的专业培训 | 管理 | 2000人 | 40 | 0 |
| 37 | 农业技术骨干和种养大户外出参观学习 | 管理 | 5万人次 | 50 | 0 |
| 38 | 邀请土肥、植保专家来本地授课 | 管理 | 20人次 | 2 | 0 |
| 39 | 对农民进行技术培训 | 管理 | 1.8万人次 | 180 | 0 |
| 40 | 组建农业科技服务队 | 管理 | 100人 | 180 | 0 |
| 41 | 农田基本水利建设(节水灌溉) | 工程 | 5万亩 | 3000 | 0 |
| 42 | 农村道路建设 | 工程 | 20 km | 20 | 0 |
| 43 | 土肥监测设施 | 工程 | — | 600 | 0 |
| 44 | 农药监测设施 | 工程 | — | 600 | 0 |
| 45 | 水库和塘坝停止鱼类养殖需对应的补助 | 管理 | — | 1085 | 0 |
| 46 | 水源区池塘发展无公害养殖 | 管理 | 834.5亩/年 | 170 | 0 |
| 47 | 生态小集镇建设 | 管理 | 2个 | 30 | 0 |
| 48 | 清理整顿农资市场 | 管理 | — | 20 | 0 |
| 49 | 农资突击检查 | 管理 | 20次 | 20 | 0 |
| (三)河道生态修复和污染治理工程规划 | | | | | |
| 50 | 河道清淤除障 | 工程 | 冷水河、牧羊河 | 400 | 0 |
| 51 | 冷水河上游河道两侧修建防护隔离带 | 工程 | 10.69 km | 1000 | 50 |
| 52 | 冷水河下段河岸植被缓冲带 | 工程 | 50 m宽 | 250 | 0 |
| 53 | 河道保洁员 | 管理 | 120人 | 432 | 0 |
| 54 | 河道两侧设置警示牌 | 管理 | 120块 | 8.4 | 0 |
| 55 | 源头水库管理与保护 | 管理 | 5个源头水库 | 1500 | 0 |
| (四)森林生态修复和管护规划 | | | | | |
| 56 | 中幼林抚育间伐 | 工程 | 600 hm²/a×5 | 250 | 0 |
| 57 | 林相改造 | 工程 | 200 hm²/a×5 | 300 | 0 |
| 58 | 森林管护人员 | 管理 | 700人 | 840 | 0 |
| 59 | 荒山造林 | 工程 | 200 hm²/a×5 | 450 | 0 |
| 60 | 退耕还林(造经济林) | 工程 | 竹林、核桃,花椒共500 hm² | 4050 | 0 |
| 61 | 低效林改造 | 工程 | 150 hm²/a×5 | 340 | 0 |
| 62 | 森林防灾 | 工程 | 指挥系统、防病虫害1200 hm² | 750 | 0 |
| 63 | 宣传 | 管理 | 10万元/a×5 | 50 | 0 |
| 64 | 森林管护的社区管理模式推广 | 管理 | 水源涵养区 | 50 | 0 |

(续表)

| 序号 | 项目名称 | 性质 | 规模 | 近期投资 | 维护费用 |
|---|---|---|---|---|---|
| 65 | 林业检测执法 | 管理 | 全区 | 250 | 0 |
| 66 | 坡改梯 | 工程 | 200 hm²/a×50 | 450 | 0 |
| 67 | 小流域治理 | 工程 | 10 条小流域 | 5000 | 0 |
| 68 | 水保耕作培训 | 管理 | 三个乡32个村委会 | 160 | 0 |
| 69 | 水保监管能力建设 | 管理 | 三个乡 | 100 | 0 |
| 70 | 苗圃 | 工程 | 750 hm² | 800 | 0 |
| 71 | 围山转 | 工程 | 1200 hm² | 550 | 0 |
| 72 | 中幼林抚育间伐 | 工程 | 600 hm²/a×5 | 250 | 0 |
| (五) 水源保护区水环境管理规划 | | | | | |
| 73 | 完善水环境管理体系和政策 | 管理 | 全区 | 430 | 0 |
| 74 | 加强能力建设 | 管理 | 滇保委、乡镇 | 650 | 0 |
| 75 | 基础信息的监测、收集与整理以及信息化 | 管理 | 工程 | 全区 | 300 |
| 76 | 环境宣教 | 管理 | 全区 | 100 | 250 |
| 合计 | | | | 43966 | |

表 2-8-2　松华坝水源保护区(嵩明县)水污染综合防治规划中期总投资　　(单位:万元)

| 序号 | 项目名称 | 性质 | 规模 | 中期投资 | 维护费用 |
|---|---|---|---|---|---|
| (一) 小集镇和农村人居环境综合整治 | | | | | |
| 1 | 生态塘 | 工程 | 8240 m² | 220 | 0 |
| 2 | 沼气池、秸秆饲料利用和能源替代 | 工程 | 15000 户 | 820 | 0 |
| 3 | 能源补贴 | 管理 | 15000 户 | 3300 | 0 |
| 4 | 垃圾收集池 | 工程 | 200 个 | 20 | 0 |
| 5 | 垃圾清运车 | 工程 | 7 台 | 40 | 450 |
| 6 | 垃圾保洁员 | 管理 | 72 名 | 180 | 0 |
| 7 | 垃圾填埋场 | 工程 | 30 亩 | 160 | 200 |
| 8 | 农业生态示范村建设 | 管理 | 12 个村 | 840 | 0 |
| (二) 农业面源和生态农业建设规划 | | | | | |
| 9 | 雪莲果产业 | 管理 | 0.5 万亩 | 125 | 0 |
| 10 | 无公害蔬菜产业 | 管理 | — | 1603 | 0 |
| 11 | 花卉种植产业 | 管理 | — | 722 | 0 |
| 12 | "名特优"水果 | 管理 | 1 万亩 | 500 | 0 |
| 13 | 扶持龙头企业 | 管理 | 5 个 | 150 | 0 |
| 14 | 建设冷藏保鲜库 | 工程 | 10 座 | 100 | 0 |
| 15 | 促进无公害农副产品基地认证 | 管理 | 3 万亩 | 60 | 0 |
| 16 | 中药材产业 | 管理 | 3000 亩 | 30 | 0 |
| 17 | 大棚蔬菜花卉产业的平衡施肥 | 工程 | 5 万亩 | 250 | 0 |
| 18 | 有机肥和生物农药推广 | 管理 工程 | 3 万亩 | 390 | 0 |
| 19 | 秸秆还田成肥技术推广 | 工程 | 2.5 万亩 | 50 | 0 |
| 20 | 薄膜化试点 | 管理 | 5000 亩 | 40 | 0 |

(续表)

| 序号 | 项目名称 | 性质 | 规模 | 中期投资 | 维护费用 |
|---|---|---|---|---|---|
| 21 | 保护性耕作 | 工程 | 1万亩 | 200 | 0 |
| 22 | 15°~25°坡地退耕还草 | 工程 | 1万亩 | 500 | 0 |
| 23 | 增厚土层 | 工程 | 1万亩 | 200 | 0 |
| 24 | 改良质地、保护土表 | 工程 | 1万亩 | 150 | 0 |
| 25 | 修筑地埂 | 工程 | 1万亩 | 300 | 0 |
| 26 | 建设坡面水系 | 工程 | 5000亩 | 400 | 0 |
| 27 | 组织高中级农业技术人员的专业培训 | 管理 | 2000人 | 40 | 0 |
| 28 | 农业技术骨干和种养大户外出参观学习 | 管理 | 5万人次 | 50 | 0 |
| 29 | 邀请土肥、植保专家来本地授课 | 管理 | 20人次 | 2 | 0 |
| 30 | 对农民进行技术培训 | 管理 | 1.8万人次 | 180 | 0 |
| 31 | 组建农业科技服务队 | 管理 | 100人 | 180 | 0 |
| 32 | 农田基本水利建设(节水灌溉) | 工程 | 5万亩 | 3000 | 0 |
| 33 | 农村道路建设 | 工程 | 20 km | 20 | 0 |
| 34 | 土肥监测设施 | 工程 | — | 600 | 0 |
| 35 | 农药监测设施 | 工程 | — | 600 | 0 |
| 36 | 水源区池塘发展无公害养殖 | 管理 | 834.5亩/年 | 170 | 0 |
| 37 | 农资突击检查 | 管理 | 20次 | 20 | 0 |
| (三) | 河道生态修复和污染治理工程规划 | | | | |
| 38 | 河道清淤除障 | 工程 | 冷水河和牧羊河道 | 400 | 0 |
| 39 | 冷水河上游河道两侧修建防护隔离带 | 工程 | 10.69 km | 0 | 50 |
| 40 | 冷水河下段河岸植被缓冲带 | 工程 | 50 m 宽 | 1500 | 0 |
| 41 | 河道保洁员 | 管理 | 120人 | 432 | 0 |
| 42 | 源头水库管理与保护 | 管理 | 5个源头水库 | 1500 | 0 |
| (四) | 森林生态修复和管护规划 | | | | |
| 43 | 中幼林抚育间伐 | 工程 | 3000 hm² | 250 | 0 |
| 44 | 林相改造 | 工程 | 1000 hm² | 300 | 0 |
| 45 | 森林管护 | 管理 | 1200人 | 2160 | 0 |
| 46 | 荒山造林 | 工程 | 1000 hm² | 450 | 0 |
| 47 | 造经济林 | 工程 | 500 hm² | 450 | 0 |
| 48 | 低效林改造 | 工程 | 750 hm² | 330 | 0 |
| 49 | 森林防灾:防火公路、防火指挥车、瞭望台、防虫害 | 工程 | 分别为 40 km、1辆、2个、1400 hm² | 372 | 0 |
| 50 | 宣传 | 管理 | 三个乡 | 50 | 0 |
| 51 | 森林管护的社区管理模式推广 | 管理 | 三个乡 | 50 | 0 |
| 52 | 林业检测执法 | 管理 | 全区 | 250 | 0 |
| 53 | 坡改梯 | 工程 | 1000 hm² | 450 | 0 |
| 54 | 小流域治理 | 工程 | 10条 | 1200 | 0 |
| (五) | 水源保护区水环境管理规划 | | | | |
| 55 | 完善水环境管理体系和政策 | 管理 | 全区 | 180 | 0 |
| 56 | 加强能力建设 | 管理 | 滇保委、乡镇 | 250 | 0 |
| 57 | 基础信息的监测、收集与整理以及信息化 | 管理工程 | 全区 | 100 | 0 |
| 58 | 环境宣教 | 管理 | 全区 | 0 | 250 |
| | 合计 | | | 32074 | |

表 2-8-3　松华坝水源保护区(嵩明县)水污染综合防治规划远期总投资　　（单位：万元）

| 序号 | 项目名称 | 性质 | 规模 | 远期投资 | 维护费用 |
|---|---|---|---|---|---|
| (一) | 小集镇和农村人居环境综合整治 | | | | |
| 1 | 生态塘 | 工程 | 8240 m² | 100 | 0 |
| 2 | 沼气池、秸秆饲料利用和能源替代 | 工程 | 15000 户 | 530 | 0 |
| 3 | 能源补贴 | 管理 | 15000 户 | 3500 | 0 |
| 4 | 地表漫流生态处理系统 | 工程 | 15000 m² | 60 | 0 |
| 5 | 垃圾清运车 | 工程 | 3 台 | 20 | 525 |
| 6 | 垃圾保洁员 | 管理 | 72 名 | 180 | 0 |
| 7 | 垃圾填埋场 | 工程 | 30 亩 | 0 | 200 |
| 8 | 农业生态示范村建设 | 管理 | 6 个村 | 420 | 0 |
| (二) | 农业面源和生态农业建设规划 | | | | |
| 9 | 雪莲果产业 | 管理 | 0.5 万亩 | 125 | 0 |
| 10 | 无公害蔬菜产业 | 管理 | — | 1820 | 0 |
| 11 | 花卉种植产业 | 管理 | — | 722 | 0 |
| 12 | "名特优"水果 | 管理 | 1 万亩 | 500 | 0 |
| 13 | 扶持龙头企业 | 管理 | 5 个 | 150 | 0 |
| 14 | 建设冷藏保鲜库 | 工程 | 10 座 | 100 | 0 |
| 15 | 促进无公害农副产品基地认证 | 管理 | 3 万亩 | 60 | 0 |
| 16 | 大棚蔬菜花卉产业的平衡施肥 | 管理 | 5 万亩 | 250 | 0 |
| 17 | 有机肥和生物农药推广 | 管理 工程 | 3 万亩 | 390 | 0 |
| 18 | 秸秆还田成肥技术推广 | 工程 | 2.5 万亩 | 50 | 0 |
| 19 | 薄膜化试点 | 管理 | 5000 亩 | 40 | 0 |
| 20 | 保护性耕作 | 工程 | 1 万亩 | 200 | 0 |
| 21 | 15°～25°坡地退耕还草 | 工程 | 1 万亩 | 500 | 0 |
| 22 | 增厚土层 | 工程 | 1 万亩 | 200 | 0 |
| 23 | 改良质地、保护土表 | 工程 | 1 万亩 | 150 | 0 |
| 24 | 修筑地埂 | 工程 | 1 万亩 | 300 | 0 |
| 25 | 建设坡面水系 | 工程 | 5000 亩 | 400 | 0 |
| 26 | 组织高中级农业技术人员的专业培训 | 管理 | 2000 人 | 40 | 0 |
| 27 | 农业技术骨干和种养大户外出参观学习 | 管理 | 5 万人次 | 50 | 0 |
| 28 | 邀请土肥、植保专家来本地授课 | 管理 | 20 人次 | 2 | 0 |
| 29 | 对农民进行技术培训 | 管理 | 1.8 万人次 | 180 | 0 |
| 30 | 组建农业科技服务队 | 管理 | 100 人 | 180 | 0 |
| 31 | 农田基本水利建设(节水灌溉) | 工程 | 5 万亩 | 3000 | 0 |
| 32 | 农村道路建设 | 工程 | 20 km | 20 | 0 |
| 33 | 土肥监测设施 | 工程 | — | 600 | 0 |
| 34 | 农药监测设施 | 工程 | — | 600 | 0 |
| 35 | 水源区池塘发展无公害养殖 | 管理 | 834.5 亩/年 | 170 | 0 |
| 36 | 农资突击检查 | 管理 | 20 次 | 20 | 0 |

(续表)

| 序号 | 项目名称 | 性质 | 规模 | 远期投资 | 维护费用 |
|---|---|---|---|---|---|
| (三) | 河道生态修复和污染治理工程规划 | | | | |
| 37 | 河道清淤除障 | 工程 | 冷水河和牧羊河河道 | 400 | 0 |
| 38 | 冷水河上游河道两侧修建防护隔离带 | 工程 | 10.69 km | 0 | 50 |
| 39 | 冷水河下段河岸植被缓冲带 | 工程 | 50 m 宽 | 2000 | 0 |
| 40 | 河道保洁员 | 管理 | 120 人 | 432 | 0 |
| 41 | 源头水库管理与保护 | 管理 | 5 个源头水库 | 1500 | 0 |
| (四) | 森林生态修复和管护规划 | | | | |
| 42 | 中幼林抚育间伐 | 工程 | 3000 hm² | 250 | 0 |
| 43 | 林相改造 | 工程 | 1000 hm² | 300 | 0 |
| 44 | 森林管护人员 | 管理 | 1200 人 | 2160 | 0 |
| 45 | 荒山造林 | 工程 | 1000 hm² | 450 | 0 |
| 46 | 低效林改造 | 工程 | 750 hm² | 330 | 0 |
| 47 | 森林防灾:防火公路、防火指挥车、防火物资、防虫害 | 工程 | 防火公路 40 km,防火指挥车 1 辆,防火物资,防虫害 1400 hm² | 336 | 0 |
| 48 | 宣传 | 管理 | 全区 | 50 | 0 |
| 49 | 森林管护的社区管理模式推广 | 管理 | 全区 | 50 | 0 |
| 50 | 林业检测执法 | 管理 | 全区 | 250 | 0 |
| (五) | 水源保护区水环境管理规划 | | | | |
| 51 | 完善水环境管理体系和政策 | 管理 | 全区 | 180 | 0 |
| 52 | 加强能力建设 | 管理 | 滇保委、乡镇 | 250 | 0 |
| 53 | 基础信息的监测、收集与整理以及信息化 | 管理工程 | 全区 | 100 | 0 |
| 54 | 环境宣教 | 管理 | 全区 | 0 | 250 |
| | 合计 | | | 28734 | |

表 2-8-4　松华坝水源保护区(嵩明县)水污染综合防治规划总投资　　　(单位:万元)

| 子规划 | 近期投资 | 中期投资 | 远期投资 | 总投资 |
|---|---|---|---|---|
| 小集镇和农村人居环境综合整治 | 8480 | 6080 | 5580 | 20140 |
| 农业面源和生态农业建设规划 | 12992 | 10632 | 10819 | 34443 |
| 河道生态修复和污染治理工程规划 | 3640 | 3882 | 4382 | 11904 |
| 森林生态修复和管护规划 | 16824 | 10600 | 7073 | 34497 |
| 水源保护区水环境管理规划 | 2030 | 880 | 880 | 3790 |
| 合计 | 43966 | 32074 | 28734 | 104774 |

## 8.1.2　规划总体方案优选

### 8.1.2.1　规划方案的情景分析

情景分析(Scenario Analysis)是环境预测和规划的一种基本方法,通过对不同背景条件(称为"情景方案")下社会经济发展情况及相关的污染物产生和削减情况进行模拟预测和比较分析,从总体上给出环境与经济发展的策略框架。情景分析过程实质是完成对事物所有可能的未来发展态势的描述,其结果包括对未来可能发展态势的确认、各态势的特性及发生可能性描述以及各态势的发展路径分析。情景设计与分析的过程,通常是由6~7步组成。

(1) 对象识别、焦点问题及关键决策

情景的设计要面对一定的对象群体,并鉴别这些对象所关心的焦点问题和相关的重要决策。在松华坝水源保护区水污染综合防治规划中,根据研究人员的调查,将对象群体分为3类:① 核心对象,与水源区的水环境变化直接相关,包括水源区居民以及水源区的直接管理机构;② 边缘对象,主要是嵩明县与水源区保护相关的政府机构,如,环保局、农业局、林业局等;③ 其他对象,昆明市居民、水源区内各级立法、执法和司法机关等。

不同层次的对象所关心的问题和决策有所差异,核心对象关心的主要是水源区内的水环境变化趋势,采取的整治措施的类型和投资及其对他们的生产、生活方式和利益的影响。边缘对象关注各自职能范围内的环境和生态设施的建设、投资和资金来源,而其他对象则将注意力放在外围的一些保障措施上。在所有对象中,水源区居民应该被作为最为重要的对象加以分析,他们的发展愿望和为水源保护所付出的努力应该得到补偿。

(2) 核心要素识别

核心要素是在情景设计时需要考虑的重点影响因子,在松华坝水源保护区水污染综合防治规划中,通过对水源区环境问题的诊断及发展趋势分析,将经济因素、水源区管理的政策因素、人口因素等选定为需要识别的核心要素。经济因素包含未来的主导产业发展方向和水源区所能得到的不同程度的补偿,政策因素包括水源区立法、政府管制以及补偿机制,人口的发展规模和城镇化水平直接影响进入冷水河和牧羊河的污染物量以及为此而需要建立的污染处理设施的规模。

(3) 驱动因子列举

驱动因子列举是情景设计中的核心步骤,主要是通过不同领域的专家们的"头脑风暴"产生的。通常是情景设计小组以研讨会或者其他方式邀请一些专家和对象群体代表来对未来可能出现的一些情况进行展望,他们都与所探讨的问题相关,但观点要尽可能的广泛。在此过程中,并不审核哪些观点是不重要或者是不切合实际的。根据所识别的核心要素将邀请到的人员分组,使他们就某一些问题发表自己的看法,从而得到一系列的观点清单。对这些观点进行归纳整理,去掉一些表达十分含混不清的,删除并整合一些重复的观点。最后,根据这些观点涵盖范围的不同进行分类,并将这些信息反馈至整个设计小组。

在本规划中,通过对地方相关利益群体的调研和访谈,确定在6个方面为驱动因子:未来的居民收入与财政负担、环境管理、政府相关计划与政策、工程技术、外来影响(如:国家相关政策在未来的延续性、资金投入)和社会发展。

(4) 驱动因子重要性和不确定性排序

用二维坐标轴对所确定的驱动因子进行重要性和不确定性排序,其中Ⅲ、Ⅳ象限是情景设计中考虑的次要因子,Ⅰ和Ⅱ象限内的因子重要性程度要高,在情景设计需要重点加以考虑。在本规划中,依据项目组和地方相关利益群体的意见,对未来的居民收入与财政负担、环境管理、政府相关计划与政策、工程技术、外来影响和社会发展5个驱动因子进行排序(图2-8-2)。

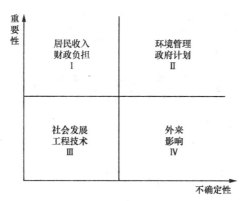

图 2-8-2　松华坝水源保护区水污染综合防治规划中的驱动因子排序

(5) 核心情景驱动选择和情景勾画

根据驱动因子的排序情况,通常要选择两种驱动因子($U_1$ 和 $U_2$)作为构建情景的核心不确定性因子。并分别设计 $U_1$ 和 $U_2$ 的两种(或多种)发展趋势,从而构成一个 $n \times m$ 的矩阵 $S$,形成 $n \cdot m$ 种不同的情景。

由图 2-8-2,选择象限Ⅰ、Ⅱ为核心情景驱动因子。在水源区未来的环境变化中,工程技术因子重要性高且相对比较确定,因此没有纳入核心情景驱动因子中。同时,将环境管理和政府相关计划与政策合并为政府决策。由此,居民收入和政府决策成为构建情景的核心因子。

(6) 情景的丰富

选取一定的指标,在分析现状发展的基础上,利用合适的模型对情景进行量化,给出不同情景下的详尽资料。

根据本规划前面部分的研究,选取本篇第三章中 SD 模型设计的情景作为规划方案综合优化分析的情景基础,详细的分析参见对应部分的描述。到 2020 年:将实现农业总产值 3.29 亿元。在本规划认定的情景下,为实现水源区的保护目标,近期投资 43966 万元,中期投资 32074 万元,远期投资 28734 万元,超过了同期(2005~2020 年)的社会总产值。

如此大量的资金对应水源区自身而言是无力承担的,鉴于水源区的重要地位,因此需要昆明市以及昆明市的受益群体在资金、技术和社会发展等方面对水源区做出扶持。同时,在资金短缺、不能完全满足规划全部方案的情况下,需要对工程方案的优先次序进行排列和组合。

#### 8.1.2.2　分期投资和投资方向分析

在近期投资中:农业面源、生态农业建设和森林生态修复和管护占的总投资最大,分别为 29.55% 和 38.27%;在中期投资中:农业面源和生态农业建设所占总投资的比例在上升,达到 33.15%;在远期投资中:农业面源和生态农业建设的投资比例继续保持在较高的状态。由此也说明了农业面源污染是松华坝水源区最核心的污染类型,其次,需要特别关注森林恢复与管护以及河道和人居环境整治(图 2-8-3)。

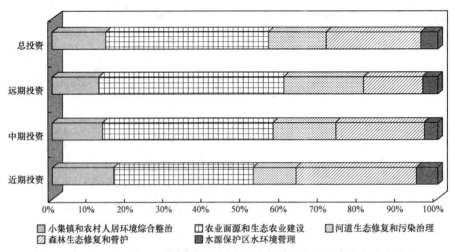

图 2-8-3　松华坝水源保护区（嵩明县）水污染防治规划项目分期投资百分比

总的来看，农业面源污染治理和森林生态修复与管护所占的总投资最大，分别为 32.87% 和 32.93%（图 2-8-4）。

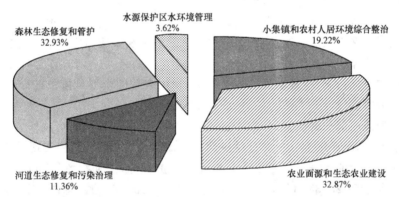

图 2-8-5　松华坝水源保护区（嵩明县）水污染防治规划项目投资组成百分比

#### 8.1.2.3　资金筹措渠道

鉴于松华坝水源保护区在昆明市以及滇池流域中的特殊地位，建议将其部分纳入《滇池流域水污染防治规划》中争取资金。根据《滇池流域水污染防治"十一五"规划》的资金筹措途径，结合昆明市的实际情况，认定水源区水污染综合防治规划的主要筹资途径有：

（1）在《滇池流域水污染防治"十一五"规划》中，对松华坝水源保护区安排了一定的资金，用于生态保护，因此要首先确保这部分资金的落实和应用。此外，在未来的滇池流域水污染防治，仍然需要将松华坝水源保护区作为一个重要的部分纳入其中，并加大投资的力度。

（2）退耕还林和陆地生态建设等结合国家实施的"天然林保护工程"和退耕还林政策进行。

（3）建立生态补偿机制，从收取和财政拨付的补偿资金为污染治理提供部分资金支持。

（4）河道整治部分可纳入水利系统年度工程计划之列，部分项目，如：退耕还林，可以将项目建设和以工代赈相结合。

（5）积极争取银行贷款、社会集资和国外资金等多元化投资渠道，保证资金落实到位。

#### 8.1.2.4 优化推荐方案

根据方案设计部分对工程措施的筛选分析以及具体工程、管理措施的费用-效益分析,在综合分析众多影响因素的前提下,如:松华坝水源区保护在昆明市发展和滇池水污染防治中的作用、水源区社会等的要求,为确保在有限的投资下尽可能地满足水源区水污染防治的目标,以下将根据经济性原则和优化方法,对规划的工程方案进行优化比选。

根据本规划方案设计部分对不同技术方案的比较分析可知(表 2-8-5):

**表 2-8-5  优化工程项目实施计划进度**

| 实施项目 | 优先等级 | 主要解决的问题 |
| --- | --- | --- |
| 小集镇人工湿地建设 | 高 | 小集镇生活污水排放 |
| 生态塘 | 次高 | 农村人居环境污染 |
| 沼气池、秸秆饲料利用和能源替代和补贴 | 高 | 农村人居环境污染、森林管护 |
| 秸秆气化技术及集中供气系统 | 次高 | 解决小集镇能源问题 |
| 卫生旱厕 | 高 | 农村人居环境污染 |
| 垃圾收集池、垃圾清运车、垃圾保洁员、垃圾填埋场 | 次高 | 农村和小集镇人居环境污染 |
| 农业生态示范村建设 | 次高 | 改善人居环境,配合社会主义新农村建设 |
| 雪莲果产业、无公害蔬菜产业、"名特优"水果、促进无公害农副产品基地认证、农药监测设施 | 高 | 削减污染 经济受益大 |
| 花卉种植产业、中药材产业 | 次高 | 需要同步考虑农业污染削减 |
| 平衡施肥、有机肥和生物农药推广、"榕风1号"秸秆还田成肥技术、薄膜化试点 | 高 | 减少农业面源污染 |
| 退耕、保土技术、土肥监测设施、清理整顿农资市场 | 次高 | 减少农业面源污染 |
| 农业培训 | 高 | 减少农业面源污染 |
| 河道清淤除障 | 高 | 减少河道淤积 |
| 冷水河上游河道两侧修建防护隔离带 | 高 | 减小入河污染 |
| 冷水河下段河岸植被缓冲带 | 高 | 减小入河污染 |
| 河道保洁员 | 高 | 减小入河污染 |
| 河道两侧设置警示牌 | 高 | 环境宣教 |
| 源头水库管理与保护 | 高 | 保护水源地 |
| 森林管护 | 高 | 维持现有高的森林覆盖率 |
| 荒山造林、宣传、森林防灾、执法 | 次高 | 提高森林覆盖 |
| 小流域治理 | 次高 | 减少水土流失 |
| 水保耕作培训、水保监管能力建设 | 高 | 提高监管能力 |
| 完善水环境管理体系和政策 | 高 | 增强管理水平 |
| 加强能力建设 | 高 | 增强管理水平 |
| 基础信息的监测、收集与整理以及信息化 | 高 | 为规划实施提供基础保障 |
| 环境宣教 | 高 | 提高居民保护意识 |

• 河道生态修复工程,尤其是冷水河和牧羊河的生态修复和缓冲带建设等,处理污染物的效益高,投资少,对水环境改善有明显作用,是需要优先考虑的项目;

• 农村沼气推广、卫生厕所对于减少农村面源污染、改善农村人居环境、恢复水源区生态环境具有十分明显的作用,建议作为优先考虑的项目;

• 生态建设和森林管护等可解决水源区水土流失问题,并增强水源涵养,具有十分重要的作用,鉴于水源区内目前森林覆盖率较高但管护能力不强的问题,需要将森林管护作为

优先项目实施,陆地生态建设投资大、且属于国家长期投资项目,实施的进度要统一服从于国家和省、市的安排;

• 水源区内的相关基础资料较为缺乏,直接影响了规划的具体设计和实施,因此基础信息收集和数字化要作为近中期优先考虑的项目;

• 此外,规划中提到的一些费用较低、简单、便于操作的面源污染控制技术,可安排水源区内的农民在日常生产中逐步认识到其重要性并加以优先实施,如:保护性耕作、等高耕作、营养物管理、综合有害物质管理、缓冲带、梯田以及水渠改道或改造等;

• 水源区水污染防治能力建设的投资较少,但对综合防治工作的开展至关重要,建议在近中期优先考虑。

从前文的分析可以看出,在水源区安排如此大量的投资用于环境和生态建设,对于昆明市而言也是一个较大的负担,尤其是近、中期的投资安排,因此,争取外来资金的投入,应该是规划项目得以实施的一个重要条件。

## 8.2 规划方案目标可行性分析

### 8.2.1 总量目标

规划所设计的 5 大类工程项目涵盖了小集镇和农村人居环境综合整治、农业面源和生态农业建设、河道生态修复和污染治理、森林生态修复和管护、水源保护区水环境管理等方面,依据对水源区环境问题的诊断研究,所列的项目均为解决水源区内生态环境问题和持续经济社会发展所迫切需要的,项目整体上具备很高的可行性。此外,本规划还对生态补偿问题进行了分析,为持续改善水源区的水环境治理提供了保障。

总量控制是水污染防治的核心目标之一,根据本规划的研究,所设计的 5 大类工程和管理措施,从源头、迁移途径和末端对污染物进行多级、多层次的拦截和去除,并结合环境管理能力的加强,可有效地削减流域内的 COD、TN 和 TP 污染负荷,尤其是进入冷水河和牧羊河的 TN,到 2020 年,规划项目的实施可削减 TN 118.02 t/a,基本达到了总量控制目标(表 2-8-6)。

表 2-8-6 规划实施后主要污染物的削减效果(2020 年)　　(单位:$t \cdot a^{-1}$)

| 规划实施的工程类别 | 入河的 COD 削减量 | | 入河的 TN 削减量 | |
| --- | --- | --- | --- | --- |
| | 冷水河 | 牧羊河 | 冷水河 | 牧羊河 |
| 小集镇和农村人居环境综合整治 | 18.4 | 14.8 | 1.3 | 1.06 |
| 农业面源污染防治和生态农业建设 | 128.7 | 197.2 | 53.9 | 51.36 |
| 河道生态修复工程 | 2.9 | 2.2 | 1.6 | 1.31 |
| 陆地生态建设与水土保持工程 | 130.2 | 201.3 | 3.7 | 3.84 |
| 水源保护区水环境管理 | — | — | — | — |
| 合　计 | 280.2 | 415.5 | 60.5 | 57.57 |

从单项工程的设计上来分析,也具有十分强的可行性。本规划的特色在于对具体方案的多层次筛选和优选,更增强了工程和管理措施设计的可行性。

• 小集镇和农村人居污染是水源区内的主要污染源,因此对其进行整治符合水源区水污染防治的总体目标,在设计上是可行的;

• 农田污染会随着地表径流进入河道,因此从源头上对农村生活污染、固体废物、人居环境等进行整治,采取多种技术措施对农田面源污染进行防治,符合环境保护的预防性原则和促进流域社会经济发展的基本要求,在方案设计上也是可行的;

· 冷水河和牧羊河是水源区的主要支流,是水源区内的核心生态廊道,对河道水系实施整治可以增强其生态和环境功能,减少进入松华坝水库的污染物;

· 水源区内森林覆盖率高,对水源涵养具有至关重要的作用,对森林进行管护,并恢复陆地生态也是必要和可行的;

· 加强水源区的水环境管理能力建设、提高管理水平,对于水源区的水污染防治而言十分重要,本规划对水源保护区水环境管理做出专门的设计是可行的;

· 水源区的社会发展和水源保护的持续性要求必须对水源区居民做出补偿,因此本规划对松华坝水源保护区的水污染防治与利益补偿问题所做出的分析和机制设计是必要的。

综上,无论从整体方案的设计还是单项技术的角度分析,所设计的方案和技术都是可行的,既满足了冷水河和牧羊河的污染物总量控制目标,也促进了水源区的的可持续发展。

### 8.2.2 流域生态环境改善目标

规划中设计到的 5 大类工程和管理措施实施后,结合水源区内的经济结构调整和优化措施、利益补偿,满足了污染物总量控制的目标,也促进了河道和水质目标的实现。目前,冷水河和牧羊河的水质为Ⅳ类,通过开展人居整治、面源污染和水土保持、河道生态恢复等工程,可以确保河流的水质在规划远期稳定在Ⅱ类。在陆地生态、森林管护和水土保持工程实施后,将进一步稳定和增加水源保护区内的森林覆盖率,改善生态环境,减少了水土流失的发生,提高了对水源的涵养能力。

# 第九章 规划实施与管理

## 9.1 相关职能部门目标职责

松华坝水源保护区的水污染综合整治规划是一个需要多部门协作、共同实施的项目,因此保护区内以及嵩明县各职能部门需要统一行动,各司其职,通过指导监督、具体实施、评估反馈等程序,以推进松华坝水源保护区水污染的防治和生态环境的改善。不同职能部门的职责分工见表2-9-1。

**表 2-9-1 不同部门在松华坝水源保护区(嵩明县)水污染综合防治中的职能划分**

| 序号 | 部门 | 部门目标职责 |
| --- | --- | --- |
| 1 | 县人民政府 | 负责规划的报批与全面实施,在市、省和国家相关计划的前提下开展保护区内的水源保护、利益补偿实施以及水污染综合防治工作,负责滇源镇和阿子营乡滇池管理目标责任书的考核 |
| 2 | 滇源镇和阿子营乡人民政府 | 在县人民政府的领导下,负责具体项目的实施,促进本辖区冷水河和牧羊河水质达标、社会经济的发展和生态环境的改善 |
| 3 | 县滇池管理局 | 水源保护、污染控制、项目管理和审查、河道管理、宣教 |
| 4 | 县发展改革和商务局 | 投资计划安排,投资项目的审查,审批和上报 |
| 5 | 县财政局 | 属政府投资的项目纳入财政预算,利益补偿资金的分配 |
| 6 | 县环境保护局 | 负责污染监督管理,污染物总量控制,建设项目环境管理,环境规划及相关技术支持,指导生态修复项目,环境监测系统建设 |
| 7 | 县水务局 | 负责水源区内的水资源调度管理,河道和河堤建设,水量调控管理,水土流失治理 |
| 8 | 县农业局 | 负责水源区内的生态农业,配方施肥,推广使用有机肥、生物肥、生物农药,农业环境监测 |
| 9 | 县林业局 | 水源区内的林业管理及沿河防护林、农田防护林建设和管理、退耕还林、森林管护 |
| 10 | 县规划建设局 | 协调乡镇政府,负责水源区内小集镇规划、污染处置设施的建设 |
| 11 | 昆明市国土资源局嵩明分局 | 负责水源区内土地、矿产资源的利用与开发,严格管理水系沿线的土地利用与开发 |
| 12 | 县投资和经济促进局 | 与水源保护相关的经济项目的推广和协调 |
| 13 | 县畜牧局 | 畜牧业的发展和污染控制 |
| 14 | 县科学技术局 | 污染治理相关技术的推广与培训 |
| 15 | 县民政局 | 水源区发展与利益补偿相关项目的实施 |
| 16 | 县审计局 | 污染治理项目和利益补偿资金的监督与审计 |
| 17 | 监察局 | 行政监督 |
| 18 | 县法制局 | 法规制定与监督、普法 |

此外,要建立"市-县-乡(镇)"为核心的综合规划实施与管理监督体系,充分发挥乡(镇)基层机构在规划实施中的重要地位。

## 9.2 水源保护区水环境管理体制与制度

(1) 加强政府在水环境管理中的主导地位

作为公共服务性事业,水源区水污染综合整治需要在政府强有力的领导下实施才能得到根本的保障。目前嵩明县已经基本具备了水环境行政管理和执法的职能部门、人员和设备配备,可以充分发挥其专业作用,在县人民政府以及嵩明县滇池保护委员会的领导下,共同协作,为促进水源保护区生态环境质量的改善提供支持。同时,通过政府行为来促进民众接受和参与水环境保护的积极性。

(2) 完善相关法规、制度,加大执行力度

对现有法规进行梳理,对不合理的和有欠缺的给予补充完善。县、乡各级职能部门要严格依照宪法、环境保护法、行政许可法等法规执行。县滇池管理局、县环保局、县农业局等要认真履行相关规划和环保制度,从源头控制污染的产生,保证冷水河和牧羊河出嵩明县境的水质达标。

嵩明县人民政府要严格履行与昆明市人民政府的滇池保护目标责任书内容,实行环境目标责任考核,并要求滇源镇和阿子营乡人民政府部门也遵循相应的目标责任书。

(3) 以制度保障信息公开与公众参与

在政府主导的前提下,通过循序渐进的信息公开和公众参与形式,促进水源区内不同利益相关体参与到水污染综合整治的项目实施中来。同时,水环境保护工作必须依赖公众参与,并置于其监督之下。因此,需要采取必要的环境宣教措施,加强对不同群体——农民、城镇居民、不同产业的所有者和经营者以及学生等的环境宣传教育工作,并针对不同的对象设计不同的教育内容。从而使其能够正确认识水环境问题,促使其改变自己的日常生活、工作行为,自觉参与水源区生态环境建设。此外,公众环境意识的提高,也有利于对政府的决策进行监督,与不利于环境保护的行为作斗争。

(4) 加强科技进步在水源区水污染综合防治中的作用

通过先进的污染治理和生态修复技术促进水源区生态环境质量的改善,并建立高效的监测队伍,依靠目前国家推广的一些科技手段以及滇池流域水污染防治中推广的相关技术,开展生态环境质量监测,为科学实施工程和管理项目提供依据。

针对松华坝水源保护区的生态环境现状,主要从河流和污染源监测、陆生生态环境两方面进行监测,并对污染治理项目进行考核,详见表2-9-2。

表 2-9-2　松华坝水源保护区(嵩明县)水污染综合防治规划的相关监测项目

| 内容 | 监测项目 | 监测实施与考核 |
| --- | --- | --- |
| 河流和污染源监测 | 冷水河和牧羊河的水质监测 | 根据环保局要求监测 |
|  | 冷水河和牧羊河的水量监测 | 根据水务局要求监测 |
|  | 污染源 | 根据环保局要求监测 |
|  | 缓冲带建设 | 滇管局、水务局考核 |
| 陆生生态环境监测 | 森林覆盖率/% | 县林业局考核 |
|  | 退耕面积/hm$^2$ | 国土资源嵩明分局考核 |
|  | 森林管护 | 县林业局考核 |
| 污染防治 | 农村垃圾和粪便收集、处理情况 | 县人民政府考核 |
|  | 畜禽粪便资源化利用率/% | 县农业局考核 |
|  | 作物秸秆综合利用率/% | 县农业局考核 |
|  | 病虫害综合防治率/% | 县农业局考核 |
|  | 化学肥料和农药使用强度(折纯)/kg·亩$^{-1}$ | 县农业局考核 |
|  | 有机肥施用量/kg·亩$^{-1}$ | 县农业局考核 |
|  | 城镇生活垃圾清运率/% | 县规划建设局考核 |
|  | 小集镇污水处理率 | 县环保局考核 |
|  | 农村循环经济和生态农业模式建设、生态示范村建设 | 县人民政府考核 |

## 9.3　规划实施的监督管理

加强嵩明县滇池保护委员会的综合协调能力,并接受嵩明县人民政府和昆明市滇池保护委员会的统一领导和监督,建议在保护委员会中增加民政局、财政局、畜牧局以及昆明市国土资源局嵩明分局、审计局和监察局为成员单位。

在规划报批通过后,需要按照规划的要求进行实施和监督。规划实施的监督管理主要由嵩明县人民政府全面负责,各相关职能局和乡镇人民政府共同参与实施,了解项目实施的进度、规模,尤其是资金投入和实施效果等,并制定出合理的评估考核体系和奖惩条例。

# 第十章　结论与建议

## 10.1　结　　论

### 10.1.1　松华坝水源区水污染防治是新昆明建设和滇池保护的基础

作为昆明市的主要优质饮用水源以及滇池水体交换的重要水源,松华坝水源保护区为昆明市的经济和社会发展做出了巨大的贡献。松华坝水源保护区(嵩明县)总面积为 539.28 $km^2$,辖区滇源镇以及阿子营乡,是主要入库河流——冷水河和牧羊河的水源涵养区和主要径流区,分别占到松华坝水源保护区总面积、总人口和总入库水量的 92.7%、85.9% 和 90%。嵩明县辖区内的松华坝水源区保护以及水污染防治,对于新昆明的建设以及水源区的社会经济发展均具有十分重要的意义。

### 10.1.2　污染与水源区发展共同制约着水污染防治工作的成效

松华坝水源保护区(嵩明县)的水污染综合防治工作的开展直接影响着昆明市的发展、滇池的保护以及嵩明县社会经济的可持续发展。目前,水源保护区内出现了一些生态环境问题,直接影响了区域的发展和水质的保障:
- 河流水质恶化,已无法满足饮用水源地的水质要求;
- 河道沿线污染尚未得到有效控制,有效的河道管理体系亟需建立;
- 农业生产、人居生活以及水土流失是入河污染物的最主要来源;
- 陆地生态恢复与森林管护的压力很大;
- 资金投入不足严重影响了水源区的水污染防治;
- 水污染防治与水源区发展的关系需要得到协调和保障;
- 水源保护区水污染防治在管理、立法和认识等层面亟需加强。

### 10.1.3　开展水污染综合防治确保实现规划目标的基础

为实现松华坝水源区水污染综合防治的目标,促进区域的社会经济发展,需要在近期投资 43966 万元,中期投资 32074 万元,远期投资 28734 万元用于水污染防治工作的开展。

在近期投资中:农业面源、生态农业建设和森林生态修复和管护占的总投资最大,分别为 29.55% 和 38.27%;在中期投资中:农业面源和生态农业建设所占总投资的比例在上升,达到 33.15%;在远期投资中:农业面源和生态农业建设的投资比例继续保持在较高的状态。

总的来看,农业面源污染治理和森林生态修复与管护所占的总投资最大,分别为 32.87% 和 32.93%。由此说明了农业面源污染是松华坝水源区最核心的污染类型,其次,需要特别关注森林恢复与管护以及河道和人居环境整治。

### 10.1.4　"十一五"期间是水源区综合整治的关键时期

规划的近期正值"十一五"期间,是水源区水污染综合防治的关键时期,而要保障规划的顺

利实施,除了积极筹集资金外,还需要筛选出优先实施的项目,以备相关部门决策参考。其中:
- 冷水河和牧羊河的河岸带生态修复、缓冲带建设以及管理、农业面源污染控制、小集镇人居改善、现有森林的管护等要优先实施。
- 水源区的利益补偿问题应该得到优先的研究、方案制定和实施。
- 水环境管理规划中的基础信息收集、河流保护范围界定和地方法规的完善要优先实施,水源区内的相关基础数据,如:水土流失等,尚需进一步细化和全面监测、收集,不同单位的数据需要核实和统一。
- 农村沼气推广、卫生厕所对于改善农村面源污染、提高人居环境具有十分重要的作用,要积极争取外来资金在规划近期尽早实施。
- 陆地生态建设、生态保持和退耕还林投资大,属国家长期投资项目,要积极利用国家相关专项基金实施。
- 积极开展对农民的相关培训,使其掌握一些科学的施肥和种植技术,以及一些费用较低、简单、便于操作的面源污染控制技术。

### 10.1.5 利益补偿问题应被视为水源保护区污染防治的重要内容

- 水源保护区内的农民年均纯收入水平始终低于全市平均水平约30%,造成明显的政策性的收入差距,迫切需要得到补偿;
- 唯有利益补偿才能体现社会公平,促进共同的协调发展,推动社会主义新农村和和谐社会的建设,体现"以人为本"的思想;
- 松华坝水源保护林年蓄水效益330万元,保持土壤效益17万元,防洪蓄洪效益1485万元,固碳放氧效益29073万元,水源保护影响水源区经济损失5705万元;
- 要建立有效的监督保障机制来促进水源区利益补偿工作的顺利实施。

## 10.2 建 议

### 10.2.1 多渠道筹集资金保障规划实施

多层次多渠道筹集治理资金,加快水污染防治和生态建设的步伐。将松华坝水源保护区(嵩明县)的水污染综合防治规划纳入滇池流域水污染防治中去争取资金,并充分利用财政、银行贷款等多种渠道筹集资金,建立健全投入补偿机制和全社会投入机制。

### 10.2.2 加强政府在规划中的主导地位

松华坝水源保护区(嵩明县)的水污染综合防治规划是一个多学科交叉的系统工程,是项目实施的难点。要在昆明市滇池保护委员会、嵩明县人民政府、嵩明县滇池保护委员会的领导和协调下开展工作,滇池管理局、环保局、农业局、林业局、水务局等行业要按照各自职能分工、明确责任;加强行业指导和工程管理以及对规划实施的监督与评估。

### 10.2.3 细化项目可研及设计

做好规划项目的可研及设计工作,进一步细化本规划项目,将目标和治理措施细化和更具体化,切实落实好各项目治理工程。

## 10.2.4 积极开展相关基础性研究

对水源区内的水土流失、农业面源污染、河流水文、水质状况等进行更为细致的基础资料监测和收集,为规划的进一步实施做准备。

- 针对松华坝水源区保护的特殊性和重要性、迫切性,需要加强基础信息数据的监测、收集与整理以及共享工作,如:水质的动态和连续监测,污染源解析,基础地形、地貌、水文、土地利用等数据的收集,并采用目前先进的3S技术进行测量和数据的信息化。
- 全面调查与分析水源区内的农业面源污染和水土流失状况,为科学制定土地规划提供详实数据。
- 全面调查和收集冷水河和牧羊河的水文、水质数据,建立环境信息系统,服务于相关决策的实施。
- 上述所涉及到的各种数据的监测频次要至少满足国家和省、市相关部门的要求,并可根据实际情况进行加密监测,如:针对水土流失和农业面源污染严重的情况,对雨季河道的水质、水文等进行多次和连续的监测。
- 应在如下方面开展研究:产业结构调整研究、生态补偿机制研究等。在近期迫切需要开展对水源区非点源污染负荷的科学计算和模拟工作以及利益补偿问题的深入研究,并开展水源保护区的环境承载力研究,为水源区社会和经济发展战略提供系统和科学的参考。
- 对规划中的技术进行示范研究,对相关的技术进行培训,如:平衡施肥、沼气和能源替代、森林管护等。

## 10.2.5 加强对水源区的依法保护

在《饮用水水源保护区污染防治管理规定》、《云南省环境保护条例》、《滇池保护条例》、《昆明市松华坝水源保护区管理规定》、《昆明市人大常委会关于加强松华坝水源保护区保护的决定》等法律法规的指导下,依据嵩明县的实际,在《行政许可法》的前提下,结合盘龙区的水源区保护,制订《昆明市松华坝水源区保护条例》,并报上级部门批准实施,使其成为水源区保护的地方性法规。该条例主要由如下的内容组成:总则、监督与管理、综合保护、奖励与处罚以及附则等,并制定实施细则和实施意见。

## 10.2.6 以社会主义新农村建设为契机促进水源区可持续发展

在农村人居环境整治的基础上,结合生态农业规划,以建设社会主义新农村为契机,推行生态示范村的建设,促进水源区的水污染防治与可持续发展。

# 参 考 文 献

[1] David L C. Principles of planning and establishment of buffer zones. Ecological Engineering, 2005, 24: 433~439.
[2] Fahey L, Randal R M. Learning from the future: competitive foresight scenarios. New York: Wiley, 1998: 52~55.
[3] Guo H C, Liu L, Huang G H, et al. A system dynamics approach for regional environmental planning and management: A study for the Lake Erhai Basin. Journal of Environmental Management, 2001, 61 (1): 93~111.
[4] Hugues De Jouvenel. A Brief Methodological Guide to Scenario Building. Technological Forecasting and Social Change, 2000, 65(1): 37~48.
[5] Jorgensen S E. A system approach to the environmental analysis of pollution minimization, 2000, CRC press LLC.
[6] Kahn J, Wiener A J. The Year 2000: A Framework for Speculation on the Next 33 Years. New York: MacMillan Press, 1967.
[7] Leopold J C. Getting a handle on ecosystem health. Science, 1997(276): 887.
[8] Liu Y, Guo H. C., Wang L. J., et al. Dynamic phosphorus budget for lake-watershed ecosystems. Journal of Environmental Sciences, 2006, 18(3): 596~603.
[9] Liu Y, Guo HC, Zhang ZX, et al. An optimization method based on scenario analysis for watershed management under uncertainty. Environmental Management, 2007, 39(5): 678~690.
[10] Niels Peter Revsbech, Jacob Peter Jacobsen, Lars Peter Nielsen. Nitrogen transformations in microenvironments of river beds and riparian zones. Ecological Engineering, 2005, 24: 447~455.
[11] Pearman A D. Scenario construction for transportation planning. Transportation Planning and Technology, 1988(7): 73~85.
[12] Phillips, J. D. An evaluation of the factors determining the effectiveness of water quality buffer zones. Journal of Hydrology, 1989, 107: 133~145.
[13] Ratcliffe J S. Scenario Building: A Suitable Method for Strategic Property Planning?. RICS Cutting Edge Conference, Cambridge, 1999.
[14] Richard Pinkham, Scott Chaplin. Water 2010, Four Scenarios for 21st Century Water Systems. http://www.rmi.org/images/other/Water/W96-04_Water2010.pdf.
[15] Ringland G. Scenario Planning: managing for the future. New York: John Wiley, 1998: 3~15.
[16] Shiftan Y, Kaplan S, Hakkert S. Scenario building as a tool for planning a sustainable transportation system. Transportation Research Part D, 2003, 8(5): 323~342.
[17] Stephanie M. Parkyn, Robert J. Davies-Colley, A. Bryce Cooper, Morag J. Stroud. Predictions of stream nutrient and sediment yield changes following restoration of forested riparian buffers. Ecological Engineering, 2005, 24: 551~558.
[18] Sun L X, Hubacek K. A scenario analysis of China's land use and land cover change: incorporating biophysical information into input-output modeling. Structural Change and Economic Dynamics, 2001, 12 (4): 367~397.

[19] USEPA. National Management Measures to Control Nonpoint Source Pollution from Agriculture. Washington, DC, 2003.

[20] Wang LJ, Meng W, Guo HC, et al. An interval fuzzy multiobjective watershed management model for the Lake Qionghai watershed, China. Water Resources Management, 2006, 20 (5): 701~721.

[21] Wu S. M., Huang G. H., Guo H. C.. An Interactive Inexact-fuzzy Approach For Multi-objective Planning of Water Resource System. Water Science Technology, 1997, (36): 235~242.

[22] Yan WJ, Yin CQ, Tang HX.. Nutrient retention by multipond systems: Mechanisms on control of nonpoint source pollution. Journal Environmental Quality, 1998: 27 (5): 1009~1017.

[23] Yin C Q, Zhao M, Jin WG, et al. 1993. The multipond system as the protective zone used in the management of lakes of China. Hydrobiologia, 251: 321~329.

[24] 边金钟,王建华,王洪起,等. 于桥水库富营养化防治前置库对策可行性研究. 城市环境与城市生态, 1994,7(3):5~9.

[25] 卞有生,金冬霞,邵迎晖,国内外生态农业对比、理论与实践,北京:中国环境科学出版社,2000.

[26] 陈吉泉. 河岸植被特征及其在生态系统和景观中的作用. 应用生态学报,1996,7(4):439~448.

[27] 陈铁春,马进,宋俊华,吴厚斌. 泰国有害物质管理条例简介. 农药科学与管理,2002,23(3):4~6.

[28] 邓红兵,王青春,王庆礼,吴文春,邵国凡. 河岸植被缓冲带与河岸带管理. 应用生态学报,2001,12(6):951~954.

[29] 董凤丽,袁俊峰,马翠欣. 滨岸缓冲带对农业面源污染 $NH_4^+-N$,TP 的吸收效果. 上海师范大学学报(自然科学版),2004,33(2):93~97.

[30] 傅伯杰,陈立顶,马克明,等. 景观生态学原理及应用. 北京:科学出版社,2001.

[31] 傅伯杰. 景观生态学原理及应用. 北京:科学出版社,2001.

[32] 傅国伟,程声通. 水污染控制系统规划. 北京:清华大学出版社,1985.

[33] 高小平,康学林,郭宝文. 坡面措施对小流域治理的减水减沙效益分析. 中国水土保持,1995,6:13~15.

[34] 郭怀成,尚金城,张天柱. 环境规划学. 北京:高等教育出版社,2001.

[35] 郭怀成. 环境规划方法与应用.北京:化学工业出版社,2006.

[36] 国家环境保护总局环境规划院. 重点流域水污染防治"十一五"规划编制技术细则. 北京,2005.

[37] 国务院西部地区开发领导小组办公室,国家环境保护总局. 生态功能区划技术暂行规程,2002.

[38] 和树庄. 环滇池区域经济发展中水源地居民的补偿问题探讨. 云南环境科学 2004, 23 (4):25~26.

[39] 侯长定. 星云湖湖滨带生态建设与水生植被恢复研究. 生态经济,2002(11):60~62.

[40] 黄凯,刘永,郭怀成,王金凤. 小流域水环境规划方法框架及应用研究. 环境科学研究,2006,19(5):136~141.

[41] 黄振中等. 中国可持续发展系统动力学仿真模型. 计算机仿真,1997,14(4):3~7.

[42] 姜翠玲,崔广柏,范晓秋,章亦兵. 沟渠湿地对农业非点源污染物的净化能力研究. 环境科学,2004,25(2):125~128.

[43] 姜达炳. 运用生物埂治理三峡库区坡耕地水土流失技术研究,长江流域资源与环境,2004,13(2):163~167.

[44] 金鉴明,卞有生,21世纪的阳光产业——生态农业,北京:清华大学出版社,广州:暨南大学出版社,2002.

[45] 金相灿,刘鸿亮,屠清瑛,等. 中国湖泊富养养化. 北京:中国环境科学出版社,1990:82~91.

[46] 金相灿. 中国湖泊环境第二册. 北京:海洋出版社,1995.

[47] 井涌. 水量平衡原理在分析计算流域耗水量中的应用. 西北水资源与水工程,2003,14(2):30~32.

[48] 景金星,王幸福. 村落径流污水的生态处置方法沟塘系统技术介绍. 海河水利,2004(5):46~48.

[49] 孔繁德 城市生态环境建设与保护规划. 北京:中国环境科学出版社,2001.

[50] 孔红梅,赵景柱,姬兰柱,等.生态系统健康评价方法初探.应用生态学报,2002,13(4):486～490.
[51] 李瑾.生态系统健康评价的研究进展.植物生态学报,2001,25(6):641～647.
[52] 李勤奋.划区轮牧制度在草地资源可持续利用中的作用研究.农业工程学报,2003,19(3):224～227.
[53] 李如忠,汪家权,钱家忠.巢湖流域非点源营养物控制对策研究.水土保持学报.2004,18(1):119～122.
[54] 李文朝.富营养水体中常绿水生植被组建及净化效果研究.中国环境科学,1997,17(1):53～57.
[55] 李晓文.辽河三角洲湿地景观规划的预案研究.中国科学院沈阳应用生态研究所,2000.
[56] 李旭东,杨芸等.废水处理技术及工程应用.北京:机械工业出版社,2003.
[57] 李英杰等.湖泊水生植被恢复物种选择及群落配置分析.环境污染治理技术与设备,2004,5(8):23～26.
[58] 丽江市环保局关于"滇川两省环境保护协调委员会第一次会议纪要"的落实实施意见.2005.
[59] 廖浪涛,丁胜,吴水荣.密云水库水源涵养林生态效益的评价与补偿.林业建设,2000,4:19～23.
[60] 刘长礼,张云,王秀艳等.垃圾卫生填埋处置的理论方法和工程技术.地质出版社,1999.
[61] 刘东云.小流域景观规划管理的预景(Scenario)研究——以樟木头镇官仓河流域为例.北京大学,2001.
[62] 刘建昌.控制农业非点源污染的最佳管理措施的优化设计.厦门大学学报(自然科学版),2004,43:269～274.
[63] 刘建军,王文杰,李春来.生态系统健康研究进展.环境科学研究,2002,15(1):41～44.
[64] 刘静玲等.湖泊生态环境需水量计算方法研究.自然资源学报,2002,17(5):604～610.
[65] 刘丽萍.滇池富营养化发展趋势分析及其控制对策.云南环境科学,2001,20:25～27.
[66] 刘燕华,李秀彬.脆弱生态环境与可持续发展.北京:商务印书馆,2001.
[67] 刘永,郭怀成,王丽婧,等.环境规划中情景分析方法及应用研究.环境科学研究,2005,18(3):82～87.
[68] 刘永,郭怀成,周丰,等.湖泊水位变动对水生植被的影响机理及其调控方法.生态学报,2006,26(9):3117～3126.
[69] 刘永,郭怀成,周丰,王丽婧,张秀敏,贺彬.基于流域分析方法的湖泊水污染综合防治研究.环境科学学报,2006,26(2):337～344.
[70] 刘永,郭怀成.城市湖泊生态恢复与景观设计.2003,16(6):51～53.
[71] 刘震主编.中国水土保持生态建设模式.北京:科学出版社,2003.
[72] 卢宏玮,曾光明,金相灿,焦胜.湖滨带生态系统恢复与重建的理论、技术及其应用.城市环境与城市生态,2003,16(6):91～93.
[73] 马克明等.生态系统健康评价:方法与方向.生态学报,2001,21(12):2107～2118.
[74] 毛战坡.非点源污染物在多水塘系统中的流失特征研究.农业环境科学学报,2004,23(3):530～535.
[75] 欧志丹,程声通,贾海峰.情景分析法在赣江流域水污染控制规划中的应用.上海环境科学,2003,22(8):568～572.
[76] 潘响亮,邓伟.农业流域河岸缓冲区研究综述.农业环境科学学报,2003,22(2):244～247.
[77] 钦佩,安树青.生态工程学.南京:南京大学出版社,1998.
[78] 阮本清,魏传江.首都圈水资源安全保障体系建设.北京:科学出版社,2004.
[79] 申威,张阿玲.用排放情景分析系统研究北京市机动车污染问题.城市环境与城市生态,2001,(4):31～46.
[80] 盛海彦,刑小芳,冯俊义.宝林库区森林水源涵养效益.青海农林科技,1997,3:26～29.
[81] 舒金华.制订湖泊水污染物排放标准的原则和方法探讨(一).1993,5(3):261～268.
[82] 嵩明县发展改革和商务局.嵩明县国民经济和社会发展第十一个五年规划纲要.2005.

[83] 嵩明县统计局. 嵩明县社会经济统计年鉴(1998~2003年).
[84] 孙彪,张玉磊. 森林生态效益补偿问题的探讨. 长春大学学报,2004,14(4):84~89.
[85] 王宝贞. 生态塘系统分析及生物种属合理组成的设想. 污染防治技术,2000,13(2):74~76.
[86] 王克林. 洞庭湖湿地景观结构与生态工程模式研究. 生态经济,1998(5):1~4.
[87] 王其藩. 系统动力学. 北京:清华大学出版社,1994.
[88] 王如松,复合生态与循环经济,北京:气象出版社,2003.
[89] 王晓燕,非点源污染及其管理,北京:海洋出版社,2003.
[90] 王晓燕. 保护性耕作对农田地表径流与土壤水蚀影响的试验研究. 农业工程学报,2000,16(3):66~69.
[91] 王艳等. 中国可持续发展系统动力学仿真模型-环境部分. 计算机仿真,1998,15(1):5~7.
[92] 王永安,黄金玲,苏英吾. 柘溪水库库区公益林涵养水源、保持水土能力计量及补偿. 中南林业调查规划.
[93] 卫智军,韩国栋,邢旗. 短花针茅草原划区轮牧与自由放牧的比较研究[J]. 内蒙古农业大学学报, 2000,21(4):46~49.
[94] 吴必虎. 区域旅游规划原理. 北京:中国旅游出版社,2001.
[95] 吴刚等. 生态系统健康学与生态系统健康评价. 土壤与环境,1999,8(1):78~80.
[96] 吴献花,侯长定. 抚仙湖北岸景观生态建设. 云南地理环境研究,2002,14(2):56~60.
[97] 吴叶君等. 中国可持续发展系统动力学仿真模型——能源部分. 计算机仿真,1998,15(1):11~1.
[98] 夏继红,严忠民. 生态河岸带研究进展与发展趋势. 河海大学学报(自然科学版),2004,22(3)252~255.
[99] 肖笃宁. 景观生态学. 北京:科学出版社,2003.
[100] 肖玉,谢高地,安凯. 莽措湖流域生态系统服务功能经济价值变化研究. 应用生态学报,2003,14(5):676~680.
[101] 谢颂华,曾建玲,杨洁. 南方红壤坡地不同水土保持措施消流减蚀效果研究. 江西农业大学学报,2004,26(4):624~628.
[102] 颜昌宙. 湖泊底泥环保疏浚技术研究展望. 环境污染与防治,2004,26(3):189~192.
[103] 杨京平,卢剑波. 生态恢复工程技术. 北京:化学工业出版社,2002.
[104] 杨林梅,浅议旧城区排水管网的改造. 科技情报开发与经济,2001,11:62~63.
[105] 杨龙元等,太湖北部滨岸区水生植被自然修复观测研究. 湖泊科学,2002,14(1):60~66.
[106] 杨文龙,黄永泰,杜娟. 前置库在滇池非污染源控制中的应用研究. 云南环境科学,1996,15(4):8~10.
[107] 杨文龙,杨常亮. 滇池水环境容量模型研究及容量计算结果. 云南环境科学,2002,21(3):20~23.
[108] 尹澄清,毛战坡. 用生态工程技术控制农村非点源水污染. 应用生态学,2002,13(2):229~232.
[109] 于涌. 城市旅游环境容量的确定与应用研究. 北京大学硕士研究生学位论文,2001.
[110] 袁希平,雷廷武. 水土保持措施及其减水减沙效益分析. 农业工程学报,2004,20(2):296~300.
[111] 袁兴中,刘红,陆健健. 生态系统健康评价——概念构架与指标选择. 应用生态学报,2001,12(4):627~629.
[112] 苑韶峰,吕军,俞劲炎. 氮、磷的农业非点源污染防治方法. 水土保持学报. 2004,18(1):122~125.
[113] 苑韶峰,吕军. 流域农业非点源污染研究概况. 土壤通报,2004,35(4):507~811.
[114] 云南省环境保护局. 云南省环境保护"十一五"规划和2020年远景目标基本思路. 2005.
[115] 云南省环境科学研究所. 泸沽湖环境综合治理规划. 2004.
[116] 云南省环境科学研究所. 泸沽湖流域环境规划. 1998.
[117] 云南省环境科学研究院,北京大学环境学院. 邛海流域环境规划研究. 昆明:云南省环境科学研究院,2004.
[118] 云南省人民政府. 泸沽湖水污染综合防治"十五"计划. 2002.
[119] 张春玲,阮本清. 水源保护林效益评价与补偿机制. 水资源保护,2002,19(1):46~51.

[120] 张建春,彭补拙. 河岸带及其生态重建研究. 地理研究,2002,21(3):373~383.
[121] 张建春. 河岸带功能及其管理. 水土保持学报,2001,15(6):143~146.
[122] 张晴波. 云南洱海湖滨带生态恢复工程基底修复方案研究. 水运工程,2002,345(10):45~47.
[123] 张秀敏. 异龙湖退田还湖及其对策. 云南环境科学,2003,22(1):51~54.
[124] 张雪花,郭怀成,张宝安. 系统动力学——多目标规划整合模型在秦皇岛市水资源规划中的应用,水科学进展,2002,13(3),351~357.
[125] 张毅敏. 前置库技术在太湖流域面源污染控制中的应用探讨. 环境污染与防治,2003,25(6):342~344.
[126] 张振兴,郭怀成,陈冰,等. 干旱地区经济——生态环境系统规划方法与应用. 生态学报,2002,2(7):1018~1027.
[127] 赵粉侠,李根前. 林草复合系统研究现状. 西北林学院学报 1996,11(4):81~86.
[128] 赵学谦,农村生态建设与环境保护,成都:西南交通大学出版社,2005.
[129] 赵跃龙,张玲娟. 脆弱生态环境定量评价方法的研究. 地理科学,1998(1):73~78.
[130] 郑天柱,周建仁. 污染河道的生态恢复机理研究. 环境科学动态,2002,(3):11~12.
[131] 周丰,刘永,郭怀成,等. 流域水环境功能区划及其关键问题. 水科学进展,2007,18(2):216~222.
[132] 周锡九,赵晓峰,坡面植草防护的浅层加固作用. 北方交通大学学报,1995,19:143~146.
[133] 朱季文,季子修,蒋自巽. 太湖湖滨带的生态建设. 湖泊科学,2002,14(1):77~82.
[134] 朱跃中. 未来中国交通运输部门能源发展与碳排放情景分析. 中国工业经济,2001(12):30~35.